全新增訂版

世界威士忌地圖

全新增訂版

世界威士忌地圖

深度介紹全球超過200家蒸餾廠與750款威士忌

戴夫‧布魯姆 Dave Broom
世界威士忌權威、得獎作家

姚和成 審定
臺灣單一麥芽威士忌品酒研究社創社理事長

陳韋玎 朱浩一 邱思潔 張琰 司徒徐馨 翻譯

Boulder Media 大石文化

謹以這本書紀念伊索貝爾・布魯姆（Isobel Broom），我親愛的母親，很遺憾她尚未見到這本書完成就與世長辭。我能走到今天，都是因為她恆久而慈愛的支持。希望您以我為榮。

世界威士忌地圖

作　　者：戴夫・布魯姆
翻　　譯：陳韋玎　朱浩一　邱思潔　張琰　司徒徐馨
審　　定：姚和成
主　　編：黃正綱
資深編輯：魏靖儀
美術編輯：謝昕慈
行政編輯：吳怡慧

發 行 人：熊曉鴿
總 編 輯：李永適
營 運 長：蔡耀明
版　　權：吳怡慧
印務經理：蔡佩欣
發行經理：曾雪琪
圖書企畫：陳俞初
出 版 者：大石國際文化有限公司
地　　址：新北市汐止區新台五路一段 97 號 14 樓之 10
電　　話：(02) 2697-1600
傳　　真：(02) 8797-1736
2022 年（民 111）11 月二版二刷
定價：新臺幣 1200 元
本書正體中文版由 Octopus Publishing Group Ltd
授權大石國際文化有限公司出版
版權所有，翻印必究
ISBN：978-957-8722-98-9 （精裝）
＊ 本書如有破損、缺頁、裝訂錯誤，請寄回本公司更換
總代理：大和書報圖書股份有限公司
地址：新北市新莊區五工五路 2 號
電話：(02) 8990-2588
傳真：(02) 2299-7900

謝誌

特別感謝達文・德・科爾歌摩（Davin de Kergommeaux）和伯納・夏佛（Bernhard Schäfer），分別在加拿大和中歐這兩節給了我極大的幫助。

國家圖書館出版品預行編目（CIP）資料

世界威士忌地圖：深度介紹全球超過 200 家蒸餾廠與 750 款威士忌／戴夫・布魯姆 Dave Broom 作 陳韋玎等翻譯
新北市：大石國際文化，民 110.04
336 頁：22.9×29.2 公分
譯自：The World Atlas of Whisky
ISBN 978-957-8722-98-9 （精裝）

1. 威士忌酒　2. 酒業

463.834　　　　　　　　　　　　　　　　109013796

右頁：在蘇格蘭史特靈市（Stirling）丁斯頓（Deanston）蒸餾廠的拱頂倉庫中沉睡的威士忌。

目錄

序

歡迎閱讀戴夫・布魯姆的新版《世界威士忌地圖》。四年前初版之後，讀者對這本書的需求有增無減。我們目前正在經歷一場真正的威士忌復興運動。以下我所寫的這篇初版序，放在今天來看依然屬實，而這本書將引導讀者從威士忌品賞體驗中取得最大的收穫。

如果有哪個時間最適合出版一本全面介紹威士忌的書籍的話，一定就是現在了。在近代史上，威士忌界從來不曾像現在這麼生氣蓬勃。這話怎麼說？其中一個原因是我們正處在一股方興未艾的威士忌熱潮之中。世界各地有愈來愈多人開始了解威士忌的品質、個體性與價值。即使近來威士忌價格攀升，威士忌的價值——特別是波本威士忌——還是其他蒸餾酒類無法匹敵的。威士忌產業界為了因應需求的增加，紛紛增加產量、擴大產能，甚至建造新的蒸餾廠。

另一個原因則是新的精品威士忌蒸餾廠迅速增加。過去全世界的威士忌幾乎都產自蘇格蘭、愛爾蘭、美國（主要是肯塔基州與田納西州）和加拿大，而今這個局面已不復見。日本所生產的威士忌媲美蘇格蘭，證明日本蒸餾廠值得受到同樣的關注與重視。

這一點有很大的意義！蘇格蘭威士忌的選擇從來不曾像現在這麼多——包括擁有蒸餾廠的酒業公司本身推出的，以及數目不斷增加的獨立裝瓶廠。確切來說，有成百上千種。而且，基於過去一、二十年來威士忌蒸餾與熟成技術的改良，威士忌的品質也從來不曾像現在這麼好過。

此外，歐洲各地、全美國、乃至於其他國家，都出現了許多小型的精品威士忌廠。單單美國就有超過 400 間精品蒸餾廠，製作的威士忌在 15 年前根本不存在。這個數字是現有波本威士忌蒸餾廠的四倍，而且新廠的數量還在持續增加中。

這些數字對愛好威士忌的你來說代表什麼？這代表你有很多新的威士忌可以期待——不但既有的蒸餾廠會推出新產品，還有遍布世界各地的精品蒸餾廠，而且未來還會持續增加。

這一切促成《世界威士忌地圖》的出版。我最喜歡這本書的地方是無所不包的廣泛內容。書中定義了什麼是威士忌，詳述威士忌的製造過程（從原料到裝瓶）、產地，以及威士忌風味各有千秋的原因。書中說明了欣賞威士忌的最佳方式，介紹新產品的概要資訊，並提供品飲記錄作為選購參考。而且與文章搭配的照片非常優美，有的甚至令美得人屏息。一般讀者不可能親自前往這些國家參觀這許許多多的蒸餾廠，這些照片正可以幫助威士忌迷「忘圖止渴」。

書中最實用與創新的部分，就是利用「風味陣營」來描述威士忌在風味上的個性。我雖然很喜歡作者替書中介紹的每一款威士忌所做的完整品飲記錄，但「風味陣營」這個概念則是更棒的資源，能讓讀者用最快的方式掌握任一款威士忌的風味概況。這對所有威士忌愛好者來說都是一個實用的指南，而且我認為這些資訊對那些剛入門、面對令人望而卻步的大批威士忌名單不知該如何選擇的初學者來說尤其有用。

最重要的是，《世界威士忌地圖》抓住了威士忌發展現況的本質。戴夫・布魯姆是極少數有能力對威士忌進行這種綜合性通盤介紹的威士忌作家之一。放眼全球，他是目前最受尊崇、具獨立權威性的威士忌專家之一。而且我必須說，他當之無愧。他細緻綿密的寫作風格與生動豐富的品飲記錄對我來說特別迷人，無怪乎他的文字受到這麼多的追捧。

在威士忌的旅途中，不管你是剛剛出發，還是已經是識途老馬，這都是一本兼具資訊性與閱讀樂趣的書，這要歸功於戴夫。他的知識、熱情和品格，全都展現在他的文字之中。乾杯！

《威士忌代言人》（Whisky Advocate）雜誌
發行人暨主編
約翰・韓賽爾
John Hansell

左：一粟一世界。所有的單一麥芽威士忌都從大麥開始。
右：每一杯酒都是一個故事。威士忌是所有烈酒中最複雜的類型。

前言

很難相信威士忌地圖集首度出版之後短短五年內,世界威士忌版圖發生了這麼大的改變,已經需要推出新的版本了。難道威士忌不再是象徵保守和傳統的烈酒了嗎?的確,那是威士忌過去的形象。它不令人興奮,也不會用故作年輕的包裝努力說服消費者嘗試。它只是一直在那裡:從未改變,又固執(蘇格蘭人的說法是thrawn)。讓想喝的人自己去找來喝。威士忌不會降貴紆尊尋找想喝的人。至少這是我們知道的。

事實上,威士忌一直處於波動的狀態。早在 15、16 世紀,威士忌從煉金術士的蒸餾器汩汩流出的那一刻起,它就是動態的。後來的人將它加上調味,摻水用大杯子喝或小杯純飲,不加陳放或用木桶熟成,為了因應不同的需求、氣候、戰爭、政治和經濟條件,它經常跳出界線,轉換形態。之所以需要發行這個新版本,正是因為這樣的變化發生得比以往任何時候都快。

如今我們生活在一個極度蓬勃的「世界威士忌」狀態中。蘇格蘭、愛爾蘭、美國、加拿大和日本這些固有的威士忌核心地區都獲得了前所未有的成功。這幾個國家持續開設新的蒸餾廠,還有更多蒸餾廠正在規劃,其中很多都是新興精釀運動下的新式蒸餾廠。

全球威士忌生產中最常被忽略的元素,是人;圖為巴基斯坦拉瓦爾品第市(Rawalpindi)的穆里(Murree)蒸餾廠。

此外，威士忌生產已在全球各地紮根。據說單是德語系的歐洲國家就有 150 家威士忌蒸餾廠；另外英格蘭有 5 家，法國和北歐分別各超過 20 家。澳洲目前正處於新建蒸餾廠的熱潮中，南美洲和亞洲也陸續踏上威士忌之旅。不僅威士忌在國家間傳播，技術也跟著傳播。從不只一個意義上來看，這些都稱得上新威士忌，有必要標示在地圖上。

為什麼這些威士忌在這個時候出現？因為新一代的品飲者帶起了新的風潮，他們除了對威士忌的歷史和起源感興趣，對威士忌的風味和潛力也同樣感興趣。這些品飲者擁有開放的心態，這是過去所缺少的，現在的蒸餾廠無論新舊，都在方法上開始重新建立這樣的心態。

但我必須提出一句警語。小心不要看到眼前的榮景就過度狂熱，現在開一間新的蒸餾廠比以前容易，但千萬別忘記威士忌和所有東西一樣，都有循環周期，會流行，也會退流行。為了生存下去、甚至做到生意興隆，每個蒸餾業者都必須了解這是長期的事業（事實上，很多人必須先意識到這是一項事業），並且大家是在一個還有眾多其他選擇的環境中競爭。

今天的威士忌消費者可能也會喝蘭姆酒、琴酒、龍舌蘭、精釀啤酒和葡萄酒——當然希望他們不是在同一個晚上喝。無論男女，這些人士對品味的要求很高，懂得欣賞手藝，而且由於選擇變多了，他們可以接納、也可以棄絕某個品牌。

新的威士忌要怎麼突破呢？不要耍小聰明——消費者是很精明的，而是要建立信譽。

威士忌的特質是「慢」。它讓人體會一個地點、一項技藝，以及把原料的精髓如變魔術般萃取出來的一種經歷時間考驗的方法。威士忌的慢還在於當你輕啜一口，它能讓你停下來，仔細感受它對你的感官帶來什麼影像。同時，它的進展卻又非常快速。

這本書的目的，是要為愈來愈混亂的威士忌世界提供一個參考架構。什麼是風味？它代表什麼意思？從哪裡來的？是誰的精心傑作？

希望這本書能幫你的威士忌旅程設定好航點。這是專為威士忌愛好者所寫的書。新的威士忌世界就在你手中。

如何使用本書

本書所要傳遞的訊息量非常龐大,因此文字和圖表的設計,是為了幫助讀者在讀到眾多的威士忌生產國、產區和蒸餾廠時,能得到最充分的理解。這些編排設計包括地圖、附風味評語的品飲筆記,以及各別蒸餾廠的詳細資訊。以下逐一說明這些內容。

地圖

主要圖例 有幾種方式標明蒸餾廠的所在位置。如果蒸餾廠名稱和鄰近地名相同,只會標出蒸餾廠名(例如樂加維林,Lagavulin)。如果版面空間和比例尺允許的話,鄰近的地點會以白點標示。若比例尺太大或版面空間不足,地名會放在蒸餾廠名之後,中間用逗號隔開(例如金賓,克萊蒙(Jim Beam, Clermont))。

海拔/地形 所有地圖都包含這項訊息,在比例尺大小足以清楚顯示地形的情況下,會提供明確的地形圖例。

產區 在每個國家中蒸餾廠按照產區歸類,除了美國的肯塔基州和田納西州,獨立於其他美國蒸餾廠。這是因為這兩個產區具有獨特威士忌的生產方式,因此成立專屬的子類別。

蒸餾廠 書中寫到的蒸餾廠都會出現在地圖裡。另外其他還有許多值得注意的蒸餾廠,例如歐洲的新威士廠,或是美國的精釀蒸餾廠,這些都包括在地圖裡,雖然可能沒有搭配文字敘述。

穀物蒸餾廠、發麥廠和其他威士忌相關產業 在空間足夠且對讀者有用的地方,我們特別標示了幾家發麥廠,並指出蒸餾廠的類型。

蒸餾廠介紹頁

細節 每個蒸餾廠頁面都註明了距該廠最近的村莊、城鎮或城市;網站(如果有的話)或是與品飲筆記中出現的蒸餾廠相關的網頁,如果一頁中介紹了不只一間蒸餾廠,不同的資料會以「/」隔開。

造訪 凡是開放參觀的蒸餾廠,都附有開放資訊,在本書撰寫時是正確的。參觀蒸餾廠前最好事前聯繫,確認最新的開放資訊。如果你要預約時間,或是計劃專程前往,千萬不要低估彎彎曲曲的公路、在路上被羊群阻擋等等所花的時間!

找尋罕見的麥芽威士忌 請注意很多蒸餾廠雖然不開放參觀,但它的產品是買得到的。找尋這些威士忌最好的方法,是連絡專業的威士忌零售商或是參考專門的威士忌網站。

休停 意思是那些暫時停產,不過未來可能重新投入生產的蒸餾廠;書中列出的休停蒸餾廠資訊已力求符合撰寫時的情況。

新建/計畫中 世界各地都有大批新建或是正在計畫興建的蒸餾廠,本書的目標是盡可能涵蓋所有訊息,但仍有可能有些新建蒸餾廠在出版時沒有機會放入地圖。

品飲筆記

選擇 我選擇了最能完整展現各家蒸餾廠特色的酒款,從新酒、年份輕的、十來年的和更成熟的酒款中挑選最有代表性的。

排序 每個國家我們都以相似的方式排列,以便對比。採用以下的兩種方式之一:按照威士忌的年份,或是當一間蒸餾廠生產超過一個品牌的時候,按英文字母順序排列。

酒齡的定義 通常酒齡是威士忌名稱的一部分。無標示酒齡者以 NAS(no age statement)代表。

獨立裝瓶 可能的話,我通常是品飲來自蒸餾廠業主提供的威士忌,但在某些情況因酒款已無法取得,我會從獨立裝瓶廠取得樣品。

酒桶樣品 可能的話,我通常是品嘗瓶裝的產品,但在某些情況下無法取得瓶裝產品,只能品嘗蒸餾廠熱心提供的酒桶樣品。我也會如實標記。

ABV / Proof 酒精度標示 威士忌的酒精度是以體積百分比(40%abv)標示,除此之外,美國威士忌也會標示上美制酒精度(80°/40%abv)。

日本 對於一些較特殊的日本威士忌,會標示威士忌入桶熟成的年代、系列和木桶編號。

風味陣營 每個品飲筆記,除了新酒和酒桶樣品之外,也註明了它所屬的「風味陣營」,26-27 頁有更詳細的解釋。在 324-326 頁,有所有威士忌與其所屬風味陣營的完整列表,如果你偏好某種特定的威士忌風格,從風味陣營可以很容易找到其他你可能也會喜歡的酒款。許多較年輕的威士忌仍在變化中,成熟時可能從一個風味陣營移動到另一個。這方面的分析結果是根據本書撰寫時酒款的狀態。

延伸品飲 這個單元針對你可能想嘗試的他款威士忌,提供快速的交叉參考。所有品飲筆記都附帶延伸品飲建議,除了新酒和酒桶樣品——此酒款往往還在製作中,或只是提供「搶先試飲」,並未公開販售——以及調和和穀物威士忌之外。

專業術語

詞彙表 有許多有趣的威士忌語言,其中很多說法有地域性的差別,如果你不太清楚一個詞語的意思,請參考 327-328 頁的詞彙表。

Whisky / Whiskey 全書我都使用法律認可的「whisky」,指稱世界各地的威士忌。除了愛爾蘭和美國,這兩個地方多使用「whiskey」這個拼法。

威士忌是什麼？

這是一本地圖集，也就是說書裡有很多地圖。這還滿好用的，因為你很快就能找到蒸餾廠的位置在哪裡。然而，地理位置只是威士忌故事中的一個小元素。地圖能告訴你怎麼去蒸餾廠，附近有什麼，但是對於威士忌本身的一切知識，它都沒有辦法告訴你。

為了讓這本地圖集更有用處，書中也提供了一張風味地圖，讓你能夠看出哪些威士忌是相似的，哪些是不同的，還有哪些威士忌挑戰了產區最常見的傳統風格。藉由這張地圖，我們來到了另一個世界，在這裡風味形成的主要因素是蒸餾廠和它的所在位置。風味地圖就是以這個方式，讓我們發現為什麼每一間蒸餾廠（例如位於蘇格蘭的，或者肯塔基的）都和它的鄰近蒸餾廠同樣以有效率的方式運作，生產出來的烈酒風味卻是這個地點獨有的。

本書概要描述了四大類型威士忌——單一麥芽威士忌、穀物威士忌、傳統愛爾蘭罐式蒸餾威士忌和波本威士忌——的共通生產流程，了解蒸餾師可以在流程中的哪些點上，透過不同的決定來創造出蒸餾廠的特色，作為我們探索威士忌核心內涵的起點。

書中並未特別獨立出一個章節來講述歷史，因為每家蒸餾廠都在風味地圖上說出了自己的故事。透過風味，我們就能看出威士忌如何隨著時間演變。以 19 世紀的蘇格蘭為例，雖然最初造成某種特定風格的主因是地理位置——例如使用泥煤——但這一百多年來，市場需求和調和威士忌的發展也逐漸影響了威士忌的風味。由這個角度觀察蘇格蘭單一麥芽威士忌可以看出，與其說區域性風格是最顯著的因素，倒不如說威士忌的口味是跟著一系列的「風味年代」而演變，簡單來說，就是從重變輕。

因此我們不只是以品牌生產者的角色來檢視每一間蒸餾廠，而是以一個活生生的、有自己的故事要說的實體來看待——然後讓製造這些酒的人幫忙把故事說出來。而若要看出每一間蒸餾廠的獨特性，品嘗烈酒誕生後各階段的風味也是很重要的。如果這是一張可以帶領我們遊遍威士忌世界的地圖，那麼起點應該就是威士忌誕生的時候。如果只看與橡木桶複雜交互作用後的成果，是無法談論蒸餾廠特質的。

從新酒開始，然後依序往年份高的威士忌逐一品嘗，我們就可以發掘出蒸餾廠所創造出來的風味是如何演變的：看著青澀的水果逐漸成熟、變乾；看著青草變成乾草，觀察硫磺味飄散，展現出背後的純淨度；然後才注意橡木的影響。

之後把成熟的威士忌分成幾個風味陣營，由此你可以很容易的找到它們之間的相似與不同之處（隨著威士忌成熟，一間蒸餾廠所屬的風味陣營往往不只一個），同時也提供了穿越威士忌這座大迷宮的潛在路徑。威士忌生產是一項活的、會演化的、富創造性的藝術，力量來自一群想要強調自己與眾不同的人，正是這些大量的獨特個性，我們的地圖上才有了這些航點。

持續性和穩定性：這是優質威士忌生產工作的代名詞。

威士忌世界

什麼是威士忌？第一版中所提出的答案依然成立：將穀物搗碎之後，發酵成啤酒，繼而加以蒸餾，然後陳放而成的烈酒。然而在這個基本原則上所衍生出來的變化，從來不曾像現在這麼大。全世界的蒸餾師都在問同樣的問題：威士忌為什麼要一直順應老一輩的規矩？

和新的蒸餾師對談總是非常有趣。很多人開始製造蒸餾酒，是因為他們喜愛蘇格蘭單一麥芽威士忌（很遺憾，從來不是因為調和威士忌），或是波本威士忌。說到這裡幾乎所有人都會再加上一句：「但我想做出屬於我自己的東西。」為什麼要複製已經有的東西呢？你真的能和格蘭菲迪（Glenfiddich）或傑克丹尼（Jack Daniel's）競爭嗎？既然不行，那還有什麼其他機會？或許穀物有機會；例如

近年來裸麥威士忌已經不是加拿大或肯塔基獨有的產品。丹麥、奧地利、英國、荷蘭和澳洲都生產裸麥威士忌。這樣就滿足了嗎？何不試試小麥威士忌？或者是燕麥、斯佩耳特小麥、藜麥威士忌？如果你用的是大麥，那要不要學學啤酒的做法，使用不同的烘麥方式？或者何不在泥煤之外，試試不同的燃料——用蕁麻，或者羊糞？

如果你用了不同的穀物和煙燻方式，那何不混在一起試試看？

找得到艾爾啤酒酵母和葡萄酒酵母的話，為什麼非得用標準的蒸餾酒酵母不可？為什麼不控制一下發酵的溫度？為什麼要堅持使用蘇格蘭罐式蒸餾器或波本的柱式蒸餾器／加倍器？干邑蒸餾器呢？在頸部加裝隔板的罐式蒸餾器呢？還是不如乾脆自己設計蒸餾器算了？

今天的新威士忌廠面臨著與 1920 到 1930 年代的日本蒸餾廠同樣的問題，不只是如何製造威士忌，而是如何製造出日本化的威士忌。這個問題在市場行銷手冊中當然找不到答案，答案存在心和腦袋中──這代表蒸餾師對於「什麼是威士忌」這個問題的解答不但令人著迷，而且往往很有說服力。他們成功挑戰常規時，也擴大了威士忌的領域。

是的，蘇格蘭單一麥芽威士忌、波本威士忌、愛爾蘭純罐式蒸餾威士忌和加拿大裸麥威士忌都有各自的天地，不過瑞典、臺灣、澳洲、荷蘭和美國的精釀威士忌產品，如今也都找到了新的領地。威士忌舊世界的國家需要擔心了嗎？還不到時候，但是該有所警覺。但它們有嗎？大概沒有。

這並不表示成立一座新蒸餾廠很容易。也許你正考慮要這麼做，最好暫停一下，聽聽法夫郡（Fife）達夫特米爾（Daftmill）蒸餾廠的弗朗西斯・庫斯伯特（Francis Cuthbert）怎麼說：「建廠之前，要先把所有的資金準備好。建立庫存要花的錢是建廠的十倍。如果你覺得開一間咖啡店就能彌補這些花費，那就去開咖啡店，不要做威士忌。」

一旦開始了，接下來呢？布列塔尼的格蘭阿莫爾（Glann ar Mor）蒸餾廠和艾雷島的噶貝克（Gartbreck）蒸餾廠的尚・多內（Jean Donnay）說：「製作蒸餾酒比你想像的更複雜。你看了書，參觀蒸餾廠，問很多問題，以為數字你都知道了，但是我做得愈多，就覺得愈奧妙複雜。我從以前就一直覺得這裡頭一定有什麼和煉金術有關、沒有辦法解釋的事，現在我更相信這一點。製作蒸餾酒比你所想的更棘手，每天都不一樣，所以每天你都會學到不同的事。就算我當了 200 年的蒸餾師，我每天還是會學到新的東西。」

這樣的感觸應該會得到所有蒸餾師的認同，無論老的還是新的。沒有人是專家。只要你不斷問問題，對自己所做的事保持謙虛，你就會一直得到新的發現。

所以什麼是威士忌？你希望它是什麼它就是什麼。

充滿潛力的田野：斯佩塞依然是蘇格蘭發芽大麥的主要產地之一。

麥芽威士忌生產流程

雖然全球所有的單一麥芽威士忌蒸餾廠都使用同樣的生產流程，但每家蒸餾廠各有獨到的做法。正因如此，蒸餾廠的特質——它的DNA，也會體現在每一款單一麥芽威士忌裡。

蒸餾師要在整個流程中做許多決定，其中關鍵的決定如下圖所示。

1 大麥
所有的蘇格蘭麥芽威士忌都是以發芽大麥、水和酵母製成，雖然蒸餾業者偏好使用蘇格蘭大麥，但法律上並未對此強制要求——這樣做是聰明的，因為蘇格蘭的氣候變化莫測。大部分的蒸餾業者相信大麥品種不會影響風味，不過也有人相信一個名為黃金諾言（Golden Promise）的品種，的確會賦予烈酒不一樣的口感。

水
製造威士忌時，蒸餾廠需要大量純淨、低溫的水。因此找到一處穩定的水源至關重要，大部份的蒸餾廠使用泉水，但也有人使用湖水，甚至由城鎮供水。水質可能對發酵效率有些微的影響，但蒸餾業者普遍認為，水並不是影響威士忌最終風味的主要因素。

2 發麥芽
一粒大麥好比一小包澱粉。發麥芽這個步驟基本上就是把大麥泡在水裡，告訴它現在生長期開始了，讓它在陰涼潮溼的環境下發芽。這時酶會被觸發，把澱粉轉為蒸餾師所需的糖。為了確保能夠取得這些糖，他必須把大麥弄乾，讓它停止發芽。

這裡來到了蒸餾師要做的第一個決定：

3 燻窯選項1
用熱風烘乾發芽的大麥能夠停止發芽，但不會添加任何風味。

3 燻窯選項二2：泥煤
第二種選擇是在燃燒泥煤的明火上烘乾大麥。這種方法會為最終成品增添煙燻香氣。泥煤是半碳化的植物，燃燒時會散發芳香的煙，煙中的油（酚）會附著在大麥表面，許多蘇格蘭本土的威士忌含有少量泥煤煙燻味，絕大部分的煙燻麥芽威士忌來自島嶼產區，因為在那裡泥煤一直是家用和生產威士忌的傳統燃料。

要經過冷凝過濾嗎？
這個步驟能防止威士忌變濁，但會降低口感。

要做焦糖調色嗎？
添加焦糖有助於顏色標準化。

酒精度要多少？
法律規定威士忌的酒精度至少40％，最近「原桶強度」的麥芽威士忌愈來愈受歡迎。

裝瓶
到這裡，威士忌終於可以裝瓶了，但還有最後幾個決定要做。

熟成：時間
威士忌熟成需要時間。邏輯上來說，威士忌在木桶中的時間愈長，木桶對威士忌的影響愈大，最後會壓過威士忌的風味，讓人無法辨別它來自哪家蒸餾廠。活性高的木桶能夠較快產生這樣的效果，而填充過多次的木桶則幾乎沒有效果。酒瓶上標示的年份僅說明了這瓶酒所用的威士忌中酒齡最輕者在木桶中停留的時間，並無法指出木桶的活性高低。老並不就代表好。

木桶選項4：換桶
蒸餾師能藉由「換桶」，為威士忌的風味做最後的修飾。這道手續是把熟成過的威士忌（通常來自波本桶或二次填充桶），在陳放過雪莉酒、波特酒、馬德拉酒、葡萄酒等活性還很高的木桶中進行短時間的二次熟成，為威士忌注入這些木桶的特質。

木桶選項1：波本桶
這種木桶以美國橡木製成，這個樹種具有高含量的風味化合物，能使烈酒具有類似香草、焦糖布丁、松樹、桉樹、香料和椰子的香氣。

木桶選項2：雪莉桶
這種木桶以歐洲橡木製成，能賦予水果乾、丁香、沉香、核桃的香氣。歐洲橡木的顏色較飽和，造成口感不甜的單寧含量也較高。

木桶選項3：二次填充桶
威士忌蒸餾業者可能會重複使用木桶很多次，使用的次數愈多，橡木種類對威士忌的影響愈少。二次填裝桶對展現蒸餾廠特質有重要的作用。實務上，大部分的蒸餾業者會混合三種木桶，以增加風味的複雜度。

8 熟成
新酒會被稀釋到酒精度63.5％，然後裝入橡木桶中熟成。這些木桶通常都曾經盛裝過波本威士忌或是雪莉酒。分為三個時期：
1 排除期：藉由木桶的幫助，消除刺激性的新酒特質。
2 賦予期：新酒吸收木桶中的風味化合物。
3 互動期：木桶和新酒的風味融合在一起，增加複雜度。熟成時間、木桶的新舊程度和橡木種類都會造成影響。

4 磨麥

麥芽送到蒸餾廠磨成粗粉，稱為碎麥芽。

5 糖化

碎麥芽與攝氏 63.5 度的熱水在稱為糖化槽的大型容器中混合。熱水和碎麥芽一接觸，澱粉就開始轉化為糖。這種甜甜的液體稱為麥芽汁，之後會從糖化槽多孔的底部濾出。這個程序會再進行兩次，盡可能把糖提取出來。最後一次加入的熱水，會作為下次糖化步驟的第一次用水。

糖化選項 1：清澈的麥芽汁

蒸餾師將麥芽汁緩慢地從糖化槽抽出，便能夠得到清澈的麥芽汁，這比較容易製造出不具強烈穀物特質的酒汁。

糖化選項 2：混濁的麥芽汁

如果蒸餾師希望生產出不甜，具堅果、穀物特質的酒汁，必須快速抽取麥芽汁，帶入一些糖化槽中的固態物質。

6 發酵

接下來讓麥芽汁冷卻，然後被抽入稱為發酵槽的發酵容器中，可能為木製或不鏽鋼製。加入酵母後開始發酵。

發酵選項 1：短時間

發酵時，酵母會攝取糖，並將它轉化成酒精（這時的液體稱為酒汁），這個過程會在 48 小時內完成，如果蒸餾師採用「短時間」的選項，最終完成的烈酒會有較突出的麥芽特質。

發酵選項 2：長時間

長時間發酵（超過 55 小時）會發生酯化，生產出較輕盈、更複雜、具果香的風味。

酵母

以蘇格蘭威士忌來說，由於整個產業都採用同一種酵母，因此酵母對威士忌的風味沒有影響。但日本蒸餾業者會使用不同品種的酵母，在麥芽威士忌中創造出他們想要的風味。

銅

銅對威士忌的味道有重要的影響。因為銅會抓住重的元素，蒸餾師可以延長或限制酒精蒸氣和銅之間的「對話」時間，創造出他們所期望的風格。

7 蒸餾 A 階段

發酵液的酒精度為 8%（abv，體積酒精度，餘同），之後在銅製罐式蒸餾器中蒸餾兩次。第一次在「酒汁蒸餾器」中蒸餾，產出酒精度 23% 的「低度酒」，接著進入「烈酒蒸餾器」再蒸餾。這一次，蒸餾液會被分成三個部份：酒頭、酒心和酒尾。只有酒心會被保留下來進行熟成。酒頭和酒尾會回收，與下一批低度酒一起蒸餾。

蒸餾選項 1：長時間對話

酒精蒸氣和銅對話的時間愈長，最後的烈酒就愈輕盈。這代表高大的蒸餾器比小型的更能夠生產出輕盈的烈酒。此外，讓蒸餾器緩慢運轉也能延長對話時間。

蒸餾選項 2：短時間對話

相對地，對話時間愈短，最終的烈酒就愈厚重。使用小型蒸餾器和快速蒸餾，比較容易賦予這種特質。

蒸餾 B 階段：冷凝

酒精蒸氣在通過一套裝有冷水的冷凝裝置後，變回液體。在這裡蒸餾師能再一次選擇如何影響風味。

冷凝選項 1：殼管式

這是一種高大的柱型冷凝器，內有大量填充冷水的小銅管。當酒精蒸氣接觸到冷銅管，就會變回液體。因為具有較大的銅表面，殼管式冷凝器有助於使烈酒「輕化」。

切取酒心選項 1：早

在蒸餾過程中，酒的香氣會改變。最初較為輕盈細緻，如果蒸餾師希望製作一款芳香的威士忌，他會較早切取酒心。

蒸餾 C 階段：切取酒心

當冷凝後的新酒從二次蒸餾器中流入烈酒保險箱，蒸餾師必須將它分成三個部分：酒頭、酒心和酒尾。他在酒頭、酒心與酒心、酒尾間選擇的切取點，對風味也會有影響。

冷凝選擇 2：蟲桶式

這是傳統的冷凝方式，使用的是盤繞在冷水槽中的一條長銅管。因為這種方式的銅接觸較少，容易產生較厚重的烈酒。

切取酒心選擇 2：晚

隨著蒸餾繼續，香氣加深，變得更富油質和濃郁：煙燻味的酒就是這一種。如果蒸餾師希望製作厚重的酒，就會選擇較晚切取酒心。

穀物威士忌生產流程

穀物威士忌雖然往往是被忽略的威士忌類型，而且很少裝瓶，不過穀物威士忌在蘇格蘭的威士忌生產中占了很大的份額，在調和威士忌中更有極其重要的作用。它的生產過程和其他類型的威士忌一樣複雜，如本頁圖所示。

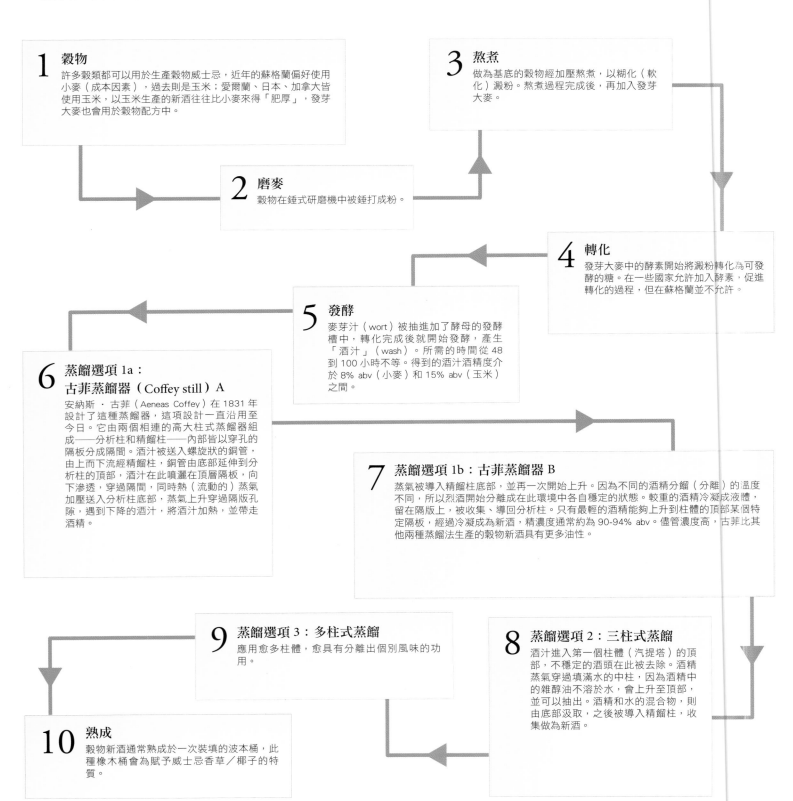

1 穀物
許多穀類都可以用於生產穀物威士忌，近年的蘇格蘭偏好使用小麥（成本因素），過去則是玉米；愛爾蘭、日本、加拿大皆使用玉米，以玉米生產的新酒往往比小麥來得「肥厚」，發芽大麥也會用於穀物配方中。

2 磨麥
穀物在錘式研磨機中被錘打成粉。

3 熬煮
做為基底的穀物經加壓熬煮，以糊化（軟化）澱粉。熬煮過程完成後，再加入發芽大麥。

4 轉化
發芽大麥中的酵素開始將澱粉轉化為可發酵的糖。在一些國家允許加入酵素，促進轉化的過程，但在蘇格蘭並不允許。

5 發酵
麥芽汁（wort）被抽進加了酵母的發酵槽中，轉化完成後就開始發酵，產生「酒汁」（wash）。所需的時間從 48 到 100 小時不等。得到的酒汁酒精度介於 8% abv（小麥）和 15% abv（玉米）之間。

6 蒸餾選項 1a：古菲蒸餾器（Coffey still）A
安納斯・古菲（Aeneas Coffey）在 1831 年設計了這種蒸餾器，這項設計一直沿用至今日。它由兩個相連的高大柱式蒸餾器組成──分析柱和精餾柱──內部皆以穿孔的隔板分成隔間。酒汁被送入螺旋狀的銅管，由上而下流經精餾柱，銅管由底部延伸到分析柱的頂部，酒汁在此噴灑在頂層隔板，向下滲透，穿過隔間，同時熱（流動的）蒸氣加壓送入分析柱底部，蒸氣上升穿過隔版孔隙，遇到下降的酒汁，將酒汁加熱，並帶走酒精。

7 蒸餾選項 1b：古菲蒸餾器 B
蒸氣被導入精餾柱底部，並再一次開始上升。因為不同的酒精分餾（分離）的溫度不同，所以烈酒開始分離成在此環境中各自穩定的狀態。較重的酒精冷凝成液體，留在隔版上，被收集、導回分析柱。只有最輕的酒精能夠上升到柱體的頂部某個特定隔板，經過冷凝成為新酒，精濃度通常約為 90-94% abv。儘管濃度高，古菲比其他兩種蒸餾法生產的穀物新酒具有更多油性。

8 蒸餾選項 2：三柱式蒸餾
酒汁進入第一個柱體（汽提塔）的頂部，不穩定的酒頭在此被去除。酒精蒸氣穿過填滿水的中柱，因為酒精中的雜醇油不溶於水，會上升至頂部，並可以抽出。酒精和水的混合物，則由底部汲取，之後被導入精餾柱，收集做為新酒。

9 蒸餾選項 3：多柱式蒸餾
應用愈多柱體，愈具有分離出個別風味的功用。

10 熟成
穀物新酒通常熟成於一次裝填的波本桶，此種橡木桶會為賦予威士忌香草／椰子的特質。

愛爾蘭純罐式蒸餾威士忌

這張流程圖描述了愛爾蘭純罐式蒸餾威士忌的製作過程——主要是愛爾蘭蒸餾者公司的密爾頓（Midleton）蒸餾廠的生產程序，它所產的威士忌用於尊美醇（Jameson）、權力（Powers）、「點（Spot）」系列和赤馥（Redbreast）這些品牌。目前，布什米爾（Bushmills）、庫利（Cooley）蒸餾廠沿用和蘇格蘭單一麥芽威士忌相似的生產方式，雖然布希密爾採用的是複雜的三重蒸餾（200-201頁有更詳細的介紹）。此外，庫利的二次蒸餾品牌康尼馬拉（Connemara），使用的是重泥煤煙燻的大麥。愛爾蘭蒸餾者公司（Irish Distillers）和庫利也生產穀物威士忌。

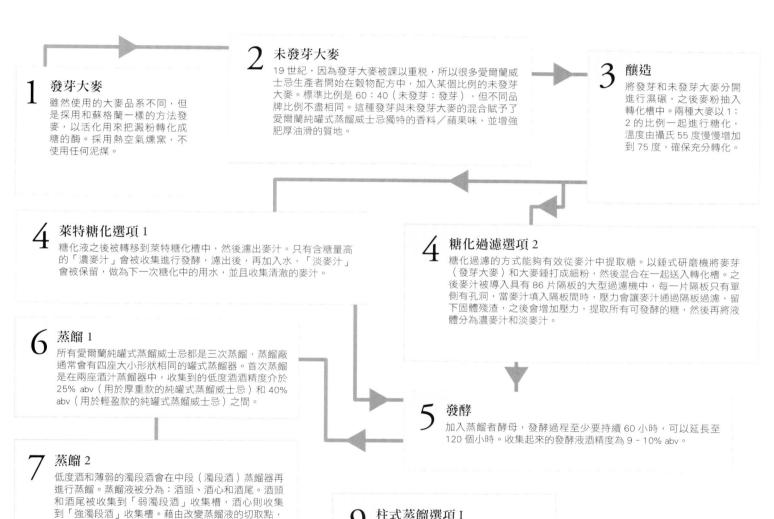

1 發芽大麥
雖然使用的大麥品系不同，但是採用和蘇格蘭一樣的方法發麥，以活化用來把澱粉轉化成糖的酶。採用熱空氣燻窯，不使用任何泥煤。

2 未發芽大麥
19世紀，因為發芽大麥被課以重稅，所以很多愛爾蘭威士忌生產者開始在穀物配方中，加入某個比例的未發芽大麥。標準比例是60：40（未發芽：發芽），但不同品牌比例不盡相同。這種發芽與未發芽大麥的混合賦予了愛爾蘭純罐式蒸餾威士忌獨特的香料／蘋果味，並增強肥厚油滑的質地。

3 釀造
將發芽和未發芽大麥分開進行濕碾，之後麥粉抽入轉化槽中。兩種大麥以1：2的比例一起進行糖化，溫度由攝氏55度慢慢增加到75度，確保充分轉化。

4 萊特糖化選項1
糖化液之後被轉移到萊特糖化槽中，然後濾出麥汁。只有含糖量高的「濃麥汁」會被收集進行發酵，濾出後，再加入水，「淡麥汁」會被保留，做為下一次糖化中的用水，並且收集清澈的麥汁。

4 糖化過濾選項2
糖化過濾的方式能夠有效從麥汁中提取糖。以錘式研磨機將麥芽（發芽大麥）和大麥錘打成細粉，然後混合在一起送入轉化槽。之後麥汁被導入具有86片隔板的大型過濾機中，每一片隔板只有單側有孔洞，當麥汁填入隔板間時，壓力會讓麥汁通過隔板過濾，留下固體殘渣，之後會增加壓力，提取所有可發酵的糖，然後再將液體分為濃麥汁和淡麥汁。

6 蒸餾1
所有愛爾蘭純罐式蒸餾威士忌都是三次蒸餾，蒸餾廠通常會有四座大小形狀相同的罐式蒸餾器。首次蒸餾是在兩座酒汁蒸餾器中，收集到的低度酒酒精度介於25% abv（用於厚重款的純罐式蒸餾威士忌）和40% abv（用於輕盈款的純罐式蒸餾威士忌）之間。

5 發酵
加入蒸餾者酵母，發酵過程至少要持續60小時，可以延長至120個小時。收集起來的發酵液酒精度為9-10% abv。

7 蒸餾2
低度酒和薄弱的濁段酒會在中段（濁段酒）蒸餾器再進行蒸餾。蒸餾液被分為：酒頭、酒心和酒尾。酒頭和酒尾被收集到「弱濁段酒」收集槽，酒心則收集到「強濁段酒」收集槽。藉由改變蒸餾液的切取點，能保留或去除不同的風味，酒心的強度愈低，產出的新酒愈厚重，愈高則愈輕盈。

9 柱式蒸餾選項I
留在三座蒸餾器中的酒精殘留物，送入兩座柱式蒸餾器，蒸餾出「柱式濁段酒」，可用於之後的罐式蒸餾中，創造特定的風格。

8 蒸餾3
再一次，將蒸餾液分成三部分，酒頭被收集做為「強濁段酒」，酒心被收集進行熟成，酒尾被分為二，第一段送入強濁段酒收集槽，第二段送入弱濁段酒收集槽。不同的切取點同樣也會創造不同的特質。

柱式蒸餾選項II
雖然說純罐式蒸餾威士忌不會使用柱式蒸餾，不過蒸餾師可以選擇在任何時間點將蒸餾液導入柱式蒸餾器，讓調和威士忌時能有更多的選項。一些蒸餾廠也生產100%柱式蒸餾以玉米為基底的穀物威士忌，以及發芽大麥穀物威士忌。

10 熟成
使用的橡木桶類型廣泛，許多都是訂製的，包括雪莉桶、波特桶和馬德拉桶。大部分新酒用的都是首次填充桶。

肯塔基和田納西威士忌生產流程

波本威士忌蒸餾廠在創造自己的風格時，也要面對同樣多的決策點。蒸餾廠數量雖然相對較少，但有非常多各式風格和品牌，他們透過不同的穀物比例、酵母類型、酸渣的使用量、蒸餾強度、橡木桶強度和酒桶存放在倉庫的位置，來表現自己的獨特性。

2 磨麥
穀物分別進行磨碾，不混合。

1 穀物配方
玉米能提供富油脂的甜味，生產波本威士忌，玉米的含量至少要有 51%。發芽大麥能提供轉化澱粉為糖的酵素，裸麥能提供香料味和酸度。生產純裸麥威士忌，小麥的含量至少要有 51%，而小麥能帶來較甜、細膩的效果。玉米與其他穀物的比例也會對威士忌成品帶來顯著的影響，裸麥的比例愈高，最終成品愈辛辣。蒸餾廠所用的穀物配方往往不只一種。

3 水
石灰岩硬水含有高度的礦物質。

9 二次蒸餾
這個步驟在「重擊器」（裝有水的容器，酒精蒸氣經過時能提取其中的重元素）或是「加倍器」（一款簡單的罐式蒸餾器）中進行，蒸餾後的烈酒酒精度對風味的形成非常重要。根據法律規定，「白狗」（新酒）的酒精度不得高於 80% abv，大部分蒸餾師採集的新酒遠低於此標準，白狗的酒精度愈低，特質愈飽滿。隨著精釀蒸餾的增加，罐式蒸餾器如今也開始用於生產波本威士忌。

8 蒸餾
啤酒接著會在一座由穿孔隔板水平間隔的單一柱式蒸餾器中蒸餾，從頂部注入，熱蒸氣則由底部導入。當啤酒穿過柱式蒸餾器中的隔板，遇到上升的蒸氣，蒸氣會帶走其中的酒精，經過冷凝後成為烈酒，酒精度約為 55 到 60% abv。留在蒸餾器底部的酸性殘留物就是酸渣／回流。

田納西威士忌
在美國田納西州，蒸餾後的白狗會在裝著糖楓木炭的大桶中過濾，除去新酒中刺激的元素。

10 熟成
白狗的酒精度必須被稀釋到 62.5% abv 以下。同樣地，橡木桶強度會影響風味。必須以新製成、重度烤桶、容量 200 公升的橡木桶進行熟成。

4 熬煮

A 加熱玉米／水的混合物到接近沸騰，之後用壓力鍋或是無頂鍋爐熬煮，糊化澱粉。

B 因為裸麥和小麥會在高溫中結塊，因此等到溫度下降到攝氏 77 度才加入，熬煮後將混合物冷卻到攝氏 63.5 度。

C 此時加入發芽大麥，為的是將澱粉轉化成可發酵的糖。接著加入兩種成分，使發酵得以開始。

5 回流／酸渣／底層殘渣

蒸餾即將結束時，殘留的酸性液體被加入發酵槽中，能調整發酵的酸鹼值，並避免細菌感染。加入酸渣的比例會影響糖化液中糖的比例，所以風格較清新的波本威士忌使用的酸渣較少，而每一款波本威士忌都有加入酸渣的工序。

6 酵母

每間蒸餾廠都有自己的、或者專利的酵母菌株。廠方都會小心守護，因為酵母的特質對成品威士忌有重大影響，能促進特定同源物（又稱風味元素）的發展。

7 發酵

通常最多需要三天，最後得到的啤酒酒精度約為 5-6% abv。

10 倉儲

倉庫對於新酒的特質有著長遠的影響。倉庫裡的溫度愈高，新酒和橡木之間的交互作用用愈活躍，相對地，倉庫環境愈涼爽，作用愈緩慢。這代表倉庫的所在位置、樓層數和建材（磚塊、金屬、木材）對風味的形成相當重要。同樣地，橡木桶在倉庫裡的位置對風味也有影響。有些蒸餾廠會周期性輪流移動橡木桶，以得到均衡的熟成程度；有的廠會把橡木桶「撒」（分散放置）在不同的倉庫裡；有的廠則會為特定品牌預留倉庫中的某些位置或樓層。根據法律規定，熟成過程至少要兩年以上。

林肯郡工序（Lincoln County Process）的第一步——木炭燒製作業，圖為傑克丹尼蒸餾廠。

風土

當蘇格蘭的威士忌公司想要找一個方式，說明蘇格蘭各地都在生產威士忌時，風土就被包覆在地域性的概念之中。這個出發點是好的，問題是它經不起檢視。這些地域性界線並不是地理上的，而是政治上的；各地區的範圍也過於廣大。我們真的要相信在高地區（Highlands），從格拉斯哥市（Glasgow）郊外到奧克尼群島（Orkney）的每一款威士忌喝起來都是一樣的？達夫鎮（Dufftown）的每款烈酒味道也都一樣嗎？不一樣。難道威廉・格蘭特（William Grant）在這個鎮上擁有的三家蒸餾廠，出產的每款威士忌味道都一樣嗎？還是不一樣。

　　威士忌的重點在個性，講求獨一無二（在單一麥芽威士忌中被遺忘的詞），因此，如果地域性其實是屬於政治和經濟的議題——而造就斯佩塞（Speyside）的因素有一半是調酒師，一半是地質——這是不是代表我們就不考慮風土了？不是。我們是要解救它，而且要更深入檢視它。

　　風土包括土壤、地理、土壤生態、微生物、太陽輻射、氣象，還有其他很多因素。它是關於地點的重要性，闡述地球上某個地點之所以出現某一樣東西，可能是一株葡萄藤或是一座蒸餾廠，這背後所代表的意義。回來談達夫鎮：格蘭菲迪（Glenfiddich）、百富（The Balvenie）、奇富（Kininvie）都具有各自的風土，慕赫（Mortlach）和格蘭杜蘭（Glendullan）也是。森林也有風土，瑞士橡木和西班牙橡木是同一個樹種，風味卻不一樣。背陽坡的樹和向陽坡的樹，風味也不一樣。大麥的品種也受風土影響。

　　人和這一切的互動也屬於風土。從品飲者的角度來看，如果能夠更深度、有意識地了解環境，就能對威士忌有更深層的欣賞。以艾雷島為例，酒本身不見得會過濾出這座島嶼的氣味，不過如果你敞開心胸，更深一層解讀這座島嶼，你會發現這是分辨得出來的。帶有繡線菊的蜂蜜味和花香的是布魯萊迪（Bruichladdich）；卡爾

下圖：泥煤的使用，是蘇格蘭的土地和威士忌最明顯的聯結。

右頁圖：艾雷島的樂加維林蒸餾廠的威士忌，就像是將蒸餾廠周圍環境一併蒸餾而成的產物。

里拉（Caol Ila）的味道像被風吹拂的海灘和滿布海藻的馬希爾灣（Machir Bay）；齊侯門（Kilchoman）會讓你嘗到帶有牡蠣的鹽水味；布納哈本（Bunnahabhain）是有香草植物的林地氣味；阿貝（Ardbeg）的礦物味就像用鹽洗過的潮濕石頭和土地；拉弗格（Laphroaig）是瀝青和乾海草；樂加維林（Lagavulin）是沼澤桃金孃和潮間帶水坑；波摩（Bowmore）是花香和鹽味的混合；當然還有艾雷島的煙燻味，因為島上的氣候和地質而顯得與眾不同。這就是風土。這是一種互相連結的、多層次的、部分交疊的文化風土的概念，一種人與地和諧共處的表現。

日本威士忌之所以「日本」，不僅是因為氣候、橡木和酵母，而是因為日本的文化美學支撐著威士忌，如同它對食物、藝術、花道或詩歌所造成的影響。所有用心追求突破的日本蒸餾師都說過類似這樣的話：「我們要讓我們的威士忌能反映出這個自己出身的地方。」指的就是他們的田野、土地、上面所生長的作物，還有空氣、風、雨造成的效果，以及過去。

根據法國 Hautes Glaces 酒莊的弗雷德 · 瑞弗（Fred Revol）的說法：「風土會被誤解為是撒手不管，讓土地提供一切，人類無關緊要。這是不正確的。風土不僅僅是關於土地和海拔，還有流程和技術絕竅。這是人在某個時間、某個地點創造出來的產物。」哥本哈根 Noma 餐廳的瑞恩 · 瑞茲匹（Rene Redzepi）闡述他對風土的解讀：「一種對時間和地點——季節和所在的地方——的基本了解。」

這應該適用於所有的威士忌。用心的蒸餾師能做出更出色的產品，威士忌不只是一項產品，它是時間和地點的蒸餾液，由人類動手。這就是風土。

風味

那麼我們要怎麼去搞清楚這一切呢？就是透過風味；透過把鼻子伸進酒杯裡、深吸一口氣這個動作。每次我們聞威士忌，都有畫面浮現，產生嗅幻覺，其中就提供了威士忌特質的線索。如果你喜歡的話，這個畫面本身就是一幅地圖，告訴你關於蒸餾、橡木桶和時間等訊息。就像奇華頓公司（Givaudan）的香味專家羅曼‧凱澤（Roman Kaiser）在他的著作《世界各地最具涵義的香氣》（Meaningful Scents Around The World）中所寫的：「嗅覺能讓我們感受到其他的生命個體。」

生活中，我們隨時都在聞。香味幫助我們理解這個世界，但我們卻是不帶意識地從事這個行為。在 18、19 世紀，哲學家和科學家認為視覺是較優越的感官，而嗅覺則是「與野蠻、甚至瘋狂相關的一種原始粗野的能力」。凱澤認為這是當時的人蓄意貶低嗅覺。還有一種情況是，隨著年紀漸長，我們很容易忘記要有意識地聞東西，既然已經知道花的香味，為什麼還要區分出水仙花和鳶尾花的不同？事實上，當我們專注於品鑑一杯威士忌時，腦海中出現的很多畫面都是來自童年，這證明了我們在人生的某個階段，的確曾經不厭其煩地在聞味道。

風味——我指的是香氣和口味——是我們用來區分威士忌的最終根據。也許我們會被包裝吸引，或是發現價格特別誘人（或是嚇人），我們也可能會為產區著迷，不過買下一杯或是一瓶威士忌的主要原因，是因為我們喜歡它的風味。這個風味吸引我們，在我們耳邊訴說，觸動了我們的內心。

但在腦海中浮現的畫面又代表什麼？香草、烤布蕾、椰子（1970年代的助曬油）和松樹的香氣，表示這款威士忌是以美國橡木桶熟成。那麼水果乾和丁香的畫面呢？就是暗示用過雪莉桶。春天原野的畫面——如茵的綠草和野花——說明了漫長緩慢的蒸餾過程，蒸氣和銅進行了相當長時間的對話。而那些讓人聯想到烤肉的香氣，則代表短時間的銅對話，可能使用了蟲桶。有強烈、但是井然有序的香氣嗎？很可能是日本威士忌。

拿起一杯波本威士忌來品嘗。是不是覺得香料味和酸味突然襲擊舌根？這是裸麥在作用——香料味愈濃，表示穀物配方中含有愈多裸麥成分。感受到愛爾蘭威士忌的油脂感嗎？這是未發芽大麥。田納西威士忌的煤煙感？這是經過活性炭圓潤槽處理的效果。這些風味都是天然的，有的來自蒸餾廠，或是來自橡木桶，或是來自兩者之間的長時間交互作用——成了有些老酒的那股帶有皮革、蕈類以及如腐臭般的濃郁風味。

說不出是什麼味道嗎？閉上眼睛，想想這款威士忌讓你想到哪個季節。這時不僅香氣會瞬間聚焦，也能告訴你品飲這款威士忌的最佳方式。有春天感覺的威士忌，適合冷飲，也許可以加些冰塊在餐前品嘗。香氣豐富、有秋天的感覺呢？適合晚餐後慢慢享用。

沒有一種烈酒擁有如此複雜的風味陣容，沒有一款烈酒能在香氣譜上，從耳語般的輕柔跨越到泥煤煙燻的沉重。別把一款威士忌當成一個品牌看待，而是把它視為一套風味組合。如果你了解風味，你就了解威士忌了。現在我們開始探索吧。

左頁：威士忌中的香氣萬花筒——從香料、水果到蜂蜜、煙燻和堅果。不僅與真實世界牢牢相繫，並且能喚起我們的回憶。

嗅幻覺：威士忌的特質會透過嗅聞者腦海中的畫面來表現。

如何品嘗

我們都知道怎麼品嘗東西。對於擺在面前的一盤食物，你當下就會有非常立即（而且明確）的看法。但是一杯威士忌擺到你面前時，大多數人會發現要找到合適的字眼來描述它的香氣和味道並不是件容易的事。為什麼？這並不代表你嘗不出威士忌的味道，只是因為沒有人花時間向你解釋威士忌的語言，讓它變得容易理解。

　　威士忌目前所處的狀況，就好比 20 年前的葡萄酒——消費者渴望嘗試，但是沒有一套語言可以用來描述他想要的東西。這時候文字不但幫不上忙，反而成了一道屏障。讓人以為要「了解」麥芽威士忌，就要加入某個祕密社團，才能獲得解讀的密碼。這絕不可能鼓勵新的品飲者開始嘗試。那麼要使用什麼樣的語言，才不會讓人在形容詞、名詞之中糾結苦惱，深陷在過於複雜的技術細節裡？答案是，保持簡單。要是一開始能用簡單的方式談論風味——風味從哪裡來，代表什麼意思——就不需要一套新的語言。

　　本書介紹的每一間蒸餾廠及其產品，都包括了一系列代表性威士忌的品飲筆記，並會將之歸入某個風味陣營，能幫助你比較和對照類型相似的威士忌，同時也展現出蒸餾師如何透過熟成、或是運用不同種類的橡木桶，或者兩者並用，使威士忌從某個陣營的風味轉移到另一個陣營。找一個你原本熟悉的威士忌，然後在同一個風味陣營中，找一個你從未嘗試過的威士忌，比較這兩者看看，有哪些相似之處、又有哪些不同之處？不需要用花俏的描述把事情複雜化，簡單地描述像是水果味、清淡或煙燻味就足夠了。然後再找另一款威士忌，就這樣一直重複下去！

右頁：蒸餾師正用鼻子確認威士忌的熟成是否恰當。
下圖：評估威士忌時，使用正確的酒杯非常重要

風味陣營

品酒的過程很簡單，在聞香杯中倒入少量威士忌。開始當然是先觀察顏色，但重點是把鼻子探入杯子裡嗅聞。你聞到的是什麼香氣？腦海中浮現什麼畫面？這款威士忌屬於下面哪一個風味陣營？然後嘗一口，你會察覺到更多你已經注意到的香氣，不過請特別留意威士忌在你的口中的表現。口感是什麼？濃厚，包覆著舌頭？充滿口中，清淡？是甜的，還是不甜，還是清爽的？它應該像一首樂曲或一則故事，有開頭、中間和結尾。再來，加入一點水，一點點就好，然後重複一次上面的過程。

芬芳花香型

這種威士忌的香氣會讓人聯想到剛剪下的花朵、果樹開的花、剛割下的青草，和稍青澀的水果（蘋果、洋梨、甜瓜），口感輕盈，略甜，經常帶有新鮮的酸度，適合做為開胃酒，或是當成像白葡萄酒般飲用：開瓶後放入冰箱，冰過之後倒入葡萄酒杯來喝。

麥芽不甜型

這種威士忌聞起來比較不甜。味道乾爽，帶有餅乾味，有時是塵土味，其中的香氣會讓人聯想到麵粉、早餐麥片和堅果。口感一樣不甜，通常橡木的甜味能和它平衡。同樣也是很好的開胃酒，或搭配早餐的威士忌。

水果香料型

書中所談的水果指的是成熟的果園水果，如桃子、杏桃，或是一些熱帶水果，例如芒果。這種威士忌也會表現出美國橡木桶帶來的香草味、椰子味，和類似卡士達醬的香氣。香料味出現在尾韻，往往帶甜味——像是肉桂和肉豆蔻。酒體稍重，是百搭型的威士忌，適合在任何時間享用。

豐富圓潤型

這個陣營也有水果味，不過是乾燥的水果：葡萄乾、無花果、椰棗和無籽葡萄乾，顯示使用的是裝過雪莉酒的歐洲橡木桶。可能會有稍微不甜的口感——這是橡木桶的單寧所致。此一類型的威士忌具有深度，有時甜，有時帶有肉味，最適合晚餐後飲用。

煙燻泥煤型

煙燻味來自烘乾麥芽時燃燒的泥煤，賦予了威士忌一系列完全不同的香氣，從煤煙味到正山小種紅茶、焦油、燻魚、煙燻培根、燃燒的石南植物、木頭的煙味等，往往伴有輕微的油脂感。所有的泥煤型威士忌都有一個最佳平衡點，低年份的泥煤威士忌是喚醒你的最佳開胃酒，可加入蘇打水品嘗。高年份、較醇厚的酒款，適合傍晚飲用。

肯塔基、田納西和加拿大威士忌
柔順玉米型

玉米是製造這些威士忌的主要穀物，能帶來甘甜的氣味，和肥厚、奶油般油潤，以及多汁的口感。

在日本山崎（Yamazaki）蒸餾廠的這些瓶子，每一瓶所裝的威士忌都有獨一無二的個性和特點。用風味陣營加以區分，事情就簡單得多。

甘甜小麥型

波本蒸餾師偶爾會以小麥取代裸麥，能為波本的風味增添一股柔和、圓潤的甜味。

濃郁橡木型

　　所有的波本威士忌都必須用全新的橡木桶熟成，使威士忌吸收其中豐富的、帶有香草味特點的香氣，伴隨著椰子、松樹、櫻桃、甜香料味。波本在桶中的時間愈長，萃取物的濃郁度愈高，最後會出現像是菸草和皮革的風味。

辛辣裸麥型

　　裸麥威士忌往往能讓人聞到強烈、略帶香水味、有時帶有少許塵土香氣的風味型態──或是類似新鮮烘焙的裸麥麵包香。入口之後會先感受到肥厚的玉米味，裸麥才又顯現，會增添一種帶酸度、辛辣的刺激感，喚醒味蕾。

單一麥芽威士忌風味地圖

製作這張風味地圖（Flavour Map™），是為了幫助面對市場上形形色色的威士忌而感到手足無措的消費者。每一款威士忌都是一個個體，我們沒有辦法單以產區做為判斷風味的依據，我們也不能指望零售商和酒吧來做這件事──他們大多是用威士忌名稱的字母或產區來排列。所以我們要怎麼用一套公認的術語，來描述威士忌的獨特性呢？

教導消費者、調酒師和零售商品飲威士忌是我的工作項目之一，過去我發現自己常常一不小心，就使用了太複雜的言語，可是想用簡單的方式解釋風味，難度卻非常高。

有一天我和帝亞吉歐的調酒大師吉姆·貝夫睿（Jim Beveridge）討論到，要怎麼用淺顯的語言，讓人學會挑選他們想要的威士忌。他在一張紙上畫了兩條線給我。「我們在實驗室時是這麼做。」他說，「用來幫助我們規畫調和威士忌的不同成分，也能用來比較約翰走路和其他調和威士忌。」我後來發現，這個方法不只威士忌調和師愛用，其他烈酒和香水產業也普遍採用。然後我、吉姆和他的同事莫琳·羅賓森（Maureen Robinson）就一起想辦法製作一張能讓消費者輕易理解的調和師圖表。

最後的成果就是這張圖。風味地圖的使用方式很簡單，垂直軸下方「細緻」這一端，代表威士忌風味乾淨單純，沿著這條軸線愈往上的威士忌愈複雜，當開始分辨得出煙燻味，它就會被劃分到中心點以上，煙燻味愈明顯，在垂直軸上的位置愈高。

水平軸的兩端由「淡」到「濃」，從最清盈、芳香味最強的開始，往中心點前進，一路經過青草味、麥芽味、漿果味和蜂蜜味。跨越中心點後，開始往「濃」前進，橡木桶的影響變得更重要：一開始是美國橡木桶的香草和香料味，一直到最右手邊是由雪莉桶的乾燥水果風味成為主導特質。

必須強調的一點是，這張地圖並不代表有任何一款威士忌比他款好，只是單純說明各款威士忌的主要風味特質是什麼。地圖上的區域也沒有好壞之分，這是一個將蘇格蘭單一麥芽威士忌分類的通用工具。因為空間不足，這張地圖並未標出市場上所有的威士忌，不過我們選擇了不少最受歡迎的酒款，這些在書中都找得到。

我們會持續檢視並更新這張風味地圖，以使之適用於新的風味和風格的改變。希望這張地圖能讓你對威士忌之間相似性和差異性產生概念。如果你不喜歡泥煤味，就不要找在「煙燻」這條線上位置太高的產品。如果看到一個你知道而且喜愛的品牌，透過這張圖你也能找到另外一個類似的酒款來嘗試。好好利用它吧！

風味地圖由戴夫·布魯姆和蘇格蘭帝亞吉歐有限公司合作完成。地圖上標註的蘇格蘭單一麥芽威士忌品牌，部分屬於帝亞吉歐，還有一些屬於其他公司所有；後者使用的也許是第三方的註冊商標。

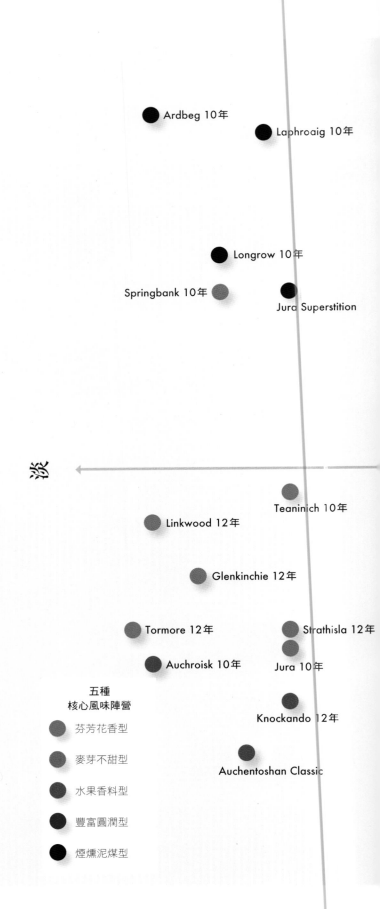

淡

Ardbeg 10年
Laphroaig 10年
Longrow 10年
Springbank 10年
Jura Superstition

Teaninich 10年
Linkwood 12年
Glenkinchie 12年
Tormore 12年
Strathisla 12年
Auchroisk 10年
Jura 10年
Knockando 12年
Auchentoshan Classic

五種
核心風味陣營

芬芳花香型
麥芽不甜型
水果香料型
豐富圓潤型
煙燻泥煤型

煙燻

Laphroaig Quarter Cask　　Ardbeg Uigedail
　　　　　　　Lagavulin 12年

Lagavulin 16年
Laphroaig 15年
Lagavulin Distillers Edition

Caol Ila 12年

Caol Ila 18年
Bowmore 12年
Talister 18年　　Talister 25年

Talister 10年

Ardmore Traditional Cask
Brora 30年
Highland Park 12年
Highland Park 18年
Springbank 15年Old 16年
Bowmore Legend　　BenRiach 16年　　The Singleton of Glen Ord 18年

Old Pulteney 12年
Oban Distillers Edition
Oban 14年　　Cragganmore 12年　　　　Cragganmore Distillers Edition
Dalwhinnie Distillers Edition　　Mortlach 16年
Bruichladdich 15年
Benrinnes 15年
The Singleton of Glendullan 12年
Dalwhinnie 15年　　　　　　　The Singleton of Dufftown 12年　　　濃
Glenmorangie 18年
Cardhu 12年　　Clynelish 14年　　Clynelish Distillers Edition　　Macallan 12年　　Glenfarclas 15年
Glen Elgin 12年　　Glenmorangie The Original 10年
Royal Lochnagar 12年　　Dalmore 12年　　Scapa 16年　　Macallan 10年Fine Oak
Longmorn16年　　　　　Glenmorangie La Santa　　Balvenie Double Wood
Bruichladdich 10年　　　Glenrothes Special Reserve　　Glenkinchie Distillers Edition
Cardhu Special Cask Reserve　　Macallan 12年Fine Oak
The Glenlivet 12年　　　　　　　　　　Glenfiddich 18年
Glenfiddich Solera
The Glenfiddich 12年　　　Balvenie 12年Signature　　Aberlour 15年
Aberlour 10年
Bunnahabhain 12年　　Aberlour a'bunadh
The Glenlivet 18年

Auchentoshan Three Wood
Auchentoshan 12年　　The Glenlivet 15年

細緻

蘇格蘭

蘇格蘭主宰了威士忌世界，所生產的威士忌就直接以國名稱之。有一次在突尼西亞，我懶得繼續解釋蘇格蘭究竟在哪裡，就脫口說出「威士忌！」大家馬上就明白他們眼前這個外國人是來自「威士忌的國度」。蘇格蘭（Scotch）是一種威士忌的風格，也是一個國家的稱呼，這個國家的地理條件，常常逼得你不得不繞路而行──繞著湖岸走，因為沒有橋可以跨越；前往某個島嶼要坐船，而不是搭飛機；進入偏遠的山區要走路不能開車，因為沒有公路。這裡的自然景觀沒什麼章法，它的威士忌也是這樣。蘇格蘭也是個充滿矛盾的國家。1919 年評論家 G・葛雷戈里・史密斯（G. Gregory Smith）稱蘇格蘭文學（乃至於蘇格蘭人的精神特質）的最大特點是「迂迴的矛盾」，他稱之為「蘇格蘭式反融合體（Caledonian antisyzygy）」。蘇格蘭威士忌也具有這種特點。

前頁：謎樣而孤獨的場景，其中包含了威士忌製作的兩種元素：泥煤和水。

蘇格蘭威士忌提煉了土地的香氣：荊豆的椰香、金雀花的綠色豆莢香氣、攤在熱沙灘上的潮濕海草、野櫻花的淡雅花香。還有石南花的撲鼻濃香、沼澤香桃木的油脂感、剛割過的青草味，以及各式各樣的泥煤香氣：煙燻室和海灘上的篝火味，牡蠣殼和鹽水味。然後是來自海外的香氣：茶和咖啡、雪莉酒、葡萄乾、茴香、肉桂和肉豆蔻。這一切風味都有化學上的原因，但也少不了文化上的原因。

每一間麥芽威士忌蒸餾廠做的都是同樣的事情：發麥、磨麥、糖化、發酵、蒸餾兩次（有時候是三次），之後在橡木桶中熟成。我寫這本書的時候，一共有 112 間蒸餾廠在做這些工作，成果超過 115 種。

在「單一麥芽威士忌」的定義中，最重要的是「單一」兩字。為什麼一家蒸餾廠和鄰近蒸餾廠做同樣的事，卻得到不同的結果？在這一章我們會設法找出一些線索，就從新酒開始。只看最後的產品，是無法完全了解一款威士忌的。你喝下的只是酒液、木材和空氣在 12 年、甚至更長時間之中交互作用的故事，其中的參考點太多了。想要尋找每款單一麥芽威士忌的獨特性，你必須追溯到它的源頭，也就是從蒸餾師的心智注入烈酒保險箱（spirit safe）的那股知識清泉。穀物威士忌也是如此。要踏上這趟風味之旅，就一定要設法了解每一款威士忌的 DNA。

不要指望找到絕對的答案，也別依賴數字和圖表。每一款威士忌的獨特性可能是來自倉庫的微氣候，也說不定倉庫的類型有關，或是糖化室的氣壓、蒸餾器的大小形狀、發酵的性質。是的，接下來的內容我們會討論回流、純淨器、麥汁密度，和溫度與氧化的設定，不過說到底，每一位蒸餾師都會同意，無論他累積了多豐富的威士忌知識，蒸餾廠還是會呈現他預期外的風格。無論是在島上、牧草地上還是山上的蒸餾廠，蒸餾師總會聳聳肩說：「風味？老實說，我不清楚，那就是跟這個地方有關的東西。」也就是蘇格蘭。

威士忌的許多祕密，就隱藏在蘇格蘭這片偏僻而荒涼的美麗景觀之中。

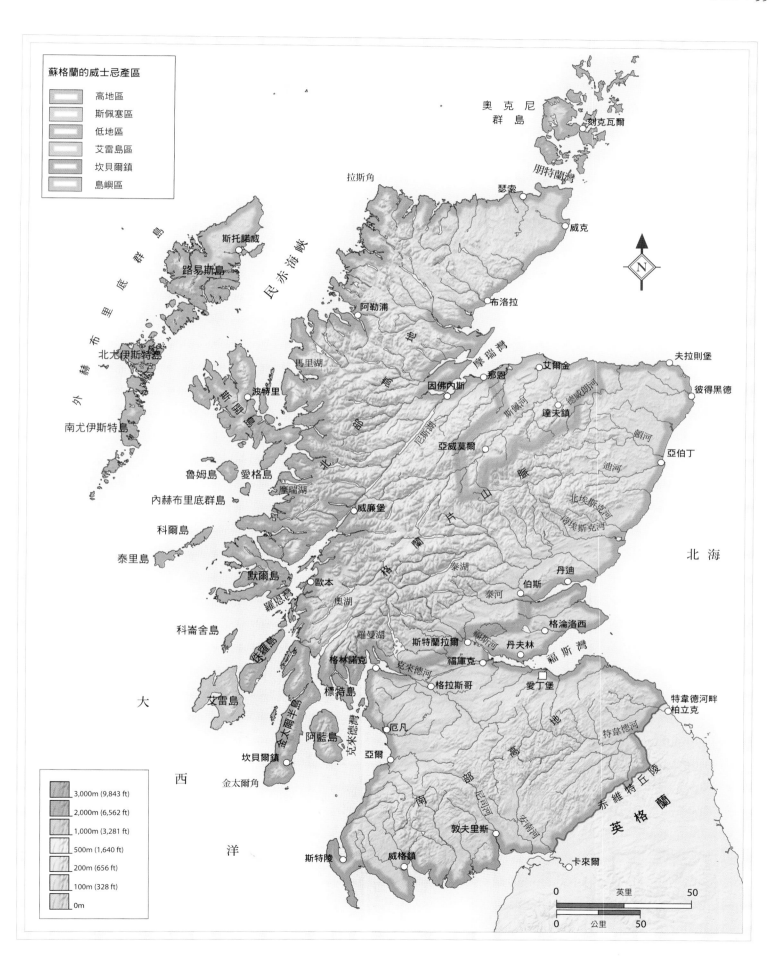

蘇格蘭的威士忌產區

高地區
斯佩塞區
低地區
艾雷島區
坎貝爾鎮
島嶼區

奧克尼
群島

刻克瓦爾

朋特蘭灣

拉斯角

瑟索

威克

外
赫
布
里
底
群
島

斯托諾威

路易斯島

民赤海峽

布洛拉

阿勒浦

馬里湖

摩瑞灣

艾爾金

夫拉則堡

北尤伊斯特島

波特里

那恩

因佛內斯

彼得黑德

斯凱島

達夫鎮

德威朗河

亞威莫爾

斯佩河

南尤伊斯特島

內赫布里底群島

魯姆島

愛格島

摩瑞湖

尼斯湖

亞伯丁

頓河

迪河

北
部
高
地

北埃斯克河

南埃斯克河

威廉堡

科爾島

泰里島

默爾島

歐本

奧湖

羅恩灣

羅曼湖

格
蘭
北
大
山
脈

泰湖

泰河

丹迪

伯斯

北 海

科崙舍島

克羅島

侏羅島

格林諾克

斯特蘭拉爾

福庫克

格淪洛西

福斯灣

丹夫林

雅羅河

愛丁堡

大

西

洋

艾雷島

金太爾半島

標特島

阿藍島

克
萊
德
灣

克萊德河

格拉斯哥

厄凡

坎貝爾鎮

亞爾

特韋德河畔
柏立克

南
部
高
地

特韋德河

金太爾角

尼司河

安南河

赤維特丘陵

敦夫里斯

英 格 蘭

斯特陵

威格鎮

卡來爾

3,000m (9,843 ft)
2,000m (6,562 ft)
1,000m (3,281 ft)
500m (1,640 ft)
200m (656 ft)
100m (328 ft)
0m

0   英里   50

0   公里   50

斯佩塞

什麼是斯佩塞？它是一個法定的地區名稱，但這個名字最多只能告訴你斯佩塞不是什麼（或者不是哪裡）。長久以來，斯佩塞是生產麥芽威士忌的核心地帶，這個印象很容易讓人以為所有的斯佩塞威士忌都屬於同一類。事實並非如此。並沒有所謂的單一斯佩塞風格，正如斯佩塞不是只有一種自然景觀一樣。

難以翻越的高山，成為私酒商的避風港和走私者的祕密通道。

你要怎麼拿崎嶇不平的布雷斯（Braes）和利威河谷（Glen Livet）曠野，來和肥沃多產的摩瑞平原（Laich O' Moray）相比較？或者把本利林（Ben Rinnes）山區密集的蒸餾廠，與基斯鎮（Keith）或達夫鎮（Dufftown）的蒸餾廠放在一起談？再進一步深究，就算光看達夫鎮這個自詡為威士忌之都的地方，難道就能認定這裡的各家酒款之間有什麼共通性？

接下來幾頁所介紹的「蒸餾廠群」，雖然顯示出蒸餾廠間的地緣關係，但真正要探索的是它們不同的個性。斯佩塞的精神在於蒸餾廠如何發現自我風格、試驗新想法，同時忠於傳統；也在於現代性，以及對微氣候的信心，而微氣候正是造就獨特性的因素。

斯佩塞的正式名稱是史塔斯佩（Strathspey），只是當地人大概從來沒用過這個名字；這裡的蒸餾廠都是農家蒸餾廠，經過1781年的私酒禁令、1783年高地線以南的威士忌被禁止出口，各教區的蒸餾器數量和大小也受到限制之後，他們發現，想要合法生產威士忌幾乎是不可能的，而用不合法的方式就會便宜很多。在此同時，低地區（Lowlands）對威士忌的需求上升，因而開始自行生產劣質的威士忌。18世紀末到19世紀初，私酒在地方上很普遍，直到1816年法令改變，以及1823年一次更大幅度的修法解除了限制之後，才激勵了商業蒸餾的出現。

這段歷史對斯佩塞威士忌的風味有什麼影響？我們可以發現從1823年起，斯佩塞逐漸往兩個方向發展：傳統的和新式的；小型蒸餾器的濃重風格和大型蒸餾器的輕快風格——到了19世紀末開始出現對調和威士忌的需求。某些最初的蒸餾廠之所以選擇走向清淡風格，或許也是一種心態上的反映——一種解放；其他蒸餾廠則堅守傳統。結果就形成了明亮與暗沉互別苗頭的現象，芬芳、陽光的特色，對上代表了隱密之處的深沉、質樸的麥芽味，與潮溼、昏黃的工寮和洞穴有關。如今，兩種風格在斯佩塞依然並存。

你可以想像，一個斯佩塞的蒸餾業者遙望著本利林山，思索各種可能的方向時，得到了和湯瑪斯・哈代（Thomas Hardy）的《還鄉記》（The Return of The Native）中主人翁相近的結論：「斜倚在山楂樹的殘樁上……知道周遭和腳底下的一切就像天上的星星一樣，亘古未變，於是，沉浮在無常的世事中、經常受到新事物煩擾的心靈，就能有所寄託。」

斯佩塞的重點是多樣性，而非共通性。在接下來的這趟斯佩塞之旅、等於也是蘇格蘭麥芽威士忌之旅中，我們將見到這種依地域而發展出來的個別性。真正存在的不是斯佩塞，而是蒸餾廠。

高山、平原、河川，斯佩塞的自然風貌就和這裡的威士忌風味一樣多變。

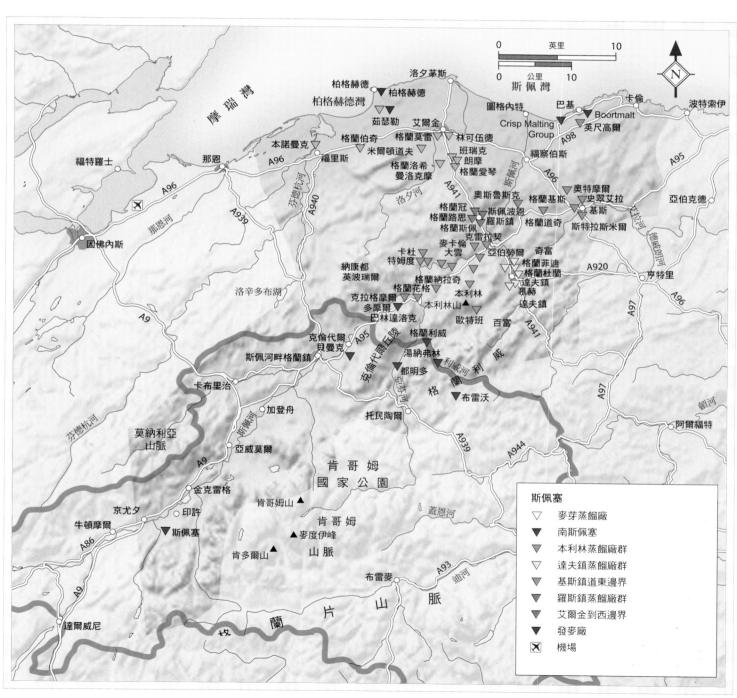

南斯佩塞

我們的旅程就從這裡開始，斯佩塞南部曾是私酒商和走私者出沒之地，也是現代蘇格蘭威士忌產業誕生的地方。在這裡可以找到屬於風味地圖（Flavour Map）上任何一個點的威士忌——是的，連泥煤味都有。斯佩塞不是一種統一的風格，而是蘇格蘭單一麥芽威士忌的橫斷面。

蜿蜒流過斯佩塞南部托民陶爾村（Tomintoul）的亞芬河（Avon River）。

斯佩塞 Speyside

亞威莫爾 AVIEMORE

這是斯佩塞最新的蒸餾廠，卻直接以本區的名字來命名，似乎有點厚臉皮，不過業主可以說，19 世紀末同樣在京尤夕鎮（Kingussie）就有一間蒸餾廠也叫斯佩塞，只是 1911 年就停業了。這倒也還說得過去。

如今掛著斯佩塞這個名字的蒸餾廠，是由喬治・克里斯蒂（George Christie）花了 30 年嘔心瀝血規畫建造出來的，1991 年才開始運作。在此之前，克里斯蒂是克拉克曼南郡（Clackmannanshire）的斯特拉斯莫爾／北蘇格蘭穀物蒸餾廠（Strathmore ／ North of Scotland）業主，此蒸餾廠以柱形蒸餾器，生產連續蒸餾麥芽威士忌。（見 16 頁）

斯佩塞蒸餾廠則採較循規蹈矩的方式生產威士忌，從洛克塞（Lochside）蒸餾廠取得了兩座小型蒸餾器，生產具有清淡蜂蜜風味的麥芽威士忌。前任經理安迪・善德（Andy Shand）表示：「兩座蒸餾器抵達蒸餾廠時，它們實在太大了，我們不得不將頂部裁下 1 呎，重新焊接，才順利安置蒸餾廠內。」

由於酒精蒸氣與蒸餾器銅面的接觸較少，小型的蒸餾器往往產出風味較濃烈的新酒，為了加強新酒清爽的特質，Shand 有自己的一套做法。「我們的蒸餾廠非常傳統。」他說道：「發酵時間為 60 小時，以產生足夠的酯，之後配合緩慢的蒸餾節奏。許多大公司為了提高新酒產能，加快蒸餾速度，然而欲速則不達，如此反而失去了新酒的特質。我們仍保持人工操作，現代的威士忌產業太機械，太工業了，少了人情味。」

雖然年輕，但斯佩塞蒸餾廠對於斯佩塞有著堅定的信念，將蒸餾廠與產區緊密結合，不僅建造時以手工，用最古老細膩的方式堆砌完成，連蒸餾廠建築的結構和材料，也都與當地自然環境和諧共存。

斯佩塞蒸餾廠彷彿已存在好幾個世紀，在石牆內的威士忌製造技術和哲學更是彷彿時光停滯。

斯佩塞蒸餾廠於 2013 年為愛丁堡（Edinburgh）的哈維特（Harvey）集團與台灣企業合資收購。

準備修復的橡木桶：這是新一批斯佩塞威士忌的終點站。

斯佩塞品飲筆記

新酒
氣味：香氣濃郁，有強烈的雪酪、酸梅和青蘋果氣味。
口味：延續氣味的特質，清爽甜美，後段出現綠色瓜類的風味。
尾韻：清淡的花香。

3 年 桶陳樣品
氣味：金黃酒色。濃郁的堅果味帶少許土味、烘烤橡木焦香、蘋果乾／蘋果汁以及消化餅乾的甜味。
口味：豐富的新鮮木材，鬆餅麵糊和麥芽脆片的味道，帶有些微水果味。
尾韻：變軟。
結論：處於熟成階段中的賦予期，酒體在吸收而非釋出成分。

12 年 40%
氣味：淺麥稈色。土味明顯。小麥殼、天竺葵葉氣味，久一點會出現類似野蒜和酸模的草本植物氣味。
口味：比聞起來更辣，也更辛口，全段帶有塵土味。
尾韻：短而清淡。
結論：二次填充的橡木桶尚未把酒喚醒。

風味陣營：麥芽不甜型
延伸品飲：Auchroisk 10 年

15 年 43%
氣味：飽滿的金色。些許甜味和椰子味，伴隨著蘋果皮、糖漬花瓣和白芷的氣味。
口味：豐富的橡木甜味，細膩的果味和一絲切花香味。橡木賦予酒體清脆的結構。
尾韻：乾淨甜美。

風味陣營：芬芳花香型
延伸品飲：Bladnoch 8 年

貝曼克 Balmenach

克倫代爾 CROMDALE • WWW.INTERBEVGROUP.COM／GROUP-INVER-HOUSE-DISTILLERIES.PHP#BALMENACH

如果說斯佩塞蒸餾廠是一個老廠址的擬像，那麼接下來這一站就是貨真價實的老蒸餾廠了。不過它並不大肆宣揚這一點，固然它的所在位置——在克倫代爾村外約 1.5 公里處——就是透露它身世的線索。19 世紀初，在非法廠址上冒出來的老蒸餾廠，大多位於農場或是鄉間房舍，也就是偏離主要道路的地方。

貝曼克靠近原始的克倫代爾山丘，是一座經典的老式蒸餾廠。

18 世紀末到 19 世紀初，小型蒸餾業受到嚴格禁止，因此依賴威士忌作為收入來源的鄉村人口被視為罪犯。那段日子，必須以偷偷摸摸的方式生產威士忌。貝曼克的創立者詹姆斯 • 麥葛瑞格（James MacGregor）就以私酒起家，蒸餾廠位置隱藏在克倫代爾山丘（Cromdale Hills）中，這是它正面的優勢。

斯佩塞產區雖然在法律意義上存在，不過絕非一個單一實體。相反地，它是舊與新、沉重與明亮的對比。使用小型蒸餾器、木製發酵槽和蟲桶冷凝器的貝曼克，都是屬於前者的風格，這些設備賦予它厚重、徘徊不散、充滿力量的特質。

用簡單的話來說，「明亮」感是透過在蒸餾器中與銅壁大量接觸所致——酒精蒸氣與銅進行愈長時間的對話，新酒愈明亮，因此冷凝器、較高的蒸餾溫度，以及提早酒心擷取的時間，都有助於生產出明亮的酒質。

古老的冷凝技術是把銅管浸泡在水槽裡（也就是「蟲桶」），造成蒸氣和銅之間的對話較少，因此產生較厚重的風格，並且在新酒階段常常帶有硫磺味。必須強調的是，這種硫磺味是酒液複雜度的一個標記，不會進入成熟的威士忌中。

貝曼克的業主，因佛豪斯酒業集團（Inver House）的首席調酒師史都華 • 哈維（Stuart Harvey）說：「我們在貝曼克、安努克〔洛克杜〕（anCnoc [Knockdhu]）、富特尼（Old Pulteney）和斯佩波恩（Speyburn）等蒸餾廠都有蟲桶。所以在蒸餾過程中並沒有太多的銅接觸，但也保留了發酵過程中產生的硫化物。結果就是，在新酒中你可以找到煮熟的蔬菜味、肉味、擦火柴的味道這類特質。」

他補充說明：「熟成過程中，硫化物會與木桶的炭層進行交互作用，因此在熟成的威士忌中產生太妃糖和奶油糖的香氣與風味。等到不同的硫化物熟成之後，新酒中的其他特質才能展現。硫化物成分愈高，需要的熟成時間也愈長。」

貝曼克就是這最後的陣地，新酒帶有肉味，熟成時則豐富濃郁——特別適合在雪莉桶中長期陳放。但很可惜，市面上很少見。因佛豪斯選擇在單一麥芽威士忌的裝瓶線上讓這座蒸餾廠消失，但可以找找獨立裝瓶廠，還有機會嚐到這種老滋味。

貝曼克品飲筆記

新酒

氣味：強勁深邃，帶有肉味和皮革味，也有羊肉高湯和熟蘋果味。傳統蟲桶所賦予的內容和深度就展現在這些地方，這股力量在新酒熟成期間會一直存在。

口味：入口非常厚重濃稠，伴隨著異國的甜味。正是這股甜味平衡了貝曼克的口味——用雪莉桶陳放會加強肉味，二次填充桶或是波本桶則會把香氣層面往前帶。

尾韻：長，帶有一點煙燻味。

1979，貝瑞兄弟與路德裝瓶廠（Berry Bros & Rudd）2010 年裝瓶，56.3%

氣味：酒體呈深金色。香氣飽滿，甜味明顯，帶有大量的巧克力、太妃糖和可可奶油的濃厚風味，之後轉為泡好的阿薩姆紅茶香。重量感，溼土味。加水後有牛奶巧克力、奶油太妃糖、潮溼泥土和鞋店的味道。

口味：入口會先嚐到強度適中的香料味。燃燒樹葉的味道（類似煙燻味），中段厚重，有燉水果味，核桃巧克力味。加水後鹹味較強。

尾韻：紮實悠長，漸漸變得有點乾。乾蘋果皮味，十分鐘後出現乾蜂蜜味。

結論：美國橡木桶的甜性，隱藏不了貝曼克像熊一般的特質。

風味陣營：**水果香料型**
延伸品飲：Deanston 28 年、Old Pulteney 30 年

1993，高登麥克菲爾裝瓶廠（Gordon & Macphail）43%

氣味：淡金黃色。乾皮革／新皮帶的氣息，說明酒液與橡木的交互作用還在初期階段。硬太妃糖、消化餅乾和剛上亮光漆的木頭味，加水後出現土味。

口味：比氣味濃。稠度高，少許穀類片味，接著是燒烤後的煙燻、櫸木葉和綠菸草味。加水後會出現一股先前隱藏的粗啞調性，多了一層深度。

尾韻：木頭味。

結論：還在發展中，但蒸餾廠的特性已經存在。

風味陣營：**水果香料型**
延伸品飲：The Glenlivet 1972

湯納弗林、多摩爾 Tamnavulin & Tormore

湯納弗林 • 巴林達洛克/多摩爾 • 克倫代爾 • WWW.TORMOREDISTILLERY.COM

不同於貝曼克堅持以古法製造威士忌，接下來這兩家蒸餾廠讓我們看見，要說 1960 年代在蘇格蘭各地建立的蒸餾廠都有一種共同的風味，確實不無道理；那段時期美國市場對蘇格蘭威士忌的需求大增，因此蘇格蘭快速建立了許多新蒸餾廠。這些蒸餾廠生產的威士忌普遍酒體較輕、麥芽感較重，似乎不只是巧合而已。

位於利威河畔的湯納弗林蒸餾廠建於 1965 年，令人驚訝的是，它僅僅是當年利威河谷區的第二間合法蒸餾廠。這裡的六座蒸餾器所生產的新酒調性高亢，風味單純，在木桶中經過完整熟成之後，成為一種很容易按照調和威士忌製造商的需求而調整的威士忌。本質上，這種威士忌的主角是木桶，而不是威士忌本身。

這樣的作法有一定的風險，湯納弗林很容易迷失在一片橡木森林裡。懷特馬凱酒業集團（Whyte & Mackay）的首席調酒師理查 • 派特森（Richard Paterson）說過：「你必須很小心，以免過度修飾它。不論是美國橡木桶、淡雪莉桶、甚至是經過多次使用的舊木桶都很適合用來熟成湯納弗林，但太厚重的外衣會拖垮它。」現在湯納弗林屬於帝亞吉歐集團。

多摩爾屬於起瓦士兄弟公司旗下，也同樣擁有這種 1960 年代

蘇格蘭威士忌的特色。蒸餾廠位於貝曼克西北方 13 公里處，和它的鄰居湯納弗林天差地遠。湯納弗林隱身在克倫代爾的沼原上，而龐大的多摩爾蒸餾廠就佇立在 A96 公路旁，看起來就像一座現代版的維多利亞風格水療館。設計這座蒸餾廠的是英國皇家學院校長亞伯特 • 理查森爵士（Sir Albert Richardson），他儘管具備一切優秀建築師的條件，在 1959 年受朗 • 約翰蒸餾公司（Long John Distillers）委託之前，顯然沒有設計過任何蒸餾廠。

多摩爾的龐大規模展現出當時調和威士忌商的信心，八座蒸餾器只生產酒體輕口感干澀的威士忌，用以滿足 1960 年代北美市場的需求。多摩爾的麥芽不使用泥煤燻窯、糖化快速、發酵時間短，使酒體具有穀片味；加上冷凝器的使用，使新酒更輕，不過作為單一麥芽威士忌時風格相當剛硬。

湯納弗林品飲筆記

新酒

氣味：純淨、干澀；略帶淡淡穀片味；義式渣釀白蘭地風味。

口味：酒體輕；紫羅蘭與百合花香、清脆、非常干澀。

尾韻：堅果味；短。

12 年 40%

氣味：顏色淡，輕盈；烘烤過的米、些許香草味，然後出現毛氈味。

口味：清淡、不甜、淡淡橡膠味中帶有大麥／麥芽的嚼感；檸檬味。

尾韻：很短。

結論：完全承襲新酒。輕酒體威士忌的寫照。

風味陣營：麥芽不甜型

延伸品飲：Knockando 12 年、Auchentoshan Classic

1973 年 桶陳樣品

氣味：邊緣略帶綠色；乾淨，雪莉桶味、烘烤過的堅果、褐色香蕉皮、堅果油；淡淡乾燥花香。

口味：甜、酒體輕；中段帶有堅果味和隱約的甜味。均衡。

尾韻：乾淨，中等。

結論：雪莉桶抓住了麥芽味，也產生了堅果味，並添加了些許甜味。

1966 年 桶陳樣品

氣味：桃花心木色。豐富而成熟。破舊皮件；甜味極重的梅子、李子；類似雪莉白蘭地。

口味：抓握力不強；巴西堅果；中段相當濃稠；乾燥香草植物。

尾韻：堅果。

結論：有點過度修飾，但也顯示出橡木在麥芽味重的威士忌中扮演的重要角色。

多摩爾品飲筆記

新酒

氣味：飽滿；甜玉米和輕微的農場（乳牛氣息／糠皮）氣味。

口味：純淨、甜，極淡的果味。

尾韻：粉塵味，接著是淡淡的柑橘味。

12 年 40%

氣味：略硬，然後出現些許橡木屑的氣味。乾燥中帶點堅果味。

口味：菸葉味；乾燥香料（香菜粉）加上香草植物／石南味；加水之後變得像波本威士忌。

尾韻：清脆、堅果味。

風味陣營：水果香料型

延伸品飲：Glen Moray 12 年、Glen Garioch 12 年

1996 年 高登麥克菲爾裝瓶廠
（Gordon & Macphail Bottling）43%

氣味：色淺。淡淡麥芽味和山楂味；花香底蘊；緊密。

口味：蘋果塔；金雀花；橙花水；稀釋後依然清新，但是多了點青草味和些許油滑感。

尾韻：短；略苦。

風味陣營：芬芳花香型

延伸品飲：Miltonduff 18 年、Hakushu 18 年

都明多、布雷沃 Tomintoul & Braeval

托民陶爾 • 巴林達洛克 • WWW.TOMINTOULDISTILLERY.CO.UK／布雷沃 • 巴林達洛克

還有兩家 1960 年代的蒸餾廠是屬於較清淡的口感。第一家是位在亞芬河（Avon）沿岸的都明多蒸餾廠，由 W. & S. Strong 與 Haig & MacLeod 兩家威士忌代理商於 1965 年創立，現隸屬於安格斯 • 丹迪（Angus Dundee）集團。當初為什麼會在這裡建廠？或許是考慮到供水，這裡有三處泉水作為蒸餾廠的水源；又或許是創辦人看上了這裡和威士忌製造業的淵源——蒸餾廠附近某個瀑布後面的山洞曾經是一座違法蒸餾廠。

都明多標榜「溫和的威士忌」，雖然這個說法很準確，但似乎也暗示了它的個性稍嫌平淡，所以實際上有反宣傳的效果。它有麥芽味，但「麥芽味」涵蓋極廣，從極度干澀到豐厚得幾乎過頭的威士忌，都可能包含麥芽味。

都明多就在這兩個極端的中間，它的風味主軸類似穀物味，讓人聯想到溫暖的糖化槽與牛棚中牛群的香甜氣息。新酒有一股強勁的力道，化開之後會變成柔軟的果香，可襯托穀物味的鮮脆感。它的內容足以耐得住在活性高的木桶中長期熟成。年份較久的則有豐美的熱帶水果味，這是慢速熟成的典型效果。

都明多也生產煙燻風味的酒款（使用當地泥煤），這是第一個例子，告訴我們泥煤沼澤的地理位置是創造特定香氣的關鍵。由於成分的關係，大陸泥煤的煙燻效果比較近似燃燒木頭，和島嶼泥煤所賦予的石南、海洋與柏油味不同。

同為蘇格蘭海拔最高蒸餾廠的布雷沃也是出身私酒時期，1973 年建於格蘭利威地區偏遠的布雷斯。這處形狀像一隻大酒壺的隱密山谷與雷德山丘（Ladder Hills）接壤，入口處有波切山丘（Bochel Hill）阻擋。從谷中散布的古老山屋遺跡可以知道，過去季節性遷徙的牛群會來到這裡；braes 在方言中的意思就是高地牧場。到了 18 世紀人口移入之後，這處谷地就開始有人生產威士忌，但一直到 1972 年才有第一座合法蒸餾廠。布雷沃也同屬「斯佩塞後期」的清淡風格，蒸餾系統中用了許多銅，但酒的口感卻比預期會有的酒糟／天竺葵味來得厚重。

都明多品飲筆記

新酒
氣味：淡淡穀物味；燕麥，底蘊甜；糖化槽麥汁發酵味、開胃香甜。
口味：專注、高調且香甜，中間帶有一絲乾淨的綠色特質；相當濃郁。
尾韻：麥芽味。

10 年：40%
氣味：銅，酥脆且帶有淡淡的麥芽味。榛果、混合果皮，加水後有可可味，朝氣蓬勃。
口味：帶葡萄甜香，甘草，非常滑順。
尾韻：甜而成熟。

> **風味陣營：麥芽不甜型**
> 延伸品飲：歐肯特軒經典

14 年：未添加焦糖，不經冷凝過濾，46%
氣味：麥稈；非常清爽乾淨，帶著白果和花香（水仙／小蒼蘭），細緻橡木、麵粉、剛烤好的白麵包。
口味：立即浮現帶些許洋梨的清新花香；小塊奶油融化的口感，比 10 年份的更 為飽滿；在口中擴散。
尾韻：甜且綿長。
結論：這正是都明多酒款潛藏特質浮現的開始。

> **風味陣營：芬芳花香型**
> 延伸品飲：Linkwood 12 年

33 年：43%
氣味：厚實如糖漿般，濃郁熱帶乾果香及一絲蠟味；漫長奢華，加水後帶些許燒焦橡木味。
口味：耐嚼有層次；所有衝向前的果味，因些許的杏仁而帶了一絲干澀／杏仁餅味，加水後橡木會轉變為香草醬與糕點味。
尾韻：成熟綿長。

> **風味陣營：水果香料型**
> 延伸品飲：Bowmore 1965

布雷沃品飲筆記

新酒
氣味：以花果香起始，襯著濃厚的馬麥醬（Marmite）特色；一縷硫磺味。
口味：柔軟飽滿，口腔後方有清新感。
尾韻：黑穀（dark grains）味。

8 年：40%
氣味：堅果；開心果帶些許蘋果木，烤過的穀物味變柔和，賦予另一層次；比預期的新酒來得清淡；赤褐色蘋果。
口味：清新芳香，些許茉莉與薰衣草味，細緻。
尾韻：乾淨，相當簡單。

> **風味陣營：芬芳花香型**
> 延伸品飲：Tomintoul14 年、Speyburn 10 年

格蘭利威 The Glenlivet

巴林達洛克 ・ WWW.GLENLIVET.COM ・ 開放時間是 4 到 10 月，週一到週日

跟一般人的認知相反，早在大多數人以為威士忌製造進入合法化的那一天之前，就已經有許多蒸餾廠在合法製造威士忌了。不過 1823 年「酒精稅法案」（Excise Act）的通過，的確是造就了今天我們所認識的蘇格蘭威士忌產業出現的主要因素。這項新的立法旨在創造條件，鼓勵資金流入位在高地（Highlands）的小型蒸餾廠，藉此杜絕非法蒸餾廠的存在。

一般人也經常忽略的是，這項法案讓蒸餾廠有了更多的選擇，並連帶地改變了威士忌的風味。針對這點，麥可・摩斯（Michael Moss）和約翰・休姆（John Hume）曾經合寫一本深入研究蘇格蘭威士忌產業歷史的著作，其中就有一段清楚的說明：「〔1823 年的〕新法規允許每一家蒸餾廠自行決定生產方法——從酒汁的濃度、蒸餾器的大小、設計，到酒的品質與風味都包括在內。」

喬治・史密斯（George Smith）仰賴他的地主高登公爵（Duke of Gordon）轉型以取得合法執照時，就隱約有這種想法。這並不令人意外，因為這位高登公爵曾在上議院發表談話，表明地主將不再對私酒業者睜一眼閉一眼，因而成為修改法令的重要推手。

自 1817 年開始，史密斯就在位於利威河谷高處曠野中的上德魯明（Upper Drumin）農場生產私酒；這一區警察管不到，很多私酒業者就以這裡為據點。雖然史密斯迫不得已轉為合法經營，讓同是私酒業者的左鄰右舍大感不滿，但他接下來做的事，才是最叫人好奇的。

他大可以跟貝曼克蒸餾廠的麥克葛瑞格家族（MacGregor）一樣，繼續生產厚重的威士忌。不過史密斯和他那些兒子，似乎不但擺脫了私酒時期的老方法，也擺脫了舊風味的束縛。史密斯選擇走到陽光下，全心追求創造新風格的可能性。他捨棄了工寮和煙霧瀰漫的坑洞，開始運用技術與資金，而且到 19 世紀中葉還建立了自己的品牌。雖然史密斯的蒸餾廠是利威河谷唯一的合法蒸餾廠，然而是因為它的威士忌成了一種特殊風味的代表，同時也因為其他蒸餾廠的名稱全都冠上了自家姓氏，它才獲准直接以「格蘭利威」為名。

德魯明的老蒸餾廠在 1858 年結束生產，史密斯改在鄰近的明摩爾（Minmore）蓋了一座更大的廠，目前的蒸餾廠仍在這個地方。從那時起這座廠就持續擴建，2009-10 年間進行了一次最大規模的整修，新增了一座糖化槽、八座木製發酵槽，以及三對蒸餾器，總數達到七對。這些蒸餾器仍然沿用史密斯在 1858 年的設計，具細瘦的腰身，一年的產量最多可到 1000 萬公升。「新型的布里格斯糖化槽（Briggs）附有一具監視器和視窗，可用來檢查麥汁的清澈度——我們可不想看到麥汁變得霧霧稠稠的，免得穀物味太重，」格蘭利威的首席蒸餾師艾倫・溫徹斯特說，「再來要經過 48 小時的

追求品質的木桶製程，使格蘭利威成為全球銷量最高的單一麥芽威士忌品牌。

發酵，這段時間蒸餾器的黃銅會和麥汁充分接觸，產生帶有花香和果香的酯類，然後在木桶裡經歷進一步的酯化作用。」

根據 19 世紀的文獻記載，史密斯的目標是創造出帶有鳳梨味的威士忌。如今，對我而言，蘋果味才是格蘭利威的風味特點，酒齡低的時候還有柔和的花香。不過格蘭利威的內容很豐富，能在熟成期間建立精細感，特別是那些存放在重覆填充木桶中的威士忌。（參閱 14-15 頁）

格蘭利威位於明摩爾山區，氣溫冷涼，但倉儲空間擁有自己的另一套微氣候。

同樣重要的是這座新蒸餾廠的建築設計。曾經有很多年，格蘭利威蒸餾廠看起來就像山丘上一座灰色的工廠。如今有了大片全景窗和鑿石貼面外觀，廠房再一次融入了周遭景觀，後有布雷斯，前眺本利林山。

格蘭利威品飲筆記

新酒

氣味：中等。乾淨中帶有少許花香，一點點香蕉、熟蘋果以及些微的鳶尾花香。

口味：柔軟、温和的果香。輕盈，蘋果味。鮮採的櫛瓜味。

尾韻：爽脆，乾淨。

12 年 40%

氣味：淡金黃色。香氣明顯，帶有大量的蘋果與蘋果花香，茉莉花茶，些微的太妃糖。

口味：初始口感細緻，接著忽然湧現巧克力味。蘋果味匯集成花香，繡線菊，水煮西洋梨味。

尾韻：乾淨，柔軟。

結論：輕盈，香氣足。

風味陣營：芬芳花香型
延伸品飲：Glenkinchie 12 年、anCnoc 16 年

15 年 40%

氣味：黃銅金色。濃烈的辛香味：檀香木，花梨木，薑黃，豆蔻，玫瑰花瓣。

味覺：初始是蘋果味。花店味。酒體輕；咬口的橡木味。

尾韻：辛香味重新出現。肉桂與生薑味。

結論：法國橡木提升了辛香味的強度。

風味陣營：水果香料型
延伸品飲：Balblair 1975、Glenmorangie 18 年

18 年 40%

氣味：飽滿的金色。烤過的蘋果，圭亞那粗糖，骨董店，紫丁香。淡淡的大茴香。

口味：比 12 年的豐富，有更多雪莉桶的味道。雪松、杏花、白雪莉酒和乾橙皮味。

尾韻：蘋果和眾香子味。

結論：更豐富且發展程度高，有一條可回溯到新酒的明顯軌跡。

風味陣營：豐富，圓潤
延伸品飲：Auchentoshan 21 年

窖藏（Archive）21 年 43%

氣味：到了這個年份蘋果味變得較乾，且略為退縮，讓其他的果味（水蜜桃，煮過的李子）現身，伴隨一股特殊的、帶樹脂味的橡木味。加水之後香味類似加了杏仁的水果麵包。

口味：典型的格蘭利威該有的甜味。加了很多粗糖燉煮的蘋果味。加水後帶出辛香味伴隨蘋果味帶頭的甜味。

尾韻：薑香，悠長。

結論：高雅、成熟，依然展現出蒸餾廠的風格。

風味陣營：水果香料型
延伸品飲：Clynelish 14 年，Balblair 1975

本利林蒸餾廠群

本利林（Ben Rinnes）是蘇格蘭的威士忌山——山頂上甚至有一座指示牌，標出所有站在那個位置可以看見的蒸餾廠。在山腳下，傳統的老式作法和現代輕質威士忌的美學互別苗頭，表現得淋漓盡致。在這裡，生產厚重風格威士忌的蒸餾廠，和以花香為尚的蒸餾廠比鄰而居。

卡杜蒸餾廠從遠處俯瞰納康都位於河濱的廠房。

克拉格摩爾、巴林達洛克
Cragganmore & Ballindalloch

巴林達洛克 • WWW.DISCOVERING-DISTILLERIES.COM/CRAGGANMORE • 開放時間 4 到 10 月，詳情請上網查詢

本利林是斯佩塞的樞紐，位於肯哥姆（Cairngorm）山脈的北側外圍，主宰斯佩塞區的中部地帶。從制高點可以將這個區域的自然景觀盡收眼底——南到克倫代爾（Cromdales）和利威河谷（Glen Livet），北到羅斯鎮（Rothes）和艾爾金市（Elgin），東到達夫鎮（Dufftown）和基斯鎮（Keith）。在本利林庇蔭下的蒸餾廠群，是斯佩塞三面式發展的進一步證明。

1823 年以後，蒸餾師面臨到的問題之一，是如何將自己的產品推向市場。在過去的私酒時代，山路或許是一大優勢，但與新市場之間交通的不便，卻成為新創業者的阻礙，一直到 1860 年代，蒸餾廠對此仍深感苦惱。

他們的命運在 1869 年，因為史塔斯佩鐵路（Strathspey Railway）的建造而有所改變。這條鐵路連接達夫鎮與伯特夫加膝（加登舟），並建立了通往伯斯鎮（Perth）和蘇格蘭中央帶的路線。在本利林蒸餾廠群中，第一位利用該鐵路的人是約翰 • 史密斯（John Smith），他在 1869 年時，在巴林達洛克車站旁，建立了克拉格摩爾蒸餾廠。

約翰 • 史密斯是一位偉大的人，儘管他的身材有點折損他的威風，大家總把焦點放在他的腰圍，而不是他身為創新蒸餾師的才氣。他是格蘭利威的喬治 • 史密斯（George Smith）的親戚，曾在格蘭利威擔任蒸餾廠經理；他也曾在大雲（Dailuaine）和麥卡倫（Macallan）擔任過經理，後來南下到威蕭市（Wishaw）的克萊茲代爾（Clydesdale），之後又回到斯佩塞，曾短暫租下格蘭花格（Glenfarclas），最後在斯佩河旁租下一塊地。

雖然如今的蒸餾室已電腦化，但史密斯的威士忌生產方式依然完整保留至今。他之所以選擇把蒸餾廠建在這裡，理由非常實際，但他在蒸餾廠內所發揮的創意卻非常驚人。他過去已經在好幾家蒸餾廠替別人工作過，包括追求清淡的格蘭利威，嘗試較厚重風格的麥卡倫和格蘭花格，還有三次蒸餾的克萊茲代爾（Clydesdale）。現在他有機會創造自己的威士忌。

克拉格摩爾剛開始的製作過程再普通不過：輕微的泥煤煙燻麥芽，長時間在木製發酵桶中發酵。蒸餾室才是史密斯發揮他天賦的地方。

大型的酒汁蒸餾器搭配傾斜角度大的林恩臂，連接著蟲桶。頂部平坦的烈酒蒸餾器，側面接著長型、平緩傾斜的林恩臂。「回流」是這裡的關鍵（見 14-15 頁）。

史密斯想要生產什麼樣的新酒呢？你觀察得愈久，會愈感到困

克拉格摩爾雖然隱身在一處人跡罕至的地方，但它是最早利用鐵路的蒸餾廠之一。

在桶中緩慢的演變，會為這款複雜度高的單一麥芽威士忌增加另一個層次。

巴林達洛克：領主之酒

麥克弗森—格蘭特（Macpherson-Grant）家族，自 1546 年開始就居住在巴林達洛克城堡，第一隻亞伯丁安格斯牛正是在他們的土地上培育出的，也是他們將土地出租給約翰 · 史密斯建造克拉格摩爾。2014 年，他們高爾夫球場旁的一座老農莊被改建成一間蒸餾廠，蓋伊 · 麥克弗森—格蘭特（Guy Macpherson-Grant）說：「這個想法已經醞釀多年，我們現在比較明確知道，要多角化經營傳統高地莊園，這是一個明智的做法。」

這將會是一款「單一莊園單一麥芽」的威士忌。大麥在莊園中種植、蒸餾和熟成，產生的酒糟可以用來餵養牲畜。最有趣的決定是，他們打算特意打造一款「粗獷、適合晚餐後飲用的威士忌」，為了重溫老斯佩塞風格，表示蒸餾廠必須安裝蟲桶、小型蒸餾器和一系列橡木桶：包括一次填充桶、豬頭桶、二次填充桶和雪莉桶，由經驗豐富的查理 · 史密斯（Charlie Smith）擔任監督。

惑和矛盾。大型的酒汁蒸餾器代表回流多，因此蒸餾出的新酒清淡，但是大角度往下傾斜的林恩臂終止了過長的銅對話，之後又通向蟲桶冷凝器，代表產出的新酒會是厚重的。烈酒蒸餾器就更令人不解了，酒精蒸氣衝上平頂之後，回流至沸騰的低度酒當中，稍微偏離頂部的林恩臂，意味著只有特定的風味物質會由此通過。而長長的林恩臂平緩下傾，代表在此發生長時間的銅對話。這樣的設計明明是為了延長銅對話，但蒸餾器和蟲桶冷凝器卻又那麼小！這樣的安排用意究竟是什麼？他是一位想要盡可能生產出最複雜烈酒的蒸餾大師。克拉格摩爾也許令人困惑，卻也深具啟發性。像史密斯這樣的人並不是不懂威士忌，只會把麥芽汁煮沸；他們是創新者、實驗者和開拓者。

今日的克拉格摩爾全年生產具硫磺／肉味的新酒。隱藏在新酒硫磺味後，若隱若現的是複雜，具成熟特質的秋季水果，和在巴林達洛克黑森林葉間閃現的夕陽餘暉。

克拉格摩爾品飲筆記

新酒
氣味：集中，肉味（燉羊肉），硫磺，甜美的柑橘和水果隱藏在後，點綴少許堅果味。
口味：宏大強勁，帶有煙燻味，之後透出肉味／硫磺味。龐大密實，濃厚，油感，老式風格。酒體重而柔順。
尾韻：黑色水果和硫磺。

8 年，二次填充 桶陳樣品
氣味：具整體性和水果味，微微的烤肉／烤盤味，大量的薄荷、秋天落葉和青苔，以及些許鳳梨和刺藤莓果，加水後硫磺味顯現。
口味：成熟滑順，已經開始產生特質，複雜而且厚重，水果為先，襯以木質味為背景。
尾韻：熟成的特徵已經出現。

12 年 40%
氣味：複雜的綜合成熟秋季水果，黑醋栗，些微皮革，厚重蜂蜜，栗子，清淡的煙燻。
口味：酒體飽滿，帶水果味。煮軟的水果，一絲核桃味，深邃，絲滑口感，不隱晦。
尾韻：淡淡的煙燻。
結論：硫磺味已完全消失，肉味融合成豐富的水果味。

風味陣營：**豐富圓潤型**
延伸品飲：GlenDronach 12 年、Glengoyne 17 年

蒸餾廠版，波特桶過桶 40%
氣味：圓潤，甜美，醇厚，濃縮水果味，庭園水果製作的果醬，黑刺李，帶有輕微的異國情調。
口味：豐盛，略帶脂肪，伴有肉味為支撐，稍稍不甜，帶強烈的水果味，加水後更顯複雜度。
尾韻：非常輕淡的煙燻。
結論：具有秋季元素的克拉格摩爾，與波特酒相近。

風味陣營：**豐富圓潤型**
延伸品飲：The Balvenie 21 年、Tullibardine 波特桶

納康都 Knockando

KNOCKANDO・http://www.malts.com/index.php/Our-Whiskies/Knockando

克拉格摩爾和納康都是非常極端的對比。克拉格摩爾隱身在蓊鬱的峽谷中，而納康都則大喇喇地坐落在由史塔斯貝鐵道整建而成的斯貝塞健行步道旁。納康都的廠區配置寬敞開闊，某種程度反映了納康都麥芽威士忌輕巧的酒體，它的特色會令人聯想到飄散在午後陽光下的微塵。

納康都明確屬於輕酒體的陣營。事實上它是率先在 1960 年代登場的乾瘦型威士忌之一。在這裡，混濁的麥汁經過短時間的發酵，使得新酒具有凌駕一切的麥芽味（參見第 14-15 頁）。因此橡木作用的力道必須非常輕，只要足夠在它的塵土味中增添些許甜感即可。

納康都的創辦人約翰・湯普森把蒸餾廠建在這裡，和約翰・史密斯一樣都是為了充分利用史塔斯貝鐵道，但有些情況已和史密斯建廠時不同。1890 年納康都建廠時，調和威士忌較具優勢，所以市場需要哪些風格的威士忌，是調和廠說了算。如果說早期的蒸餾廠在很大程度上是自由生產的——因此可將威士忌視為性格和偏好的延伸——到了 19 世紀末，這種精神已經開始被精打細算的實用主義取代。

蒸餾廠根據調和廠的需求生產，調和廠則必須了解飲酒大眾喜愛的口味。這些在 19 世紀斯貝塞最後一波建廠潮時出現的蒸餾廠，顯示了蘇格蘭威士忌領域的擴大，為了塑造調和威士忌，需要的風味種類愈來愈多。

納康都的淺色廠房坐落在斯貝河畔。

納康都在 1904 年被倫敦的吉爾貝（Gilbey's）公司買下，成為它所擁有的眾多斯貝塞威士忌品牌之一。後來納康都成為 J&B 中的主要成分—— J&B 是市場上最細緻的調和威士忌之一，創造的目標是迎合美國禁酒令時期喜愛的輕淡口味。

納康都品飲筆記

新酒
氣味：乾淨的麥芽糊氣味中帶有榛果味；加水後出現塵土味，有沙發填塞物和毛氈味。
口味：檸檬的輕淡緊實，塵土味重，味道單純。
尾韻：短而干澀。

8 年，二次充填桶 桶酒
氣味：仍保有新酒的特點：塵土，老麵粉味。非常干澀。
口味：磨成粉的維他麥穀類片味。似乎有甜味但很不明顯。清爽、干澀。
尾韻：麥芽味。
結論：需要有輕淡甜味的橡木來帶出乾堅果味。

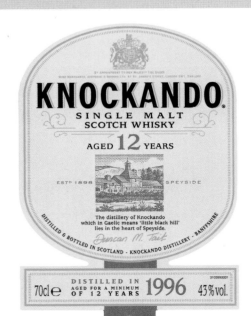

12 年 43%
氣味：輕淡，堅果味更強。乾稻草味（塵土味已消失）。柔軟的香草味背後帶有一絲酯味。
口味：酒體輕而鬆軟，有牛奶巧克力和檸檬味。加水後出現乾麥芽味。非常輕淡。
尾韻：短而干澀。
結論：在木桶中多陳放一段時間，使酒體中心充實了一點。

風味陣營：麥芽不甜型
延伸品飲：Tamnavulin 12 年

特姆度 Tamdhu

納康都・WWW.TAMDHU.COM

舊鐵道旁幾公尺就是特姆度蒸餾廠，它的成立和鄰居納康都相似。特姆度在 1896 年由一群調和商合資興建，一年後出售給高地蒸餾公司（Highland Distillers），現今的愛丁頓集團（Edrington）。蒸餾廠是後期維多利亞時代的典型建築，廠中的巨石、鐵、銅和木材，體現了威士忌——以及蒸餾廠——功能的不斷改變。

此時的蒸餾廠不再是由農場改建，而是針對一項事業來設計：自給自足，擁有大型的麥芽作坊，靠近良好的交通運輸設施，以便運送貨品和廢棄物，並在廠內雇用了大量的專職勞工。業主建造這個廠不是為了生產威士忌出來賣賣看，而是很清楚它一定能賣。

直到不久前，特姆度才開始聲名大噪，因為對威士忌迷而言，它是蘇格蘭最後一座仍使用薩拉丁箱發麥的蒸餾廠；高原騎士（Highland Park's）的無泥煤煙燻麥芽就是由這裡供應的。而威士忌呢？在理念上，從 1897 年到現在幾乎沒什麼改變。過去它一直是調和專用的威士忌，用於威雀（The Famous Grouse）、順風（Cutty Sark），和罕見卻很出色的登喜路（Dunhill）等。然而，就像許多一樣以提供調和用酒為主要功能的蒸餾廠，特姆度的名字受到了大眾的忽略。無論你的蒸餾廠建築如何堅固，產品如何重要，只要你不在單一麥芽的行列中，你就是隱形的——是一間幽靈蒸餾廠。

愛丁頓在 2010 年封存了特姆度，兩年後它被伊恩・麥克勞德企業（Ian MacLeod）收購，伊恩・麥克勞德是調和威士忌中間商，也是另一間蒸餾廠格蘭哥尼（Glengoyne）的業主；格蘭哥尼過去也隸屬愛丁頓集團。特姆度展開了全面性的轉型，有了新的發酵槽，新的倉庫，新的員工。這個地方充滿了活力，有了生命。

木製的發酵槽被認為能為特姆度增加特色。

不過，缺少曝光度代表大家並不了解你的規模。特姆度是一間大廠，有六座蒸餾器，產能龐大。更重要的是，現在它有作品了。過去如幽靈般的特姆度偶爾會在市場上現身，發行一些不太引人注目的酒款，延續一貫的清淡本質，沒有太多來自橡木的輔助。如今，多虧了愛丁頓在後期的開明政策，只使用雪莉桶熟成，由伊恩・麥克勞德發行的「特姆度 10 年」一推出就非常亮眼。特姆度芳香的蜂蜜蘋果特質，在橡木的作用下增添了葡萄乾和皮革的成熟深度，具有雪莉桶特色卻香氣十足，酒體飽滿卻細膩微妙，現在你可以理解為什麼調和師這麼愛它了，如今我們也能大致感受到 1897 年的特姆度是什麼樣子。

特姆度品飲筆記

新酒 69%

氣味：非常甜，如百合花般，隱約帶有草莓和覆盆莓。乾淨，柔軟，加水後出現嫩大黃和豌豆莢的味道。

口味：還是甜味，伴有微弱的柑橘和少許穀物風味，有份量。

尾韻：豐厚，最後有一股上揚的細緻花香。

10 年 40%

氣味：雪莉桶的影響從一開始就顯現出來，伴隨著榲桲、蘋果、蜂蠟和巧克力。加水後，出現些許大吉嶺紅茶葡萄乾的味道。

口味：綜合的甜水果味和大量櫻桃味，具有吸引力的甜味，相對有些年輕，展現出一些香蕉和水果千層的風味。

尾韻：清淡的香料。

結論：在水果味和濃郁感的交會點上，老斯佩塞風格的絕佳例子。

風味陣營：豐富圓潤型
延伸品飲：Benromach、Glenfarclas

18 年 愛丁頓裝瓶 43%

氣味：更宏大，更多雪莉桶特色，很飽滿的葡萄乾味。就像大部分清淡款的威士忌，很容易獲得橡木桶的影響。

口味：雪莉桶特色脫穎而出，龐大，葡萄乾味，穀物不甜的風味隱藏其下，均衡。

尾韻：乾淨，不甜，餅乾味。

結論：蒸餾廠特質依附在大量的橡木味上。

風味陣營：豐富圓潤型
延伸品飲：Arran 1996

32 年 桶陳樣品

氣味：開放，堅果感，略帶煙燻，加入了之前未曾注意到的蜂蜜味，伴隨著肉桂味。

口味：非常辛辣，帶有成熟，集中的漿果／乾燥水果風味。

尾韻：清淡且乾淨。

結論：甜美均衡，這款清淡的酒得益於緩慢的熟成過程。

卡杜 Cardhu

納康都・WWW.DISCOVERING-DISTILLERIES.COM/CARDHU・全年開放，日期和細節請見網站

在標準的蘇格蘭威士忌蒸餾史上，最大的疏漏就是女性所扮演的角色。我們都被愛德溫・藍西爾爵士（Sir Edwin Landseer）對非法蒸餾師的浪漫描述誤導了——一位高地首領，一腳踏在雄鹿上，在他的石南屋頂小房舍中放鬆休息——我們忘記了在一旁因過度操勞而憔悴的老太婆，那大概是他的妻子，而她才是蒸餾師。

當她們的丈夫出門在野外照顧野獸（而不是獵捕雄鹿）時，女人在家從事無止境的家事，包括蒸餾，卡杜就是一個例子。約翰・康明（John Cumming）也許於1811年在斯佩河上的曼羅克丘（Mannoch Hill），釘下建造卡多農場（Cardow Farm）的釘子，但證據顯示，是他的妻子海倫（Helen）負責生產威士忌——從非法開始。

卡多農場曾做為烈酒走私者在利威河谷南下時的前哨站。站在喬治・史密斯在明摩爾的格蘭利威原始廠址，偌大的盆地呈現在你面前。那裡，高坐在山丘上的就是卡杜蒸餾廠。根據傳說，稅務官來到卡多農場，海倫・康明會邀請他們進來休息片刻，享用一杯茶和司康。官員享受招待時，旗桿上會升起一面紅旗，警告利威河谷的走私者，執法人員來了。

1824年康明取得了新執照（想必是最早取得的蒸餾廠之一），然而變成合法生產之後並沒有改變蒸餾廠的運作方式——依然由女性負責掌舵。海倫去世後，他的媳婦伊莉莎白（Elizabeth）接管了蒸餾廠，並且進行重建，之後在1893年，出售給長期合作的客戶約翰・華克父子（John Walker & Sons）（合約上同意由康明家族繼續運作蒸餾廠）。1897年新業主再度進行擴張，1960年時又擴大規模，為原本的四座蒸餾器添上兩座。

今日的卡杜威士忌具有青草和精確的特質，新酒的風味非常集中，柑橘和巧克力味會在熟成後期出現，換句話說是屬於清淡的類型，也推翻一個缺乏根據的理論：愈老的蒸餾廠往往風格愈厚重。「就我所知，青草味不算新發展出來的產物。」帝亞吉歐蒸餾師與首席調合師道格拉斯・莫瑞（Douglas Murray，業界綽號是導師）說。我們知道的是，這種特質是來自特定的發酵方式和蒸餾程序，藉由冷凝器賦予更多的銅對話，因此將卡杜帶離水果類型（格蘭愛琴的風格），往青草類型走。

卡杜的蒸餾器最初由伊莉莎白・康明設置完成，能幫助創造出清新的特質。

卡杜這座大廠與約翰走路的關係長久而穩固，是蘇格蘭調和威士忌崛起的完美例證。

不過，當第一位偉大的威士忌歷史學家阿夫雷德・巴納（Alfred Barnard）在 1880 年代造訪蒸餾廠時，他發現了一些不同的東西。巴納享受了康明夫人聞名遐邇的熱情款待之餘，看到舊農場蒸餾廠和建築，他的評語是「落伍而原始」，而對海倫嶄新的廠房，他的形容是「俊俏的建築」。巴納還很不尋常地對威士忌本身下了評論：「最濃厚，最豐富的類型，極為適合作為調和之用。」

換言之，這是一個老式、粗獷的斯佩塞威士忌。問題是它什麼時候變清淡了？也許是在沃克的經營之下，在邁入 20 世紀之際，威士忌普遍轉為清淡時跟著轉變的。可以想見巴納造訪時這個轉變正在發生；也是這個時候，海倫把老蒸餾器、磨麥機和水車出售給建造格蘭菲迪蒸餾廠（Glenfiddich）的威廉・格蘭特。今天的格蘭菲迪蒸餾器是小型的，而卡杜的蒸餾器是大型的，也許清淡風格就在這時候開始。雖然這

都只是猜想，但可以確定的是，如果本利林是斯佩塞的焦點，那麼卡杜就是這個蒸餾廠群開始擁抱新事物的先鋒。

卡杜品飲筆記

新酒
氣味：綠色水果錠、潮濕的青草（類似青貯）、薑黃粉、巴馬紫羅蘭、月桂樹。
口味：清淡，帶一丁點清新，夾帶著些許白麵粉和藍莓。
尾韻：淡柑橘味。

8 年，二次填充桶 桶陳樣品
氣味：以從新酒階段逐漸柔化，割下的青草、香皂和清淡穀物（麵粉）、紫羅蘭和橘子。
口味：更多的青草味，伴隨著許多清淡的芳香物質集結為背景，酒體意外厚重，橡木桶增添了白巧克力的效果。
尾韻：依然有檸檬味。
結論：開始綻放了。

12 年 40%
氣味：青草質感開始消褪（或許是因為木桶轉移了注意力），乾草和些許木頭油，橘子、牛奶巧克力和草莓的混合風味持續變化中，加水後，出現清淡的西洋杉和薄荷的味道。
口味：中度酒體，青草感現在變得清脆，留下與木桶互動後產生的甜味，和變化中的橘子味。
尾韻：短，辣，與巧克力味。
結論：將持續發展，不過，就像大多數的清淡烈酒一樣，在和橡木桶的相互作用中，相對較早達到平衡。

> **風味陣營：芬芳花香型**
> **延伸品飲**：Strathisla 12 年

琥珀石 Amber Rock 40%
氣味：新鮮，充滿活力，乾淨，帶有蒸餾廠典型的檸檬味（甜橙／柑橘／檸檬香脂），大麥糖味混合著淡淡的巧克力，加水後出現一些氧化調性。
口味：甜美而果斷的開端，接著是新鮮橡木、檸檬，中味時出現葡萄酒特質，轉變成水果糖漿。融化的牛奶巧克力為背景襯托。
尾韻：非常辛辣，帶有櫻桃和粗糖味。苦甜（柑橘果醬中的果皮）。
結論：良好展現蒸餾廠特質，相當濃厚，展現出更多香料味，柑橘和香料達成平衡。

> **風味陣營：水果香料型**
> **延伸品飲**：Oban 14 年

18 年 40%
氣味：水果和堅果巧克力棒（榛果和葡萄乾），變成一些可口的風味，並帶有一絲巧克力柑橘特質。
口味：極度成熟卻圓潤，之後典型的卡杜活躍特質呈現。微弱的酸度和檸檬的新鮮味（特別是加水後），幾乎有柚子的調性，在中段，風味變成更強烈的焦糖太妃糖。
尾韻：稍稍具有抓握力，帶有少許油質。
結論：保留了蒸餾廠的性格，但增加了重量和豐厚多汁的感受。

> **風味陣營：水果香料型**
> **延伸品飲**：山崎 12 年

格蘭花格 Glenfarclas

巴林達洛克・WWW.GLENFARCLAS.CO.UK・全年開放，星期一到星期五；日期和細節請見官方網站

重與輕、舊與新的二分法盛行於整個斯佩塞，而這一點表現得最明顯的地方，就在本利林山的陰影下。格蘭花格位於卡杜蒸餾廠南邊 5 公里，坐落在較低處的山坡上，它的新酒甜味重，徘徊不散，立刻可以讓人辨識出它在這個二分法中都是屬於前者的風格。

格蘭花格在口中有一種恆久感，愈品味，那種屬於昔日的感受就愈紮實。當威士忌因為商業的必要性被導向各種方向時，格蘭花格選擇固守根源。然而，看一眼它的蒸餾器——是全斯佩塞最大的——你可能會以為這家蒸餾廠生產的是較清淡型的威士忌。格蘭花格新酒風味深厚的祕密，是在蒸餾器下方的熾熱火焰。

「我們在 1981 年時嘗試過蒸氣加熱。」喬治・格蘭特說，他的家族擁有這間蒸餾廠，現已傳承到第六代。「但是在三個星期後我們就把它換掉了，直接回歸直火加熱。蒸氣加熱也許成本較低，但在這裡，它只會讓新酒變得平淡，我們希望蒸餾出的烈酒具有份量，要它能夠陳放個 50 年。」

威士忌的陳放地點也會造成差異，所有的格蘭花格威士忌都是在「鋪地式」（低矮，石板屋頂，土質地面）倉庫中熟成。現今的蒸餾廠，常常將新酒以油罐車運送到蘇格蘭其他地方的層架式堆積式倉庫熟成。如果威士忌的特質是由細節一點一點累積的，那麼這種些微的溫差變化不會造成影響嗎？格蘭特相信會。

「層架式倉庫的室內溫差極大，特別是錫棚的，它勢必會對熟成週期造成影響。在格蘭花格，我們每年的蒸發損失率是 0.05%，我曾見過一些層架式倉庫的損失率高達 5%，業界的平均是 2%。在這裡，威士忌氧化的速度緩慢，蒸發少，這是有差別的。」在本利林山腳下的倉庫會受到刺骨的寒風吹拂，可視為微氣候。這就是廠址的特異性所帶來的效應，幾乎是將勃艮第的方法運用在威士忌生產上，也就是先了解你的土地，然後接受它給你的。

橡木類型對格蘭花格的風格有重大的貢獻。主要是初次填充的雪莉桶（來自荷西－米格爾・馬丁酒莊，Jose-Miguel Martin），完全沒有使用初次填充波本桶。不只是因為格蘭花格威士忌能與雪莉桶相抗衡，它也需要雪莉桶，會吸收橡木的力量而且緊緊鎖住。

在蘇格蘭少有這樣的蒸餾世家，也讓格蘭特和這個地方有著無與倫比的精神連結。「我們有持續性，」格蘭特說，「我們不需要對任何人負責，所以我們可以照自己的方式做，也因為我們這麼做已經持續六代了，我們的境況比大多數人都好。你可能將資金放在銀行，或是投在存酒，我們兩邊都有。這是我們遇到第 22 次的不景氣！我們已經學會只生產我們負擔得起的，而且從來不借錢來生

位於本利林山的側翼，格蘭花格蒸餾廠從 18 世紀就已經在生產威士忌。

產。」

　　格蘭花格是老斯佩塞風格的少數僅存者之一嗎?「我們甚至不說自己是斯佩塞!」格蘭特笑著說,「我們說我們是高地麥芽。整個『斯佩塞』產區的概念是新的(這是真的:斯佩塞過去稱為史塔斯佩和格蘭利威),而且令人困惑——斯佩河很長啊。」他停頓了一下,「也是沒錯,『高地』更沒辦法定義。我們就是格蘭花格。我有一幅1791年的畫,可以證明這裡本來就有一座蒸餾廠。我們在這裡已經合法經營了175年……大家都知道格蘭花格是什麼。」

雪莉桶是格蘭花格獨特的風味輪廓中重要的成分。

格蘭花格品飲筆記

新酒
氣味:大又重,水果味,相當具有土質感和深度,一襲的泥煤煙燻帶來力量。

口味:開始不甜,滿封閉的,繼續與土質感相連結,成熟,緊密,老式風格。

尾韻:些微水果味,徘徊不散。

10 年 40%
氣味:雪莉酒(阿蒙提拉多帕薩達(amontillado pasada)),烤杏仁,栗子,成熟的水果,桑葚,也帶有煙燻的輪廓:秋天篝火。甜度加強,有如雪莉乳脂鬆糕,還有落葉松的味道。

口味:乾淨很爽脆,中味具有良好的熱度。成熟飽滿,李子果醬。還是具有新酒的土質,漸漸變成令人玩味的焦味,加水後甜味增加不少。

尾韻:濃厚悠長,具有長度、抓握力和力度。

結論:直接獲得了木桶的影響,不過還有更多可以釋出的。

風味陣營:豐富圓潤型
延伸品飲:Edradour 1997

15 年 46%
氣味:琥珀色,深邃豐富,帶有棗子和乾燥水果的風味。依然還有年輕酒款的銳利度,但已經得到了複雜度,甜味增強,土質味則變淡:栗子泥、雪松、營火上的榛子、水果蛋糕。

口味:緊緊的抓握力。有膨脹感卻不是太開放,格蘭花格隨著熟成儲存了重量,木質感,比10年更具抓握力,但新酒過於強大,其他特質還是被甩在一旁。

尾韻:強而有力悠長。

結論:不斷增加力量的感受。

風味陣營:豐富圓潤型
延伸品飲:Benrinnes 15 年、Mortlach 16 年

30 年 43%
氣味:紅木,大量的黑巧克力和咖啡,依然銳利,現在是葡萄乾味,同時還有糖漿、梅乾和老皮革。隨著時間,葉子的味道覆蓋上來(從稍早階段的土質感演變而來),甚至有些微肉味。

口味:樹叢,神祕莫測,緊密,微光感。玻利維亞雪茄和甜美的深色水果。一些單寧的抓力。

尾韻:咖啡。

結論:可能已受到大量的橡木桶影響,不過即使是在活躍的橡木桶中經過了30年,依然保有蒸餾廠自己的特質。

風味陣營:豐富圓潤型
延伸品飲:Ben Nevis 25 年

大雲、英波瑞爾 Dailuaine & Imperial

大雲‧亞伯勞爾

儘管大雲是斯佩塞區廠房分布最多的蒸餾廠之一，但很少人知道他們看到的就是大雲的廠。沿著河濱公路從格蘭花格前往亞伯勞爾鎮，路上通常會見到蒸氣雲霧從一處看不見的山谷裡飄出來，那是來自大雲的黑穀（dark-grains）廠，這個廠把來自帝亞吉歐斯佩塞中部蒸餾廠的酒糟（pot ale）和酒粕（draff），加工成牛飼料。

大雲本身是個有趣的新舊綜合體，建於1852年，在1884年重建，曾有一段時間是斯佩塞最大的麥芽蒸餾廠，設有一座燻窯，阿夫雷德‧巴納說這座燻窯的屋頂是「蘇格蘭最陡的屋頂……（它）賦予麥芽細緻的香氣，並且不需要使用焦炭來防止風味太突顯。」之後屋頂更被進一步改造，加裝蘇格蘭第一座寶塔型屋頂，很顯然地，證明大雲打算減少煙燻，滿足「世紀末」的市場需求。

結合以上種種，今日的大雲保有濃重老式的風格，雖然與同類型的酒款相比，內在更具甜味，也較少肉味的刺激感。

大雲曾是斯佩塞最大的蒸餾廠，目前繼續生產宏大、帶牛肉味的威士忌。

帝亞吉歐的其他蒸餾廠像是克拉格摩爾、慕赫、本利林，因為使用蟲桶（請見14-15頁），要製作出這種風格比較容易。大雲則必須克服蒸餾廠原來的類型，才能從冷凝器中取得這種具有硫磺味的新酒，正如我們所知，硫磺味是來自缺少銅互動，但是冷凝器全都是銅。這該怎麼解決呢？答案是不鏽鋼冷凝器。這間永遠在革新前線的老蒸餾廠，能夠在黯淡的老式威士忌世界中找到一個充滿創意的解決之道來維持自己的定位，一點也不令人意外。

自1897年起，它在山谷中有了一位鄰居，那就是命運多舛的英波瑞爾蒸餾廠，雖然它以生產口感最柔軟、富奶油汽水味／花香的麥芽威士忌而享有高評價，卻是間歇性的經營著，最終在1983年關門大吉。近年來它的蒸餾室成為偷銅賊的目標，被拆得七零八落，因此當起瓦士兄弟集團（Chivas Brothers）要重新啟用這間蒸餾廠時，決定乾脆全部拆除重建還比較容易。不過蒸餾廠名還沒決定。英波瑞爾可以捲土重來嗎？我希望可以。

大雲品飲筆記

新酒

氣味：清淡的肉質感，皮革感，一些穀物和部分的甜味隱藏其中。

口味：大，肉味，煮成褐色的肉汁，甜美濃厚，幾乎像是太妃糖，重口味。

尾韻：悠長帶有一絲甜味。

8年，二次填充 桶陳樣品

氣味：肉味退去，甜味成為主導，淡淡的皮革、黑色水果和老蘋果。

口味：大而重，伴隨西洋李子、砍下的桑樹和皮革，豐富飽滿。

尾韻：肉味到此才出現。

結論：濃重，醇厚，甜美的烈酒，勁道十足。

16年，動植物系列（Flora & Fauna）43%

氣味：紅琥珀。深沉，土質的雪莉味，揚起的淡淡硫磺味新奇獨特。高度濃縮，老英式的柑橘果醬，依然保有些許肉味和糖蜜、蘭姆酒葡萄乾、丁香。

口味：龐大，而且非常甜美，幾乎像是PX雪莉酒／雪莉白蘭地的風味，核桃和栗子，衝擊著味蕾。

尾韻：緊緻，甜味慢慢增強。

結論：需要雪莉桶馴服這隻野獸，雖然有橡木桶的管教，蒸餾廠特質依然強勁。

風味陣營：豐富圓潤型

延伸品飲：Glenfarclas 15年、Mortlach 16年

本利林、歐特班 Benrinnes & Allt-a-Bhainne

本利林 ‧ 亞伯勞爾／歐特班 ‧ 達夫鎮

前面在簡稱「大山」的本利林山腳下轉了一圈，現在該開始上山了。這個拔地而起的龐然大物，因為豐沛的泉水而充滿生命力，是山兔、雪雀、鷉鴒和鹿的家。山的較低處富含泥煤，高峰處則是凌亂堆疊的粉紅花崗岩，雖然靠近城鎮，距離綠色的斯佩河谷僅僅 1.5 公里，卻讓你覺得身在野外，這樣的環境肯定讓阿夫雷德 ‧ 巴納這位歷史學者裹足不前，他顯然只適合在低海拔的地區旅行：「……再也沒有比這裡更古怪，更荒涼地方，可以選來蓋蒸餾廠了。」他如此描寫這個地點。

用古怪來形容本利林生產威士忌的方式也不為過。聞一口新酒，撲鼻而來的是陰沉的質感，也是斯佩塞最古老蒸餾廠的特色，這是一種帶硫磺味的肉質感，鹹香和少許甜味的奇異混合。肉味是它的標誌特徵：結合鞣製過的皮革和大釜的野性印象。

本利林的特質來自於它的部分三次蒸餾法，蒸餾廠有兩組各三座的蒸餾器，分組作業，從酒汁蒸餾器留出的酒液會被分為「酒頭」和「酒尾」，前者酒精度較高送入收集槽，後者較低送入中段蒸餾器，與上批的初餾和濁段酒再次蒸餾。收集酒心，並且和出自酒汁蒸餾器的酒頭，與上批烈酒蒸餾器初餾和濁段酒混合，在外部使用蟲桶冷凝，幫助減少銅接觸。硫磺質感來自蟲桶，肉質感來自中段蒸餾器。

很難想到還有哪一間蒸餾廠和本利林的對比，比位於山的東側的歐特班更大的了。歐特班在 1975 年由西格拉姆公司（Seagram）建造，廠內的蒸餾器擁有修長和上傾的林恩臂，賦予威士忌在那個時代的典型精緻風格，這也是歐特班的代表性風格。

本利林品飲筆記

新酒
氣味：密集，蹄膠、肉汁、HP 棕醬、李派林（Lea & Perrins）醬汁，大量肉味。
口味：宏大，濃重且飽滿，帶有一些煙燻味。酒體適中，不甜，強勁。
尾韻：硫磺味。

8 年二次填充 桶陳樣品
氣味：Oxo 濃縮肉汁方塊、牛肉餡餅的肉汁，非常樸實和腳踏實地。
口味：厚，中心酸豆般的甜味愈為集中，甘草和巧克力。
尾韻：肉味／硫磺味。
結論：以如一位彪形大漢，需要時間釋放完全的成熟度。

15 年 動植物系列（Flora & Fauna） 43%
氣味：紅琥珀。肉味，高地糖漿太妃糖，依然有 Oxo 肉汁方塊的不甜肉味，隨著時間加入不甜的菌菇酒味，加水後煙燻石南凸顯而出。
口味：強健，烤肉味和來自單寧一般的抓握力，悠長，熟美，加水後有助於鬆開單寧的澀感……烈酒中的內在豐富性也會減弱。新顯現的皮革感的暗示。
尾韻：苦巧克力和咖啡。
結論：現在開始進入成熟階段。

風味陣營：豐富圓潤型
延伸品飲：Glenfarclas 21 年、Macallan 18 年雪莉桶

蒸餾廠高踞在本利林山的斜坡上，讓巴納不敢走到這裡來。

23 年 58.8%
氣味：深色桃花心木。梅乾（雅瑪邑的感覺），淡淡的牛排味隨之在後，這種健壯結實和成熟甜美之間的相互作用，貫穿整體。佛手柑、番茄、菜泥蘇、格蘭甜味，一抹五香粉和些微炭化味，太妃糖、蘋果、烤栗子、咖啡和土質感。
口味：強大，自信十足，依然保有濃縮的甜味，因此並不澀。葡萄乾（PX 雪利酒）和許多海棗。野蠻的獸性已被馴服一半，在舌頭上慢慢滑動時，逐漸軟化。加水後鬆開抓握力，並增添一些輕微的煙燻特質。牛肉味充斥著所有感官。
尾韻：糖漿。
結論：既使在一次填充雪莉桶中經過 23 年後，依然可以識別出它是本利林的威士忌。

風味陣營：豐富圓潤型
延伸品飲：Macallan 25 年、Ben Nevis 25 年

歐特班品飲筆記

新酒 煙燻麥芽
氣味：以非常清淡的煙燻味為開端，平淡，很乾淨。一款基底淺薄的新酒，穿插一縷微微的青草煙燻。庭院篝火。
口味：煙燻在此充分發揮作用，木質煙燻，不甜。
尾韻：不甜。

1991 62.3%
氣味：草味和酯，箍桶的香味，橡木，清淡乾淨，相當簡單。
口味：芬芳，花香味，許多新鮮炭化的橡木，大麥糖的點綴，調性明亮並帶有酯味。
尾韻：乾淨簡短。
結論：典型斯佩塞清淡類型蒸餾廠的風格。

風味陣營：芬芳花香型
延伸品飲：Glenburgie 12 年、Glen Grant 10 年

亞伯勞爾、格蘭納拉奇 Aberlour & Glenallachie

亞伯勞爾 • WWW.ABERLOUR.COM • 全年開放，4 到 10 月每日；11 到 3 月星期一到星期五／格蘭納拉奇 • 亞伯勞爾

轉身離開山區，朝斯佩河與亞伯勞爾鎮前進，遇到的第一間蒸餾廠就是格蘭納拉奇。它的所在位置從主要道路上看不見，並且遠離鐵道，顯示它是從非法蒸餾廠起家，而今它也是本利林山區的現代化蒸餾廠之一，在 1967 年由查爾斯 • 麥肯雷（Charles Mackinlay）建造，是 1960 年代經典的蒸餾廠，專門為了供應成長中的北美洲偏好清淡口味——這裡的清淡指的是穀物調——的市場。這種麥芽質感被畫分在較甜的一端，並且帶有隱藏的水果味。

然而本利林山本身的的影響力可能還沒有發揮。本利林蒸餾廠能生產出帶有肉味的新酒，是因為蒸餾廠直接將非常低溫的山泉引入蟲桶。格蘭納拉奇也取用山上的水源，不過在這裡，為了達成某些特質，泉水的低溫可能會造成問題。

「製作這些類似侏羅蒸餾廠的蒸餾器是為了做出清淡的新酒，」亞伯勞爾的母公司起瓦士兄弟蒸餾廠經理艾倫 • 溫徹斯特（Alan Winchester）說：「不過如果程序中的用水太冷，它會變得帶有硫磺味，維持風格的關鍵在於運作時維持一點溫度。」

來到整潔的小城鎮亞伯勞爾，會發覺終於脫離了本利林山的掌控。蒸餾師讓蒸餾廠隱身在巷弄中的意圖似乎仍然明顯。這間與小鎮同名（而且規模很大）的蒸餾廠，距離主道路有一段距離，只有那道時髦的維多利亞式大門洩漏了它的存在。

自 1820 年代開始，這間蒸餾廠已在亞伯勞爾鎮上合法經營，是由當時兩位本地農民，約翰和喬治 • 格拉漢姆（John and George Graham）碰運氣取得了新執照。今天我們所見到的廠址，原是由詹姆斯 • 弗萊明（James Fleming）在 1879 年所建，一般認為他才是這座蒸餾廠的真正創始人，雖然如果來到現代，他本人應該認不出這間蒸餾廠了，因為它已在 1970 年代重建，和格蘭納拉奇一樣，都是當時流行的開放式空間、簡潔、高效能蒸餾廠設計的典範。

耐人尋味的問題是，不知道弗萊明能否認得出今天的亞伯勞爾威士忌。他建廠的時候，正逢 1880 年代清淡風格開始推行，因此他有可能認得出來。「對我而言，新酒的關鍵是黑醋栗和些許青蘋果味，」前任蒸餾廠經理溫徹斯特說，「而且沒有穀物味。」

雖然亞伯勞爾在起瓦士兄弟的代表性風格中偏向水果味那一端，但在亞伯勞爾熟成過程中賦予那股迷人的、近乎草本芳香的，無疑是溫徹斯特的醋栗葉特質。同時水果味也增加了中段的柔順感，而酒體又具有足夠的份量，能夠從容地在雪莉桶中熟成。

新酒中類似焦糖麥芽（而非穀物）的風味，很可能是這款威士忌熟成後最代表性的太妃糖味的開端。它可能不如一些本利林山區的威士忌強健，但也不像其他類型的那麼清淡，這種溫順的特質，

「糖化槽」（The Mash Tun）對勞工、管理人和造訪亞伯勞爾的遊客來說，是斯佩塞最好的酒吧之一。

格蘭納拉奇是蘇格蘭典型的 1960 年代蒸餾廠，隱身在不易被人看見的地方。

似乎能成為連接濃重和細緻風格間落差的橋樑。「令我著迷的是，」溫徹斯特補充道，「在地理位置上它和格蘭納拉奇這麼靠近，產品卻有這麼大的不同。我們永遠都無法了解所有的答案。」

亞伯勞爾品飲筆記

新酒

氣味：甜，帶有黑醋栗葉，一些濃重的花香、麥芽味，加水後有麻布味。

口味：乾淨，以及柑橘的新鮮氣息，稍後會發現蘋果味，有存在感。

尾韻：草本。

10 年 40%

氣味：銅，強烈的焦糖麥芽味，水果感，覆蓋上來的橡木味帶來圓潤感，加水後更香氣四溢。

口味：積極的堅果味為開端，核桃派，太妃糖的濃郁感，之後是在新酒中帶有香氣葉子的質感。

尾韻：阿薩姆紅茶，薄荷。

結論：橡木增加了酒體和份量。

> **風味陣營：豐富圓潤型**
> 延伸品飲：Ardmore 1977、Macduff 1984

12 年，非冷凝過濾 48%

氣味：大而豐盛，帶有很多杏仁糖膏、表皮發黑的香蕉、太妃糖、醋栗、馬拉斯金櫻桃，加水後散發香氣，增加玫瑰水和少許葉子味。

口味：成熟柔軟，較高的酒精度增加火花，提升層次，具有一種清淡的小茴香味在味蕾上滯留，加水後帶出成熟水果的風味。

尾韻：新鮮和水果味。

結論：這種非冷凝過濾的版本，增加了重量和強度。

> **風味陣營：水果香料型**
> 延伸品飲：BenRiach 12 年、Glengoyne 15 年

16 年，雙桶 43%

氣味：更多美國橡木和二次填充桶的影響，讓亞伯勞爾的清新感，伴隨著穀物、麥芽元素、輕木和油布味。加水後增加一點雪莉酒的感受。

口味：香料味立即突襲而來，帶有良好的活力，需要一點水冷靜一下，比嗅聞時更甜美，帶有一點點苦味。

尾韻：長度良好。

結論：亞伯勞爾的清淡質感和橡木微妙的陰暗感受，形成有趣的組合。

> **風味陣營：水果香料型**
> 延伸品飲：Inchmurrin、Glen Moray 16 年

18 年 43%

氣味：類似 12 年，不過增加了薄荷、巧克力、栗子菇和拋光過的橡木味；加水後出現西洋李子果醬味。

口味：強烈，緊緻，帶出許多深層的李子味。

尾韻：長而優雅。

結論：更豐富，更具深度的亞伯勞爾，並且有著良好的平衡。

> **風味陣營：豐富圓潤型**
> 延伸品飲：GlenDronach 12 年、Deanston 12 年

原始的風貌（a'bunadh）第 45 批次 60.2%

氣味：大量的酒精襲來，引導出焦糖漿／類似糖蜜的輪廓，開胃的，帶有黑櫻桃和類似芳香型的特質，轉為摩托車熱車的氣味。

口味：巨大而且相當嚴密，重雪莉風格，帶有成堆的黑色水果，和少許乾燥穀物，增加酒體結構。加水後，讓更為柔軟，更為豐厚的一面，持續發展。

尾韻：大格局，大膽而且強勁。

結論：雪莉桶原酒鉅作系列，持續發展中。

> **風味陣營：豐富圓潤型**
> 延伸品飲：Glenfarclas 15 年、Glengoyne 23 年

格蘭納拉奇品飲筆記

新酒

氣味：明亮，甜美，搗碎的甜玉米，充滿香氣而且清淡。

口味：乾淨，精確，柔軟，甜美。

尾韻：不甜而乾淨。

18 年 57.1%

氣味：琥珀色。乾淨，雪莉風格帶有煙火、梅子果醬、葡萄乾、淡淡菊苣根、柑橘果醬味，濃郁，表現出巴西堅果的風味。

口味：成熟，略為不甜，伴隨大量的成熟皮革味，堅果，加水後，顯現出少許清淡花香特質。

尾韻：悠長，甜美，均衡。

結論：木桶掌管了一切，造就了老練複雜的層級。

> **風味陣營：豐富圓潤型**
> 延伸品飲：Arran 1996、Glenrothes 1991

麥卡倫 The Macallan

克萊葛拉奇 · WWW.THEMACALLAN.COM · 全年開放，復活節到 9 月為星期一到星期六；十月到復活節為星期一到星期五

在早期，單一麥芽威士忌剛開始商業化時，很多人喜歡拿它來和其他以橡木桶熟成的高評價烈酒相比。行銷人員會說：「這和干邑一樣好，」而以麥卡倫的情況來說，他們會加上像是「一級產區（first growth）」這樣的術語，這可以說是相當貼切。麥卡倫的總部建築是白色牆壁、富麗堂皇的伊斯特 · 艾爾奇宅邸（Easter Elchies House），的確讓整個莊園多了幾分像酒堡般精緻優雅的氣質。

雖然麥卡倫採用的威士忌製造方式，和這些蒸餾廠群中更老的蒸餾廠有直接關連，這也是一個有力的佐證，說明這裡最早的一些蒸餾廠（麥卡倫蒸餾廠成立於 1824 年）生產的威士忌往往是口味最重的，它銷售威士忌的態度，總是把自己看成不在這個業界的主流上。有人猜想它可能不那麼在意這一點。

與老風格最明顯的關聯是在蒸餾室（本書撰寫時已經有不只一間蒸餾室，第二間在 2008 年投入生產），矮小的蒸餾器依然蹲坐在冷凝器旁，就像是《尼伯龍根的指環》劇中的矮人一樣。

回流在這裡不是好事，因為它要強調的是烈酒的力度。在它那充滿創新舉動的酒廠參訪中，你可以品嚐到它的新酒富油感、肉味，深邃，而且最重要的是不失甜味，它很有主見，從問世的第一天起，就很清楚表明它不受人擺佈。

酒體的重量感至關重要，因為麥卡倫總是和雪莉桶連在一起。基於這種和雪莉桶的共生關係，業主愛丁頓（Edrington）都是向赫雷斯鎮（Jerez）的製桶廠特瓦薩（Tevasa）訂製特殊規格的木桶。

麥卡倫的傳統是混合使用具有高單寧和丁香與水果乾香氣的歐洲橡木（Quercus robur），與充滿香草和椰子的美國橡木（Quercus alba），這讓蒸餾師鮑伯 · 達爾加諾（Bob Dalgarno）必須處理兩條非常不同的風味主線——兩者可以產生非常多種的搭配變化。

在雪莉桶中，新酒的油感既能促進風味從橡木桶中釋出，同時還能抵禦單寧的侵略，防止單寧緊咬著味蕾，像雪貂捉住兔子一樣。老麥卡倫應該是柔順，不咬口的。美國橡木（部分波本桶也是）則能釋放出更多的穀物味和柔和的水果味。

我在撰寫《世界威士忌地圖》第一版的時候訪問過達爾加諾，當時他正將一系列各具不同色調的威士忌倒入大桶中，調和成雪莉桶 12 年。他對威士忌酒色和風味譜之間的關聯性有深入的了解，如今在麥卡倫的最新產品：四款轟動市場的 1824 系列中，展現出成果。

這也是他對大部分威士忌生產商面臨的問題——存酒吃緊——所提出的解決辦法。蘇格蘭威士忌在 21 世紀初快速擴張，讓許多蒸餾業者措手不及。大家對 1980 年代威士忌生產過剩所導致的蒸餾廠關閉潮記憶猶新，數十年來一直審慎看待產量。當市場需求暴增，必然的結果就是成熟的存酒短缺。解決辦法就是出現了無年份標示（NAS）的威士忌，以往被年份標示所束縛的威士忌生產者獲得了自由，得以探索風味和蒸餾廠特質。

對此達爾加諾的做法是研究如何以顏色做為風味特質的指標之一，諷刺的地方在於（公司的會計最能了解）這個新系列的生產成本，比這個系列所取代的原本威士忌更高。

存酒短缺的情況未來不太可能會再發生，許多像停機坪那麼大的巨型倉庫已經建好，還有一座規模大得多的蒸餾廠正在興建中。

在新廠建好之前，麥卡倫將繼續縱橫世界，很多人認為它是威士忌奢侈品的縮影，也有人認為它是老式單一麥芽威士忌的再現，只是多了一點現代感。

麥卡倫為數眾多的倉庫，都把雪莉桶藏在很隱密的地方。威士忌調和師鮑伯 · 達爾加諾就是用這些酒，調製成這間代表性蒸餾廠正式推出的酒款之一。

麥卡倫品飲筆記

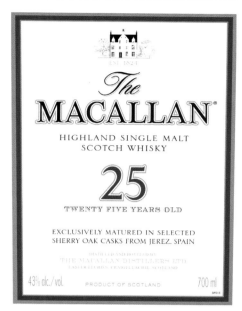

新酒

氣味：乾淨，一些青澀水果，相當豐腴／油膩，麥芽味，淡淡的硫磺味。

口味：肥美和油質感，包覆住味蕾，有重量，青橄欖，剛強。

尾韻：濃郁悠長。

黃金（Gold）40%

氣味：溫暖，充滿酵母味，混雜著新鮮烘焙的白麵包、杏仁奶油、乾草和香草。

口味：在清淡，「開場式」的氣味後暗藏玄機，具有厚度，裹住舌頭的油脂，和充滿活力的檸檬味，以及奔放四竄的甜味。

尾韻：不甜和麥芽味。

結論：輕描淡寫的麥卡倫入門介紹，不過充滿了蒸餾廠特質。

風味陣營：水果香料型
延伸品飲：Benromach 10 年

琥珀（Amber）40%

氣味：柔軟的水果味，燉煮青李子和水果糖漿，帶有少許蘇丹葡萄和蜂蠟。

口味：土質感（濕沙），卻甜美，半乾燥的水果和少許的香草，細膩的杏仁味隱藏在後。

尾韻：悠長和微微的麥芽味。

結論：營造出可口的滋味。

風味陣營：水果香料型
延伸品飲：Glenrothes 1994

15 年，黃金三桶（Fine Oak）43%

氣味：金黃色，橘子皮和成熟的甜瓜、芒果、香草莢、摩擦生熱的鋸木屑、榛果和拋光蠟。

口味：堅果橡木、熬煮的果園水果、果皮發黑的香蕉、焦糖太妃糖、蕨菜、麥芽和黑巧克力。

尾韻：複雜水果味。

結論：蒸餾廠特質和「黃金三桶」達成平衡。

風味陣營：水果香料型
延伸品飲：Glenmorangie 18 年、Glencadam 15 年

18 年，雪莉桶 43%

氣味：深色琥珀，水果蛋糕、葡萄乾布丁、濃郁濕潤的蛋糕、核桃、薑餅，之後是糖蜜的觸感和乾燥莓果。

口味：濃郁，充斥口中，有嚼感，葡萄乾和無花果，非常成熟，帶油質感／醇厚。

尾韻：微微燒焦味，增添了複雜度。

結論：大膽的蒸餾廠特質和濃郁的橡木桶風味，形成給人印象良好的和諧感。

風味陣營：豐富圓潤型
延伸品飲：Dalmore 1981 年、Glenfarclas 15 年

赭色（Sienna）43%

氣味：豐盛的燉煮黑櫻桃、紅李和藍莓，但不失純淨和新鮮。

口味：土質感且厚實，帶有燭用蠟、樹脂、五香粉、丁香、果皮、芬芳的水果和一股藝術家調色盤的味道，單寧柔順。

尾韻：悠長和葡萄乾味。

結論：秋季的鄉間房子。

風味陣營：豐富圓潤型
延伸品飲：山崎 18 年

25 年，雪莉桶 43%

氣味：濃琥珀色，充滿赫雷斯白蘭地味：深色的甜美水果、烤杏仁、乾燥的草本植物，接近糖漬水果的甜味，伴隨著橡木的樹脂，新酒中的甜味完全綻放。

口味：非常甜，接近紅酒的味道，細微的抓握力，桑葚、黑醋栗、煙燻、土質味，之後是葡萄乾飽滿的衝擊。

尾韻：長而濃郁。

結論：雪莉桶與油質連結，在此一酒款中變化多端。

風味陣營：豐富圓潤型
延伸品飲：GlenDronach 1989、Benromach 1981

紅寶石（Ruby）43%

氣味：西洋梅乾混合著乾燥櫻桃，伴隨著近似巴羅洛（Barolo）葡萄酒的甜／美味輪廓，強健卻不失甜美，裹著巧克力糖衣的土耳其軟糖。

口味：歐洛羅索（Oloroso）雪莉酒味，揉合阿薩姆紅茶般的單寧，適合準備水在一旁做搭配，濃郁。

尾韻：悠長深邃。

結論：在架構和風味上都是很古典，伴隨有葡萄酒般的甜度。

風味陣營：豐富圓潤型
延伸品飲：Aberlour A'Bunadh

克萊拉奇 Craigellachie

克萊拉奇 • 斯佩塞製桶廠（SPEYSIDE COOPERAGE）• WWW.SPEYSIDECOOPERAGE.CO.UK • 週一至週五全年開放

來到斯佩塞區的最後一間蒸餾廠、也是斯佩塞蒸餾廠群中規模最大的克萊拉奇，可以看到在新與舊、輕與重的鬥爭之中，有一個解決之道。克萊拉奇同時關注這兩個方向。它是位在鐵路邊的蒸餾廠，成立於維多利亞時代後期，不過依然保留著老式、傳統的威士忌生產方式。這是 1890 年代由調和商和中間商組成的合作社所建立的蒸餾廠之一，選在這裡建廠純粹是為了利用克萊拉奇鎮的交通網。這裡曾是威士忌鐵路的主要樞紐，到了 1863 年，已經可以透過史塔斯佩鐵路連接達夫鎮、基斯鎮、艾爾金市和羅斯鎮。

鐵路把威士忌運出去，也把原料和訪客帶進來——雄偉的克萊拉奇飯店（Craigellachie Hotel）成立於 1893 年，是一家鐵路飯店。克萊拉奇酒廠的原始股東之一是調和商彼得・麥凱爵士（Sir Peter Mackie），他也是蘇格蘭白馬威士忌（White Horse Scotch Whisky）和樂加維林的業主；在 1915 年，也是他公開收購了克萊拉奇酒廠。儘管酒廠不斷地拓展和增建，在打造克萊拉奇威士忌的獨特性上，它依然保持著老式作風。

嗅聞新酒，會發現一路跟著我們穿越斯佩塞的硫磺味，然而這股硫磺味不像其他酒廠的肉味，而是蠟味——或許是上了蠟的水果味，先是撲鼻而來，之後包覆住舌頭。這一切說明了這是一款重酒體的威士忌，然而，後面還隱藏著它另一面的性格，與其說是羞怯，倒不如說是狡猾。

酒廠目前的業主約翰・杜瓦父子（John Dewar & Sons）的首席助理調和師凱斯・格迪斯（Keith Geddes）解釋：「在發麥階段我們使用了硫化程序。」之後在克萊拉奇的大型蒸餾器（允許回流）中，進行長時間蒸餾以強化這項特質，涓涓細流般的酒液被導入蟲桶中（請見 14-15 頁），「銅會除去硫磺味，」格迪斯說，「而克萊拉奇的蟲桶中銅管較少。新酒的硫磺味特質始終存在，並且是克萊拉奇的標誌，我們沒有辦法在我們其他的廠複製出這樣的新酒，因為它們使用的是管殼式冷凝器。」

位於村莊的中心，克萊拉奇是斯佩塞為數眾多建立在鐵路旁的酒廠之一。

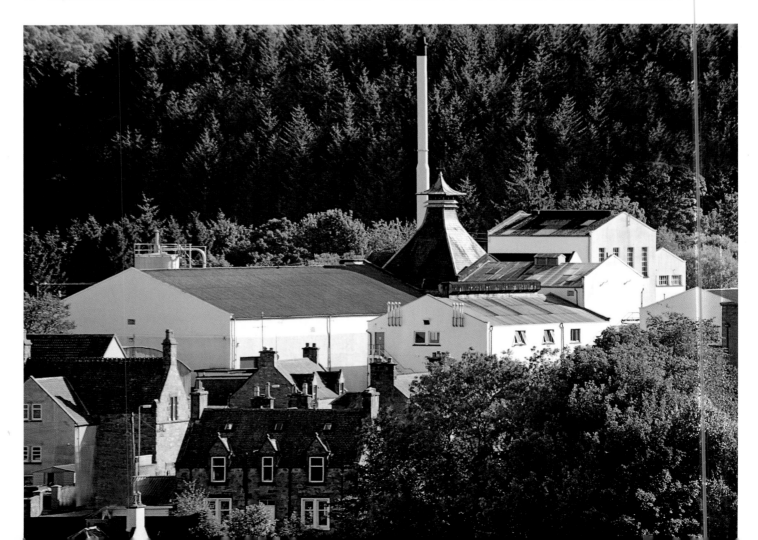

斯佩塞製桶廠

位於克萊拉奇上方的山丘，旁邊是高地牛出沒的田野，放滿了堆積如山的威士忌桶。這裡是斯佩塞製桶廠，自1947營運至今，目前的業主是法國製桶廠弗朗索瓦兄弟（Francois Frères）。這裡有超過10萬個木桶，有的正在進行修復、燒烤，或是重新開始箍桶。這裡還有遊客中心，提供訪客難得的機會，可以一窺這項很少人見過卻非常重要的工藝。

所有帶有硫磺特質的酒廠都有同樣的問題，在硫磺味底下是？「我們要的話可以繼續推進，」格迪斯說，「把它帶往肉味的領域，但我們追求的是均衡。」在這裡，沒有大雲和本利林那種褐色肉汁般的深厚風味，熟成後，克萊拉奇轉移到熱帶水果的世界，舌尖上的蠟質感增加了額外的觸覺元素，在年份較高的酒款中，似乎還激起了非常清淡的煙燻味。

它彷彿以一種奇怪的方式在酒廠裡倒著走，從蟲桶中那種煮過頭的高麗菜臭味，變成發酵槽的甜味。它多面向的複雜性、重量和果味，濃重／芬芳並存的狀態，對調和師而言是天賜之物——這也是克萊拉奇麥芽威士忌始終是調和威士忌的「聲部」之一的原因。它是白馬威士忌的重要元素（並不令人意外），並且廣泛受到其他調和師採用，然而，現在這款最有個性的麥芽威士忌、不按牌理出牌的怪咖、史塔斯佩的雙面神，終於成為約翰・杜瓦父子的一部分，進入單一麥芽市場，在遲來的歡迎中成為舞台上的焦點。

克萊拉奇是告別本利尼酒廠群的完美地點，造訪這一群蒸餾廠，可以看見蘇格蘭威士忌的整個歷史。一般人很容易以為烈酒之旅的方向，是義無反顧地朝著大規模、現代化、清淡的方向前進，但這個酒廠群所展現的是，在整個蘇格蘭，過去的一切仍然活著，古老的作法依然留存，而且與土地的緊密關係——無論在實質上還是情感上——才是本利林的威士忌總能以產地的獨特性作為創造特色的主要因素。

木製發酵槽，是用以維持克萊拉奇獨到特質的傳統做法之一。

克萊拉奇品飲筆記

新酒

氣味：蠟質、蔬菜味、蘿蔔、煮馬鈴薯／澱粉，清淡煙燻。

口味：堅果感，甜美，帶有濃重的蜂蠟和一些硫磺味，厚重飽滿。

尾韻：深邃悠長，蔬菜味重現。

14年 40%

氣味：淡金色，上蠟的水果，榲桲，豐滿，之後是杏仁，伴隨著淡淡煙燻、封蠟以及紅醋栗，加水後，出現溼蘆葦、壁球和橄欖油。

口味：在其他口感占據味覺前是淡淡的椰子味。油膩，甘油似的味道，新鮮果凍，甜而扎實。

尾韻：榲桲隨後是麵粉。

結論：調酒師的夢幻酒款，充滿觸感的單一純麥威士忌。

風味陣營：水果香料型
延伸品飲：Clynelish 14年、Scapa 16年

1994，高登麥克菲爾裝瓶（Gordon & MacPhail Bottling） 46%

氣味：黃金酒色。典型的油質／蠟質氣息，老皮革防水油和柔軟的熱帶水果，加上放縱的柑橘水果味。

口味：像是在吃上蠟的水果，圓潤，緊抓著味蕾。加水後增加酯類的味道，和溫和的蜂蜜／糖漿質感，延續到最後。

尾韻：清淡的香料和一抹甜美的乾燥熱帶水果味。

結論：均衡開放，表現力強。

風味陣營：水果香料型
延伸品飲：Old Pulteney 17年

1998，桶陳樣品 49.9%

氣味：剛擺脫硫磺味新酒的外殼，純飲時有點生硬，清淡，新鮮梅子，加水後水仙花伴隨著紫色水果，之後是少許蜂蜜。

口味：細緻的煙燻味穿透厚實濃郁的中段，具有一些薄荷和標誌性的鳳梨風味，有嚼感，滿溢口中。

尾韻：長而厚實。

結論：展現出它的熟成潛力。

達夫鎮蒸餾廠群

這座城鎮自稱是斯佩塞的威士忌首都，小鎮的邊緣有六間蒸餾廠，達夫鎮比當地第一家蒸餾廠要老一點。1817年，詹姆士‧都夫（James Duff）在這打造了一座改良過的城鎮。這裡同時也是全球最暢銷的單一麥芽威士忌品牌，以及可能是全球〔酒體厚重度〕最大的單一麥芽威士忌的故鄉，要測試風土概念到這裡就對了。

百富的寶塔屋頂上方，蒸氣攀升到冬天的冷空氣中。

格蘭菲迪 Glenfiddich

達夫鎮 • WWW.GLENFIDDICH.COM • 週一至週日全年開放

身為全球最暢銷的單一麥芽威士忌，以及〔在 1969 年〕第一家向大眾敞開大門的酒廠，第一次來格蘭菲迪的訪客往往預期會體驗一些老套的威士忌生產餘興活動，但他們卻得到相反的經驗。這個巨大的廠址〔14 公頃〕有自己的製桶廠、銅匠、裝瓶線〔所有的格蘭菲迪威士忌都是廠內裝瓶〕、倉庫……和三間蒸餾廠。格蘭菲迪是一個現代化的單一麥芽品牌，也是一間——無論規模大小——奉行自給自足傳統的蒸餾廠。

它在 1886 年由威廉 • 格蘭（William Grant）建造，至今仍是格蘭家的產業。第一批新酒在隔年的聖誕節，以〔向卡杜買來的〕小型蒸餾器製成。你不得不承認，從早期開始，這位創業者就具有行銷的獨到眼光。

格蘭菲迪講求清淡，但走進蒸餾室，你會以為他們在生產類似麥卡倫風格的威士忌。從科學角度來說，這裡使用的小蒸餾器常會產出濃厚、帶有硫磺味的新酒（請見 14 — 15 頁）；但格蘭菲迪的氣味反而充滿青草、青蘋果和洋梨的風味。「我們的酒心酒精濃度高，因此我們的新酒乾淨又有酯香，」威廉格蘭的調酒大師布萊恩 • 金思曼（Brian Kinsman）說，「如果我們運作久一點，晚一點取出酒心，新酒酒體就會變重，還會帶硫磺味。」

所以這間蒸餾廠是不是違背原本威士忌風味類型的例子呢？「對我們而言不是，」金思曼說，「從紀錄上來看，格蘭菲迪一直都很清淡，蒸餾器也一直都長這樣。隨著市場需求增加，我們就製造更多這種蒸餾器。」如果格蘭菲迪繼續只用四座蒸餾器，要應付銷售的成長，就必須將放寬切取酒心的標準，以取得更多新酒——也得改變風格。因此，建立新蒸餾器是維持風格的唯一選擇。格蘭菲迪的兩間蒸餾室中共有 28 座蒸餾器，可見市場對格蘭菲迪的需求量有多大。

少了硫磺味也對他們有利，金思曼說：「這樣在陳年以前，就不用先做一些處理。」第 3 年熟成時，格蘭菲迪就吸收了二次填充桶的木頭特質和橡木屑味；波本新桶的成熟鳳梨和奶油香草味；歐洲橡木新桶的柑橘果醬和黃色無子葡萄乾味……所有的酒心也都帶有清新的綠意。

大幅改善木桶管理機制，加上重新混搭木桶，讓產品更具連貫性。不然過去格蘭菲迪的隨機性，總令人有點困擾。目前有一條歐洲橡木桶酒系列，不同熟成期的產品被推出後（除了以蘭姆酒桶過桶的 21 年威士忌），慢慢地擴張了它的大小。熟成越久，青蘋果會從青澀變成熟，割下的青草味變不甜，還有一股慢慢開展的巧克力味。這支威士忌即使陳年長達 40 或 50 年，依然維持清淡的特質。「新酒的氣味清淡，但熟成後也相當出色，」金思曼說，「我覺得它的新鮮度和強度掩蓋了這支酒的複雜度。對我而言，這支酒乘著一陣陣橡木味扶搖直上，但你總能認出它的格蘭菲迪特徵。」

橡木桶和烈酒最經典的融合，是 1988 年創新使用索雷拉融合桶調製的 15 年威士忌。這種來自西班牙赫雷斯市的分段調合技術，每次裝瓶時會移除桶中 50% 的內容物，再倒入由 70% 二次填充波本桶酒、20% 西班牙桶酒和 10% 新橡木桶酒的調和物。索雷拉調和法不僅能增加深度（桶中有些威士忌可以追溯至 1998 年），還能帶來獨特的柔和口感。相似的技術也用在另一支 40 年威士忌上，它的調

格蘭菲迪蒸餾廠巨大而複雜，蒸餾、熟成、裝瓶都在這裡進行。

格蘭菲迪是僅存幾間還有製桶廠的蒸餾廠之一。

合桶中的殘酒甚至可以追溯至 1920 年。蒸餾廠近期又裝設了三座索雷拉融合桶，用來製造全新的「木桶」（Cask）系列。

　　這種普遍的柔和特性正是格蘭菲迪長年熟成的關鍵要素——同時我們猜這也是它熱賣的秘訣。

格蘭菲迪品飲筆記

新酒

氣味：清脆、乾淨、草味、青蘋果和之後的鳳梨味，相當純淨新鮮。

口味：洋梨和青草味，具酯香，後頭有淡淡的穀物味。

尾韻：清爽、新鮮。

12 年 40%

氣味：首先是香草，隨後是紅蘋果味，後頭有少許黃色無子葡萄乾的甜味。加水後出現牛奶巧克力味。

口味：甜美、濃郁的香草味，之後有聖誕布丁粉和混合的水果味；溫和滑順。

尾韻：黃油中帶有青草味。

結論：新酒的生澀風味現在變變成熟了，歐洲橡木桶增加了它的深度。

> **風味陣營：芬芳花香型**
> **延伸品飲**：The Glenlivet 12 年、anCnoc 16 年

15 年 40%

氣味：成熟、非常柔和，類似李子果醬和烤蘋果的特質。

口味：柔和、滑順，比 12 年威士忌濃厚，伴隨燉煮過的黑色水果、椰子和乾草味。

尾韻：成熟飽滿。

結論：索雷拉陳釀法賦予它更豐富的深度和口感。

> **風味陣營：飽滿圓潤型**
> **延伸品飲**：Glencadam 1978、Blair Atholl 12 年

18 年 40%

氣味：更明顯的雪莉酒味：葡萄乾和泡過雪莉酒的水果乾、桑葚、黑巧克力和乾草味。

口味：濃縮的深色水果味，比 15 年威士忌更咬口；可可豆和雪松味。

尾韻：柔順悠長，依然甘甜。

結論：18 年威士忌是這個系列的中間款，年輕的新鮮感轉為隱晦神秘的成熟風味。

> **風味陣營：飽滿圓潤型**
> **延伸品飲**：Jura 16 年、Royal Lochnagar 精選珍藏

21 年 40%

氣味：深琥珀色。甜美，橡木味，伴隨咖啡、可可豆和一抹雪松味；麥芽糖和焦糖太妃糖，以及發黑的香蕉味。

口味：豐富，甜美，長度佳；摩卡、略苦的巧克力和林地植被；淡淡的單寧味。

尾韻：乾燥橡木、樹葉味。

結論：有成熟度了；在最後熟成階段，使用蘭姆酒桶添加風味。

> **風味陣營：水果香料型**
> **延伸品飲**：Balblair 1990、Longmorn 16 年

30 年 40%

氣味：樹脂感，厚實；成熟而濃郁，具堅果味；雪茄盒、堅果質感和意外的活力。

口味：非常滑順易飲，流過舌面時帶點青苔質感，現在轉為巧克力和咖啡渣味主宰。

尾韻：漸漸消散，不過還有甜味殘留。

結論：水果味現在已完全被濃縮，但保留了干澀青草味，帶來一股淡去的新鮮感。

> **風味陣營：飽滿圓潤型**
> **延伸品飲**：Macallan 25 年雪莉橡木桶、Glen Grant 25 年

40 年 43.5%

氣味：油脂感、樹脂、草藥和潮溼的青苔味；深刻、豐富，帶有威士忌的堅果味，即使在如此進階的年份，依然有青草的回韻；略帶草本味。

口味：澎派圓潤，優雅的巧克力味：李子、濃縮咖啡和桑葚味；濃郁的新酒與橡木桶達到了平衡的風味，過些時間香料味湧現；輕淡的堅果和雪莉酒味。

尾韻：草本味，悠長。

結論：採取索雷拉陳釀方法，酒中含有一些過去 1920 到 1940 年代批次的威士忌。

> **風味陣營：飽滿圓潤型**
> **延伸品飲**：Dalmore、Candela 50 年

百富、奇富 The Balvenie & Kininvie

百富 ‧ 達夫鎮 ‧ WWW.THEBALVENIE.COM ‧ 週一至週五全年開放 ‧ 需事先預約 ‧ 奇富 ‧ 達夫鎮

身為威廉格蘭在達夫鎮三間蒸餾廠中的第二位成員，百富不再是團體中的小妹、被忽視的夥伴或一名保守人士，它憑一己之力，成為第一線的單一麥芽威士忌品牌。它也考驗了達夫鎮的風土概念：三家蒸餾廠使用相同的水源、麥芽、幾乎一樣的糖化、發酵和蒸餾程序，卻分別產出三支各具蒸餾廠特色的麥芽威士忌。威廉格蘭的調酒大師布恩 ‧ 金思曼說：「基本程序是一樣的，唯一差別是使用的蒸餾器。」

所以地點對風味有什麼重要的影響？「還是有的，」他回答，「蒸餾廠的環境條件多少會影響風格。你會發現，就算在別的地點蓋一間相似的蒸餾廠——就像我們的艾爾莎灣蒸餾廠（請見第 148 頁），產生的風味並不會自動跟原址的相同，你得改變一些元素，才能得到最接近的複製品。」就像多次展示的一樣，複製品再怎麼接近也不會和原品完全一樣。我們討論的不是區域——也不是次區域——的風土，而是特定廠址的風土：是百富，而不是達夫鎮廠區……或是達夫鎮或斯佩塞。

百富蒸餾廠建於 1892 年，保有自己的地板式發麥設備，雖然它只使用了很小一部分以地板發芽、帶有少許泥煤煙燻味的麥芽。每一個在百富蒸餾廠的人都會告訴你，百富特質的關鍵在於那矮胖、短頸的蒸餾器。它賦予新酒堅果和麥芽味，底層還有大量水果味，稍稍展現了它的潛力。

在二次填充桶陳年 7 年後，堅果的外層剝落，甜美、裹著蜂蜜的果味展現。熟成過程中，隨著濃烈的果味展開，穀物味變淡，只剩下一絲干澀感。

如果說是橡木桶在支持格蘭菲迪的風味，百富則似乎將橡木桶吸收到酒液中，和橡木味融合，讓它加入蜂蜜色的風味畫布中。百富的風味不曾被木桶壓住——這款威士忌實在太龐大、水果味太豐富了。

正是這種特質，促使格蘭的前任首席調和師大衛 ‧ 史都華（David Stewart）選擇百富作為第一個「過桶」威士忌。此後，百富的產品大為擴展，包括以馬德拉桶、蘭姆桶和波特桶過桶的品項，也有單一桶裝系列。從很多方面來看，它跟緩慢成長的格蘭菲迪正好相反。百富威士忌納入了不同橡木桶的風味，並將它變為自己的優勢，結果產生了更廣闊的風味領域，但是蒸餾廠的識別度還是一樣明顯。

1990 年，市場對格蘭菲迪的需求增加，格蘭又在原址建造另一座蒸餾廠——奇富，以提供用酒給（也在擴展中的）格蘭調和威士忌。奇富一開始就被誤解成格蘭菲迪的複製品、百富的複製品，或只是一間簡陋的倉庫，以上都不是事實。糖化和發酵過程確實在百富進行，但法律規定，奇富的生產設備必須獨立出來……不管怎樣，奇富採取不同的發酵制度，蒸餾室（不只是一間倉庫）內有九座蒸餾器，生產清淡、甜美、帶酯香跟花香的新酒：和它的姊妹廠不同——只有很少人知道這件事。奇富等到 2013 年，才正式推出第一款奇富裝瓶的威士忌。誰知道呢？之後可能就會有更多款奇富威士忌了。

百富只用到一小部分自產的大麥發芽，並以自家窯爐燒乾。

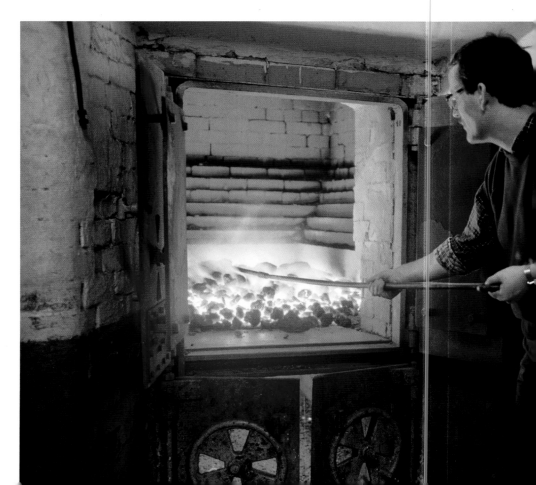

百富品飲筆記

新酒

氣味：濃厚；堅果穀物味，但後頭有強烈的濃縮果味；非常乾淨而甜美。

口味：穀物味、強勁、成熟；堅果／穀物早餐味；甜美。

尾韻：堅果味，乾淨。

12 年，雙桶熟成 40%

氣味：混和果乾甜味、蜜蠟、花粉、杏仁水果蛋糕和一絲畫過的火柴味。

口味：比一般的百富更豐厚，果味也更柔和；咬牙而多汁；雪莉桶和堅果味的搭配帶出了輕微的咬口感；削好的果皮和蜂蜜味。

尾韻：悠長，水果乾味。

結論：發展中的風味和橡木桶之間的平衡。

> **風味陣營：水果香料型**
>
> **延伸品飲**：The BenRiach 16 年、Longmorn 16 年

14 年，加勒比海蘭姆桶（蘭姆桶過桶） 43%

氣味：展現蒸餾廠的典型豐裕、帶蜂蜜感的果味，但裡面又多了香蕉、焦糖布蕾、濃厚的希臘優格、燉水蜜桃、果葡糖漿和薄荷味。

口味：厚實多汁；成熟熱帶水果的風味滲入口感。

尾韻：悠長而甜美，還有一絲穀物味。

結論：非常有百富的風格，但套上了一層熱帶風味的偽裝；系列中最甜的一款。

> **風味陣營：水果香料型**
>
> **延伸品飲**：Glenmorangie Nectar d'Or

17 年，雙桶熟成 43%

氣味：深沉而豐裕，鳳凰蜂蜜蘭花茶、一絲麥芽和烤橡木味，現在又轉為栗子蜂蜜味。

口味：質感佳，甜美，轉變為成熟醇美的木頭味和一點可可味。

尾韻：悠長而溫和。

結論：系列中最豐裕的一款。

> **風味陣營：豐富圓潤型**
>
> **延伸品飲**：Cardhu 18 年

21 年，波特桶 40%

氣味：完全濃縮；櫻桃、薔薇果糖漿和橡木木板味，後頭還有木材燻烤味。

口味：多汁但帶蜂蜜味；果味比 17 年馬德里拉桶威士忌更鮮嫩，還有更多紅橡木和黑橡木混和的味道；強勁但又甘甜。

尾韻：悠長而甜美。

結論：雖然酒體重量增長，仍明顯和 12 年是同一款威士忌。

> **風味陣營：水果香料型**
>
> **延伸品飲**：Strathisla 18 年

30 年 47.3%

氣味：大量椰子、牛奶巧克力核桃蛋糕和煮橙皮味；甜美柔和。

口味：溫和，風味緩慢滲出，悠長而成熟，當然還有蜂蜜味；成熟甜美的果園水果、淡淡的橡木和一絲甜香料味。

尾韻：甜美飽滿。

結論：有著緩慢熟成威士忌那種令人倦怠的悠長口感。

> **風味陣營：水果香料型**
>
> **延伸品飲**：Tamdhu 32 年

奇富品飲筆記

新酒

氣味：清淡且主要是花香和香味。

口味：甘草；花香、葉子味、清脆；達夫鎮三傑中最清淡也最不甜的一支。

尾韻：乾淨而柔和。

6 年 桶陳樣品

氣味：花祥濃郁；新鮮花束和香草籽味。

口味：清淡、（風信子）芬芳、輕盈、甜美、奔放。

尾韻：短促而甜美。

結論：快速的熟成風格。

一號批次 23 年 42.6%

氣味：展現水果花香、野花原野、裹了糖衣的李子和老式甜點店的味道；加水帶出青草和鳳梨味。

口味：橡木味非常節制，帶出甜味的口感；楊桃和白桃味。

尾韻：淡淡的柑橘味。

結論：深度被藏了起來，和其他姊妹款相當不一樣。

> **風味陣營：水果香料型**
>
> **延伸品飲**：Craigellachie

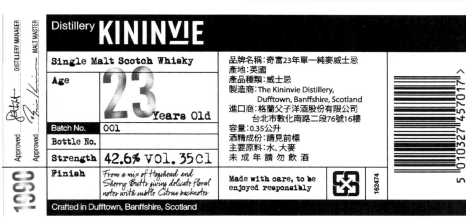

慕赫、格倫杜蘭、達夫鎮
Mortlach & Glendullan & Dufftown

慕赫 · 達夫鎮
格倫杜蘭 · 達夫鎮 · WWW.MALTS.COM/INDEX.PHP/OUR-WHISKIES/THE-SINGLETON-OF-GLENDULLAN
達夫鎮 · WWW.MALTS.COM/INDEX.PHP/OUR-WHISKIES/THE-SINGLETON-OF-DUFFTOWN

達夫鎮至少半打的威士忌都有著不為人知的一面，那就是更古老而更為神祕的斯佩塞，慕赫蒸餾廠恰好有這樣的一面。慕赫這個名稱同時是移民最早對這裡的稱呼，也是鎮上最老的蒸餾廠的名字，它由詹姆 · 芬勒特（James Findlater）、唐諾 · 麥金塔（Donald Mackintosh）和艾列克 · 戈登（Alex Gordon）在 1823 年建立，原址可能是一間私酒蒸餾廠。

如果你能依照風味將斯佩塞畫分為三塊：麥芽味、芬芳和厚重，那麼慕赫就屬於最後一種風味中酒體最重的一款威士忌。強勁、帶肉香味的慕赫威士忌象徵著早期的森林和林間小徑，在那個時代，每個人都從靈魂深處渴望著品飲嚴肅而飽腹的濃烈威士忌。

這種肉香風格是怎麼來的？「我們不知道創始的年份，」帝亞吉歐的首席蒸餾師和調和師道格拉斯 · 莫瑞（Douglas Murray）說，「我們繼承了這個風格。」從它乍看即興使用的蟲桶和複雜的蒸餾程序來看，也許它起源於私酒時代。

和本利林相似，慕赫也使用部分的三重蒸餾來打造肉香的元素。莫瑞愉悅地說：「慕赫經過 2.7 次蒸餾。」每一件事都圍繞著蒸餾室內的流程，裡面有六台看似隨機設置的蒸餾器。一個個都像奇形怪狀的野獸：一座三角型蒸餾器、幾座細頸蒸餾器和——後來才想起來——角落有一座叫作「小女巫」的小型蒸餾器。

要了解慕赫的蒸餾程序，最簡單的方法是把它想作兩間蒸餾室。兩座蒸餾器正常運作，一號和二號酒汁蒸餾器同時運轉，80% 的首批新酒會注入二號蒸餾器，剩下的 20%（弱段酒）會再進入小女巫蒸餾器，注入酒液、運轉、再將所有的新酒收集起來，重複進行兩次後，第三次才會取出中段酒。小女巫賦予慕赫肉香特質，但要產生肉香也需要硫磺味，因次就不能使用銅。所以慕赫完全靠著冷卻的蟲桶來凝結酒液蒸氣。

歐洲橡木桶賦予慕赫絕佳風味，這款少見的威士忌有著死忠的愛好者。它的風格得追溯至達夫鎮出現以前，它也為許多知名調和威士忌打下了根基。在新蒸餾室蓋好後，慕赫的產量倍增，終於成為第一線的麥芽威士忌，將嶄新、精緻而愉悅的品飲體驗和這款隱晦而原始的威士忌結合在一起。

在險峻山丘上的慕赫俯瞰了杜蘭水地區和那裡的兩間蒸餾廠。格倫杜蘭 1897 年開始營運，但目前的箱型廠房建於 1962 年。二戰期間，曾有軍隊短暫駐紮在這裡，士兵們被酒氣（或是渴望）沖昏了頭，用槍枝運輸車撞開了倉庫的大門。雖然格倫杜蘭的名字裡有「單調」（dull）這個字，它的威士忌可不怎麼單調，新鮮的葡萄香氣在熟成 12 年後發展為黑醋栗漿果的甜味。帝亞吉歐的蘇格登系列中也包含了達夫鎮和黑鳥威士忌。

這座山谷也是達夫鎮蒸餾廠的故鄉，前身是許多後來改建為蒸餾廠的磨坊之一。達夫鎮在格倫杜蘭建造前一年蓋好，是另一間和調和威士忌命運息息相關的蒸餾廠。如果慕赫代表了極為傳統的風格，那麼達夫鎮就是變化莫測的代表，曾經是貝爾公司旗下一間製造堅果味／麥芽味威士忌的廠房，如今它的新酒風味卻屬於清脆綠草陣營。它同時也是蘇格登的品牌之一。

一座小鎮裡就有六座蒸餾廠，生產了每一種風味陣營（除了煙燻味）的威士忌。它「威士忌首都」的綽號也許取得恰如其分。

三間蒸餾廠坐落在達夫鎮外的山谷中，各自製造風味獨特的威士忌。

慕赫品飲筆記

新酒

氣味：不甜，有硫磺煙味；強勁、帶肉香、氣味濃厚；濃縮牛肉精般的濃郁感。

口味：帶有野性；老木材、肉湯、煙火味；口感強勁。

尾韻：濃厚而嗆辣。

珍稀老威士忌 43.4%

氣味：成熟、深度果味、胡桃碗雪莉味混和野肉餡餅味；隨後出現楂椁、蘋果乾、甘草和黑巧克力味。加水會帶出橘皮果醬、栗子和堅果糖味。

口味：咬牙而甘甜；迅速湧現氧化特質的深度口感，之後轉為隱晦的味道和杏仁水果蛋糕味；濃厚豐富。

尾韻：水果乾味。

結論：沒有 16 年那麼多的肉香雪莉酒味，但慕赫風格明顯。

風味陣營：**豐富圓潤型**
延伸品飲：Dalmore 15 年

25 年 43.4%

氣味：銅、木頭和烤堅果味，苔蘚味轉為綠色蕨類味；現在湧出更多柔和的白色水果、少許蜂蜜和更深厚的花香與蘋果乾味。

口味：比 12 年更圓潤，中味結實；綠色李子味之後是清脆的木頭味。

尾韻：很不甜、辛辣。

結論：熟成十多年後開始構成濃郁的果味。

風味陣營：**豐富圓潤型**
延伸品飲：Macallan Sienna

格倫杜蘭品飲筆記

新酒

氣味：芬芳、清淡、（鳶尾花）花香；葡萄感的花香；轉為鮮嫩青草味。

口味：不甜，接著是糕點水果味；相當柔順溫和。

尾韻：清淡、乾淨、短促。

8 年，二次填充 桶陳樣品

氣味：芬芳飄揚；蘋果甜點味；刺激、輕微香氣；淡淡的檸檬、花香／茴香子味；花束般的氣味。

口味：整體新鮮而細緻；保有鳶尾花味和檸檬味，有點酸。

尾韻：乾淨而刺激。

結論：清爽；給人的印象是它最好在二次充填木桶中陳年，因為它很容易被明顯的橡木味影響。

12 年，動植物系列 Flora & Fauna 43%

氣味：清淡而溫和，有受到一些誤投的影響，以及一絲木屑味；保有蘋果味，現在又多了木桶帶出的卡士達醬味。

口味：細緻、一開始幾乎透明無味，隨後旋即出現一道酸味打破了澄澈的口感；帶香氣。

尾韻：檸檬味。

結論：從 8 年的風味緩慢發展成多一點的橡木味。

風味陣營：**芬芳花香型**
延伸品飲：Linkwood

格倫杜蘭蘇格登 12 年 The Singleton Of Glendullan 40%

氣味：飽滿金色。雪莉酒、蜜思嘉葡萄酒般的甜味和隱約的黑刺李味；仍具香氣和果糖味，但現在由水果乾主導；緊實木頭味。

口味：淡淡果味；黑葡萄和果糖味，隨後出現成熟而豐富的歐洲橡木味；濃厚的香氣殘留，但已經不具酸味了。

尾韻：溫和、甜美且幾乎像果醬般濃稠。

結論：仍然（只不過）是格倫杜蘭的風味，但如今由木桶主導風味。

風味陣營：**水果香料型**
延伸品飲：Glenfiddich 15 年、Glenmorangie Lasanto、Fettercairn 16 年

達夫鎮品飲筆記

新酒

氣味：有點麵包、鳳梨、酯香和一絲麥糠味。

口味：乾淨，帶有酯香的果味；高調而刺激；後頭有些穀物味。

尾韻：堅果味，乾淨。

8 年，二次填充 桶陳樣品

氣味：相當乾淨；麥芽、維多麥（Weetabix）穀物早餐和一絲農莊裡的麥芽倉庫味。

口味：不甜，相當清脆；堅果味，然後出現一股甜味輕柔地落到舌頭上。

尾韻：芝麻味。

結論：乾淨而富堅果味——老式達夫鎮風格的優良範本。

達夫鎮蘇格登 12 年 The Singleton Of Dufftown 40%

氣味：甜美，具無花果味，底部有堅果殼味；一開始是鋸好的橡木和糟粕味，之後有棉花糖、一絲蘋果和無花果醬味。

口味：堅果油和餅乾味，豐富，帶葉子味。

尾韻：清脆而短促。

結論：歐洲橡木帶（酒齡高的）干澀的達夫鎮威士忌特質進入了更甜的領域。

風味陣營：**豐富圓潤型**
延伸品飲：Jura 16 年

達夫鎮蘇格登 15 年 The Singleton Of Dufftown 40%

氣味：豐富，底層的穀物味撐起整個酒體；麥麩片、燕麥片加上熱牛奶的味道；甘甜；加水後香氣提升；餅狀牛飼料和潮濕的秋季木材味。

口味：甜美，相當溫和；中心有點緊實，但除此之外非常親近、討人喜歡。

尾韻：豐富的果味湧現，隨後橡木味甜味變淡。

結論：有蘇格登的香甜特徵，藉著堅果味的偽裝扮成了達夫鎮的一員。

風味陣營：**豐富圓潤型**
延伸品飲：Singleton of Glendullan

基斯鎮到東邊界

在基斯鎮周遭的蒸餾廠中，可以看出調和威士忌的重要性。這些蒸餾廠終生致力於製造調和威士忌。

好幾個世紀以來，基斯鎮的奧爾德橋（Auld Brig）載著威士忌能夠橫越艾拉河（River Isla）。

史翠艾拉 Strathisla

基斯鎮 · WWW.MALTWHISKYDISTILLERIES.COM · 4 月到 10 月週一至週日開放；1 月到 3 月週一至週五開放

雖然史翠艾拉是未經官方認證的蘇格蘭最美蒸餾廠，它的威士忌卻意外地不那麼出名。事實上，基斯鎮蒸餾廠群中沒有一間蒸餾廠，是單一麥芽威士忌的第一線品牌。在斯佩塞的這一區，威士忌生產者埋頭——無論他們的蒸餾廠多美——製造調和用的烈酒。

史翠艾拉與調和威士忌關係深厚。它是一間麥芽威士忌蒸餾廠，也是一個觀光景點——鵝卵石庭院、修剪整齊的草坪和水車都吸引遊客來訪——它卻將帶有自家特色的威士忌拿來調和。拿史翠艾拉來說——它就是起瓦士調和威士忌的心靈故鄉。雖然這種作法相當普遍，但卻掩蓋了史翠艾拉身為「蘇格蘭最早的有照麥芽蒸餾廠」的名聲。

這裡製造酒精飲品的歷史已經 700 年了。13 世紀時，這裡建立了一間修道院釀造廠，後來的米爾頓蒸餾廠（直到 1953 年才被叫作史翠艾拉）在 1786 年取得執照時，正值威士忌走私時代的開端。

但史翠艾拉的烈酒卻不屬於早期／濃厚的威士忌，雖然新酒中微弱的硫磺味，暗示這間蒸餾廠多少渴望忠於老式的蒸餾方式。關鍵在於蒸餾室中，頸長高達屋樑的小型蒸餾器。「史翠艾拉奇怪的一點，是它想要製造清淡的斯佩塞風味，但這些小型蒸餾器最終卻帶出了細微的硫磺味和酒糟般的味道。」起瓦士的蒸餾廠經理艾倫·溫徹斯特（Alan Winchester）說，「但是後頭藏著水果的質感。」

不過得花點時間果味才會湧現。史翠艾拉威士忌似乎是由三個部分所組成：苔蘚木質味、柔和的水果味和花香。這些風味陳年期間會產生變化：年輕時具有苔蘚質感，熟成後有水果和柑橘味。這是支優秀的調和素材。

蘇格蘭最美蒸餾廠候選人，史翠艾拉自 1786 年起開始生產威士忌。

史翠艾拉品飲筆記

新酒
氣味：乾淨，帶有甜麥芽糖化液、潮溼稻草和苔蘚味；清淡的花香，之後是一絲焦味／硫磺味。

口味：非常純淨；甜美飽滿；中段口感具有溫和的果味。

尾韻：最後是穀物味。

12 年 40%
氣味：銅、甘甜橡木和大量清淡椰子味；綠色苔蘚、柑橘果肉、榲桲味，後頭有焦味

口味：甜香草、白巧克力味；非常乾淨，有腰果般的味道；乾草和清淡果味。

尾韻：烤過般的味道，略帶香味。

結論：史翠艾拉一開始清淡而近乎脆弱，但之後的發展值得一看。

風味陣營：**芬芳花香型**
延伸品飲：Glengoyne 10 年、Benromach 25 年

18 年 40%
氣味：銅、木頭和烤堅果味，苔蘚味轉為綠色蕨類味；現在湧出更多柔和的白色水果味、少許蜂蜜和更深厚的花香與蘋果乾味。

口味：比 12 年更圓潤，中味結實；綠色李子味之後是清脆的木頭味。

尾韻：很不甜、辛辣。

結論：熟成十多年後開始構成濃郁的果味。

風味陣營：**水果香料型**
延伸品飲：Bladnoch 8 年

25 年 53.3%
氣味：更多（雪莉）橡木桶的影響；一些西班牙陳釀酒、乾香菇、岩蘭草味；深邃甜美，帶水果蛋糕粉味。

口味：飽滿、柔和、清淡，伴隨橙皮味，之後展現完全的成熟感；中段口感再次呈現深度，最後變濃轉為橙花蜂蜜味；多汁。

尾韻：悠長、柔和而且乾淨。

結論：終於從木頭中湧現。

風味陣營：**飽滿圓潤型**
延伸品飲：Springbank 18 年

史翠米爾、格蘭凱斯 Strathmill & Glen Keith

史翠米爾 · 基斯鎮／格蘭凱斯 · 基斯鎮

基斯鎮的磨坊歷史悠久，大部份的水車都由蜿蜒地流過鎮上的艾拉河來提供動力。18 世紀時，芬勒特伯爵建立「新基斯」，這些木造磨坊變得更加重要，使用水力發電在當地種植和磨碾穀物。1892 年，其中一間玉米磨坊被改建為蒸餾廠——叫作格蘭尼斯拉 - 格蘭利威（Glenisla-Glenlivet）。在當時，製造威士忌比做麵包更能賺進可觀的收入。

很快地，格蘭尼斯拉就被賣給琴酒生產商 W&A 吉爾貝，改名為史翠米爾，之後它的新酒成為了 J&B 威士忌的一部分。值得一提的是，這群小蒸餾廠都有提供烈酒給酒體較輕的調和威士忌使用。

史翠米爾有一股奇妙的橄欖油味，為它原本清淡的特質增添滑順感。這種油脂感和格蘭洛希（Glenlossie）一樣，是以烈酒蒸餾器上林恩臂中的淨化管增加回流——讓酒體變淡的技術——帶來的效果，史翠米爾蒸餾廠在 1968 年裝設這套系統。

這種藉由使用不同蒸餾技術來追求細緻酒體的情況，也發生在格蘭凱斯蒸餾廠。它在 1958 年於史翠艾拉的後方建成，還作為前任業主西格拉姆的實驗蒸餾廠時，它製造了三次蒸餾麥芽威士忌、「布什米爾」（Bushmills）風格的威士忌，甚至是泥煤煙燻威士忌。六座修長的蒸餾器都有著向上的林恩臂，看起來像是正在聞東西的象鼻，但格蘭凱斯在 1999 年歇業後這些蒸餾器就停止運作了。如今為了翻新廠房，添置一座全新、更大型的糖化槽和額外的發酵槽，並且讓蒸餾器重新開始運轉。基斯鎮的第三間蒸餾廠終於又回來了。

格蘭凱斯蒸餾廠現在重新開幕。

史翠米爾品飲筆記

新酒
氣味：橄欖油、藥錠、奶油甜玉米味；有種不明顯的特質；新鮮酵母和少許紅色水果味。
口味：如針一般銳利；相當嗆辣，像會在舌尖上蒸發一樣。加水後展現酒體重量，樹莓葉味湧現。
尾韻：有活力、嗆辣。

8 年，二次填充 桶陳樣品
氣味：圓潤，奶油味轉化成繡線菊味，加上一些老式滑石粉和細緻的玫瑰味；依然帶著堅硬質感。
口味：青草味，相當乾淨；少許新酒的紫羅蘭味和紅色水果的酸度。
尾韻：乾淨，依然緊實。
結論：清淡，不過奶油特質帶來的酒體重量足以應付熟成。

12 年，動植物系列 Flora & Fauna 43%
氣味：不甜，讓人聯想到加了德麥拉拉蔗糖的穀物粥；烤玉米和一絲蜂蜜味。
口味：蜂蜜特質強勢襲來；紅色水果味已經消失，被芫荽子的刺激辣味取代。
尾韻：乾淨而飄揚。
結論：另一支有著耐人尋味的風味演變的威士忌……而且變得較快。

風味陣營：芬芳花香型
延伸品飲：The Glenturret 10 年、山崎 10 年

格蘭凱斯品飲筆記

新酒
氣味：非常乾淨；豐富果味，伴隨少許清淡的杏仁和罐頭番茄湯／番茄藤的味道。加水後出現石灰感。
口味：乾淨，非常純淨，酒體重量佳；甜味；味道變濃會出現紫羅蘭味。
尾韻：乾淨俐落。

17 年 54.9%
氣味：芬芳；酯香和酸葡萄汁味，帶點紫藤、奶油塔、燉蘋果和新鮮李子味。加水後，澱粉般的穀物味和餅乾味顯露無遺。
口味：温和柔順地延展開來，伴隨清淡的橘子和清涼的甜瓜味；乍現的檸檬味讓中段口感充滿活力。
尾韻：清脆乾淨，帶少許麵粉味。
結論：細緻新鮮。

風味陣營：芬芳花香型
延伸品飲：噶瑪蘭經典

奧特摩爾、格蘭道奇 Aultmore & Glentauchers

奧特摩爾・基斯鎮／格蘭道奇・基斯鎮

基斯鎮蒸餾廠群的配角精神也出現在奧特摩爾蒸餾廠中。奧特摩爾在 1896 年調和威士忌興盛時期順勢成立，1923 年起，便在約翰・帝王父子（John Dewar & Sons）集團中扮演要角。事實上，當百加得（Bacardi）向聯合酒業（UDV）收購帝王威士忌時，雙方曾為了奧特摩爾的所有權僵持不下。這座現代化蒸餾廠突兀地孤立在斷崖上，背對著海風，向南瞭望基斯鎮。

從小型蒸餾器下傾的林恩臂中流出的新酒風味，彌補了略顯平庸的蒸餾廠內部樣貌。它帶有穿透力、濃烈的青草味和微妙的深度，賦予調和威士忌活力和勁道。如今奧特摩爾好不容易有機會作為帝王新系列的一部分，推出自己的單一麥芽威士忌，終於能讓大眾見識它珍貴的威士忌資產。

從基斯鎮向西前往羅斯鎮，你會經過另一家「叫什麼名字來者」的蒸餾廠。麥芽威士忌大牌格蘭道奇雖然未曾受大眾矚目，卻擁有六座蒸餾器，從 1898 年就開始生產威士忌了。最初是提供素材給詹姆斯・布坎南（James Buchanan）的黑白狗（Black & White）調和威士忌使用，20 世紀初有段短暫的期間，格蘭道奇曾以柱式蒸餾器生產麥芽威士忌（最近被蘇格蘭威士忌協會（Scotch Whisky Association）認為是一種「非傳統」的技術）。

格蘭道奇在 1985 年歇業，又於 1989 年被聯盟酒業（Allied Distillers，現在的起瓦士兄弟）納入旗下，不再以泥煤煙燻大麥，平均地使用六座蒸餾器來進行蒸餾。蒸餾廠經理艾倫・溫徹斯特（Alan Winchester）解釋：「我們想做出水果／花香風味的威士忌。」他對烈酒的熱情在其他調和師身上也看得到，例如起瓦士兄弟的山帝・希斯拉（Sandy Hyslop），他將格蘭道奇的青草／花香特質用在像百齡罈（Ballantine's）那樣的調和威士忌中。

密切觀察烈酒，以收集風味正確的酒心，是蒸餾師最重要的工作。

奧特摩爾品飲筆記

新酒

氣味：甜美、蔥、青草味。

口味：甜美而堅實，酒體厚重、有點焦味、圓潤。

尾韻：草莓和瓜類味，很可能發展成有趣的風味。

16 年，帝王拉特瑞 DEWAR RATTRAY 57.9%

氣味：豐富而濃郁的雪莉酒味，帶有夾心麵包、水果蛋糕、苦橙味，以及淡淡的焦油味。

尾韻：悠長且大方。

結論：受橡木桶影響很大，但還是可以聞出花香特質。

風味陣營：飽滿圓潤型

延伸品飲：Royal Lochnagar 精選珍藏、Aberlour 16 年

1998 桶陳樣品 50.9%

氣味：輕盈飄揚，帶有細緻的果味；非常明確；清淡而具黃油感的橡木味，賦予奶油質感。加水後出現少許菜籽油、芝麻、燉洋梨和蘋果的味道。

口味：乾淨，帶有新鮮的酸度；中心有股甜味；一開始雖然清淡，但口感悠長；微妙的酒體重量。

尾韻：芬芳柔和。

結論：可以體驗到奧特摩爾講究的內斂風味。

格蘭道奇品飲筆記

新酒

氣味：青草，清淡。一種不尋常的巧克力消化餅乾味道，之後是茶葉和花香。

口味：清淡純淨。略有氣泡感，明亮飄逸。

尾韻：乾淨。

1991，高登麥克菲爾裝瓶 Gordon & Macphail 43%

氣味：淡金色。蒸餾廠典型的輕淡花香特質；高調；風信子、玲蘭和少許玫瑰花香；乾淨甜美的橡木味；依然很細緻。

口味：新鮮、柔和清淡；一絲成熟紅蘋果味，然後是檸檬馬鞭草味。

尾韻：短而清淡。

結論：比橡木桶風味多一點成分，但得小心處理，以免味道蓋過這款脆弱的威士忌。

風味陣營：芬芳花香型

延伸品飲：Bladnoch 8 年、Bladnoch 16 年

奧斯魯斯克、英尺高爾 Auchroisk & Inchgower

奧斯魯斯克 · 基斯鎮／英尺高爾 · 巴基鎮

就像熟成的威士忌烈酒會被納入風味環或地圖上，新酒也有一套產業共享的標示法。如果兩間蒸餾廠在描述同一種特質，一家說是「穀物」，一家說是「倉鼠籠」味，可能會造成混亂，如果雙方都同意用「堅果／香料味」來形容，事情會簡單得多。

但並非所有堅果／香料類型的蒸餾廠，都生產相同的威士忌。基斯鎮蒸餾廠群的最後兩名成員製造的新酒，正是屬於這種風味，但各在類型範圍的兩極。「堅果／香料其實是兩個風味陣營，」帝亞吉歐的首席蒸餾和調和師，人稱「大師」的道格拉斯 · 莫瑞說：「如果快速糖化，並融入固體物質，就會呈現堅果／穀物的特質；如果在高溫糖化時，將第二批的水高溫加熱，便能抽離穀物味，留下香料味；但如果在發酵槽中發酵 45 到 50 個小時，混濁麥汁便會呈現堅果／香料特質。發酵愈久，特質也會隨之改變。但要注意，如果加快生產速度，減短發酵時間，取出混濁麥汁，那麼威士忌就會失去原本的特質，變成堅果／香料味

（請見第 14 到 15 頁）。」

奧斯魯斯克是一間現代化、外觀有稜有角的白色〔粉刷〕蒸餾廠，位在基斯鎮往羅斯鎮的路上。這裡的新酒風格厚重，藉由在酒汁蒸餾器中過度沸騰，以及讓少許固體物質殘留其中，產生幾乎燒焦的堅果質感。一旦被放入橡木桶，這股焦味便會被甜味取代。

另一方面，英尺高爾則具強烈的香料特質，可能是因為這間位於巴基鎮海岸的蒸餾廠帶有鹽水特質，新酒的氣味則類似番茄醬。「英尺高爾有很多缸槽，」莫瑞說，「製程中許多缸槽會促使香料味變為蠟質感。你要知道，所有蒸餾廠不會只生產單一風味陣營，而是創造出風味和強度的獨特混合體。小小的改變就能帶來巨大的特質變化。」

奧斯魯斯克品飲筆記

新酒
氣味：焦味、濃厚的穀物味、麥麩、酒糟味。
口味：緊實、清脆、小麥胚芽味、堅硬；底部有甜甜的顆粒質感。
尾韻：不甜。

8 年，二次填充 桶陳樣品
氣味：餅乾、淡淡的柑橘、酒粕、燒過的青草、舖了地毯的展覽室和一點橡膠味。
口味：不甜但乾淨，阿薩姆紅茶和石灰味。
尾韻：依然堅實。
結論：已經淨化過了，但仍需要時間才能完全變甜。

10 年，動植物系列 Flora & Fauna 43%
氣味：明顯更甜、更多堅果味、甜味、腰果、夏威夷豆和一絲野生草本（檸檬香脂）味，焦味已消散成具深度的烘烤味。
口味：隱含新酒的甜味，具椰子甜味的橡木桶如今帶出了 8 年威士忌的風味，也壓制了小麥糠麥芽味。
尾韻：依然不甜。
結論：在二次填充桶緩慢熟成了 10 年後，開始展露飽滿、美妙、甜美的特性。

風味陣營：麥芽不甜型
延伸品飲：Speyside 12 年

英尺高爾品飲筆記

新酒
氣味：高調，非常濃烈；番茄醬、生麥芽、小黃瓜、微微的鹽水味，以及一抹天竺葵香。
口味：酸爽、堅果、氣泡酒味和浪花感，發麻、辛辣。
尾韻：鹽味堅果。

8 年，二次填充 桶陳樣品
氣味：依然強烈，現在多加了檸檬和萊姆（幾乎是年輕／發酵中的賽美蓉白葡萄酒味），內斂的水果味、堅硬、鮮嫩、綠色的果凍味。
口味：保有鹽水味、清淡、乾淨，之後由堅果味主宰。
尾韻：辛辣。
結論：一款令人棘手的威士忌，各種風味還在相互結合中。

14 年，動植物系列 43%
氣味：辛香依然很濃郁——也可能因此帶來鹽味；檸檬酥餅、香草冰淇淋和木材的煙燻味。
口味：蒸餾廠強調辛香味的特質從頭到尾都支配了口感，有效地將所有甜味集中在舌中央。
尾韻：充滿活力和鹽味。
結論：這支單次推出的威士忌展現出蒸餾廠強大的特質，你不禁懷疑它有沒有可能會被壓制。

風味陣營：水果香料型
延伸品飲：Old Pulteney 12 年、Glengoyne 10 年

SPEYSIDE
SINGLE MALT
SCOTCH WHISKY

In a striking *hilltop location, visible from*
ROTHES, is sited the

AUCHROISK

distillery. The unusual name, *meaning "FORD of
the RED STREAM" in Gaelic*, refers to the
MULBEN BURN *from which the distillery draws
its cooling water.* However, the *principal reason
for the siting of the distillery is DORIES WELL
an abundant source of soft, pure springwater.*
Through the *smoke and nutty sweetness,* comes the
unmistakeable feel of DORIES *silky water,
followed by a dry*, well balanced *finish.*

AGED **10** YEARS

43% vol   Distilled & Bottled in *SCOTLAND.*
AUCHROISK DISTILLERY, Mulben, Keith, Banffshire, Scotland.   70 cl

羅斯鎮蒸餾廠群

雖然在斯佩賽威士忌首都名號爭奪戰中，羅斯鎮足以對達夫鎮構成威脅，但羅斯鎮似乎想讓它的威士忌生產活動像蒙上一層面紗一樣，保持神祕感。儘管這裡有著世界領先的罐式蒸餾生產者、一系列精選的頂級蒸餾廠，以及一間能將所有殘渣處理成牛飼料的黑穀廠。所有的威士忌這裡都有了。

黃昏時，在格蘭冠倉庫中沉睡的酒液。

格蘭冠 Glen Grant

羅斯鎮・WWW.GLENGRANT.COM・全年開放，日期和細節請見官方網站

在亞伯樂（Aberlour）累積威士忌蒸餾的經驗後，約翰和詹姆士 · 格蘭特（John and James Grant）在 1840 年搬到羅斯鎮，建立這裡的第一間蒸餾廠。約翰是一名紳士蒸餾師，詹姆士則是一名工程師兼政治家。蒸餾廠落成的隔年，詹姆士向艾爾金和洛西茅斯海港公司提議，建造連結洛西茅斯港口和艾爾金的鐵路——還要經過羅斯鎮，延伸到克萊葛拉奇。多虧格蘭特兄弟贊助的 4,500 英鎊，最終這條鐵路真的建成了。

當詹姆士在計畫建造鐵路時，約翰在打造的不只是一間蒸餾廠，而是一個產業。蒸餾廠的重點在於它的功能性，雖然它可能有著壯麗的周遭環境，或有著美麗的外觀，但本質上還是一座工廠。格蘭冠是個例外，它不僅代表了直到 1978 年都還是經營者的傑出家族，也象徵了紳士蒸餾廠的到來。沒有一間蒸餾廠比得上約翰 · 格蘭特對格蘭冠的大手筆鋪張，他的兒子詹姆士（綽號少校）在 1872 年接手蒸餾廠後，更是有過之而無不及。

少校留著誇張的八字鬍，幾乎隨身攜帶手杖或槍枝。他是維多利亞時代的縮影：熱衷於打獵，還是位花花公子，也對工程和創新很有興趣，他是第一位在高地一帶有車、有電燈的人（以蒸餾廠的水渦輪機發電）。在羅斯鎮可找不到葡萄和桃子（即使今日，檸檬在當地商店也不太常見），不過在斯佩河流經的富麗堂皇少校遊園中卻種了這些水果。

格蘭冠保有少校閒不下來的特質，一開始只有兩座蒸餾器，之後擴增成四座——其中兩座由大酒汁蒸餾器和名叫小喬迪（Wee Geordie）的小型烈酒精蒸餾器組成。1960 年代打造的新蒸餾室是燃燒瓦斯來加熱，舊蒸餾室則是燃燒煤炭。

卡波多拿克（CAPERDONICH）的悲劇

1898 年，少校在鐵路旁建造了卡波多拿克蒸餾廠，它很快地在 1902 關廠，1965 年又重新開幕，2003 卻再次關閉。「為什麼會失敗呢？」馬科姆問，「它和格蘭冠使用同樣的水源，一樣的酵母——甚至連經理都是同一位，但是那裡的蒸餾器形狀不同，雖然也裝設了『德式鋼盔』，卻還是無法做出格蘭冠。」現在它作為銅匠弗賽斯（Forsyths）的工作室，他接到滿滿的訂單，絕對會需要這個空間來作業！

如今，蒸餾廠共有八座大型蒸氣驅動的蒸餾器，酒汁蒸餾器粗壯的頸部底下，都裝了「德式鋼盔」形狀的隆起，林恩臂往下伸入這些純淨器。「這些純淨器在少校那個時代就存在了。」格蘭冠的首席蒸餾師丹尼斯 · 馬科姆（Dennis Malcolm）說，「顯然他想製造比較清淡的烈酒。」今日的格蘭冠新酒清澈，充滿青草、蘋果和泡泡糖味。從少校開始，不斷地調整這些製程，終於達成了目標。會賦予重酒體風味的小喬迪蒸餾器在 1975 年退休，煤炭被瓦斯取代，最後一絲泥煤味也在 1972 年消失；雪莉桶則被波本桶取代。

蒸餾廠的水源流經少校那著名的維多利亞花園小徑，本身的美景就吸引了遊客造訪。

最現代化的新遊客中心有自助品飲室。

　　這種清淡的風格讓格蘭冠在義大利市場熱賣——由於它是義大利的最主流的威士忌品牌，好幾年來都是最暢銷的單一純麥威士忌——2006年，金巴利集團以1.7億英鎊買下格蘭冠品牌和它所有的資產，它和義大利的連結終於穩固了。在那之後，酒廠經理馬科姆更花費數百萬元讓蒸餾廠和少校的花園重生。

　　在這座寧靜的花園中，鳥鳴聲、修剪過的樹籬，以及在石頭上翻騰起泡的棕色泉水都帶來了生氣。在懸崖洞穴裡喝上一杯藏在少校保險箱裡的美酒，轉頭面對太陽，黃色的薄霧在花園內瀰漫，你彷彿回到了威士忌紳士的時代，小徑歪斜、溫室裡種了桃子，車庫裡還有一部勞斯萊斯。

格蘭冠品飲筆記

新酒

香氣：非常乾淨而甜美，青蘋果、花香和泡泡糖味，後頭有一絲酵母味，飄揚且高調。

口感：立刻出現蘋果和鳳梨的果味／酯味，純粹乾淨。

尾韻：淡淡的花香。

10年 40%

香氣：淡金色。清淡、花香和香草基底；酯香；水果味已成熟，鳳梨則變成了罐頭水果的味道。加水後有杯子蛋糕和風信子味。

口感：清淡，多汁；展現橡木的優點，帶來許多奶油質感，同時增添了微微的甜香料味。

尾韻：柔軟，帶有一絲青葡萄味。

結論：乾淨，清淡，令人耳目一新。

| 風味陣營：**芬芳花香型** |
| 延伸品飲：Mannochmore 12 年 |

少校珍藏 Major's Reserve 40%

香氣：乾淨，熱情，帶有清脆的蘋果、薄荷、小黃瓜、奇異果味，正在變不甜的細緻大麥味。

口感：發泡；細緻；白酒味，一些青梅果醬、草莓、醋栗味。

尾韻：緊實而乾淨。

結論：格蘭冠清淡新鮮的入門款；加上冰塊和蘇打水後，可以作為開胃酒。

| 風味陣營：**芬芳花香型** |
| 延伸品飲：Hakushu 12 年 |

大師精華 50 週年 46%

香氣：格蘭冠典型的昂揚感和活力；青蘋果，水果花、威廉斯梨和黃色水果味；加水後出現檸檬奶油糖霜和蕁麻味。

口感：充滿活力，精力充沛；不過都留在舌心，甜美的橡木味持續發展。

尾韻：悠長，圓潤，甜美。

結論：由傳奇蒸餾廠經理丹尼斯 · 馬科姆打造，紀念他為格蘭冠服務半個世紀；這款酒使用的原酒分別來自他職業生涯中 5 個 10 年。

| 風味陣營：**芬芳花香型** |
| 延伸品飲：The Glenlivet XXV |

格蘭路思 The Glenrothes

格倫洛西・羅斯鎮

古老的羅斯墓園中，墓碑上覆蓋著像在哀悼的雜草，旁邊就是守墓人的房子。在18世紀，下葬後，服喪的親人會在墓園駐紮，直到他們摯愛之人的屍體腐爛，以免盜墓者來偷屍體。如此痛苦的守夜，想必需要靠著鄰近山丘製造的非法烈酒才能度過。

格蘭路思蒸餾廠在1878年建立時，盜墓時代早已過去，墓園又恢復平靜，不會再被褻瀆。蒸餾廠的煙霧會刺激一種黑色、薄薄一層的真菌緩慢生長，點綴了墓碑。先不論附近有個墓園，這座蒸餾廠的位置進一步證明，蒸餾法規在1823年的解禁，如何為斯佩塞蒸餾廠帶來了實質的改變，它們再也不需要躲在泥煤屋舍、草棚和偏遠的農場裡了。當時蒸餾廠從不見天日變成光天化日，也搬到了各個城鎮裡，不過有些老習慣還是改不掉——這些威士忌鎮上的蒸餾廠還是選擇和主要道路保持一段安全距離。

格蘭路思差點沒能成為羅斯鎮內的蒸餾廠。落成不久後，因為格拉斯哥銀行倒閉，蒸餾廠陷入了財務困境。但一年後，多虧最不可能來援助的納康都聯合自由長老教會，看到這個絕佳的商機時，拋開了禁酒的信念。

如果教徒們看到它今日的成就，一定會大吃一驚。格蘭路思從過去的核心設備，戲劇化地擴張到現在以十座〔五座酒汁、五座烈酒〕蒸餾器生產威士忌。

快速的糖化週期產出的麥汁，會被導入不鏽鋼或木製發酵槽中。由於業界仍在爭論哪種類型的發酵槽比較好，所以很少蒸餾廠會採用這種過渡的作法。那些馬虎的旁觀者或許會認為，格蘭路思的蒸餾師這樣做，表示兩種發酵槽帶來的特質沒有什麼不同，但這並不完全正確。它每一批蒸餾酒液都來自兩座木製發酵槽和一座不鏽鋼發酵槽，如果全都換成不鏽鋼槽，可能會改變酒液的特質。

結合長（90小時）和短（55小時）時間的發酵期，加上一些微調，才能保有威士忌的特質。（不鏽鋼或木製發酵槽的）發酵溫度都設成不一樣，藉由發酵時間的長短，來去除風味中的差異性。

蒸餾師座鎮在格蘭路思有如大教堂般的蒸餾室中，創造出威士忌真正的特質。十座大型的罐式蒸餾器圍繞在四周，裝有沸騰球體以增加回流，藉由緩慢地蒸餾來找出格蘭路思酒心那濃郁、柔和的果味。

格蘭路思是一間19世紀晚期的蒸餾廠，成立後很快便將出產的A級威士忌往南去給調和商。

格蘭路思的包裝仿照老式樣品瓶，每一瓶都有威士忌生產者的簽名。

因為蒸餾廠所有者愛丁頓集團是雪莉酒的頭號粉絲，它大部分的新酒都裝進了雪莉桶。直到最近，格蘭路思的威士忌都會被——不只是威雀，還有起瓦士和其他頂級調和威士忌——拿去作為調和用酒。它的隱密感，不只是地理位置而已，更是一種經營哲學：在眾人看不到的幕後，默默地工作。

但多虧品牌所有者倫敦葡萄酒商貝瑞兄弟與路德（Berry Bros. & Rudd），帶它進入單一純麥的新世界。將它在優質葡萄酒業 300 年來的經驗，應用在單一麥芽威士忌上。格蘭路思不標示被廣泛採用的酒齡制度，而是使用年份，展現這款優雅的麥芽威士忌的不同風貌。

格蘭路思是一款緩慢的威士忌，它的複雜度在酒杯中、在嗅覺，以及主要在口感上，都需要時間發展。它濃郁卻不會厚重；具有雪莉特質，卻不會太超過；在橡木、水果、香料和蜂蜜味上變化著；酒齡高的，在後味時，會有讓人眼睛為之一亮的香料味。低調而不冒失，優雅而不急躁，似乎正象徵它不引人注意的的地理位置。

格蘭路思品飲筆記

新酒
氣味： 乾淨，香草、香奈兒 5 號香水、白肉水果、梨子罐頭和一絲穀物味，黃油感。
口味： 黃油味，濃郁，比起麥卡倫的油脂感，還加上了明顯的香料／水果冰沙味，口感強烈。
尾韻： 奶油質感。

精選珍藏無年份 43%
氣味： 被雨水浸濕的花呢布、穀物／餅乾和麥芽味，略為緊實，後頭有新鮮的黑梅味；黃油味。
口味： 一開始是堅果味，之後轉成西洋李子味，賦予中段口感額外的酒體重量（非常愛丁頓的風格），伴隨著新酒的香草味，帶來柔和感。
尾韻： 悠長而且堅果味。
結論： 酒齡還很年輕。

風味陣營：水果香料型
延伸品飲： The Balvenie 12 年雙桶、Glen Garioch 12 年。

1969 年份嚴選單一桶 Extraordinary Cask 42.9%
氣味： 優雅且複雜度高，伴隨大量熱帶水果味，風貌多變而亮眼，伴隨芒果、蜜蠟、菸草、栗子蜂蜜味，之後是黑莓和雪松味。
口味： 一開始很清淡，像蕾絲一樣，但依然有格蘭路思經典的酒體重量；多層次且柔軟，清淡的椎茸、拋光的木頭和熱帶水果乾味。
尾韻： 果味，類似干邑。
結論： 優雅至極，經典的老羅斯思風格。

風味陣營：水果香料型
延伸品飲： Tomintoul 33 年

長者珍藏 Elders' Reserve 43%
氣味： 飽滿，典型的優雅質感；精美，帶有些許大麥、奶油橡木和氧化後形成的深度；燉李子和紅色水果的甜味。
口味： 油膩，天竺葵、苦橙和蜂巢味點綴。加水後出現口感絕佳的霉味和成熟感。
尾韻： 悠長而溫和。
結論： 雖然是一支無年份的威士忌，但裡面最年輕的調和的用酒酒齡至少有 18 年。

風味陣營：水果香料型
延伸品飲： The Balvenie 17 年

斯佩波恩 Speyburn

斯佩波恩 ‧ 羅斯鎮 ‧ WWW.SPEYBURN.COM

在開車前往（或離開）艾爾金市的路上，你最多只能看到斯佩波恩蒸餾廠的寶塔型屋頂從小小的狹谷中穿出，帶給你一種舊時秘密的非法蒸餾廠的印象。事實上，就像其他羅斯鎮蒸餾廠，斯佩波恩在 19 世紀晚期出現。它並沒有藏在隱密的地方，就坐落在羅斯鎮到艾爾金的分支鐵道旁，當初是在約翰‧格蘭特的鼓吹下建造而成。換個角度，它看起來又像是從道路延伸出去，不過是慢慢地露出它的蒸餾廠建築群。從鐵路這頭，看得見有寶塔屋頂的蒸餾廠、倉庫和發麥廠的正面。是我們的觀點在改變，不是斯佩波恩。

似乎很容易會被羅斯鎮吸引的烈酒創新精神，在斯佩波恩也相當活躍。它對面是第一間將穀物廢料變成動物飼料的的蘇格蘭黑穀廠，斯佩波恩本身也是第一間嘗試氣動式（鼓式）發麥的蘇格蘭蒸餾廠。它直到 1968 年都採用鼓式發麥，也就是鐵路停止載貨的兩年後，在那之後，斯佩波恩就相對顯得乏人問津了。

這裡絕對值得探索，它是因佛豪斯酒業旗下的另一間蟲桶蒸餾廠，用來生產帶有劃過的火柴和煤氣味的新酒。就像它在安努克（anCnoc，又稱納康都）的同伴一樣，早期就褪去了硫磺特質，展現它真正的果香／花香味。

「它很易飲，」因佛豪斯的首席調和師史都華‧哈維（Stuart Harvey）說，「不過它的酒體比安努克更重──這就是差別所在。」生產過程的差異可能很小，但效果卻相當明顯。「要精確地做出調整，以產生特定的特質是不可能的。」哈維說，「你可以在設備相同的蒸餾廠，用同樣的方式操作，得到的特質卻會不同。」他又補充，「威士忌的風味和區域有關，要在我們的蒸餾廠，你才能做出我們的特色。」

斯佩波恩那幾乎完全隱蔽的廠址，很符合它含蓄的風格。

斯佩波恩品飲筆記

新酒
氣味： 潮濕皮革、清淡的麥麩／燕麥味，些許牙買加罐式蒸餾蘭姆酒，大量柑橘、劃過的火柴／瓦斯般的硫磺味。

口味： 澎派，一絲麵包味，伴隨麥芽味；細膩的質感隱藏其中，有深度。

尾韻： 清淨感。

10 年 40%
氣味： 淡金色。清淡、花香，帶有麥芽糖的和淡淡的檸檬味；乾淨清新，柔和；英式綜合軟糖和燉煮大黃味；櫻花味。

口味： 奶油般的香草味，蒸海綿布丁，之後是鮮花味；中段口感酒體重量佳，帶來多汁感。

尾韻： 淡淡的酸味。

結論： 又是一款在硫磺後，展現酯香和口感份量的威士忌。

風味陣營：芬芳花香型
延伸品飲： Glenkinchie 12 年、Glencadam 10 年

21 年 58.5%
氣味： 濃郁，雪莉味：蛋糕、堅果和梅乾味；苦巧克力和烤焦的肉味。

口味： 歐洲橡木味猛烈襲來：柑橘、甜香料，伴隨糖漿司康和甜烈酒味；燒焦味帶來一種有趣的平衡。

尾韻： 甘草味。

結論： 受橡木桶影響大，肉香是否代表過去曾經製造過重酒體風格的威士忌？

風味陣營：豐富圓潤型
延伸品飲： Tullibardine 1988、Dailuaine 16 年

格蘭斯佩 Glen Spey

格蘭斯佩 · 羅斯鎮

格蘭斯佩的大門和斯佩波恩分別位於城鎮的兩端，它是這群作風低調的蒸餾廠中的最後一員。羅斯鎮或許是個保守的地方，但威士忌產業還是在這幾條街道中誕生了。蒸餾廠早期會建在羅斯鎮並不是巧合，這裡不僅有許多水源和鐵路，它也是大麥產區的最南界，還可以取得泥煤。換句話說，這裡生機蓬勃。

每間蒸餾廠都有自己的發麥廠（格蘭冠和斯佩波恩到 1960 年代前都曾採用鼓式發麥法），當地的銅匠弗賽斯持續地為整個威士忌產業提供蒸餾器，再加上斯佩波恩的黑穀廠，羅斯鎮就是一個自給自足的模範。

格蘭斯佩和它的鄰居一樣，是在 19 世紀晚期建造的蒸餾廠。1878 年成立時，玉米商詹姆士 · 史都華（James Stuart）趁機擴張他在羅斯鎮的玉米磨坊產業，在這裡蓋了一座蒸餾廠。

他旗下多了蒸餾廠後，便將公司改名為格蘭斯佩。1887 年，蒸餾廠被賣給琴酒蒸餾商 W&A 吉爾貝，成為這家公司在斯佩塞的第一項投資——之後它又買下納康都，以及另一間被欣然命名為史特斯米爾（Strathmill）的老玉米磨坊。

格蘭斯佩雖然配合了吉爾貝／J&B 的清淡風格，但也依然有著維多利亞時代的剛正風格。格蘭斯佩像史特斯米爾一樣，高聳的酒汁蒸餾器上都裝了能促進回流的淨化器。誰知道呢？也許是參觀附近的格蘭冠蒸餾廠後裝上的。淨化器能為原本的堅果特質增添油脂感，展現出（至少對筆者而言）杏仁味。

乍看之下，羅斯鎮可能不像一座威士忌城鎮——但它的確是。

格蘭斯佩是典型的羅斯鎮蒸餾廠，偏好遠離大眾目光的寧靜生活。

格蘭斯佩品飲筆記

新酒

氣味：肥美，爆米花／奶油糖味，後頭伴隨著甜甜的果味；淡淡的鹹味，之後是綠杏仁／杏仁油味。

口味：乾淨清新，細微的堅果／麵粉味；整體不甜；簡單。

尾韻：不甜清脆

8 年，二次填充 桶陳樣品

氣味：略顯不成熟，但香氣明顯；烤木頭／烘烤麥芽、花生和杏仁味；白蘭姆酒；烤蘋果的味道隱藏在後。

口味：非常強烈，中段口感出現榛果麵粉味，清淡而乾淨。

尾韻：堅果味。

結論：各種風味尚未融合，一點略嫌纖細。

12 年，動植物系列 43%

氣味：麥芽味，但有薰衣草和土壤的香氣；（學校黑板）粉筆灰，之後是經典的杏仁味

口味：花生和杏仁片味；乾淨，中心有柔軟的甜味；後段口感是紫丁香和鳶尾花味。

尾韻：清脆乾淨。

結論：完整地發展出麥芽和香氣的平衡。

風味陣營：麥芽不甜型

延伸品飲：Inchmurrin 12 年、Auchentoshan Classic

艾爾金到西邊界

威士忌的百慕達三角洲就在斯佩塞最大的城鎮外。這裡的蒸餾廠推出的威士忌被調和師和酒迷們當作偶像崇拜，不過在一般品飲者的印象中，它們卻好像不存在一樣。準備面對這裡提供的驚喜：富有最佳的果味和香氣——也是斯佩塞泥煤味最重的新酒。

低斜的夕陽照亮了柏格黑德的砂岩斷崖。

格蘭愛琴 Glen Elgin

格蘭愛琴 • 艾爾金市 • WWW.MALTS.COM/INDEX.PHP/EN_GB/OUR-WHISKIES/GLEN-ELGIN/THE-DISTILLERY

保持神祕感似乎是斯佩塞的特色，即使在這裡最大的衛星城鎮，當地的蒸餾廠都還是喜歡保有隱私。除了兩個前線的單一麥芽品牌格蘭莫雷（Glen Moray）和班瑞克（The BenRiach），其他蒸餾廠都在幕後工作，做出的威士忌被融入各種調和威士忌中。它們通常被當作只是調和威士忌的填充物，事實卻完全相反。這龐大的蒸餾廠群默默無名的原因，是因為調酒師們太重用它們獨一無二的特質了。

格蘭愛琴就是一個典型的例子，蒸餾廠隱藏在 A941 公路旁的的小路上，它的威士忌有著難以置信的典型水果特質，飽滿而成熟，彷彿蜜桃汁沿著下巴一路滑下去般。如果你只草草參觀過這間蒸餾廠，你絕對想不到它有這種能耐。使用六座小型蒸餾器和蟲桶，應該會做出有硫磺味的新酒，對吧？不對，這裡可是帝亞吉歐旗下三座反其道而行的蟲桶蒸餾廠之一。

「你若能確保蒸餾器在進行蒸餾時會除去硫化物，就可以產出濃烈卻清淡的烈酒。」帝亞吉歐首席蒸餾師兼調和師道格拉斯·莫瑞解釋。藉著緩和蒸氣和銅在蒸餾器中的交互作用，就能避免產生其他新酒都有的那種硫磺味。發酵過程也同樣重要，莫瑞接著又說：「在格蘭愛琴，大部分的新酒特質在進行蒸餾前便已產生。」誘人多汁的果味是以一種緩和的機制製成的：經過較長時間和較低溫的發酵，並在蒸餾器中和大量的銅緩慢作用。

接著就會進入蟲桶階段。「蟲桶能增加複雜度，賦予強烈的特質。」莫瑞說，「卡杜和格蘭愛琴的製程其實差不多。」但卻產生了迥異的特質：一個多汁鮮美，一個青翠鮮嫩；一個豐富濃郁，一個嗆辣濃烈。

在格蘭愛琴倉庫裡的老舊籠桶設備已經為蒸餾廠效力多年。

格蘭愛琴品飲筆記

新酒

香氣： 成熟，黃箭口香糖、紅蘋果、烤香蕉和綠桃味，滑順。

口感： 淡淡煙燻味，乾淨，但又成熟濃郁，口感絲滑。

尾韻： 豐盛且悠長。

8 年，二次填充桶 桶陳樣品

香氣： 水果味軟化後變成熟，涵蓋新鮮水果到罐頭水果味；許多罐頭桃子、新鮮瓜果；奶油味；甜美，飽滿多汁，淡淡的煙燻味。

口感： 非常甜美，集中在舌頭中央；杏桃味；多汁甜美；蜜桃糖漿味。

尾韻： 又軟又——是的，帶果味。

結論： 甜美豐富，幾乎需要一些來自橡木桶的約束。

12 年 43%

香氣： 飽滿的金色。水果味現在和甜美而略帶粉塵感的香料味並存；肉豆蔻和小茴香味；綜合了橡木特質後，新鮮果味中多了咬口感。

口感： 一開始是柔軟的熱帶水果味，中間突然轉為上述的香料味，又慢慢變成芳香的木頭味。

尾韻： 帶果味，但不甜。

結論： 木桶為整體增加了複雜度，但蒸餾廠的特色依然鮮明。

風味陣營：水果香料型

延伸品飲： Balblair 1990、Glenmorangie The Original 10 年

朗摩 Longmorn

朗摩 • 艾爾金市 • WWW.LONGMORNBROTHERS.COM/HTML/DISTILLERY.HTM

格蘭愛琴附近的蒸餾廠也傾向在檯面下作業。麥芽威士忌蒸餾廠朗摩像一名地下樂手，建立了一群死忠粉絲，而這些粉絲最不願見到的，就是他們的偶像變得愈來愈出名。

朗摩在 1893 年由約翰 • 德夫（John Duff）建造。德夫出身於鄰近的阿伯克德鎮，在前往德蘭士瓦省開創南非威士忌產業前，德夫設計了格蘭洛希蒸餾廠（Glenlossie）。南非的計畫失敗後，他回到洛希，在莫雷平原（Laich O' Moray）肥沃的農地上設計和打造朗摩蒸餾廠，附近的曼羅克山（Mannoch Hill）就出產可以做成泥煤的泥炭苔。

德夫的事業在 19 世紀末面臨破產，朗摩被轉手給詹姆士 • 格蘭特。不久後，它就成了一支被調和師評等為 A1（絕佳）的威士忌。

「朗摩是一顆明珠。」業主起瓦士的首席調和師柯林 • 史考特（Colin Scott）說，「除了具有影響力，它高雅的特性也能協調其他調和用威士忌，這支威士忌是調和師真正的好夥伴。」這些調和師就是指朗摩那群善妒的死忠粉絲。即使加入了格蘭利威蒸餾集團，朗摩也不像其他旗下品牌格蘭冠和格蘭利威，它從未晉升為單一麥芽威士忌品牌。

調和師們守護著的朗摩新酒柔軟、濃郁又複雜，是由瓶身寬闊而簡樸的蒸餾器所製造的。甜美，帶果味，具深度和寬度，芬芳而有力。美國橡木桶賦予它柔和感和蜂蜜味；大酒桶為它帶來豐富而

朗摩複雜的新酒被保存在業界最華麗的烈酒保險箱中。

蔓延的香料味；雪莉桶會加深它的色澤，增添濃郁感和力道。朗摩新酒能表現出多元的特性。

除了作為許多調和威士忌的基石，朗摩也是日本單一麥芽威士忌的始祖。日本威士忌創始人之一的竹鶴政孝正是在這裡初次體驗蒸餾，因此朗摩原創的蒸餾器形狀，被作為余市蒸餾廠的參考對象。朗摩的名聲遠播，雖然推出了外型高檔的官方 16 年威士忌，朗摩還是被掌控在原來那群死忠粉絲手上。

朗摩品飲筆記

新酒

香氣：柔軟，幾乎像水果蛋糕般的果味；成熟的香蕉和洋梨；濃郁、飽滿，後頭帶有柔軟、肉類一般的味道。

口感：果味延續，成熟而悠長。

尾韻：一抹花香。

10 年 桶陳樣品

香氣：淡金色。果味開始成熟，但還有一點綠桃特質，之後香草和奶油味湧現。

口感：核心的果味升起：杏桃和芒果味，加水後是融化的牛奶巧克力和肉豆蔻皮味。

尾韻：淡淡的香料味。

結論：味道就像軟寶力一樣，給人一種半夢半醒的印象。

16 年 48%

香氣：古金色。水果蛋糕味；柔軟水果味殘留，伴隨帶粉塵感的香料、炸香蕉、藥錠和柑橘味。稀釋後是奶油太妃糖、蜜桃和李子味。

口感：濃厚；巧克力味再現；成熟的熱帶水果和果糖味。

尾韻：薑餅味。

結論：成熟而複雜。

風味陣營：水果香料型

延伸品飲：Glenmorangie 18 年、The BenRiach 16 年

AN INITIAL BIG MALT FLAVOUR THAT COMMANDS A PAUSE, REVEALING A SILKY RICH NATURALLY SWEET AND QUIETLY COMPLEX CHARACTER.
LONGMORN. Aged in Oak for sixteen years.
ESTD 1894

LONGMORN
SINGLE MALT SCOTCH WHISKY
AGED **16** YEARS
48%vol 70cl

1977 50.7%

香氣：香蕉脆片、「叢林牌」綜合軟糖味；穀物味賦予酒體深度；蜜桃味；芬芳；中國茶、燉水果和柑橘味。

口感：深邃而濃郁，開展為檀香、香根草、洋李和甜美的燉水果味。

尾韻：飽滿悠長，黃油肉桂味。

結論：可口甜美，一款迷人的威士忌。

風味陣營：水果香料型

延伸品飲：Macallan 25 年優質橡木桶

33 年，鄧肯泰勒裝瓶 Duncan Taylor Bottling 49.4%

香氣：儘管熟成這麼久，依然保有蒸餾廠的果味特質，煮熟的榲桲、番石榴、一股淡淡的糖薑和細微煙燻味。

口感：溫和、甘甜、帶果味；風味在味蕾上擴散；具刺激性的生薑／人蔘味？提升了後味。

尾韻：果味又回來了，現在變得半不甜。

結論：平衡的橡木味，讓蒸餾廠特質充分展現。

風味陣營：水果香料型

延伸品飲：Glenmorangie 25 年、Dalwhinnie 1986

班瑞克 The BenRiach

艾爾金市 • WWW.BENRIACHDISTILLERY.CO.UK • 提供私人導覽；細節請見官方網站

在 19 世紀末繁榮的經濟環境下，英國人過著奢侈的生活。工業產量成長，附帶影響了對新蒸餾廠的投資。景氣過後，經濟蕭條不可避免地隨之而來。導火線可能 1898 年調和業的崩解和帕丁森證券經紀商（Pattison）宣告破產，之後威士忌產業便開始瓦解。

雖然調和威士忌的出口量變多，但國內市場的銷售（蘇格蘭威士忌的主要銷量）卻開始下跌，使得存酒量失衡。19 世紀末大型蒸餾廠紛紛落成後，產業的未來令人堪憂。

部分的蒸餾廠被一些希望擴張產業（和獨攬更多生產線）的調和公司買下，其他蒸餾廠因為供過於求，只好關閉。蘇格蘭在 1899 年（包括穀物蒸餾廠）共有 161 家蒸餾廠開業，到了 1908 年，蒸餾廠數目只剩下 132 家。許多倒閉的蒸餾廠，都是在威士忌繁盛時期尾聲時，由於對市場有過度樂觀的期待而建立。它們還沒有機會大顯身手，就被堵住了嘴。1898 年建成的卡波多拿克（Caperdonich），作為格蘭冠馬克二廠（Glen Grant Mark II）營運，但在 1902 年便關閉。英波瑞爾（Imperial）在 1897 年建成，作為大雲二廠（Dailuaine II），但 1899 年就停止營運。最短命的是法格瓦特三兄弟（Fogwatt Triangle）的最後一家蒸餾廠——班瑞克，它在 1898 年落成後先是作為朗摩的姐妹廠，1900 年便歇業，之後隔了 65 年才又重新開始蒸餾威士忌。

這些年來，班瑞克都提供自家地板發麥的麥芽給朗摩使用。直到另一波威士忌產業復甦，調和威士忌界一片欣欣向榮，班瑞克的四座蒸餾器才又再一次流出新酒。

班瑞克的威士忌仍然扮演著配角，是調和威士忌中那股隱約的風味，為它帶來辛香的果味，艾雷島存酒不足時，有時也會增添濃厚的泥煤味。班瑞克偶爾會推出正式的單一麥芽酒款，雖然它們都是好酒，卻不曾像另外兩個品牌格蘭冠和朗摩這般引人注目。

在 2003 關廠時，班瑞克的命運彷彿受到了詛咒。但這次出現了一位救星——比利 • 沃克（Billy Walker），邦史都華（Burn Stewart）的前任總經理。他收購班瑞克的消息受人質疑，但隨後班瑞克又開始生產威士忌了。它複雜而辛辣，高年份的酒款風味迷人，只有在二次填充桶中長時間、緩慢地熟成後的威士忌，才會有這種味道在味蕾上舞動的特質。換句話說，即使調和師不這麼覺得，對威士忌品飲者而言，班瑞克威士忌還是一項重大的新發明。

班瑞克最近全力投入生產，專心製造單一麥芽威士忌。「我們花了五年在尋找一個適當的平衡。」經理史都華 • 布坎南（Stewart Buchanan）說，「很多設備早已拆除，所以需要做許多替換，並重新找到平衡。我們接手時，完全沒有新酒相關的紀錄，所以我們對酒心的切取進行了多次實驗，我們目前的新酒已經大致抓到之前的精髓了。」

「我們追求的是芬芳的水果甜味——你甚至可以在放置糖化槽的房間裡，聞到這種變得像蘋果般的果味。我認為威士忌製程的關鍵是大麥的處理。我們的風味範圍廣泛，從蒸餾初期的甜味到後段的穀物味都有。」

雖然班瑞克加入的比較晚，但它打破了斯佩塞這一帶專注生產調和用威士忌的迷思，誰知道呢？它或許能帶領一些低調卻表現驚人的蒸餾廠，踏上新的舞台。

右頁：班瑞克多年來默默地貢獻調和用威士忌，但它如今已經有能力成為一支代表性的單一麥芽品牌。

左：班瑞克蒸餾廠的糖化過程：初期的大麥澱粉正在轉化為可發酵的糖。

班瑞克品飲筆記

新酒

香氣：甜美、蛋糕味、果味、西葫蘆、小茴香和檸檬味，接著是甜餅乾和粉筆味。

口感：一開始是高度濃縮、稍具蠟質感的柔軟果味，隨後是灰暗／具粉塵感的香氣；咬牙。

尾韻：清脆乾淨；麥芽味，之後濃郁的香料味湧現。

探索 10 年泥煤威士忌 Curiositas 40%

香氣：起初是拉菲草／維他麥味，然後是乾燥的木質煙燻／木炭棒味，之後轉為瀝青味，烤水果味為襯托其後。

口感：龐大的煙燻味，接著是甜橡木和淡淡的果味，感覺很好。

尾韻：煙燻味殘留，夾雜淡淡的穀物味。

結論：的確令人想深入探索。本來作為起瓦士兄弟調和威士忌中的泥煤元素。

風味陣營：煙燻泥煤型

延伸品飲：Ardmore 傳統木桶

12 年 40%

香氣：飽滿的金色。以香料為開端，伴隨香氛／帶有蠟質的異國花香（番仔花）、糖霜和木屑味。加水後新鮮水果和更多清新橡木味湧現。

口感：依然帶有細微的蠟味，以及迴盪不散的果糖質感；杏桃、香蕉和肉桂味。

尾韻：香料迸發而出，之後急促地收尾。

結論：風味緩慢開展，和美國橡木味是最理想的搭檔。

風味陣營：水果香料型

延伸品飲：Longmorn 10 年、Clynelish 14 年

16 年 40%

香氣：飽滿的金色。各種味道都變深；果味出來主導時，香料味已退去；一抹木質煙燻味；香蕉乾和成熟瓜果味；帶點堅果感；保有異國風格。

口感：更扎實，新鮮果味較少，更多烘焙／半不甜的風味；酒體龐大；更咬口也更強烈；帶點小茴香味。加水後湧現雪莉酒味。

尾韻：不甜的橡木和淡黃無籽葡萄味。

結論：充分展現實力。

風味陣營：水果香料型

延伸品飲：The Balvenie 12 年雙桶熟成

20 年 43%

香氣：放鬆而成熟的特質：由肉豆蔻皮和隱約的小茴香主導的繽紛香料味；甜味和酸味交錯，之後出現乾燥的果皮和杏桃味。

口感：成熟且柔和，帶有新鮮的果園果汁味；之後變為油桃味。

尾韻：甜香料味，悠長。

結論：優雅，帶有蒸餾廠特質，內斂的橡木味增添了額外的質感。

風味陣營：水果香料型

延伸品飲：Paul John 精選木桶

21 年 46%

香氣：金色。煙燻和潮濕的稻草味；月桂葉／月桂樹、秋天的樹葉和洋梨味；瓜果味殘留，但香料味已轉成後頭淡淡的粉塵感。

口感：煙燻味；堅果感；核桃殼；鼠尾草味中具咬口感；橡木味變成檀香和樟腦味；內斂，橡木味好好地拖住了酒體。

尾韻：薑和清淡泥煤味。

結論：進入演化的第三階段。

風味陣營：水果香料型

延伸品飲：Balblair 1975、Glenmorangie 18 年

十七（Septendecim），17 年 46%

香氣：花園營火味，均衡的甜味帶來了對比：灑上肉桂的烤蘋果味。

口感：水果和青草般的煙燻味交錯，伴隨著太妃糖、牛軋糖、蜜桃糖漿和甘草味。

尾韻：煙燻味再現。

結論：平衡、煙燻感，容易辨別的蒸餾廠特質。

風味陣營：煙燻泥煤型

延伸品飲：Ardmore 獨立裝瓶

正格調（Authenticus），25 年 46%

香氣：又是煙燻味，木質煙燻：橙木和水果樹味，揚起淡淡的芳香，類似煙燻肉味。

口感：酒場特質開始顯現，帶有豐富柔和的果園水果甜味，以及陳年帶來的蜂蠟味和飄散的煙燻味。

尾韻：悶燒感。

結論：成熟、完美的和諧感、均衡。

風味陣營：煙燻泥煤型

延伸品飲：Glen Garioch 和 Ardmore 獨立裝瓶

茹瑟勒 Roseisle

茹瑟勒 · 柏格赫德鎮（Burghead）

當帝亞吉歐宣布在集團位於茹瑟勒的發麥廠隔壁建造蒸餾廠的計畫時，招來外界充滿敵意的反應和悲觀的情緒；但蒸餾廠還是在 2010 年開始運轉。當時質疑的人說，這間產能 1000 萬公升的蒸餾廠的出現，代表帝亞吉歐已經準備要收掉旗下小規模的蒸餾廠，宣告精釀蒸餾的終結。到時候一切都回不來了。他們是這麼說的。

結果完全相反，這間有 14 座蒸餾器的蒸餾廠只是蘇格蘭最大威士忌集團 10 億增產計畫的第一步。沒有關掉任何一個廠，還建了新廠。

茹瑟勒蒸餾廠就位在同名的大型發麥廠隔壁，以綠建築的理念建造而成。有一座生質能發電廠，可供應自身所需的一大部分電力，同時將廢熱加以循環利用，協助茹瑟勒和柏格赫德鎮的麥芽廠運轉。

這間蒸餾廠還設定成能生產不同風格的威士忌，以滿足調和的需求，這一點雖然不算特別少見，但它所用的技術非常新穎。七對蒸餾器中的六對，有兩個殼管式冷凝器：一個和一般的一樣，內部塞滿銅管，另一個則是以不鏽鋼製成。如果需要重酒體，蒸氣會被導入後者，因為缺少銅的作用，可獲得蟲桶的效果。相反的，如果需要的是輕淡的酒，就使用標準型、能提供大量銅接觸的冷凝系統。

到目前為止，除了在剛開工後的一小段時間生產過堅果／香料風格的烈酒之外，茹瑟勒一直是專攻輕淡、青草味這一邊。當然免不了要微調。

發酵時間延長到 90 個小時，蒸餾過程也拉得很長，每完成一次蒸餾都會讓蒸餾器通風，讓銅壁復原。此外，每一座蒸餾器每週都會進行一次大清洗，然後空出六到七個小時讓它呼吸。

以上種種代表生產過程被限制為一週 22 批麥汁。「一但選擇了輕淡風格，就必須放慢步調。」經理高登 · 溫頓（Gordon Winton），「我們即將達成所有目標，調和師都說茹瑟勒的風格和其他青草感的蒸餾廠不同。」

至於厚重風格的呢？需要的時候他們也會生產。這是不是代表要從頭調整一遍？溫頓笑著說：「是啊，不過這是為你們生產的威士忌！永遠不能掉以輕心。」

帝亞吉歐集團的傑出的茹瑟勒蒸餾酒廠，茹瑟勒中圖為的蒸餾室。

格蘭洛希、曼洛克摩 Glenlossie & Mannochmore

格蘭洛希和曼洛克摩・艾爾金

班瑞克已經以健全的姿態重新嶄露頭角，而接下來這兩間蒸餾廠，則似乎依然樂於隱藏在眾人的目光之外（雖然最新的那一間會覺得不太容易維持這個狀態）。格蘭洛希和曼洛克摩位於同一個廠址上，更精確地說，是格蘭洛希把曼洛克摩包含在內，像是大哥保護著小老弟一樣。在風味的光譜上，兩間蒸餾廠都位於較輕淡的那一邊，但重要的是，兩者對同樣主題作出了不同的詮釋。

想尋找 19 世紀晚期的輕淡風格，格蘭洛希就是個好例子，它是 1876 年由曾任格蘭多納蒸餾廠經理的約翰・達夫（John Duff）所建，蒸餾器都裝了純淨器，這項聰明的設計有助於產生更細緻的特質。

回流是其中的關鍵，這個過程刻意延長了蒸餾時間，讓蒸餾器中冷凝的蒸氣（請見14-15 頁）再次得到蒸餾。然而，格蘭洛希不單只是輕淡而已，它的新酒聞起來有油脂感，這個特點讓原本簡單、細緻的青草香多了香氣以及滑順的口感。「如果以創造青草味的方式來進行發酵程序，然後增加回流，就會得到這個多出來的油脂感，」帝亞吉歐首席蒸餾師兼調和師道格拉斯・莫瑞說，「讓具有潛在青草味特質的烈酒進行活躍的銅接觸，就會產生油脂感。」

格蘭洛希的純淨器可能是這間蒸餾廠的救星。它一定是默默獲得了不少的關注，因此在 1962 年，蒸餾器從 4 座增加到 6 座。同一地點有兩個廠，往往後來其中一間會關閉，例如在克萊力士就是這樣，布洛拉消失了，而帝尼尼和林可伍德的舊蒸餾室也不再生產。不過這裡是例外。

1971 年，有六座蒸餾器的曼洛克摩在格蘭洛希建立（連帶一座黑穀廠），並且開始在輕淡主題上發展自我特色。這裡的威士忌沒有油質感，新酒階段完全是甜美的花系清新感，熟成時漸漸發展出豐厚的質感。是需要小心處理的威士忌——風味太猛烈的首次填充雪莉桶會抹殺掉它矜持的本質。

更教人驚訝的是，曼洛克摩正用來製作酒質濃稠如黑色糖漿、令人聞風喪膽的黑湖（Loch Dhu）麥芽威士忌。黑湖在 1990 年代曾短暫出現過，發行時乏人問津，現在卻極具收藏價值。曼洛克摩在這時候又躲進被窩裡去了。

曼洛克摩品飲筆記

新酒

氣味：甜美，胡蘿蔔、茴香，有核水果味中突然跑進來的花莖氣味。類似渣釀白蘭地。

口味：輕淡，乾淨，花香溫和清新。

尾韻：短，不易察覺。

8 年，二次填充桶 桶陳樣品

氣味：更深的香氣，伴隨一抹溼土味和茉莉花香。香草，還是有類似未成熟的渣釀白蘭地的刺激味，有點粉筆味。

口味：肥厚，相當宏大，未成熟的桃子，之後是香草，然後是花店的特質。

尾韻：依然火辣。

結論：香氣似乎輕淡，需要時間建立氣勢。是一匹黑馬。

12 年，動植物系列 43%

氣味：乾淨，蔓生花朵，帶有一些蜜桃汁，與甜蘋果味持續發展。

口味：淡淡的油脂感和輕微的香料味，類似柑橘果醬的清新感，非常精緻，不雜亂。

尾韻：清新，略帶柑橘味。

結論：依然輕淡，香味明顯。

風味陣營：芬芳花香型
延伸品飲：Braeval 8 年、Speyside 15 年

18 年，特別發行 54.9%

氣味：蜂蠟、堅果味中，包含一股昂揚強烈的肉桂味。開始是剛拋光的橡木主導，底下蘊含柔軟的水果香：香蕉、燉煮大黃、特有的桃子味和一些椰子味。

口味：氣味上的豐美特色到了味蕾上更加明確，伴隨杏桃、橙皮、香草味和來自橡木的些微緊緻感，酸度良好。中段轉為香料味，令人意外的是接下來水果味再次出現，並伴隨著馬卡龍味。

尾韻：以柔軟的質感為開端，之後略帶橡木的緊緻感。乾淨且精緻。

結論：這種威士忌因為在新酒階段依然輕淡，大大受惠於美國橡木的特質（歐洲橡木會壓過這種新酒）。

風味陣營：水果香料型
延伸品飲：Craigellachie 14 年、Old Pulteney 17 年

格蘭洛希品飲筆記

新酒

氣味：融化的黃油，相當宏大，白醋栗、潮溼的麂皮。青澀帶有油脂感，菜籽油。

口味：展現出油脂、未成熟的水果和紙板的香味。

尾韻：未熟的草莓。

8 年，二次填充桶 桶陳樣品

氣味：更多的花香伴隨著像是蜜桃的味道，有類似林可伍德威士忌的接骨木花甜酒風味，淡淡薄荷、萊姆和粉紅葡萄柚，水果味已趨成熟。

口味：強烈，具有環繞不散的香氣。

尾韻：清新且輕淡。

結論：處於演變過程的中間點，需要更多時間熟成，同樣地，質感是關鍵。

1999，經理特選，單一桶 59.1%

氣味：擦上麻籽油的木頭、葡萄、茉莉花、阿馬爾菲檸檬，非常昂揚且直接，不過但不會不成熟。加水後，有防腐劑的味道，伴隨著烤棉花糖。

口味：胡椒味、開胃的檸檬味、青草味，和由橡木帶來的薄荷／桉樹味襲來，輕淡而且芳香。

尾韻：乾淨的香氣，昂揚。

結論：另一款明亮閃耀的偏輕淡酒款。

風味陣營：芬芳花香型
延伸品飲：Glentauchers 1991、anCnoc 16 年

林可伍德 Linkwood

林可伍德 • 艾爾金

雖然不明說，但斯佩塞骨子裡是以輕淡風格為尚。加入這場追求的蒸餾師，會發現自己在這個新的風味世界中的位置變動不居。偶爾有些人孜孜不倦追求輕淡的結果，該有的特色在最後的威士忌中幾乎都不見了，有的則是一心一意往追求青草味的路上走；有些則變得乏味但充滿吸血鬼般的勁道，有的則仿佛躺在花棚下。他們全體面臨的現實是，製造輕淡的威士忌必須小心謹慎：用二次填充桶，或者低度使用首次填充桶，但如果想要保有精心打造的蒸餾廠特質，就不能讓橡木的成分過重。

　　這些蒸餾師面臨的另一個問題，就是新的品飲者要找單一麥芽威士忌，他們追求的是更大膽的風味。在這方面單一麥芽威士忌和葡萄酒沒有兩樣：新的葡萄酒品飲者最先接觸的是果香奔放的葡萄酒，在這樣的新市場中還有微妙、樸素風格存在的空間嗎？

　　這世界上有沒有一種單一麥芽威士忌，能夠成功結合細膩的香氣和具酒體的口感，如晚春的日子一般清新，卻不像雪紡洋裝那麼薄弱？能把這種棘手的平衡感拿捏得很好的單一麥芽威士忌不算多，而林可伍德的一款酒就做到了。

　　帝亞吉歐的當家蒸餾暨調和師道格拉斯 • 莫瑞說，生產這種風格的威士忌是最傷腦筋的，因為必須做一些似乎違反威士忌本質的事情，那就是壓抑風味。就連新酒的特色：「乾淨」，也似乎更接近伏特加或中性酒的領域，而不像單一麥芽威士忌的標準：複雜度高，含有豐富的同源物。不過不用怕。林可伍德的新酒有水蜜桃皮的氣味，和掉落在果園裡的淡淡蘋果花香；入口有黏著感，在舌上像一顆轉動的球。就像變魔術一樣，讓你以為會得到這個東西，結

林可伍德坐落在艾爾金郊區的農地上，是最具香氣的蘇格蘭威士忌。

看似輕淡，但林可伍德會隨著年紀綻放芬芳。

果卻得到另一個東西。在製程初期，林可伍德就開始對發芽大麥採用不同的碾磨法，目的是在糖化槽中形成一層厚厚的過濾床。他們再以這種低濃度的麥汁進行長時間發酵，麥汁中不能含有任何穀類產生的固形物。「這整件事都是為了阻止風味特色形成。」莫瑞說。

蒸餾器是圓型的，帶有魯本斯（Rubenesque）繪畫的風格，而且烈酒蒸餾器比酒汁蒸餾器還要大，這一點不太尋常（但不是獨一無二）。裝入少量發酵液，然後進行漫長的蒸餾，目的是拉長時間，讓凝結的蒸氣滴回蒸餾器巨大的銅肚子裡，以剔除更多不想要的特質。

這個廠用冷凝器來延長銅對話，雖然在院子另一端的舊林可伍德蒸餾廠用的是蟲桶。不過舊林可伍德威士忌，依然展現出這種像春天一樣的質感。（帝亞吉歐對銅和蟲桶的實驗，大部分都是在舊林可伍德蒸餾廠進行。）

這款威士忌能為調和威士忌帶來質地和突出的調性，因此很受調和師的追捧，最近產能已經加倍。雖然能和雪莉桶抗衡（香氣和質感都能保留下來），不過在二次充填桶的表現最好。若將不同酒齡的林可伍德一字排開，依序品飲，就能得到如同縮時攝影一樣的感受：就像青澀的水果開花、落下，靜靜地躺在乾燥的花床上。

林可伍德品飲筆記

新酒
氣味：充滿香氣，鳳梨、桃子花／桃子皮、檸檬，有一些份量。
口味：非常新鮮，糕點、蘋果，淡淡的油脂感／嚼感。
尾韻：乾淨，意外地長。

8 年，二次充填桶 桶陳樣品
氣味：麥稈、青蘋果、接骨木花、白色水果。新鮮的氣息令人驚艷。加水後出現洋梨味。
口味：酒體佳，蘋果和小火燉煮的洋梨，之後是接骨木花糖漿，包覆住舌頭。
尾韻：新鮮，輕淡，開胃。
結論：香氣和酒體的有趣結合。

12 年，動植物系列 43%
氣味：強大，充滿香氣。甘菊和茉莉花混合著蘋果。滿有香氣，且濃重，就現況來看有些重量。
口味：圓潤。核心的油脂感賦予了另外一層深度，讓成熟水果和少許青草味得以繞著它旋轉。
尾韻：熱帶水果和青草
結論：具有芳香的乾淨威士忌隨著熟成更加深邃。

風味陣營：芬芳花香型
延伸品飲：Miltonduff 18 年、Tomintoul 14 年

SPEYSIDE
SINGLE MALT
SCOTCH WHISKY

LINKWOOD

distillery stands on the *River Lossie*,
close to *ELGIN* in *Speyside*. The *distillery*
has retained its *traditional atmosphere*
since its *establishment* in 1821.
Great care *&* has always
been taken to *safeguard* the
character of the *whisky* which has
remained the same through the
years. Linkwood is one of the
FINEST *&* Single Malt Scotch Whiskies
available - *full bodied* with a *hint* of
sweetness and a *slightly smoky aroma*.

YEARS **12** OLD

43% vol

Distilled & Bottled in *SCOTLAND*.
LINKWOOD DISTILLERY
Elgin, Moray, *Scotland*.

70cl

格蘭莫雷 Glen Moray

艾爾金 • WWW.GLENMORAY.COM • 全年開放，4 到 10 月週一至週五；5 到 9 月週一至週六

格蘭莫雷隱藏在洛夕河邊，周圍都是住宅區，以它的規模來說，整個廠算是意外地低調（高度也是）。格蘭莫雷本來是啤酒廠，在 19 世紀晚期威士忌大爆發的時代建成一間蒸餾廠，進入新世紀時不敵經濟環境的變遷，在 1910 年關廠。不過不像班瑞克，它休停時間較短，在 1923 年重新開張。麻雀雖小五臟俱全的蒸餾室，似乎和蒸餾廠的其他建築不成比例，這些建築過去曾用來放置蒸餾廠自有的薩拉丁發麥槽。

水果味是貫穿艾爾金蒸餾廠群的主線，在這裡也是，並多了一股奶油的質地，提供溫和與柔軟的口感，和美國橡木相輔相成。如果你喜歡水果沙拉和冰淇淋，那麼格蘭莫雷正是適合你的威士忌。

經理格雷漢 • 庫爾（Graham Coull）在描述格蘭莫雷的 DNA 時，特別談到蒸餾廠的微氣候：「摩瑞（Moray）地區的氣候稍微溫暖一點，而且蒸餾廠的海拔較低，的確有助於木頭吸收烈酒，提高橡木對風味的影響。此外，低地下水位的低矮平舖式倉庫（已經淹過很多次水），能讓產品有更高的成熟度，加上使用高比例的首次填充橡木桶，創造出的威士忌在甜美／辛辣間取得美妙的平衡。」

這裡也試用了一些新鮮的橡木桶。一桶由蘇格蘭麥芽威士忌協會（Scotch Malt Whisky Society）裝瓶的酒款，風味非常豐富，呈現出強烈的焦糖布丁／奶油糖／巧克力棒的風味，同時還嘗得到格蘭莫瑞深刻的水果味。

蒸餾廠低調的特性延續到了行銷方面。儘管具有明確的產品特質，格蘭莫雷還是被當成賠錢貨遭到前任業主格蘭傑拋售。格蘭傑

這座占地廣大的威士忌蒸餾廠坐落在洛夕河邊的平原上。

儘管在增加產能上有貢獻，但在形象方面少有建樹——至少在這一類威士忌的形象上。LVMH 接手格蘭傑之後不久，格蘭莫雷被賣給法國蒸餾集團樂馬吉爾（La Martiniquaise）。

格蘭莫雷品飲筆記

新酒
氣味：非常乾淨，新鮮水果感與黃油味，略帶辛辣穀物的氣味。
口味：淡淡的蠟質感，然後是成熟水果泥與糖漬蘋果味。
尾韻：乾淨。

經典（Classic）Nas 40%
氣味：淡金色，就像其他品牌的無酒齡標示酒款，木質味是主要的風味搭檔。酸爽，橡木味，帶有苦味和一點青澀水果味。蘋果味。
口味：柔和滑順，柔軟的感覺。
尾韻：溫和、柔軟且乾淨。
結論：整體略顯壓抑，有點昏昏欲睡的感覺。

> **風味陣營：水果香料型**
> **延伸品飲**：Macallan 10 年 Fine Oak、Glencadam 15 年

12 年 40%
氣味：柔軟的水果重新出現，水果軟糖、洋梨，其次是淡色煙草和香草，過些時間出現薄荷味。
口味：頗類似波本，新橡木、松樹樹液。淡淡的蘋果味。
尾韻：香料和奶油太妃糖中的堅果。
結論：首次充填桶帶來的影響，增添了另一個柔軟的層次。

> **風味陣營：水果香料型**
> **延伸品飲**：Bruchladdich 2002、Tormore 12 年

16 年 40%
氣味：金色，在酒齡較高的酒款中常見的樹脂味，依然有像糖漿的甜味，奶油椰子、助曬油。
口味：木質感相當緊緻，酒廠特質足以滲透到尾韻，平衡整體。
尾韻：乾淨絲滑。
結論：非常順口。

> **風味陣營：水果香料型**
> **延伸品飲**：Macallan 18 年 Fine Oak、Mannochmore 18 年

30 年 40%
氣味：成熟，秋天的感覺。香料味在此時顯露。煙草味再次出現，這次是多明尼加雪茄和淡淡的亮光漆味。
口味：煙燻木頭、山核桃、地板木蠟油。
尾韻：柔軟，最後出現水果味。
結論：強大，甜美，出現木質的影響力。

> **風味陣營：水果香料型**
> **延伸品飲**：Old Pulteney 30 年

米爾頓道夫 Miltonduff

米爾頓道夫 · 艾爾金

到了 1930 年代初，多方面的全球經濟條件聯合阻礙了蘇格蘭威士忌產業的發展。由於部分受到大蕭條的經濟效應影響，英國的需求下跌，使得蘇格蘭威士忌產量急遽降低。唯一的亮點是對加拿大的出口持續穩定。許多（可能是大部分）調和威士忌從加拿大進口商的倉庫出來，就直接上了私酒商的卡車，對於蘇格蘭人來說，仍處於禁酒令下的美國並不造成什麼影響。而禁酒令已接近尾聲，對於接下來美國市場的爆炸性銷售成長抱有預期的業者，已經開始暗中卡位，這也是很清楚的。

在 1933 年禁酒令解除後，由於 1 加侖要 5 美金的進口稅，銷售量並沒有立刻上升。在 1935 年進口稅減半的一年後，加拿大蒸餾公司海勒姆 · 沃克—古德哈姆與沃茨（Hiram Walker-Gooderham & Worts）開始瘋狂揮金，買下公司的第二間蘇格蘭蒸餾廠：米爾頓道夫，這是喬治 · 百齡罈（George Ballantine）的調和威士忌公司，並開始建造鄧巴頓（Dumbarton）穀物蒸餾廠，生產最有加拿大風格的蘇格蘭穀物威士忌。

海勒姆 · 沃克買下的米爾頓道夫，據說原本是鄰居普拉斯卡登修道院（Pluscarden Abbey）的磨坊，在 1824 年取得蒸餾執照。

這裡也不乏創新作為，「19 世紀後期，米爾頓道夫採用三次蒸餾，有一段時間大家以為米爾頓道夫打算生產類似高原騎士的威士忌。」起瓦士兄弟的酒廠經理艾倫 · 溫徹斯特說，「海勒姆 · 沃克不知道為了什麼理由改變作法，於是成了今天的樣子。」1964 年增加了一對羅門式蒸餾器，生產一款稱為莫絲都維（Mosstowie）的麥芽威士忌。

溫徹斯特所說的「理由」是為了配合百齡罈，還有因為在禁酒令時，北美洲人的口味變得輕淡。加拿大人不僅帶來了資金，還有

米爾頓道夫的所在位置據說原本是一間古老的修道士釀酒廠。

威士忌製作的新概念。從 20 世紀初開始建立的精緻、溫和風格延續到了這裡。當你聞到它富花香、青澀、油脂的新酒時便會發現，只要稍微桶陳一下，其中昂揚的複雜度和輕淡的質感就會綻放開來。

米爾頓道夫品飲筆記

新酒

氣味： 甜美，帶有小黃瓜。青澀／油脂，和一些萊姆花和藤花植物的氣味。

口味： 強烈卻平衡，中間有淡淡的黃油味。

尾韻： 酸爽。花生味。

18 年 51.3%

氣味： 圓潤，不過依然有純淨的特質。甘菊、接骨木花，非常脆弱而且細緻，如花團錦簇。

口味： 雖然有橡木的味道，不過依然甜美，帶有較重的花香、風信子、玫瑰花瓣的味道。精確，在舌上持續力佳。

尾韻： 乾淨，具有香氣。

結論： 像愛丁堡岩石糖。

風味陣營：芬芳花香型
延伸品飲： Linkwood 12 年、Speyburn 10 年、Hakushu 18 年、Tormore 1996

1976 57.3%

氣味： 輕淡，有石南和大麻的薰香味，乾燥花和香料混合物，香草、椰子和蘭花。

口味： 圓潤並有橡木味，不過依然保有新酒的強度。近似花朵果凍，很多風味一一呈現。

尾韻： 乾淨而輕淡。

結論： 香氣的保留是關鍵。

風味陣營：芬芳花香型
延伸品飲： Tomintoul 14 年

本諾曼克 Benromach

福勒斯（Forres）• WWW.BENROMACH.COM • 全年開放；日期和參觀細節請見網站

本諾曼克是個謎。它在 1994 年被獨立裝瓶廠高登麥克菲爾（G&M）買下時，是一張空白的畫布。本諾曼克是 1980 年代初期大蕭條的受害者之一，1983 年關廠時只剩一個空殼。如今你在酒廠裡看到的所有東西——糖化槽、木製發酵桶、外接冷凝器的蒸餾器——都是新的。G&M 接手後面臨的問題是：我們是要從零開始做出一款新的威士忌，還是要嘗試複製過去的作品？有趣的是，他們兩者都達成了。

正如我們所見，1960 和 1970 年代的蒸餾廠大多被分在相同的風味陣營裡，本諾曼克卻不一樣。在新酒中，你可以察覺到老斯佩塞的回音，即使是較輕淡的酒款，中段也具有深度和煙燻感。雖然不像慕赫、格蘭花格或貝曼克那麼厚重，但絕對比斯佩塞的輕淡軍團成員來得飽滿。「在過去的 40 年，因為原料和生產過程的改變，斯佩塞威士忌的風格漸趨輕淡。」G&M 的威士忌供應經理艾文 • 麥金托什（Ewen Mackintosh）說，「當我們著手為本諾曼克重新建立設備時，我們下了個決定，要打造 1960 年代以前的典型斯佩塞單一麥芽威士忌。」

最後的結果是，愈來愈神祕。例如蒸餾器，和原本的形狀不同，也比較小，麥金托什解釋道，然而當他們將以前的新酒和現在的做比對，卻發現兩者有共同的印記。「唯一保留的相同元素只有水源，和一些用來製作發酵槽的木材。」他說，「蘇格蘭威士忌總是帶有一些神祕氛圍，單一麥芽威士忌的特質由來，永遠都沒有辦法完全解釋清楚。」換句話說，儘管所有東西都改變了，還是有一些屬於本諾曼克的東西讓它成為「本諾曼克」。

如果認為新的本諾曼克只是複刻品，那也不對。它還推出了使用新橡木製的葡萄酒桶過桶的酒款，還有有機系列、濃郁木質煙燻的重泥煤款，以及使用 100% 黃金諾言大麥，肥厚如奶油般的原創威士忌（Origins）。經過一段時間的沉寂後，本諾曼克現正大鳴大放——至少和具有紳士風度的 G&M 一樣大聲。

本諾曼克品飲筆記

新酒
氣味：非常甜美，帶有香蕉和麥芽質感，飽滿度中上，白蘑菇和淡淡的煙燻。

口味：有嚼感，有些濃厚，帶有淡淡的柔軟水果質感。

尾韻：乾淨，少許泥煤味。

2003 桶陳樣品 58.2%
氣味：水果和淡淡油脂（油菜籽）成為有趣結合。流露出非常輕淡的煙燻味，伴隨著濃濃的百合花和切花的味道。

口味：開始是煙燻味，和具油脂感的花香形成平衡，一些半干澀的水果味。

尾韻：悠長而溫和。

結論：可以感覺到本諾曼克是需要緩慢熟成的威士忌。

10 年 43%
氣味：淡金色，一些雪松味和新鮮的橡木特質。轉為鳳梨、黃油麥芽、全麥麵包和香蕉皮。

口味：微弱的抓握力，滿溢口中。輕淡的乾燥杏桃覆上核心的麥芽味。酒質已被橡木桶舒緩，特色更廣泛，似乎比新酒稍微油一點。

尾韻：木質煙燻，悠長。

結論：橡木桶增加了新的層面，加強了新酒原有的豐富性，結合新舊風格的斯佩塞威士忌。

風味陣營：水果香料型
延伸品飲：Longmorn 10 年、山崎 12 年

25 年 43%
氣味：類似 10 年的雪松味，少許石南植物的成熟氣息。隨著時間，出現柑橘、卡士達醬、堅果。符合年份的青草感，加水後，更顯新鮮，淡淡的泥煤。

口味：非常甜美，直接連結到 10 年的風味，不過展現出熟成後的額外辛辣感。輕淡的薑粉和燉煮水果的特質。

尾韻：青草感，非常不甜。

結論：雖然生產此酒款時已換了蒸餾器，不過酒質還是保持不變。

風味陣營：水果香料型
延伸品飲：Auchentoshan 21 年

30 年 43%
氣味：舒緩而且輕淡的煙燻，伴隨溫暖的漂浮木、柔軟的皮革、裹著糖的水果和香料味，以及油脂的豐富感。

口味：相當具有蠟質感，滿溢口中／附著味蕾。杏桃味脫穎而出，依然有新鮮感。

尾韻：充滿活力而且悠長。

結論：和 DCL 時代使用不同的蒸餾器，不過可以看出當代本諾曼克在低活性的橡木桶中熟成的效果。

風味陣營：水果香料型
延伸品飲：Tomatin 30 年

1981，年份酒（Vintage） 43%
氣味：紅木色調，強大，樹脂、黑色水果，明顯受到雪莉桶影響，轉成甜美／可口的特質，和一些木質味。重量實在，隱藏其下的是乾燥的覆蓋土味。發黑的香蕉、塞維利亞橘子和烤棉花糖。

口味：大而強烈。亮光漆和略帶油脂的質感。餅乾／堅果，隨著時間出現五香粉的刺激感。

尾韻：煙燻和濃厚的水果味。

結論：具有足夠的份量能抗衡雪莉桶的影響。

風味陣營：飽滿圓潤型
延伸品飲：Springbank 15 年

格蘭伯奇 Glenburgie

格蘭伯奇 • 福勒斯

和位於 13 公里外的米爾頓道夫一樣，格蘭伯奇的羅門式蒸餾器也是由當時的業主海勒姆 • 沃克裝設的。1955 年由阿拉斯泰爾 • 康寧漢（Alastair Cunningham）發明的羅門式蒸餾器，設計包含了在粗頸中裝有可動的隔板。一直有人認為這種設計是為了生產較濃重的威士忌，但這種想法太過簡化，康寧漢的構想是要擴大從單一蒸餾器產出的蒸餾液類型。調整隔板——除了可以選擇用水來冷卻或自然空冷之外——理論上來說，可以創造不同類型的回流，進而生成不同的風味。

問題是，運作起來效果並沒有這麼好。作為酒汁蒸餾器使用時，固形物會包覆隔板，因而減少銅的表面積，可能讓最後的烈酒帶有一種焦味。羅門式蒸餾器默默被淘汰、報廢或拆解。如今只剩下兩座。斯卡帕（Scapa's）的那一座隔板被移除了，當作一般的酒汁蒸餾器使用，布魯萊迪則剛裝上一座，取名為「醜女貝蒂」（Ugly Betty，羅門式蒸餾器的設計不算美觀，像一個銅製大油桶，而不是一隻優雅的天鵝），過去這座蒸餾器是在因弗來芬（Inverleven）蒸餾廠服役。

就某些方面而言，米爾頓道夫和格蘭伯奇可以當作是帝亞吉歐的格蘭洛希和曼洛克摩的對照。起瓦士兄弟的蒸餾廠經理艾倫 • 溫徹斯特說：「我們常常在這些酒廠之間交流，」起瓦士兄弟買下聯盟酒業時取得了前兩間蒸餾廠，「不過，我會說格蘭伯奇比較屬於偏甜、偏青草感的風格。」

在格蘭伯奇蒸餾廠已經看不到生產格蘭克雷格（Glencraig）威士忌的羅門式蒸餾器的痕跡，廠中開放式、略顯野蠻的格局，展現出威士忌從 1823 年那次革命以來進步了多少。唯一透露出這是一座 19 世紀蒸餾廠的，是一座極小的石造酒窖，在廠區繁忙的道路上顯得有些不協調。它在這個地方存在的模樣似乎成了一種象徵，伴著

這是蒸餾廠最初的建物中唯一保存下來的，存放著格蘭伯奇最珍貴的酒藏。

我們向斯佩塞告別；這個麥芽威士忌蒸餾活動的核心地帶，這個由河流、泥炭沼、海岸平原構成的土地；這個兼具開放和保守、傳統和創新、原創和未來性的地方。這裡多樣的香氣、技術和哲學，深深影響著蘇格蘭威士忌的方向。

格蘭伯奇品飲筆記

新酒

氣味：非常乾淨，而且輕淡，帶有淡淡青草感、亞麻籽油和甜味。

口味：精緻芬芳，不過舌尖上還是有油脂感。

尾韻：堅果而且強烈。

12 年 59.8%

氣味：淡金色，有青草味，不過與橡木桶良好的互動，讓椰子味成為更強烈的特性。

口味：加水稀釋（直接喝太嗆辣）後甜美而溫和，有來自橡木桶的香草莢風味。溫和的咬舌感增添品飲樂趣。

尾韻：青草，中國白茶。

結論：強健的木質與內在甜美的新酒很匹配。

> **風味陣營：芬芳花香型**
> **延伸品飲**：anCnoc 12 年、Linkwood 12 年

15 年 58.9%

氣味：金色，大量的丙銅，杏仁奶。輕淡而甜，乾淨。

口味：青草已乾燥成為拉菲草，並且增添了一些像茅香（bison grass）的香氣，之後是令人愉悅的農場味道，有點類似牛糞。

尾韻：淡淡的香料，乾淨。

結論：溫和、吸引人。

> **風味陣營：芬芳花香型**
> **延伸品飲**：Teaninich 10 年

高地區

有的人認為兩間鄰近蒸餾廠出產的酒應該會很類似，如果說斯佩塞的多元說明了這是種錯誤想法，那麼從格拉斯哥（Glasgow）北部的建築住宅一路往上到朋特蘭灣（Pentland Firth）的各家蒸餾廠，彼此怎麼可能有什麼關聯？就威士忌的法律定義來說，高地區是指高地線（Highland Line）以北的區域，不包括斯佩塞；但這種劃分法是以政治而非地質來分隔高、低地區，在 1816 年就已棄置不用。

高地具有強烈的吸引力，大多數遊客認為蘇格蘭真正的面貌就是如此：群山、曠野、湖泊、城堡、翱翔的老鷹以及被追趕到沒有退路的雄鹿。換句話說，高地就是刻板印象的蘇格蘭。高地蒸餾出產的威士忌，流露出一種更豐富生動的山川景色。人類和環境搏鬥製造出的這些威士忌，訴說著科技與民間智慧、淨空與再度移民，還有不願屈服的頑固（蘇格蘭語的 thrawn）。高地威士忌能生存是因為它打破常規，沒有受到斯佩塞的重力牽引影響。

在高地區最好預期會有意外的驚喜。這裡可以找到各種風味，如青草、煙燻、蠟、熱帶水果、黑醋栗、嚴酷與撩人；儘管並沒有一致性，但卻有味道的蹤跡可循：從丁斯頓（Deanston）到達爾維尼（Dalwhinnie）蒸餾廠都帶有蜂蜜味、東北海岸有不同的水果味，以及迸發出意想不到泥煤煙燻味的蓋瑞（Garioch）蒸餾廠。

有時候就是不存在的部分才引人好奇。為什麼伯斯郡（Perthshire）土地這麼肥沃，但現存的蒸餾廠卻都集中在小小的一塊區域，且味道又如此截然不同？為什麼同樣肥沃可開墾的東海岸無法生產威士忌？為什麼在亞伯丁（Aberdeen）或因佛內斯（Inverness）都沒有蒸餾廠？

東北海岸每個火車站旁似乎都有一間蒸餾廠，但即使是這塊看似一致的迷你區域，也讓人感到困惑：莫瑞灣（Moray Firth）北方黑島（Black Isle）的大麥田，是蘇格蘭第一家威士忌「品牌」誕生與滅亡之地，道路兩旁的景象令人驚奇，一邊是布滿白雪的山丘，另一邊則是固定在海灣深處的鑽油平台。這裡展現了高地的矛盾風格，匹克特族（Pictish）的古老石塊與重工業並存，既有創世紀神話，又有地質的真實誕生。高地盛產石油與威士忌，還有捕鯡魚的艦隊，以及一個個似乎刻意想以奇特鍊金術勝過彼此的蒸餾廠。在寂寥海岸線不斷變化的光影中更往北走，就能感受到這塊土地焠鍊出兩極融於一體的風貌。

蘇格蘭大部分都是高地地形，這塊多元的山丘與曠野區域賦予了威士忌截然不同的風格。

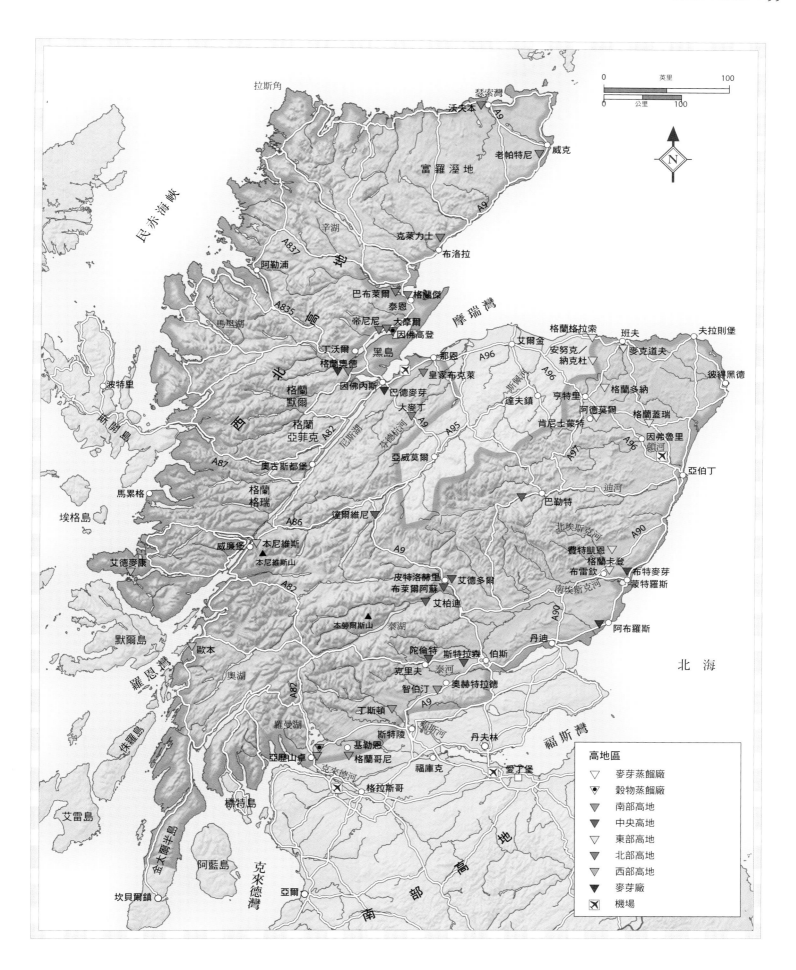

拉斯角

瑟索灣

沃夫本

威克

老帕特尼

富羅溼地

克萊力士

布洛拉

阿勒浦

辛湖

北

巴布萊爾

格蘭傑

泰恩

帝尼尼

大摩爾

格蘭格拉索

班夫

夫拉則堡

馬里湖

因佛高登

摩瑞灣

艾爾金

麥克道夫

地

丁沃爾

黑島

那恩

安努克/納克杜

彼得黑德

格蘭奧德

皇家布克萊

A96

格蘭多納

波特里

因佛內斯

巴德麥芽

達夫鎮

亨特里

格蘭蓋瑞

區

格蘭默爾

大麥丁

肯尼士蒙特

阿德莫爾

因弗魯里頓河

西

格蘭亞菲克

亞威莫爾

A95

A97

亞伯丁

馬累格

奧古斯都堡

迪河

埃格島

格蘭格瑞

巴勒特

北埃斯克河

A90

本尼維斯

達爾維尼

費特凱恩

布特麥芽

威廉堡

本尼維斯山

格蘭卡登

豪特羅斯

艾德麥康

布雷欽

南埃斯克河

皮特洛赫里

艾德多爾

阿布羅斯

默爾島

布萊爾阿蘇

艾柏迪

丹迪

本夢爾斯山

泰湖

歐本

奧湖

陀倫特

斯特拉寮

伯斯

克里夫

泰河

羅恩灣

智伯汀

奧赫特拉德

A9

侏羅島

丁斯頓

羅曼湖

斯特陵

福斯灣

基勒恩

福斯河

丹夫林

北海

亞塵山卓

格蘭哥尼

福庫克

愛丁堡

克來德河

格拉斯哥

艾雷島

標特島

阿藍島

金太爾半島

克來德灣

坎貝爾鎮

亞爾

南

部

高

地

高地區

▽ 麥芽蒸餾廠

▼ 穀物蒸餾廠

▽ 南部高地

▼ 中央高地

▽ 東部高地

▼ 北部高地

▽ 西部高地

▼ 麥芽廠

✕ 機場

南部高地

儘管很靠近格拉斯哥北方的郊區，但在蘇格蘭這塊區域的蒸餾廠自有它的獨特之處。它們在特色上沒那麼一致，倒是比較像各種魅力性格的綜合體：古老的農場、默默無聞但充滿創新精神的蒸餾廠、蘇格蘭最青翠的地方，以及重生的工廠。

本羅曼山（Ben Lomond）聳立在南部高地上。

格蘭哥尼 Glengoyne

基勒恩，格拉斯哥 • WWW.GLENGOYNE.COM • 全年周一到周日皆開放參觀

無論是以斜切蘇格蘭的地質斷層作為畫分（以北為高地區），還是用 19 世紀政治人物為了課稅而斷然劃出來的界線（這是現在的法定分區方式）來看，格蘭哥尼都屬於高地蒸餾廠。

格蘭哥尼蒸餾廠是一間整潔、刷了白漆的農場式建築，坐落在唐哥尼（Dumgoyne）火山栓下的小山谷裡，位於坎普希丘陵（Campsie Fells）的最西端。往南是草原，再來就是格拉斯哥的外圍郊區。

這是一間有趣的蒸餾廠，規模不大（剛好適合讓威士忌新手學習蒸餾的知識），不過它的新酒卻清爽強勁帶青草味，中段還有熟成時逐漸延伸出來的滑順果味。經理羅比・休斯（Robbie Hughes）說關鍵在於發酵時間和銅的結合：「發酵時間最少要 56 小時，以確保能去除酒汁中大部分的能量，減少轉移到酒汁蒸餾器中的物質，這樣可以產生堅果味。」

蒸餾時間也同樣延長，關鍵又是時間……還有銅。休斯說：「減緩蒸餾速度，盡量擴大與銅的接觸，才能增加酯味。我們蒸餾的速度非常慢，絕不過度加熱蒸餾器。這樣有助於回流（reflux），許多較重的化合物就不會有能量跑到蒸餾頸而進入酒心（middle cut），而且我們一路到烈酒保險箱（spirit safe）都是用銅管。」

格蘭哥尼就是因為有這種活力，又以果味為主軸，所以能慢慢熟成；這也讓酒體有充分的密度，足以和初次充填的雪莉桶發生作用。這座以前常被忽略的蒸餾廠，現已展現成為未來頂尖品牌的潛力。

格蘭哥尼的糖化槽。

格蘭哥尼品飲筆記

新酒

氣味： 非常強勁清新，青草（甜乾草）帶著淡淡的果味。

口味： 甜，中段口感扎實。有辣勁。

尾韻： 緊而壓抑。即溶咖啡粒，辣味。

10 年 40%

氣味： 淡金色。立即散發雪莉酒的味道，酸葡萄汁。司康餅混合一點奶油，接著是荒野的綠色歐洲蕨。

口味： 淡淡清爽、相當干澀，之後浮現甜味為主軸。加水後會有蛋糕味。

尾韻： 緊、干澀，有辣味。

結論： 新酒很清淡，但有活力的個性中帶著深度。

風味陣營：水果香料型

延伸品飲： Strathisla 18 年、Royal Lochnagar 12 年

15 年 43%

氣味： 帶著優雅的雪莉酒特色，有格蘭哥尼典型的辛辣增添鮮度。酯類味，暗藏榛果與無子白葡萄乾味，不會有過於明顯的雪莉桶味，而是隱約氧化味。

口味： 成熟、溫和、甜香料。多層次的口感帶著些許非常純粹的甜果味。加水後有優雅韻味。

尾韻： 複雜綿長。

結論： 緩慢熟成的單一麥芽威士忌。格蘭哥尼從這年份開始進入第二階段。

風味陣營：水果香料型

延伸品飲： Craigellachie、Glenrothes Quercus Robur

21 年 43%

氣味： 更加濃郁。蘑菇與些許馬鞍油味、水果蛋糕，還有一絲五香味。乾黑莓。依舊有新酒堅實的主軸。水果蛋糕味。

口味： 伯爵茶與乾燥玫瑰花瓣味。濃縮咖啡。隱藏些許甜味與麥芽精味。加水會帶點乾覆盆子的味道。

尾韻： 單寧味。

結論： 現在是以橡木桶味道為主，但蒸餾廠的特色隱隱持續成形中。

風味陣營：豐富圓潤型

延伸品飲： Tamnavulin 1963、Ben Nevis 20 年

羅曼湖 Loch Lomond

亞歷山卓 · WWW.LOCHLOMONDDISTILLERY.COM

蘇格蘭最優秀（且可能是最默默無聞）的蒸餾廠之一，就坐落在靠近羅曼湖南岸的亞歷山卓（Alexandria）。這塊奇特的交界處，位於工業化的低地與浪漫的高地間，沒有明確劃分的邊界上布滿了建築住宅、高爾夫俱樂部、山地，還有四處蔓延的都會區。這座蒸餾廠反映了身處多元（有點令人困惑）環境的特色。它到底算是高地？低地？還是兩者兼具？羅曼湖在同一廠址內同時蒸餾穀物與麥芽威士忌；這間自給自足的蒸餾廠除了生產調和與單一麥芽外，還有讓立法者頭痛、不知該如何界定的威士忌。

這間麥芽蒸餾廠有三種不同設計的四組蒸餾器：1966 年的兩套原版蒸餾器、1999 年的標準罐式蒸餾器，還有一套設計有趣的新蒸餾器，是原版的複製品，但體積較大。這些蒸餾器常被誤以為是羅門式蒸餾器（Lomond still），但卻是在頸部有精餾柱（rectifying column）的罐式蒸餾器。

因為烈酒可從不同的隔板取出，所以蒸餾器會加長或縮短頸部，這對酒的特色會有直接的影響。這裡生產的八種麥芽（包括帶泥煤味的），構成羅曼湖單一麥芽威士忌的基底，再加上蒸餾廠另一個廠區的穀物，就成了 High Commissioner 調和威士忌的成分。

創新是這裡的關鍵元素，比方說酵母。蘇格蘭威士忌特殊之處就在於仰賴同樣品系的酵母來發酵，但羅曼湖是例外，它使用葡萄酒酵母已經大約十年，缺點是價格是蒸餾酒酵母的兩倍，但他們相信這種做法可以讓威士忌增添額外的奔放度與芳香。

其中的爭議點是，羅曼湖認為以柱式蒸餾器（詳見第 16 頁）生產的麥芽烈酒應該就是麥芽威士忌，但蘇格蘭威士忌協會卻說這不合乎傳統──儘管這是 19 世紀就有的技術。羅曼湖似乎也不在乎，一直以來都按照自己的方式行事，未來可能也依舊如此。

2014 年，羅曼湖蒸餾廠賣給了一家私募股權公司。

羅曼湖品飲筆記

無年份標示（Nas）單一麥芽，40%
氣味：金黃色，淡香水。麥芽箱、天竺葵與檸檬。加水後會有植物及甜木酚味。
口味：草本 / 堅果與淡淡的燕麥脆度，接著有些許黏稠的中段口感。黃銅。
尾韻：油脂。
結論：清淡烈酒與新鮮橡木交織混合。

> **風味陣營：麥芽不甜型**
> **延伸品飲**：Glen Spey 12 年，歐肯特軒經典

威廉凱登漢德（WM Cadenhead）裝瓶 29 年，54%
氣味：鬆軟輕盈、棉花糖、撒了麵粉的麵包捲、頻果海綿蛋糕上的糖霜。接著味道變硬，轉成綠色蕨類與小黃瓜。
口味：開始是麥芽與甜味。恰到好處地柔軟。
尾韻：乾淨而短。
結論：非常緩慢的熟成。夏季新鮮感。

> **風味陣營：芬芳花香型**
> **延伸品飲**：Glenburgie 15 年

單一麥芽，1966 蒸餾器，45%
氣味：深金色。大量的橡木香精、防曬油、三溫暖。非常甜且有波本酒味。加水有水果橡皮糖與紅梅味。
口味：濃郁。木油與松木。些許新鮮皮薩草味。檸檬碎皮。
尾韻：干澀。
結論：乾淨、清淡烈酒，活性強的橡木。

> **風味陣營：水果香料型**
> **延伸品飲**：Maker's Mark、Berheim Original Wheat、Glen Moray 16 年

邑極摩（Inchmurrin）12 年，46%
氣味：穀粉味帶甜，愉人的清新與乾淨感。還有些許隱隱的檸檬味，伴隨釋迦與白巧克力味。
口味：新鮮果味，扎實力道與長度，恰好的橡木平衡。加水可緩和味道，帶出些許檸檬草與煮過的梨味。
尾韻：溫和、乾淨，中等長度。
結論：平衡、溫和，平易近人。

> **風味陣營：水果香料型**
> **延伸品飲**：Bruichladdich 10 年

羅斯度（Rhosdhu）穀物 / 麥芽並陳 48%
氣味：甜大麥、乾草倉，酸爽的新鮮威廉梨味，幾乎如水果白蘭地般濃郁。乾淨清淡。
口味：大量的花果香味，絲滑芳香的感覺。杏仁糖漿與淡淡堅果味。
尾韻：香精味。
結論：以通過柱式蒸餾器的發芽大麥製作。

> **風味陣營：芬芳花香型**
> **延伸品飲**：Nikka Coffey Malt

12 年，有機單一調和威士忌，40%
氣味：甜大麥、乾草倉，帶著清脆新鮮威廉梨味，幾乎像是水果白蘭地般濃郁。乾淨清淡。
口味：大量的花果香味，絲滑芳芳的感覺。杏仁糖漿與淡淡堅果味。
尾韻：香精味。
結論：以通過柱式蒸餾器的發芽大麥製作。

> **風味陣營：芬芳花香型**

丁斯頓 Deanston

丁斯頓 • 斯特陵 • WWW.DEANSTONMALT.COM • 全年周一到周日皆開放參觀

不得不說，丁斯頓看起來根本不像蒸餾廠；不過不像也是應該的。這裡原本是一座 18 世紀的磨坊，它的水車還曾經是全歐洲最大的，也是珍妮紡紗機（Spinning Jenny）的發源地。工廠當初設立在此是因為水源，它利用泰斯河（River Teith）的水力來發電，現在每小時有 2000 萬公升的水流經蒸餾廠的渦輪，不僅可以自給自足，還能把多餘的電力賣給英國國家電力公司（National Grid）。綠能是這裡的特色。

丁斯頓釀酒的歷史相對來說比較短，是自 1964 年舊工廠最終結束營業後才開始，本來是在因佛高登（Invergordon）集團旗下，現在隸屬於邦史都華（Burn Stewart）。邦史都華集團的蒸餾廠總經理伊恩·麥克米蘭（Ian MacMillan）的辦公室就在這裡。

丁斯頓也是蘇格蘭蒸餾廠中頗出人意料的一間：首先，使用渦輪就很不尋常；場內設備的大小（11 噸重頂部開口的糖化槽）以及種種小細節等，也充滿驚奇，比方說圍繞在四個碩大蒸餾器頸部的黃銅鏈圈（choker），還有角度朝上的林恩臂等等。

對於最近尚未品嘗過丁斯頓的人來說，最大的驚喜就是新酒：充滿了熄滅蠟燭與蜜蠟的味道，後者在熟成時會和緩變成蜂蜜味。這款酒與不久之前簡單不甜的風格相當不同。

「那種蠟味是丁斯頓原本的招牌風格，」麥克米蘭說。「但在因佛高登的管理期間（1972-90）漸漸喪失了。我的任務就是把它找回來。」那他是怎麼辦到的？「一點一滴地改變，但主要是藉由降低麥汁的重力（也就是減少糖份），來促進酯味發生。延長發酵期、減緩蒸餾速度，讓蒸餾器的氣體多點停留的時間。我還是喜歡老式的作法。」

現在的威士忌很少有這種蠟味，因此調和威士忌製造商對丁斯頓的評價很高。

丁斯頓設備完好的儲藏地窖中放了一桶桶的有機威士忌，所有裝瓶的單一麥芽威士忌都是 46%，且未經冷凝過濾。「冷凝過濾會失去香氣與味道。」麥克米蘭說，「我們花了 12 年才培養出這些味道，為什麼要去掉？我希望大家能嘗到！」

丁斯頓真是處處有驚喜。

丁斯頓品飲筆記

新酒
氣味：沉重。熄滅的蠟燭／蜜蠟味，慢慢會浮現野蒜味。溼種子與些許穀類底。

口味：乾淨，舌感濃厚。包覆住舌面。加水會有一絲麥麩味，但主要是蠟味。

尾韻：輕微的黏著感。

10 年，桶陳樣品
氣味：金黃色。濃濃美國橡木以及大量椰子味。蠟味似乎消失了，但新的蜂蜜味隨之浮現。防曬乳、淡淡的巧克力味—融化的蜂巢脆心（Crunchie）巧克力棒。

口味：大量的木味與甜味。非常溫和，帶有蜂蜜味。感覺很像新酒。

尾韻：柔軟，帶有淡淡的奶油糖味。

結論：木味與蠟味的綜合，蠟味的特色現在開始變得比較像蜂蜜味。

12 年，46.3%
氣味：淡金色。乾淨甜美、金色糖漿。些許太妃糖味，開展後帶罐裝梨味，伴隨融化的牛奶巧克力味。隱隱甜麥片與克萊門小柑橘味。

口味：非常甜、濃縮。蜂蜜味、罐裝水布丁味，還有淡淡的蠟味，要結束時有一絲酸爽的橡木味。

尾韻：刺激與淡淡香料味。

結論：來到 46.3% 酒精度，且未經冷凝過濾，展現出比熟成更久的威士忌更柔軟多汁的核心特質。

風味陣營：水果香料型
延伸品飲：Aberfeldy 12 年，The Benriach 12 年

28 年，桶陳樣品
氣味：金色／琥珀色。典型熟成特色。大量香料與些許的肥皂味，接著有淡淡打蠟過傢俱的氣味。感覺幾乎又回到帶有蜜蠟味的新酒，酒心有焦糖與山核桃味。

口味：不甜。略為變弱，但帶有草莓味（16 年的也同樣有這口感），蠟味再度浮現。脆弱。

尾韻：刺激，乾淨，肉桂味。

結論：丁斯頓一直在坐雲霄飛車。

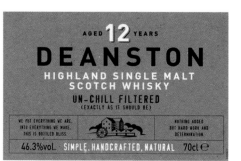

督伯汀 Tullibardine

奧奇特阿德 ‧ WWW.TULLIBARDINE.COM ‧ 全年周一到周日皆開放參觀

督伯汀會選在奧奇山（Ochil Hills）北端的布萊克佛德（Blackford）建廠，真是一點也不奇怪。此地的水源供給相當充足，「高地泉」（Highland Spring）礦泉水就是在這兒裝瓶，且自 1488 年就開始釀造啤酒。第一座督伯汀蒸餾廠建於 1789 年，但現址是在 1949 年的戰後熱潮時興建，這裡原本也是啤酒廠，由知名的蒸餾廠建築師威廉‧達美伊凡（William Delme-Evans）設計，他本身就是業主。1953 年，新東家波迪‧赫本（Brodie Hepburn）重新整修這座非常小型的蒸餾廠，原本的糖化槽與發酵槽就往北運了 13 公里到了陀崙特（Glenturret）蒸餾廠。

督伯汀最後是由懷特馬凱（Whyte & Mackay）集團接管，1994 年時封存，直到 2003 年為了要平衡支出，才由一個企業家集團將一些舊倉庫出租變成零售區。

2011 年督伯汀再度易主，由法國葡萄酒與烈酒集團皮卡（Picard）買下，皮卡旗下有高地女王（Highland Queen）與銀璽（Muirhead's）等品牌。國際銷售經理詹姆士‧羅伯森說：「皮卡接手的時候說，他們把自己定位為監護人，不是業主。他們想要長期經營。」商業區正在慢慢回復成原本的用途，蒸餾廠也全力運轉，還投資了設備。對於飲用者來說更有意義的是，督伯汀的酒款系列已經科學管理，重新包裝後再度上市。

購買任何封存酒廠的問題就在於要管理庫存漏洞；而督伯汀的情況，則是還要想辦法把放在已經過舊的木桶中的威士忌，轉變成可用於調和威士忌的年輕、新鮮的基酒。單一麥芽的需求剛好相反。最初他們想用大量的過桶來克服木桶的問題，但之前的產品太龐雜，又缺乏一致性與可辨認的蒸餾廠特色。

幸好這一切都改變了。上一任東家對於木桶策略的先見之明終於有了成果。先前在傳奇人物約翰‧布雷克（John Black）的帶領下，

督伯汀曾經有九年大門深鎖，但現在又重新開始活蹦亂跳了。

對新酒做了調整。約翰有 57 年的產業經驗，是蘇格蘭最資深的蒸餾師；很遺憾他在 2013 年過世，但他的做法會繼續傳承下去。

督伯汀這個案例告訴我們，威士忌不是瞬間就能釀出的酒，還有要改變任何蒸餾廠都需要時間。不過，它真的做到了。

督伯汀品飲筆記

君王（Sovereign） 43%

氣味：像是乳狀、淡淡甜甜的燕麥糊，上面撒了粗紅糖，鼻腔後方帶著柔軟果味。比以往更芬芳，少了些麥芽味。細緻的香味，加水後會有新鮮綠葉的氣味。

口味：柔軟新鮮，帶著花俏感。加水後變得更甜、更絲滑些，凸顯出花香味。

尾韻：些許麥芽味。

結論：比以往的督伯汀更富花香、更大膽。

風味陣營：芬芳花香型
延伸品飲：Linkwood 14 年、Glen Keith

勃根地過桶（Burgundy Finish） 43%

氣味：緊密，帶著因蒸餾廠酒桶而賦予的輕盈特色；酒桶讓味道轉變成覆盆子果醬浮渣與硬糖果的氣味。

口味：油滑感，主要是淡淡的蜜餞味。

尾韻：泰梅（tayberry）與藍莓。綿長。

結論：不同的元素（蒸餾廠／二次填充／葡萄酒桶）彼此平衡得很好。

風味陣營：水果香料型
延伸品飲：Glenmorangie Quinta Ruban

20 年， 43%

氣味：木頭、粉末，帶著些許新鮮烘焙全麥／穀物麵包的氣味。有因熟成而產生的典型淡淡油脂味。

口味：橡木增添酒的豐富度，但也保留了大量了穀物味。有隱約熄滅蠟燭的氣味。

尾韻：堅果味。

結論：特色與年份較低的酒很不一樣，穀物味重得多。

風味陣營：麥芽不甜型
延伸品飲：Glen Garioch

中央高地

聚集在伯斯郡（Perthshire）中部以及兩個外圍地區的蒸餾廠，都有很多故事，主題包括不為人知的祕密、走私、農夫、皇族、磨坊主人，以及回來尋根的威士忌調和師。這裡曾經是蒸餾活動的中心，現在只有幾家倖存下來。為什麼能勝出？因為品質和特色。

泰河（River Tay）流經的鄉村地區，長久以來都是威士忌之鄉。

陀崙特、斯特拉森 The Glenturret & Strathearn

克里夫 • WWW.THEFAMOUSGROUSE.COM • 威雀威士忌酒廠體驗園區所在地 • 全年週一到週六皆開放參觀
斯特拉森 • 美斯文 • WWW.FACEBOOK.COM/STRATHEARNDISTILLERY

中央高地除了兩個外圍區之外，蒸餾廠全都集中在伯斯郡中部，彷彿是想彼此支援似的。就算這樣也並不奇怪。今日全中央高地只剩六座蒸餾器，以往光是伯斯郡就有 70 座以上。其中大多數都是在 1823 年後開始營業，當時製造私酒的農民，秉持〈以賽亞書〉第二章第四節的精神，背棄非法、擁抱嶄新和平的守法人生，紛紛趕上這波快速致富的熱潮。

許多人很快就發現，量少、品質多變、走地下管道銷售的私酒，與產量大、品質穩定、光明正大買賣的威士忌相比，終究還是不一樣，加上 1840 年代經濟蕭條，因此大部份的蒸餾廠到 19 世紀中葉就已消失。

然而，這個區域有三間蒸餾廠，能讓我們一窺那些古時候的農場式蒸餾廠是什麼樣子。第一間是位在克里夫（Crieff）郊區地帶的陀崙特蒸餾廠。它的糖化槽容量不過 1 噸，蒸餾器也是有角度的基本款，給人的整體印象就是牛棚與附屬建築物的再度利用。

事實上，陀崙特蒸餾廠是一項再造的計畫。它在 1929 年拆除後棄置了整整 30 年。現在它隸屬於愛丁頓集團（Edrington Group），也是威雀（Famous Grouse）威士忌酒廠體驗園區的所在地。陀崙特的威士忌相當討喜，雖說這也是再造的結果，但就某些方面來說，它被這隻集團大鳥搶走了不少風采。「我們在 1990 年買下陀崙特後，約翰·藍西（John Ramsay，愛丁頓集團前任首席調酒師）就開始進行改造，調整流速與切取點，讓程序更為一致。」他的繼任者戈登·摩森（Gordon Motion）說。現在黑雀（Black Grouse）還加入了重泥煤的酒款。

改造歸改造，但陀崙特的特色還在嗎？「我們不能改變蒸餾器，所以只能製造某種類型的威士忌。」摩森解釋，「任何蒸餾廠都是在你所承接的東西和它能給你的東西之間找到平衡。」

斯特拉森蒸餾廠：小規模生產威士忌

它的地址：巴奇頓農場（Bachilton Farm Steadings），就說明了一切。斯特拉森是蘇格蘭最小的蒸餾廠，2013 年起，在密斯文（Methven）村的古老農場建築物裡開始營業。這裡一切都是迷你的規模：酒汁蒸餾器只能容納 800 公升，烈酒蒸餾器只有 450 公升，裝新酒的是 50 公升的木桶。不過，這間蒸餾廠卻很靈活懂變通。它已經推出一款琴酒，還有許多點子正在進行，比方說 DIY 蒸餾日等等。小歸小，但斯特拉森的創意是很大的。

陀崙特以小規模生產威士忌，是伯斯郡僅存少數農場蒸餾廠。

陀崙特品飲筆記

新酒
氣味：綠苦橙、藍橙酒（curacao），些許硫磺味，甜玉米，鼻腔後方有微微光澤塗料味。
口味：明顯堅果與墨西哥辣椒味。質地如奶油，後段有一絲硫磺味。木桶陳放後會帶出清淡與新鮮感。
尾韻：乾淨。

10 年，40%
氣味：淡金色，甜，帶有發酵麵包味、亞麻地板與橙花味。
口味：花香，但口感富含油脂。加水後，會有花粉、乾燥花、麻繩與粉紅火焰菜的味道。清新帶柑橘味。
尾韻：芬芳新鮮。
結論：淡淡的香氣，但內容表現卻經得起長時間熟成。

風味陣營：芬芳花香型
延伸品飲：Bladnoch 8 年、Strathmill 12 年

艾柏迪 Aberfeldy

亞伯非底 • 帝王威士忌世界所在地 • WWW.DEWARS.COM • 全年開放：4-10 月週一到週日，11 到 3 月週一到週六

伯斯郡展現了蘇格蘭的兩種面貌。如果沿著主要道路前進，你會以為這是個綠草如茵的愜意丘陵區。然而離開擁擠的路線後，你會發現這具有真正「高地」特色的鄉間，有多座 900 公尺以上的山峰：本勞爾斯山（Ben Lawers）、米爾蓋山（Meall Garbh）與希哈利恩山（Schiehallion）。1774 年測量地球重量的計畫就是在希哈利恩山進行，從此發明了等高線與現代地圖測繪技術。

這裡是個中間地帶，不知道該算是荒野還是經過整理的農地，也還保留著過去的影子。沿著艾柏迪的里昂峽谷（Glen Lyon）開車前進，你會經過福廷格爾（Fortingall）村，在教堂院子的暗處有一棵痀僂的短葉紫杉，據說是 5000 年的老樹；沿著峽谷往西走則會抵達拉諾泥炭沼（Rannoch Moor）的泥煤地。

1805 年，約翰·杜瓦（John Dewar）就是誕生在這個邊境之地的席納維爾（Shenavail）村裡的一個小農場，離艾柏迪不過 3 公里遠。他 23 歲時當木匠學徒，前往伯斯幫忙一個酒商遠房親戚的生意。到了 1846 年，他已經開始經營自己的威士忌生意。等到 19 世紀末，杜瓦的帝王調和威士忌已經在全世界販售超過 50 萬箱。因為公司需要一間蒸餾廠，1898 年他們就在艾柏迪設廠。

為什麼選在這裡？約翰的兒子亞歷山大和湯米大可選擇其他地方設廠。在 19 世紀末，斯佩塞應該是最合理的設廠之處，但他們卻選擇在父親出生的小鄉村附近建廠。父親在孩提時代曾赤腳走過這裡，扛著拿來生火的泥煤當作自己的學費。他們選擇艾柏迪是出於情感回憶。

艾柏迪酒中的蜜蠟／蜂蜜味是因為長時間的發酵，而在細頸洋

艾柏迪蒸餾廠是由約翰·杜瓦的兩個兒子建造，離父親的農舍不過 3 公里遠。

蔥狀的蒸餾器中緩慢蒸餾，則讓味道更濃郁。較高的分酒點保存了細緻的香味，熟成則以二次或初次填充的美國橡木桶表現最佳。蠟味增添了口感的稠度，使內容物經得起長期熟成。

艾柏迪設廠可能是為了要製造出符合調和威士忌製造商需求的酒款，但它的位置卻訴說了對土地的情感因素，是實用與感性的結合。

艾柏迪品飲筆記

新酒

氣味：帶著輕微蠟味的甜，白果。
口味：乾淨集中。很甜，有蠟的質地，乾淨。
尾韻：綿長，有悠悠的干澀感。

8 年，桶陳樣品

氣味：金黃色、甜。三葉草蜂蜜、麥芽味、梨子。
口味：甜且絲滑，出人意料地辛辣。感覺要迸發出來，但受到主軸甜味的抑制。
尾韻：精瘦。
結論：仍在不斷進化中。

12 年，40%

氣味：琥珀色。陳放八年之後蜂蜜味濃得多，也較香。洋梨味消失，新酒酯味的花香與成熟蘋果味一起浮現。新鮮橡木與覆盆子果醬。
口味：主要是橡木味，但也開始有奶油糖的甜味。圓潤，奶油蛋糕與梨汁味。
尾韻：甜且綿長。
結論：現在是火力全開。

風味陣營：水果香料型
延伸品飲：Bruichladdich 16 年，Longmorn 10 年，Glen Elgin 12 年

21 年，40%

氣味：琥珀色。煙燻味是中度到重度間。金黃色糖漿，夏威夷果。柔順，橡木現在只是配角。有一絲蜜蠟與椰漿味。加水後有石南蜂蜜與泥煤味。
口味：出乎意料，煙燻味替原本的絲滑甜味增添了一層香氣（與干澀感），還有淡淡薄荷／蠟味。
尾韻：綿長且有柔軟的辛辣感。橡木味浮現。
結論：很有魅力。

風味陣營：水果香料型
延伸品飲：Glenmorangie 25 年

艾德多爾、布萊爾阿蘇 Edradour & Blair Athol

艾德多爾 • 皮特洛赫里 • WWW.EDRADOUR.COM • 開放時間 4 到 10 月，週一到週六
布萊爾阿蘇 • 皮特洛赫里 • WWW.DISCOVERING-DISTILLERIES.COM/BLAIRATHOL • 全年開放，詳細時間請見網站

皮特洛赫里（Pitlochry）是個繁榮、街道又寬闊的維多利亞小鎮，但在 18、19 世紀，商業中心是在往北 5 公里的莫林村（Moulin）。儘管大家對這個名字的意義有些爭論，但莫林很接近蓋爾語中的「muileann」（磨坊）。只要有磨坊，通常就會有蒸餾廠。以莫林的情況來看，以前有四座蒸餾廠，但現在只剩一座。

艾德多爾是否仍是蘇格蘭最小的蒸餾廠，這點尚無定論。就算有比它更小的，也都是最近才蓋的。最重要的是它從維多利亞時期就營運至今，而且意義在於，它到今天都還在生產威士忌。想了解古時候的伯斯郡怎麼蒸餾威士忌，線索全都在這裡。

聖弗力年代威士忌公司（Signatory Vintage）的德•馬克堤（Des McCagherty）說：「基本上都是當年的設備。」他們在 2002 年買下艾德多爾。「頂開式的耙狀糖化槽、摩頓式（Morton's）冷卻器、木製發酵槽，還有附蟲桶的小型蒸餾器。我們只換掉必須換的設備，比方說蟲桶，還買了新的不鏽鋼摩頓式冷卻器。」傳統的設備賦予新酒含油脂的甜味，有濃濃的蜂蜜味、些許烤過的穀物味，口感帶著成熟的厚度。這種特性醇厚的新酒現在都會使用傳統木頭來熟成。「最後一點是艾德多爾現在全都生產單一麥芽（而非調和威士忌），使用初次或二次填充的木桶。」馬克堤說。「艾德多爾大部份都是用雪莉桶，而貝勒欽（Ballechin）（有濃厚泥煤味的新酒款）主要是用首次裝填的波本桶。艾德多爾靠的是品質好的雪莉桶。」

馬克堤認為，就是這群小眾但愈來愈多的獨立蒸餾商，保存了原本會失傳的技術，而且也讓「原本會消失的蒸餾廠」得以存活。

皮特洛赫里也是帝亞吉歐集團旗下布萊爾阿蘇蒸餾廠的所在地。自 1789 年起就開始合法產酒，1933 年起納入貝爾（Bell's）公司。貝爾用類似的方式來經營旗下所有的蒸餾廠：以渾濁麥汁、短時間發酵與冷凝器，製造出帶堅果／辛辣味的威士忌。布萊爾阿蘇則是這種製造法的最極端，口味偏重。控制轉移到酒汁中的物質，能賦予原本嗆辣的新酒具豐富果味的成熟度。它和艾德多爾一樣，表現最佳的都是以雪莉酒桶熟成的酒款。

布萊爾阿蘇品飲筆記

新酒
氣味：濃郁的麥芽精味。牛飼料／黑穀。種子、堅果，然後是石碳酸皂味。
口味：焦味、麥芽味。濃郁雄壯。
尾韻：非常不甜。

8 年，桶陳樣品
氣味：什錦穀物、黑葡萄、碎燕麥。豐富明朗，果味浮現。
口味：辣，口感飽滿，有微微的土味。酒體重，有焦味／不甜。潛力十足。
尾韻：不甜，綿長。
結論：酒體重，需要時間與活潑的木桶來引出潛藏的祕密。

12 年，動植物系列（FLORAL & FAUNA），43%
氣味：暗琥珀色。烤過的麥芽、紫羅蘭。麥芽麵包，些許葡萄乾味。淡淡蠟味與清爽梅乾味。加水後變甜。
口味：甜且濃郁。不甜的麥芽／堅果底味，表面是葡萄乾味。原本的焦味現在與橡木味融合，增添了深度與豐富度。加水後有麥芽牛奶味。
尾韻：苦巧克力。
結論：歐洲橡木賦予這瓶相當濃烈的酒額外的平衡感與層次。

風味陣營：豐富圓潤型
延伸品飲：麥卡倫 15 年雪莉桶，Fettercairn 33 年，Glenfiddich 15 年，Dailuaine 16 年

艾德多爾品飲筆記

新酒
氣味：重，乾淨，蜂蜜與淡淡油脂味，深色水果、香蕉皮、草地、乾草／乾草棚味。大麥味。
口味：一開始是甜味，接著是亞麻子油與醋栗類的果物味。富嚼感，健壯，有扎實的穀物味包覆住口腔。
尾韻：長。不甜。

貝勒欽（Ballechin）新酒
氣味：與艾德多爾一樣濃郁，有更多穀物與木頭煙燻味（白樺木）。
口味：立刻就嚐到煙燻味，但濃郁的果味與油脂感相當平衡。
餘韻：富油脂但帶有果味。宏大而平衡。

1996 年，歐露羅索雪莉桶（Oloroso Finish）57%
氣味：飽滿金黃色。榛果油、乾草，些許五香味。淡淡土味，烤過的堅果。加水後有草本與杏仁味。
口味：一開始是堅果味，後來浮現油脂味，主軸變甜。包覆住口腔，豐厚濃郁。
尾韻：淡淡大茴香味。
結論：有趣，與雷潘多（Lepanto）白蘭地有些類似。

風味陣營：水果香料型
延伸品飲：Dalmore 12 年

1997 年，57.2%
氣味：銅。較 1996 年份收斂。淡淡蜜餞味。梅子、水果蛋糕。加水後，有一絲石墨味，還有紅酒燴洋梨的甜點味。
口味：控制得不錯的蜂蜜甜味。新鮮紅色水果味，乾燥的覆盆子、草莓味，還有一絲巧克力味。
尾韻：甜。
結論：和許多艾德多爾的酒一樣，有迷人的葡萄酒特質。

風味陣營：豐富圓潤型
延伸品飲：Dalmore 15 年、Jura 12 年

HIGHLAND
SINGLE MALT
SCOTCH WHISKY

BLAIR ATHOL

distillery, established in 1798, stands on *peaty* moorland in the *foothills* of the GRAMPIAN MOUNTAINS. An ancient source of *water* for the *distillery*, ALLT DOUR BURN ~ 'The Burn of the Otter', flows close by. This *single* MALT SCOTCH WHISKY has a *mellow deep toned* aroma, a *strong fruity* flavour and a *smooth* finish.

AGED **12** YEARS

43% vol   70 cl

Distilled & Bottled in SCOTLAND.
BLAIR ATHOL DISTILLERY. Pitlochry, Perthshire, Scotland.

皇家藍勛 Royal Lochnagar

巴拉特（Ballater）• WWW.DISCOVERING-DISTILLERIES.COM/ROYALLOCHNAGAR • 全年開放，詳細開放時間請見網站

下一座中央高地的蒸餾廠位在迪河畔（Deeside），從莫林村往北約一小時路程，得穿過高海拔的格蘭詩（Glenshee）山隘。走進這塊充滿茂盛深綠色森林的土地，整齊的城鎮掛著皇室許可證，遊客可能會以為這裡是聚集了有名望的中產階級人士的地方，但這裡一直是一個與世隔絕的隱蔽之地。高山隘口讓趕牲畜的人有了放牧的地方，也是一條好走的通道，可以帶著牛群到中央市場；同時也是威士忌走私販的必經之路，不管是從斯佩塞出發往南走，還是從迪河畔陰暗的小工寮 程。維多利亞女王和夫婿艾伯特王子就是看中了這個區域的遺世獨立，才在此建造了巴爾莫勒城堡（Balmoral Castle）；女王守喪時也是隱居在這裡。

這個偏遠之地周遭散落著良好的客棧、棚屋、工寮，以及古老的蒸餾廠，很整個環境非常封閉，很容易讓人迷失其中。這裡的一切不像表面看起來的樣子。第一間蒸餾廠在迪河上游河畔，原廠主詹姆士‧羅伯森（James Robertson）是私酒商，據說他在克里西（Crathie）的河邊蓋了合法的蒸餾廠後，這間就被非法蒸餾業者燒毀。

到了 1845 年，皇家藍勛（這個稱號是由喜歡烈酒配著紅葡萄酒的維多利亞女王御賜）已經建廠完成。由於這裡的地理位置特性，蒸餾廠只好設在迪河上方隱祕的迷你高原，它的厚牆是用當地的花崗岩建造，裡頭的雲母和長石碎屑在雨後的陽光下會閃閃發光。

皇家藍勛是帝亞吉歐集團旗下最小的蒸餾廠，要是看到它的兩座小型蒸餾器和蟲桶，你可能會認為這裡是個生產重酒體威士忌的地方。然而，這座蒸餾廠運用技巧大幅延長銅對話的時間，和格蘭愛琴（Glen Elgin，詳見第 86 頁）很像，都是不可貌相的廠。

這裡的步調是慢慢來，蒸餾器一星期只運轉兩次，在蒸餾期間還通風讓銅器維持有活力的狀態。蟲桶則保持溫暖，這點也是為了增加銅的利用度。本來的硫磺味變成了草味，但皇家藍勛與生俱來的特性，使得這種草味一點都不青嫩，而是不甜，等於也稍稍呼應了此處的地理位置，以及它中段的扎實口感（是的，這一點很容易被忽略），這些也是它適合長期熟成的理由。在迪河上游河畔，一切都不像表面看起來的樣子……

皇家藍勛品飲筆記

新酒

氣味：乾草、淡淡梨味，熟透水果味，有一絲煙燻味。沉重，草味。

口味：新鮮乾淨，有明顯煙燻味，主軸扎實，口感浸潤舌面。

尾韻：乾淨。

8 年，桶陳樣品

氣味：有些許酒桶釋放出的香草／白巧克力味。仍舊有稻草的特性，但果味現在正在軟化這種草味。淡淡煙燻味。

口味：一開始充滿柑橘與蘋果味，讓人驚訝，接著是甜甜的草味。保留了豐富的口感，開始慢慢培養出風味。

尾韻：梨子與乾草味。

結論：蟲桶讓這支帶草味的麥芽威士忌，多了額外的深度。

12 年，40%

氣味：乾淨。割下的青草味，有一絲隱隱的穀物味。相當新鮮，有清脆的本質。最後有乾草、榛果、小茴香子與檸檬味。

口味：比預期來得甜。輕到中度的酒體，但不甜的麥芽／稻草味與甜味（杏仁糖／雜果）平衡得不錯。肉桂。

尾韻：溫和乾淨。

結論：新鮮有魅力。

風味陣營：水果香料型
延伸品飲：Glengoyne 10 年、山崎 12 年

無標示年份精選（Selective Reserve Nas），43%

氣味：明顯雪莉桶造成的影響。（聖誕布丁）甜乾果味，些許蘭姆和葡萄乾味，來有一點糖蜜味。

口味：水果蛋糕，與一絲五香味。草味消失了，但酒的深度經得起橡木桶熟成。

尾韻：甜且綿長。

結論：大膽的內容表現，蒸餾廠特色反而是配角。

風味陣營：豐富圓潤型
延伸品飲：Glenfiddich 18 年、Dailuaine 16 年

達爾維尼 Dalwhinnie

達爾維尼 • WWW.DISCOVERING-DISTILLERIES.COM/DALWHINNIE • 全年開放，詳細開放時間請見網站

兜個圈子去了迪河畔後，最後一間在中央地區的蒸餾廠，獨自坐落在凱恩戈姆山（Cairngorm）與莫納利亞（Monadhliath）山脈之間的高原上。儘管此地風景壯闊，最初會選擇這裡設廠就頗令人意外。這裡完全開闊無遮掩：位在英國最寒冷殖民地的達爾維尼，是蘇格蘭海拔最高的蒸餾廠（它與布雷沃共享這份榮耀）。以前這裡有一間宿舍，讓因為天氣無法回家的工人或是車子拋錨的人借住。

為什麼選在這裡建廠？答案就在多數沿著道路而來的訪客所以為的蒸餾廠後門（其實是前門）：鐵路線。達爾維尼是另一座維多利亞晚期的蒸餾廠，建於 1879 年，趕搭當時的調和威士忌熱潮，也是看中此處通往中央地帶的交通便利性。在此之前，這裡有沒有蒸餾活動不得而知，但身為道路的交會點，多年來一定有許多非法物品經過這裡。

有些中央高地的蒸餾廠帶有蜂蜜味，其中達爾維尼的蜂蜜味最集中，質地豐富、濃稠又甜，適度地表現出地理位置的特性；這種質地讓一麥芽威士忌在冷凍時呈現一種嶄新的面貌。然而嗅聞新酒氣味時，蜂蜜味並不會立即顯現。達爾維尼的祕密，就在位於道路入口處的大型環狀桶（見右頁圖片），其中容納了蟲桶，供兩座蒸餾器使用。

新酒因為沒有接觸到銅，離開這些蟲桶時味道與車輛排放氣體一樣有硫磺味。用這種方式製處理威士忌似乎很奇怪。為什麼可以隨意運用各種科技的帝亞吉歐集團，不直接將硫磺味去掉呢？「想要展現蒸餾廠真正的特色，就必須付出代價。」帝亞吉歐集團的蒸餾與調和大師道格拉斯·莫瑞（Douglas Murray）說，「如果像皇家藍勛一樣去掉硫磺味，新酒就會帶有草味或果味。如果讓烈酒帶有硫磺味，賦予草味或果味特性的基本元素就無法組合在一起，最後的特色就是清淡細緻。硫磺味不過是新酒的標記，真正的特色潛藏在底下。」

達爾維尼的酒要放置很長一段時間，在硫磺味這條毯子下面沉睡許多年，這也是主要酒款在 15 年才裝瓶的原因之一。長時間熟成的第二個優點，是能讓新酒裡淡淡的蜂蜜味有機會集中起來，這帶出了另一個問題：蜂蜜味是從哪裡來的？

「我認為蜂蜜味是一個中途之家。」莫瑞說，「為了簡化說法，我們用蠟味、草味或果味來形容新酒，如果朝製造蠟味的方向來操作蒸餾過程，但是不要做得太極端（像我們在克萊力士蒸餾廠（Clynelish）那樣），最後就會得到一種宜人的甜奶油味。」酒還年輕時，甜味與蠟味結合的感覺會像是蜜蠟，成熟後則像蜂蜜。艾柏迪與丁斯頓蒸餾廠也有同樣的特色。

在這塊周圍除了泥炭沼與山脈的凍原上，時間似乎也慢了下來。訪客在此深呼吸，讓習慣城市步調的心情放鬆時，反映出的正是達爾維尼威士忌的特色：在悠閒中穩定累積的醇厚感、時間培養出來的密度，以及真正的個性。

達爾維尼的新酒流經蟲桶進入烈酒保險箱。

蟲桶 VS. 冷凝器

蟲桶是最早的冷凝方法，近年來已屬少見。20 世紀時，業界普遍引進「 管式」（shell and tube）冷凝器。雖然更有效率，但卻會從根本上改變酒的特色，減少深度。當初正是達爾維尼換掉舊蟲桶時的味道改變，大家才知道這個效應的存在。有蟲桶，才有「達爾維尼」味。因此蒸餾廠很快就換回蟲桶，「達爾維尼」風格就回來了。

達爾維尼是蘇格蘭海拔最高的蒸餾廠，也位處英國最寒冷的殖民地內。

達爾維尼品飲筆記

新酒

氣味：豆子湯、德國泡菜（sauerkraut）味。大量的硫磺。沉重，些許泥煤煙燻味。車輛廢氣味。

口味：干澀，底蘊有濃濃的甜味。沉重。

尾韻：硫磺味。

8年，桶陳樣品

氣味：樹葉味，些許木頭味，仍舊有一點硫磺味（花椰菜），還有融化的蜂蜜與熱奶油味。

口味：口感是來自潛在的味道。想睡的沉重敢，些許蜂蜜、石南與柔軟的果味。

尾韻：沉默、煙燻味。

結論：仍在沉睡。與其他同年份帶有硫磺味的新酒相比，會很有趣；如斯佩波恩（Speyburn）、安克努（anCnoc）還有格蘭昆奇（Glenkinchie）。這款酒還需要時間讓成熟的特質完整出現。

15年，43%

氣味：醇厚，有豐富的甜味，還有美國橡木／烤布蕾的特色。微微煙燻味。蜂蜜、檸檬碎皮。加水後會有花粉味，酒體適中。

口味：一開始就相當濃厚。煙燻味很輕微，但察覺得到。甜點的甜味與希臘優格味混合得很好，有槐花蜜與清脆木頭味。

尾韻：綿長柔軟。

結論：還未完全清醒，已經脫去硫磺味的外衣，顯露出蜂蜜的本質。

風味陣營：水果香料型
延伸品飲：Balvenie Signature 12 年大師簽名版

蒸餾廠版（Distillery's Edition），43%

氣味：深金色。油潤、富含乳脂，還有剛做好的橘醬味。比 15 年的更為芬芳滑順，還帶有堅果味，但煙燻味消失了。蘋果甜點與甜梨混合著隱隱的蜂蜜味。

口味：甜且圓潤，烤堅果味讓口感在舌上附著得更久、也更有趣。橙花蜂蜜與杏仁味。

尾韻：更綿長，也更醇厚一些。

結論：更多汁一些，也更有趣。平衡。

風味陣營：水果香料型
延伸品飲：Glenmorangie Original 10 年、Balvenie Signature 12 年大師簽名版

1992，經理精選（Manager's Choice），單一酒桶，50%

氣味：亮金色。變得有點硬黏的皮革皂味。後方有些許濃郁的花香（想像百合花的氣味），黑醋栗葉與一絲硫磺味。

口味：成熟的果味，讓人想起在蘇格蘭民宿小包裝的早餐抹醬。一絲杏桃味，些許橘醬味，品質良好的蜂蜜味。清爽。

尾韻：鮮奶油味，但不持久。

結論：酒桶活性沒那麼強，還有硫磺味。

風味陣營：水果香料型
延伸品飲：Aberfeldy 12 年

1986，20 年特別珍藏版（Special Release），56.8%

氣味：閃亮的琥珀色。豐富成熟。淡淡燃燒荒地植物的氣味立即飄進鼻中，還有乾燥的歐洲蕨味。接著味道變濃：煮過的秋天水果、乾梨、熱煎餅上頭淋著融化的石南蜂蜜、無子葡萄蛋糕、洋梨塔，還有太妃糖布丁。加水後會有焦糖化的果糖、溼潤的粗糖以及薄荷糖味。

口味：柔軟，淡淡煙燻味，還有以前沒有的辛辣味。時間似乎讓味道更和緩濃郁，也變得更甜：香料、苦橘、太妃糖，以及像蛋糕般的豐潤與成熟口感。

尾韻：豐沛綿長。成熟的果味。

結論：深藏的特色現在顯露出來了。

風味陣營：水果香料型
延伸品飲：Balblair 1979 年，Aberfeldy 21 年

東部高地

儘管東部高地很肥沃，但蘇格蘭這塊區域的蒸餾廠卻相對稀少。箇中原因就跟威士忌一樣既複雜又出人意料。一如既往，我們無法概括推論這個地區的風格。即使是東部高地煙燻味最重的酒，也能列入香氣最馥郁的類型。

德威朗河（River Deveron）在麥克道夫（Macduff）蜿蜒流入莫瑞灣。

格蘭卡登 Glencadam

布里琴 · WWW.GLENCADAMDISTILLERY.CO.UK

東部高地上布滿失敗蒸餾廠的回憶，如布里琴（Brechin）的諾斯波特（North Port）、史東哈分（Stonehaven）的皇家格蘭烏妮（Glenury-Royal），以及亞伯丁所有的蒸餾廠等等。然而，我們的故事要從蒙特羅斯（Montrose）開始，這裡曾經有三座蒸餾廠：格蘭艾斯克（Glenesk，又名西爾賽，Hillside），也出產穀物威士忌，還有自己的鼓式發麥廠（drum malting）；洛赫賽（Lochside），同樣生產麥芽／穀物威士忌；以及格蘭卡登。這三間蒸餾廠全都停止營業時，東岸的蒸餾業彷彿就已走入歷史。之後在 2003 年，安格斯·丹迪（Angus Dundee）集團買下格蘭卡登。以往格蘭卡登作為百齡罈（Ballantine's）與史都華（Stewart's）綿密大麥（Cream of the Barley）調和威士忌的基酒時默默無聞，但現已讓世人見識到它的不凡之處。

格蘭艾斯克與洛赫賽都生產穀物威士忌，前者還有自己的麥芽廠，光這點就顯示出此地涵蘊豐富的原物料。那為何蒸餾廠會無法經營下去？有些人說是缺乏水源，但事實上比較是商業考量。

麥芽威士忌的重點在於獨特性。當庫存過剩時，問題就是它的獨特性在哪裡？所有東海岸的業者都是大型調和威士忌公司所擁有的小型蒸餾廠，殘酷的現實就是，所提供的風味是供過於求的。穀物威士忌可以在別處釀造，而麥芽廠的新酒味道又跟大型蒸餾廠的很類似。一旦碰上如 1970 年代末期的危機時期，就會先砍掉資產裡處於邊緣地位的部分。威士忌向來不講求浪漫，單純念舊的成本太高。

不過，格蘭卡登卻得以倖存。它屬於芬芳花香型的風格，與林可伍德（Linkwood）（詳見第 92-93 頁）相去不遠，口感都有附著舌頭中央的特質。安格斯·丹迪的調和師羅恩·麥克基普（Lorne Mackillop）相信這種清爽的特色，是因為蒸餾器麗管（lie pipe）的角度上揚，導致回流增加。「以前單一麥芽威士忌沒有這種特色，」他說，「我們想要凸顯花香的風格，所以決定不經冷凝過濾就裝瓶，也不添加焦糖。」確切來說，東海岸也許不算是正在崛起，但至少還富有生機。

格蘭卡登品飲筆記

新酒

氣味：芬芳／花香，帶些許洋梨白蘭地（poire William）味，綠葡萄，底有點爆米花味。

口味：非常甜。青澀，在舌中央有聚集效果。接近尾韻時會有更多花香。

尾韻：乾淨清爽。

10 年，46%

氣味：淡金色。細緻花香，接著是新鮮杏桃味，剛成熟的梨子、檸檬。

口味：溫和滑順。帶有香草、肉桂，接著是卡布奇諾的甜味。在花香消散後，果味再度浮現成為主軸。

尾韻：蘋果花。

結論：細緻但卻有堅實的內容。

風味陣營：芬芳花香型

延伸品飲：Glenkinchie 12 年、Speyburn 10 年、Linkwood 12 年

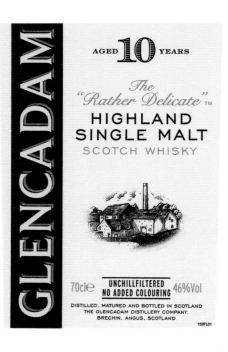

15 年，46%

氣味：金色。甜，略為收斂，多了一點不甜的葉子味。花香稍微沉重，木桶增添了平衡的堅果味。

口味：比 10 年的口感更扎實，但仍舊會包覆舌面。堅果、一絲清爽的棗味與成熟果味。

尾韻：現在是果味釋放影響力。

結論：酸爽中帶著宜人的咬口感，但是這樣的甜度使木桶無法主導。

風味陣營：水果香料型

延伸品飲：Scapa 16 年、Craigellachie 14 年

1978 年，46%

氣味：暗金色。飽滿，雪莉桶味帶些許霉腐味（rancio）。果味現在慢慢像晚秋熟成的味道，青蘋果則是變成太妃糖蘋果味。濃郁巧克力味、芳潤（Fry's）巧克力醬，接著是雪茄盒／加溼器的味道。

口味：扎實滑順。豐富的栗子與巧克力味再度浮現，但仍有原本的成熟口感。高地太妃糖。

尾韻：柔軟、堅果味。

結論：酒體雖輕，卻很經得起熟成。

風味陣營：豐富圓潤型

延伸品飲：Glengoyne 17 年、Glenfiddich 15 年、白州 25 年

費特凱恩 Fettercairn

費特凱恩 ・ WWW.FETTERCAIRNDISTILLERY.CO.UK ・ 開放時間：5 到 9 月週一至周六

米恩斯山谷（The Howe of the Mearns）是路易斯・格拉西克・吉本（Lewis Grassic Gibbon）三部曲小說《蘇格蘭人之書》（Scots Quair）裡設定的背景。這三部小說敘述了蘇格蘭從農業的黃金時代轉變成 20 世紀工業化的過程。雖然小說是在 20 世紀寫成，但仍舊可視為是浪漫主義文學晚期的作品，書中讚頌對土地神話般的連結，也探究失落的主題：失根、失去信仰與失去政治信念。小說敘事線涵蓋了威士忌興起的同一時期，而故事就發生在費特凱恩蒸餾廠的所在地區。

這座蒸餾廠位在眺望海岸的平地上，就在一個類似吉本筆下賽基村（Seggie）的美麗小鎮外圍，但後方卻是環繞著山，離皇家藍勛不過短短的步行距離（有點坡度）。

從廠內的設備就能知道，這裡是用傳統的方式製造威士忌……也許在某種程度上，這也呼應了以往走私販帶著商品從迪河畔南下的私酒時期。費特凱恩有一座頂開式的糖化槽，以及兩旁附有肥皂磨碎機的蒸餾器（肥皂是用來降低酒汁蒸餾器起泡的界面活性劑），直到看到鋪地式倉庫（dunnage warehouse），它才顯露出較為現代的一面。

懷特馬凱集團的首席調和師理查・彼得森（Richard Peterson）把這裡當作研究木頭的實驗室——尤其是全新橡木。他這樣做有一個特別的原因：想蓋過費特凱恩年輕酒款中的燒焦／植物味。「這是一場戰鬥。」彼得森說，「這裡從 1995 到 2009 年，都用不鏽鋼的冷凝器，使得麥芽威士忌變得有點硬又帶焦味。這種威士忌需要美國橡木來增加甜味，所以我開始使用全新橡木桶，就是為了要賦予那種初始的甜味。」

米恩斯蒼翠繁茂的土地環繞著這座曾經是農場的蒸餾廠。

我突然覺得，費特凱恩就像是彆扭又行為不檢的青少年，花了很長時間才擺脫掉年輕人的慍怒。等到它終於成熟時，就像從過去不知何故有點太衝的個性中學到了教訓，變成一款可以坐下來好好品味的威士忌。無論如何，都應該給它個機會。

費特凱恩品飲筆記

新酒
氣味：麵粉、植物、淡淡硫礦味，有隱隱的甜味。
口味：扎實，微微果味，酒體有份量，似乎有封閉感。
尾韻：酸爽而短。

9 年，桶陳樣品
氣味：醃漬檸檬與蘿蔔。淡淡焦味。明顯酒桶的影響。香草與橡木屑。
口味：比嗅聞要棒，有裝甜點的紙盒味，還有些許紅蘋果味。
尾韻：堅果。
結論：仍舊在吸收橡木桶的味道、仍在抵抗。即使到現在，這款費特凱恩似乎還拒絕長大。

16 年，40%
氣味：淡琥珀色。更甜而雄壯，有混合椰子與無子葡萄的味道，帶點煙燻味。均衡感更好。
口味：飄散出煙燻木頭味，還有類似阿薩姆的茶味，些許葡萄乾、巴西堅果味。
尾韻：太妃糖味，相當圓潤。
結論：需要甜味與方向。

風味陣營：豐富圓潤型
延伸品飲：Dalmore 15 年，Singleton of Glendullan 12 年

21 年，桶陳樣品
氣味：淡淡巴薩米可香醋味。微微豐潤感與些許酒糟味。
口味：大量單寧味。類似陳年曼薩尼亞酒（Manzanilla Pasada）的味道，杏仁，接著是燃燒青草味。加水後有些許煙燻味。
尾韻：扎實緊緻。
結論：大量的木桶影響，想滿足刁嘴的客人。

30 年，43.3%
氣味：琥珀色。一開始非常柔軟，些許乳脂味，但泥土與皮革的特性正在成形。果味，煙燻味。
口味：深色水果、水果蛋糕、雪茄。濃郁皮革味。
尾韻：有點脆弱，但很均衡。
結論：叛逆的青少年長大了，感覺像坐在皮製扶手椅上的長輩。

風味陣營：豐富圓潤型
延伸品飲：Benrinnes 23 年，Tullibardine 1988

格蘭蓋瑞 Glen Garioch

舊梅爾德拉姆（Old Meldrum），亞伯丁北部・WWW.GLENGARIOCH.COM・全年開放，10 到 6 月週一至週六，7 到 9 月週一至週日

「在蓋瑞（Garioch）的山上的雷斯莊園（Leith Hall），一個乾瘦刻薄的黑人農夫在厄斯菲爾（Earlsfield）住了下來……」這是農場工人在農業革命開始時傳唱的敘事歌，講述在蓋瑞（發音是「吉瑞」）依季節受僱的農民工的困苦生活。以因佛魯里（Inverurie）為中心，往西北延伸到史翠斯伯吉（Strathbogie），這塊 388 平方公里的肥沃土地在 18 世紀末／19 世紀初歷經「改造」。這是個豐饒的地方，地形主體是北山（Tap O'North）和密瑟山（Mither Tap）。也許當時唱歌的人替他乾瘦刻薄的主人工作完之後，會喝上兩口威士忌，那想必是蓋瑞這三座蒸餾廠所生產的。

如果真是這樣，他喝得很可能是最古老的格蘭蓋瑞。1789 年設廠的格蘭蓋瑞，在 20 世紀時納入 DCL 集團（帝亞吉歐的前身）後，開始與鄰居阿德莫爾（Ardmore）加入當地泥煤，生產出特殊煙燻味的高地威士忌。1968 年時，DCL 集團需要增加煙燻威士忌產量，以作為調和之用，但卻聲稱沒有足夠的水源可以擴大格蘭蓋瑞的生產規模，所以他們關掉了這座蒸餾廠另覓他處，這也是北部高地的布洛拉（Brora）重新營業的原因。

這個泉水之區會缺乏水源？波摩（Bowmore）蒸餾廠的老闆史丹利・P・莫里森可不這麼認為。他買下格蘭蓋瑞，聘請當地的占水師（與古老的智慧有關），找到了新的豐沛水源。

格蘭蓋瑞的蒸餾器放置在一間溫室蒸餾室裡，生產富含甜味的新酒。

今天這座迷你蒸餾廠的蒸餾室，會讓人聯想到過去製造無泥煤烈酒的溫室，但酒的豐富度並未改變。這些小型蒸餾器生產的酒相當強勁。「我想要新酒帶有肉感、富含油脂的特色，等到用來做創始人珍藏（Founder's Reserve）系列時，這種特色就會消失，留下的是豐富的深度。」莫里森波摩（Morrison Bowmore）集團的麥芽大師伊恩・麥克柯倫（Iain McCallum）說。「對我來說，格蘭蓋瑞的特色是恣意狂放又強健。」顯然和乾瘦完全扯不上邊。

過去長年以來，格蘭蓋瑞只有在主戰場外圍看戲的份，如今它有了新的包裝、新的內容物，還有更多即將展現的潛力。「它幾乎是默默地在發揮它的效率，」麥克柯倫說，「是那種還沒有被人發現的珍寶。」這句話用來形容這塊土地也很適合吧？

格蘭蓋瑞品飲筆記

新酒

氣味：燉煮高麗菜、蕁麻葉味，調製肉汁的褐色醬料，接著是全麥麵糰味。加水後有甜酒糟與牛棚味。

口味：穀粉味，甜且綿長。酒體豐厚還有硫磺味。

尾韻：堅果味。

創始人珍藏，無年份標示
（Founder's Reserve NAS），48%

氣味：淡金色，硫磺味不見了，飄散出白檀木味，以及淡淡草本／石南根味。有些許蜂蜜味，橡木味，夾雜一絲香橙烤布蕾與松樹汁液的氣味。

口味：一開始非常不甜。到了這個年份酒體很充實，木桶發揮了軟化的功效。加水後會有奶油餅乾味。

尾韻：綿長脆弱。

結論：堅實而甜。

風味陣營：麥芽不甜型

延伸品飲：Auchroisk 10 年

12 年，43%

氣味：飽滿金黃色。烘烤的穀物味，從這年份開始帶有酒糟的甜味。豐滿，帶有些許豆蔻與石南味。

口味：巴西堅果，些許胡椒味。豐富、厚實帶果味的中段口感。加水後會有淡淡蜜蠟味，接著草本味再度浮現。

尾韻：綿長且有淡淡堅果味。

結論：豐厚大膽。

風味陣營：水果香料型

延伸品飲：Glenrothes Select Reserve、Tormore 12 年

阿德莫爾 Ardmore

肯尼士蒙特（kennethmont）・WWW.ARDMOREWHISKY.COM

蓋瑞第二座蒸餾廠的建立，也是因為大型調和威士忌製造商打算擁有自己的生產設備，就像帝王（Dewar's）威士忌之於艾柏迪（Aberfeldy）、約翰走路之於卡杜（Cardhu）。1898 年，總部設在格拉斯哥的調和威士忌製造商「教師」（Teacher's），在肯尼士蒙特（Kennethmont）外圍建造了阿德莫爾蒸餾廠，從此晉身地主階級——當年亞當・提卻（Adam Teacher）去雷斯莊園（又是「乾瘦刻薄的黑人農夫」那首歌）拜訪雷斯黑上校（Colonel Leith-Hay）時，發現了這個地方，並且用他自己在克萊德灣（Firth of Clyde）的鄉下祖屋來命名。

選擇這裡設廠有三個原因：原料取得容易（當地出產大麥，還有來自皮茲萊戈（Pitsligo）的泥煤）、水源豐富，還有便利的交通——肯尼士蒙特就位於連接因佛內斯（Inverness）與亞伯丁（Aberdeen）的蘇格蘭大北鐵道（Great North of Scotland Railway）旁。阿德莫爾廠區遼闊，以前還有一座使用薩拉丁箱的發麥廠，沉重的工業化氛圍似乎與鄉村的景緻格格不入。2001 年燃煤發電廠拆除後，它與維多利亞時期的過往連結就此消失。

阿德莫爾的威士忌帶著矛盾的特質，既有濃重的泥煤味，又很芬芳。這種如同在蘋果園生篝火的香味特色相當與眾不同，很受調和威士忌製造商重視。要不是能製造出如此特殊的酒，地處偏遠的阿德莫爾可能很難存活至今。

儘管阿德莫爾的木製發酵槽發揮了影響力，但它的祕密主要還是在蒸餾室。「燃煤生火因為法律規定必須停用，」經理亞利斯岱・隆威爾（Alistair Longwell）說，「換成蒸汽加熱的難處，在於保留燃煤能讓酒體變重的特色。我們調整分酒點、在蒸餾器裡創造熱點等等，花了七個月才把那種味道找回來。」

雖然近來阿德莫爾也生產無泥煤味的阿德雷爾威士忌（Ardlair），但它的特色畢竟還是煙燻味。「業界其他的蒸餾廠都和我們走不同的路線。」隆威爾說，「教師威士忌當初就是以這種特色聞名。」他停頓了一會兒。「這是教師僅存的遺產了，是出於熱愛才能堅持下去。」失落的傳統，就在這片農地上因為矛盾而延續下去。

阿德莫爾品飲筆記

新酒

氣味：煙燻木頭與淡淡油脂味，帶些許青草後味。之後會有蘋果皮、萊姆與非常淡的穀物味。

口味：甜，煙燻味。宜人酒體，油脂感，帶一絲柑橘與乾燥花賦予的清新感。複雜的新酒，有許多面向的發展潛能。

尾韻：淡淡煙燻味，乾淨。

傳統桶陳，無年份標示 46%

氣味：飽滿金黃色，甜甜的橡木味，燃燒樹葉味、乾草，微微的異國情調。薰香、蘋果泥、剪下來的草丟在火堆中燃燒的氣味。新木頭味。

口味：比新酒果味更濃。控制得當的煙燻味，浮現時會有帶有些許煙燻火腿的味道，接著有胡椒味。同樣有油脂感，變得更甜、更有香草味。

尾韻：木頭煙燻感，帶有胡椒味。

結論：以 1/4 桶過桶。這支年輕的威士忌，融合了淡淡果味與阿德莫爾典型的煙燻味。

> **風味陣營：煙燻泥煤型**
> **延伸品飲**：Young Ardbeg、Springbank 10 年、Connemara 12 年、Bruichladdich Port Charlotte PC8

三桶威士忌（Triple Wood，桶陳樣品），55.7%

氣味：橡木帶出的味道很強，奶油香草味，酒心有煙燻木與水果蛋糕味。煙燻味融合得相當好，接著會猛然浮現濃縮萊姆汁加糖的氣味。

口味：木桶似乎去除了油脂的特色，更為凸顯新酒淡淡的柑橘味。

尾韻：煙燻味到現在才展現。

結論：儘管歷經三種酒桶：五年的波本桶、三年半的 1/4 桶以及三年的歐洲橡木龐頌桶（puncheon），還是非常經得起熟成。

25 年，51.4%

氣味：蒼白的淡金色。干澀的煙燻味、蘋果木、些許泥土味、杉木、堅果盤，濃濃的泥煤味，接著是印度綜合香料味（garam masala）。非常清爽。

口味：經典的阿德莫爾味道，前味在這個年份釋放出來，青蘋果皮味變成成熟的水果味，煙燻味完全融合其中。感覺細緻，但主體夠重，可凝聚複雜的味道。

尾韻：綿長，帶有煙燻味。

結論：因為放在二次裝填的酒桶中熟成，顯得蒼白。帶有新酒的乾淨感。

> **風味陣營：煙燻泥煤型**
> **延伸品飲**：Longrow 14 年

1977，30 年麥芽桶裝瓶，50%

氣味：牛的呼吸氣息、稻草甜味，有一絲煙燻香味、檸檬。成熟。隨時間而變得更清新。水蠟樹。

口味：乾淨，帶有果酸感的樹葉味。果園的水果，接著是榛果還有淡淡煙燻味。均衡。

尾韻：緊緻，煙燻味。

結論：成熟平衡。雖然帶有煙燻味，但芬芳的香味使得這支酒歸類為芬芳型。

> **風味陣營：芬芳花香型**
> **延伸品飲**：白州 18 年

格蘭多納 The GlenDronach

佛格，亨特里（Huntly）附近・WWW.GLENDRONACHDISTILLERY.COM・全年開放，10 到 4 月週一至週五，5 到 9 月週一至週日

蓋瑞三座蒸餾廠的最後一座就在佛格村（Forgue），1826 年由當地一個農民合作社創立。在這個向來以合作結盟為常態的產業中，格蘭多納是一個異數，它一直都是私人經營，直到 1960 年才納入教師集團（Teacher's）旗下；教師也同時擁有鄰近的阿德莫爾蒸餾廠。

教師集團的調和威士忌特色非常雄健，格蘭多納恢宏的烈酒很適合這種風格。新酒的酒體有份量，又帶有包覆舌面的奶油滑潤感，耐得住在雪莉桶中長時間熟成。雖然之前的東家聯合酒業（Allied）集團，試圖打造出像其他蓋瑞地區的單一麥芽品牌，但格蘭多納似乎注定自成一派，直到 2006 年由班瑞克（BenRiach）集團的大師比利沃克（Billy Walker）（詳見第 88 頁）買下，才有所改變，現在它的著重點在單一麥芽威士忌。

經理亞倫・麥寇納奇（Alan McConnochie）認為，格蘭多納雄健的特色是因為遵循傳統的方法，比方說糖化槽裡的耙式攪拌系統（rake system）。「這實在很有趣，」他說，「我們用的麥芽和班瑞克（The BenRiach）的一模一樣，但如果你把頭探進這裡的糖化槽，卻會聞到截然不同的味道。不是說加什麼水不會有影響嗎？我可不敢這麼肯定。」在木製發酵槽裡長時間發酵，會讓酒汁慢慢蒸餾出來。「幾乎不會有回流。」麥寇納奇說，「在蒸餾器內也不會有壓力上下流動。」2005 年停用燃煤之後，他也沒發現酒的味道有任何改變。

我覺得格蘭多納有點像前任英國首相戈登・布朗（Gordon Brown），是一支性情嚴肅的威士忌，在 12 年份時短暫顯現出的年輕活力風采，很快就會變得深沉莊嚴，似乎又回到它誕生的沉重土地上。新東家現在讓威士忌放在波本桶裡熟成五年，之後裝入歐露

深沉的色澤、富饒的香氣，格蘭多納用雪莉酒桶打造出豐富的特色。

羅索雪莉桶（oloroso sherry）上架陳放，有時候甚至再換到佩德羅希梅內斯雪莉桶（Pedro Ximenez）裡。

「大家提到格蘭多納就會想到雪莉酒。」麥寇納奇說，「想用木桶壓過它比用雪莉桶困難得多，但如果要煩惱的是這種問題，那還挺不賴吧！」這片農地又再次展現它強壯的一面。

格蘭多納品飲筆記

新酒
氣味：沉重但甜又豐富。微微帶土味的果香。
口味：強健但同時又有油滑的質地，增添了柔順厚實感。
尾韻：非常綿長，帶李子果味。

12 年，43%
氣味：暗金色。甜且帶雪莉酒味。悠閒隨性，帶了一點李子果核與沾了灰塵的穀物味。
口味：雄壯，豐富乾果味，已經相當濃郁。油脂感，接著是西洋李子樹的味道。加水後會突然浮現青草的清新感。
尾韻：土味與煤灰煙燻味。
結論：已經很深沉飽滿，帶有一絲青春期的恣意。

風味陣營：豐富圓潤型
延伸品飲：Glenfiddich 15 年、Cragganmore 12 年、Glenfarclas 12 年

18 年，亞拉帝斯（Allardice），46%
氣味：嚴肅、經典的雪莉酒味。層次分明、氣味醇和，帶大量乾燥紅色水果味、麝香、葡萄乾，還有蒸餾精華的深度。糖蜜太妃糖。加水後會有不羈的野性感。
口味：糖蜜太妃糖，甘草根的甜味與深度。微微的附著力。
尾韻：甜且長，帶有濃郁的果味。
結論：這是還未重建、老式的單一麥芽威士忌。

風味陣營：豐富圓潤型
延伸品飲：輕井澤（1980 年代），Macallan 18 年

21 年，百樂門（Parliament），48%
氣味：木油味、紫杉樹，淡淡的塵土味。雄壯，層次分明的乾果味、葡萄乾、無花果與棗子。些許咖啡渣味、摩卡與糖漿。
口味：成熟、飽滿，一開始就相當扎實。加點水才會顯露深層、略帶煙燻的甜味。加水會嘗到一股野味的氣息。
尾韻：烤水果的味道，綿長有份量。
結論：強勁而複雜。

風味陣營：豐富圓潤型
延伸品飲：輕井澤（1970 年代）、Glenfarclas 30 年

安努克、格蘭格拉索 anCnoc & Glenglassaugh

安努克・諾克・WWW.ANCNOC.COM / GLENGLASSAUSGH・波索伊・WWW.GLENGLASSAUGH.COM・開放時間：5到9月週一至週日，10到4月週一至週五

這是個反常的現象。竟然有一座蒸餾廠不知道自己該叫什麼名字，也不清楚自己屬於哪個區域。很困惑嗎？納克杜（Knocdhu）蒸餾廠位在諾克村（Knock）裡，在1893年由當時勢力龐大的調和威士忌製造商約翰・黑格（John Haig&Co）創立。等到推出單一麥芽威士忌時，新東家因佛豪斯（Inver House）集團覺得它的名字太像納康都（Knockando），所以就改名為安努克。

安努克位在靠近斯佩塞邊界處，但我們之前提過，這條線是按政治、而非地理的邏輯來劃分，所以它就歸類為高地威士忌。更讓人困惑的是，因佛豪斯集團的首席調和師史都華・哈維（Stuart Harvey）說，安努克生產的威士忌「……就是大家認為的典型『斯佩塞』。事實上，它的威士忌可能比大多數的斯佩塞蒸餾廠還要『斯佩塞』！」安努克以前的酒是帶著蘋果香味的清爽威士忌，習慣的人可能會很訝異新酒竟然多了硫磺味，基底濃郁帶柑橘味，潛藏的特色完全展露出來。

「其實它比老帕特尼（Old Pulteney）酒體稍微重一些，」哈維說，「因為蒸餾器裡的回流比較少，而蟲桶又增加了新酒的植物味，蘇格蘭威士忌的特色產生最重大的改變，發生在多數蒸餾廠拿掉蟲桶、安裝冷凝器之後。這種做法可能比較有效率，但因為拿掉了硫磺味，潛在的酒體分量與複雜度也沒了。」安努克的硫磺味提醒了我們它潛藏的深度。現在它正在生產一款重泥煤威士忌，不過目前只用作調和；無所謂，反正已經夠困惑了！

格蘭格拉索就位在波索伊（Portsoy）村旁的海邊懸崖上，也許可以說是蘇格蘭最幸運的蒸餾廠。它於1878年建廠，趕上19世紀調和威士忌的熱潮，很快就成為高地蒸餾廠的一員。

就跟其它晚期的蒸餾廠一樣，格蘭格拉索也沒逃過第一次的危機。調和威士忌製造商面臨平衡庫存的問題，就選擇關閉較新的蒸餾廠，畢竟它們還未證明自己的市場價值，而且沒那麼多陳年的庫存。

格蘭格拉索在1907年關閉，有一段時間是作為麵包廠，之後1950年代，美國帶起威士忌的需求，於是它在1960年重新開業。

不過，它的未來還是相當風雨飄搖。一般認為格蘭格拉索是很「不合群」的威士忌，想以笨拙的個人之力對抗集體的調和風潮。如果當時有單一麥芽威士忌的市場的話，也許故事又是另一番光景，但1980年代的另一波危機，迫使不少蒸餾廠成為犧牲者，格蘭格拉索也無可避免地成為斧頭砍下的對象。1986年它再度關閉，看起來像是永遠不會有機會了。

接著在2007年，有人出手拯救而且在一年後開始生產威士忌。要處理如此龐大的庫存落差總是很棘手，但格蘭格拉索調整產品系列、聰明地取得平衡，同時推出正在研發的新作（復興（Revival）、演化（Evolution）），與較陳年的頂級桶酒精選。2013年它再度易主，與班瑞克、格蘭多納一同成為班瑞克蒸餾廠公司（The BenRiach Distillery Company）的一員。對於被世人遺忘的老蒸餾廠，班瑞克有過許多成功的活化經驗，這正好是格蘭格拉索理想的歸宿。

安努克品飲筆記

新酒

氣味：帶有類似高麗菜／花椰菜的硫磺味，但有葡萄柚與萊姆的強勁清新感。

口味：再度浮現硫磺味。中等酒體，接著是柑橘皮味，有宜人芳香。

尾韻：乾淨綿長。令人意外地厚重。

16年，46%

氣味：更明顯的橡木味，但芳香似乎也同時浮現。蘋果花、剪下帶枝的花、萊姆，還有些許薄荷味。

口味：甜，更飽滿些，有更多橡木抽取物的味道。綠色葡萄，新鮮（較接近松賽爾白酒（Sancerre）的鮮味而非苦艾酒）。

尾韻：蒙塵／粉筆味，之後又回到12年的綠色草本味。

結論：主要是新鮮，但有柔順感。

風味陣營：芬芳花香型

延伸品飲：Glenlivit 12年、Teaninich 10年、白州12年

格蘭格拉索品飲筆記

新酒，69%

氣味：非常滋潤，有果汁味，幾乎像是水果橡皮糖。乾淨香甜，很有力道。些許黑醋栗汁與溫室的香氣。

口味：不會過度干澀的微甜。湧現辛辣感。加水後，口感乾淨，帶些許青梅味。

尾韻：乳脂味，淡淡麥芽味。緊繃。

演化（Evolution），50%

氣味：聞到些許乾淨的橡木味。甜、剛鋸下來的木屑味。青梅的味道持續，有更多的香草味浮現得以平衡。加水後有醋味。

口味：主要是木桶的影響，有濃濃的香草醛味，但還有香蕉與新鮮的熟成果味。

尾韻：多汁緊緻。

結論：命名得很適當，這是新酒的同一系列產品。

風味陣營：水果香料型

延伸品飲：Aultmore、Balblair 2000

復興（Revival），46%

氣味：有橡木與氧化的味道，放大了新酒的麥芽味。有一絲棗子味，加水會更新鮮。

口味：成熟，有些許雪莉酒桶味（用來收尾）。有很像乳汁／煉乳的味道。

尾韻：微微麻感，緊緻。

結論：宜人的中段口感，有蒸餾廠的特色。

風味陣營：水果香料型

延伸品飲：Glenrothes Select Reserve

30年，44.8%

氣味：強健，有杏仁與乾果香氣。成熟、腐葉味，深厚濃郁。

口味：非常成熟豐富，有糖漬果皮味，持久。

尾韻：微微顯露出陳年的風味。

結論：仍舊擁有果味與緊緻的混合。

風味陣營：豐富圓潤型

延伸品飲：噶瑪蘭 Solist、Glenfarclas 30年

麥克道夫 Macduff

麥克道夫 • 波特索伊

東部高地在莫瑞灣入海的地方還有一座蒸餾廠，名叫麥克道夫，它似乎和納克杜一樣也經歷了小小的自我認同危機，因為麥克道夫一直以來都是以格蘭德威朗（Glen Deveron）的名義裝瓶。現在它用了一個新的名字：德威朗（Deveron），這個名稱就很適合了，畢竟麥克道夫就位在德威朗河的入海處。德威朗河有許多鮭魚與海鱒逆流而上，沿著潺潺的溪水一路蜿蜒著回到牠們在卡布拉奇（Cabrach）這處石南荒野的出生地，因此這裡也是高地區最棒的河釣地點。

河口橫跨著一座有七個圓拱的石橋，將麥克道夫與它的近鄰班夫（Banff）分開。班夫以前也有自己的蒸餾廠，但最後在 1983 年停業。它大概是有史以來最倒楣的蒸餾廠，曾經兩度失火，被轟炸過，還發生過一次爆炸，倉庫甚至在停業後還著火！麥克道夫則一直都比較幸運，這種詛咒似乎沒有波及到德威朗。

可想而知，這兩個城鎮彼此競爭得很激烈。班夫是皇家自治城鎮，自認為比較晚立鎮的麥克道夫有文化涵養。麥克道夫是在 1783 年由伐夫伯爵（Earl of Fife，見 62 頁）詹姆士 • 道夫（James Duff）所創立的示範城鎮。這裡有一處安全的港灣，因此麥克道夫也是重要的鯡魚港。

麥克道夫蒸餾廠蓋在道夫宅邸以前的花園上，面積出乎意料地廣大，還有許多倉庫一路往山丘上散布（可惜現在都是空的）。蒸餾廠本身很現代，漆成代表帝王威士忌的乳白色和紅色，由總部位在格拉斯哥的威士忌經紀公司布羅迪 • 赫本（Brodie Hepburn）於 1962-1963 年間建造；這家公司也插手丁斯頓（Deaston）與督伯丁（Tullibardine）蒸餾廠的業務。它的目標是什麼？就是從調和威士忌的新時代中獲益。它也請來相當適合擔任這項任務的現代派蒸餾廠設計師威廉 • 達美－伊文斯（William Delme-Evans），來設計這座新的海濱蒸餾廠。

麥克道夫後來在多家經紀公司之間轉手，像是格雷 • 布拉克（Block, Grey& Block）、史丹利 • 莫里森（Stanley P. Morrison）等等，之後因為威廉 • 勞森（Wm Lawson）需要為同名品牌的調和威士忌尋找麥芽主軸，才在 1972 年買下。1980 年時，它納入馬丁尼（Martini）旗下，幾年之後馬丁尼與百加得（Bacardi）合併，

傑出設計師：威廉 • 達美－伊文斯（WILLIAM DELME-EVANS）

威廉 • 達美－伊文斯（1929-2003）是公認的 20 世紀卓越蒸餾廠設計師。所有他設計的蒸餾廠不管是建築還是現代設備的運用，都是以節能為目的。1949 年他在布萊克佛德（Blackford）買下一座廢棄的啤酒廠，建立了督伯丁，就此展開他的威士忌生涯。後來他把督伯丁賣給威士忌代理商布羅迪 • 赫本，自己又繼續設計了吉拉（Jura）（1963），中間還學會了開飛機，接著是麥克道夫；生涯最後一件作品是他最現代化的設計格蘭萊奇（Glenallachie）（1967）。

這處避風港使麥克道夫成為重要的鯡魚港。

變成帝王（Dewar's）的前身。雖然麥克道夫確實歷經多任東家，但至少得以倖存，不像班夫那麼悲慘。

威廉‧勞森漸漸拓展，成為銷售量數百萬箱的調和威士忌品牌（今日最大的市場在俄羅斯）；在此同時，格蘭德威朗則是以經濟實惠的麥芽威士忌形象在法國推出。

它就像是 1960 年代蒸餾廠該有的樣子：高度機械化，有萊特糖化槽（Lauter tun）、不鏽鋼發酵槽、冷凝器以及蒸汽驅動的蒸餾器等，這一切都讓人覺得它的酒一定清爽宜人。不過麥克道夫不但有深度，還很奇怪。

它的糖化速度很快，發酵時間很短，但它的蒸餾器卻會讓你摸不著頭腦。首先，麥克道夫有五座蒸餾器，兩座是酒汁蒸餾器，三座是烈酒蒸餾器。第五座在 1990 年裝設，當時由威廉‧勞森管理。我們不清楚原本是否打算設立第六座，或者要嘗試三次蒸餾，但這從沒出現的最後一座，讓麥克道夫成為唯二擁有單數蒸餾器的酒廠之一，另一座是泰斯卡（Talisker）。

所有蒸餾器都有角度微微向上的林恩臂，到一半的時候突然往右彎。這個奇怪的彎度可不是達美－伊文斯手滑的結果，而是要增添特定風味的刻意設計。冷凝器的角度也有功用，連接到烈酒蒸餾器的外殼與管子都呈水平狀，還有後冷卻器（after-cooler），讓冷凝器可以保持溫暖，延長銅的接觸時間。毫無疑問它生產的是麥芽型的蒸餾酒，但卻不是清淡帶餅乾味，而是有分量又帶果味的類型，也就是複雜的威士忌。

等放入木桶時，像這樣的蒸餾酒似乎會回到起點，彷彿必須再次剝開麥芽外殼，才能讓蘊藏在裡面的甜味與果味散發出來，這需要時間。

此外，調和威士忌製造商與單一麥芽裝瓶商的需求並不相同。帶有濃郁堅果／香料特色的新酒可能很受調和商歡迎，但在單一麥芽的市場卻不怎麼吃香。

麥克道夫在熟成的過程中也會褪去一些很奇怪的氣味，像是蒸餾殘留的硫磺味、豆味、印度大麻味等等，這得靠高活性的木桶來達成。從以德威朗為名發行的新酒來看，就知道它已經學到了這個訣竅。

麥克道夫品飲筆記

新酒

氣味：青澀、麥芽味。花生油與蠶豆味，後面有濃濃的穀物味。

口味：厚實油潤，有一絲硫磺味，接著強烈的黑醋栗味。

尾韻：突然的干澀感。

1982 年，德威朗，桶陳樣品 59.8%

氣味：甜，有嚼感，有乾果與巴西堅果味。接著是牛飼料與濃郁的烘烤麥芽味。加水後有乾燥歐洲蕨味，還有大量的薑與荳蔻的香料味。

口味：厚實、有嚼感，以及讓人想起巧克力榛果土司抹醬的麥芽甜味。淡淡單寧味。

尾韻：綿長成熟。

結論：滿滿的麥芽味充塞口腔。

1984 年，貝瑞兄弟（Berry Bros & Rudd）裝瓶 57.2%

氣味：桃花心木、八角與麥芽味。醋栗葉味變成臭鼬／印度大麻味。

口味：有點矛盾，一開始相當干澀，但接著混合豐潤的水果酒香成為主軸。

尾韻：濃郁堅果味，還有些許白胡椒的味道。

結論：獨特的氣質一直維持到最後一刻。

風味陣營：麥芽不甜型

延伸品飲：Deaston 12 年

北部高地

從因佛內斯（Inverness）北部到威克（Wick），是蘇格蘭威士忌中最受人忽略的一處海岸。儘管有一個最大的威士忌品牌就在這裡，但北部高地大多數的麥芽威士忌都不是特別有名。不過在這裡你可以找到蘇格蘭最具氣質與個人特色的蒸餾廠。這是一個把香氣、風味與質地推展到極限的區域。

北地。這處遭人遺忘的威士忌海岸，盡頭就在瑟索灣（Thurso Bay），但旅程還可以繼續往遠方延伸，最後到奧克尼（Orkney）。

大麥丁 Tomatin

大麥丁 · 因佛內斯 · WWW.TOMATIN.COM · 全年開放，4月中到10月週一至週六，10月到3月週一至週五

如果你想看看蘇格蘭威士忌產業起伏的實體證據，那就去大麥丁。這座蒸餾廠建於 1897 年，當時有 2 座蒸餾器；到了 1956 年變成 4 座、1958 年變成 6 座、1961 年 10 座、1974 年 14 座；之後在 1980 年代初期的蒸餾廠關廠潮中，大麥丁的蒸餾器卻在 1986 年增加到 23 座。當時它已由日本蒸餾廠寶酒造（Takara Shuzo）買下，以作為調和威士忌的混酒。

近年來廠內有六對蒸餾器運轉，產量在最高峰時每年達 1200 萬公升，目前則是 200 萬，但大麥丁可沒什麼好抱怨的。「我覺得過去幾年來情況有明確的改善。」銷售主任史蒂芬·布雷姆納（Stephen Bremner）說。「會產生這種結果是因為策略改變，從生產調和用的麥芽威士忌，變成專攻高品質的單一麥芽威士忌。」仔細想想，這種策略等於也反映了市場變化。它的新酒芬芳又強烈，還帶有水果酯味與些許香料味，這是長時間發酵與蒸餾的結果。大麥丁的蒸餾器雖小卻有長頸，冷凝器還暴露在寒冷的空氣中。其中改善的主因之一是木桶政策的緊縮（大麥丁是少數擁有製桶廠的蒸餾廠），增加了初次裝填的波本桶與雪莉桶的數量。

這些改變的結果就是一系列新的單一麥芽威士忌，凸顯了大眾數十年來錯過的好味道。背後推動的那雙手就是大師級蒸餾師道格拉斯·坎貝爾（Douglas Campbell），他在 1961 年加入大麥丁。大麥丁一直都有果味的特色，橡木則賦予了不同的色澤，經過數十年完全成熟之後變得非常豐美。這種柔軟的中心特質連在地獄之犬（Cù Bòcan）裡也有；地獄之犬有微微泥煤味，是以神話中的地獄惡鬼來命名，儘管一開始對著你咆哮，但很快就會開心地舔起你的臉。

大麥丁品飲筆記

新酒

氣味：強烈，洋梨白蘭地的水果酒味。花香。

口味：淡淡植物味，表示酒體開始顯現，但整體還是明亮而甜。

尾韻：熱辣。

12 年 40%

氣味：典型強烈的蒸餾廠特色，迸發活力。年輕，仍舊稍微緊致，帶有黃色水果的氣味，橡木仍在累積的階段。

口味：非常清爽乾淨，中段帶有細緻的絲滑口感，接著是蜂蜜與焦糖的味道。

尾韻：削過的木棍味。

結論：清爽乾淨的開胃酒。

風味陣營：**芳芳花香型**
延伸品飲：Teaninich 12 年

18 年 46%

氣味：聞得出是大麥丁，混合著成熟蘋果、淡淡蜂蜜、黑葡萄與栗子蜂蜜的味道，還飄出微微木頭煙燻的芬芳。

口味：成熟氧化的深度。些許桃子、烏龍茶味，有蜂蜜的豐富度，接著是咖啡味。

尾韻：橘子巧克力。

結論：來自二次裝填桶的 18 年威士忌，與雪莉桶結婚融合，增添了細緻的深度。

風味陣營：**水果香料型**
延伸品飲：Glenrothes 1993

30 年 46%

氣味：熱帶水果、百香果、過熟的芒果、芭樂；些許乳脂與悠閒的橡木味。加水後會有一點薑味，甚至有點乾草味。

口味：一直都是柔軟的果味，帶點刺激的辛辣感。乾淨綿長，複雜有深度。

尾韻：橡木味變強，溫和的干澀感。

結論：溫和、成熟陳年威士忌的古典味道。

風味陣營：**水果香料型**
延伸品飲：Tomintoul 33 年

地獄之犬（Cù Bòcan） 46%

氣味：溫和的木頭煙燻味。比標準的酒更干澀，有胡椒、泥土的特色。加水後會有淡淡巴薩米可香醋味。

口味：立刻有餘燼的熱感，與橡木的甜味。綠草味，加水後有甜味。

尾韻：細緻的煙燻味。

結論：這款煙燻版的大麥丁很均衡，酒體輕但帶有蒸餾廠特色。

風味陣營：**煙燻泥煤型**
延伸品飲：BenRiach Curiositas

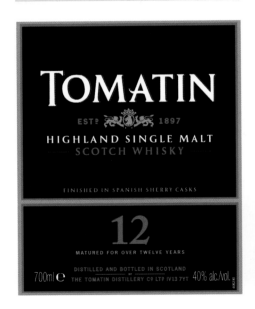

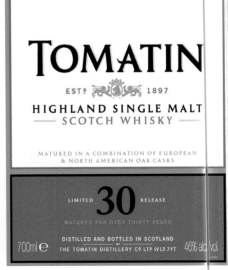

皇家布克萊 Royal Brackla

皇家布克萊 · 那恩（Nairn）

抵達皇家布克萊，你就踏上了一塊染血的土地。卡洛登古戰場（Cullonden battlefield）與考德城堡（Cawdor Castle）就在附近，莎士比亞作品中的馬克白，就是在考德城堡中弒君，因此枯萎的石南想必也在不遠處。幸好皇家布克萊最後的印象不是死亡、鬼魅與謀殺，而是靜謐。

從糖化槽室進入蒸餾室，往旁邊推開一扇沉重的安全門，就會看見點綴著天鵝的蒸餾廠湖泊，夾在四座蒸餾器的其中兩座之間。今年大麥收成的味道，與從烈酒保險箱飄出來的醺人蒸煙混合在一起。

自從 1812 年威廉·夫雷則（William Fraser）上尉建立了蒸餾廠之後，新酒（clearic）就持續不斷地在這塊充滿田園風情的土地流淌；這座蒸餾廠讓當時靠著私酒，日子過得還不錯的當地居民感到很沮喪。不過，夫雷則的威士忌開始累積名聲，1835 年成為首間獲威廉四世頒予皇室認證的蒸餾廠。從那時起，皇家布克萊的聲譽就等於掛了保證。

1836 年皇家布克萊的一段廣告詞是這麼說的：「國王專屬的威士忌，由夫雷則的皇家布克萊蒸餾廠特為國王陛下蒸餾。這或許是唯一一款能同時滿足味蕾和各國鑑賞家標準的麥芽威士忌。有泥煤味但絕不過度，強烈而不炙口，可調製出最細緻的潘趣酒（Punch）或托迪酒（Toddy）。」

很可惜皇家布克萊高品質的祕密只在調和師的實驗室裡，幾乎從未外傳。這又是一款無私地為其他調和威士忌（如帝王，它擁有這座蒸餾廠）增添了複雜度的頂級單一麥芽威士忌。不過，為何歷任東家都沒看見這樣一個地方的觀光潛力？這點倒是頗令人驚訝。

為了要創造出強烈又帶酯味的新酒（近年來已不用泥煤），皇家布克萊採用的方法與它所處的位置一樣文雅溫順。降低糖化速度以獲取清澈的麥汁，經長時間發酵，再緩慢蒸餾，促進回流一點一滴結合，創造出帶有酯味、高亢又強烈的新酒，酒體並不輕薄，而是很有存在感，經得起歐洲橡木桶的熟成。

好消息是現在觀光客可以進去參觀，這座蒸餾廠也再度生產原廠裝瓶（official bottling）的國王專屬威士忌（雪莉桶）。

夫雷則上校與他的贊助者肯定也會同意的。

皇家布克萊是蘇格蘭最具田園風情的蒸餾廠之一。

皇家布克萊品飲筆記

新酒

氣味：果味／如陶瓷般涼爽的油脂味。黃瓜。

口味：如針般銳利。鳳梨、青蘋果與尚未成熟的水果。非常乾淨，有淡淡油脂味。

尾韻：草味。

15 年，二次裝填 桶陳樣品

氣味：來自酒桶的明顯辛辣味。成熟蘋果與肉桂／豆蔻香料味，還是有小黃瓜味。

口味：保有純淨感，清爽有紫丁香花味。味道集中在舌中央，有一絲烤布蕾味。之後會有些許蘋果白蘭地（Calvados）與燃燒木糖的味道。

尾韻：成熟，有奶油太妃糖味，最後是新鮮的酸味。

結論：已經培養出次級與三級香氣，需小心對待。

25 年 43%

氣味：檀香木、麥芽甜味、櫻桃、香料還有花生味。香草卡士達醬。

口味：瓜類與杏桃的甜水果味。香草卡士達的甜味為主，底 帶有些許堅果味。明確橡木味。

尾韻：干澀，帶堅果味。

結論：麥芽味比新酒濃一些，但以甜味為主。

風味陣營：**水果香料型**
延伸品飲：Macallan 18 年雅致系列（Fine Oak）

1997 桶陳樣品 56.3%

氣味：淡淡乾草味，強烈、帶酯味。相當緊致，萊姆、松葉／雲杉芽混合青蘋果的氣味。新鮮有活力。

口味：純淨，帶些許奇異果味，甚至有一絲黃瓜味，非常新鮮。加水後會有一點豐潤感浮現，還有些許溫和的口感。

尾韻：緊致、乾淨，有酸味。

結論：強烈的口感很有布克萊的風格。

格蘭奧德、帝尼尼 Glen Ord & Teaninich

格蘭奧德 • 因佛內斯北部，繆勒夫奧德 • WWW.DISCOVERING-DISTILLERIES.COM/GLENORD • 全年開放，日期與細節請見網站／
帝尼尼 • 羅斯郡，阿爾內斯

仔細想想的話，黑島（Black Isle）既不是島，也不是黑色的。然而，這個位於莫瑞灣與克羅馬提灣（Cromarty Firth）之間的岬角，土地肥沃非常適合種植大麥，因此成為早期表現卓越的蒸餾廠所在地之一。費林托什（Ferintosh）蒸餾廠是在17世紀末期由地主鄧肯・福布斯（Duncan Forbes）創立。之前清教派的奧蘭治親王威廉（King William of Orange），與天主教派的國王詹姆士一世交戰，為了感謝福布斯在戰時的支持，威廉授與他特權，可免稅用個人土地種植出的穀物蒸餾威士忌。結果福布斯在自己的土地上蓋了四座蒸餾廠，總計為家族帶來每年1萬8000英鎊（大約是今天的200萬英鎊）的收入。這種特權在1784年才收回，據估計到18世紀結束之前，蘇格蘭售出的威士忌有三分之二都是由費林托什生產。

原本的費林托什蒸餾廠早已不復存在，今日它的後繼者是格蘭奧德，會在這裡設廠也跟當地發芽大麥的品質有關。格蘭奧德是一座自給自足的蒸餾廠，廠區內就有一間麥芽廠，不但可以按照自己的需求生產發芽大麥，還能供應帝亞吉歐集團的其他六間蒸餾廠，包括泰斯卡（Talisker）在內。

格蘭奧德周遭環繞著翠綠的田野，生產富有青草味外加一絲泥煤味的烈酒應該是再適合不過。他們嘗試各種方法來行銷單一麥芽威士忌，最新的一款成為了帝亞吉歐的蘇格登（Singleton）家族系列並增添了雪莉桶風味。

我們現在一路沿著海岸狹長地帶前往威克（Wick），格蘭奧德與這個區域第一座蒸餾廠的共同點就是草味。多虧有麥汁過濾器，使得麥芽汁額外清澈，還有大型的蒸餾器擴大了與銅的接觸，所以帝尼尼的油感稍微重一些。它的芳香植物裡有奇特的異國風味：綠茶、檸檬草，以及類似野牛草的香氣。

酒體中等的格蘭奧德很容易與木桶融合，而帝尼尼則是孤傲獨立、冷淡疏離，像長劍一般，砍斷任何木桶想要馴服它的企圖。兩間蒸餾廠都在擴充產能的帝亞吉歐集團旗下，產量比以前增加了一倍。帝尼尼旁邊正在籌劃一座嶄新的「茹瑟勒風格」（Roseisle-style）蒸餾廠。

格蘭奧德品飲筆記

新酒

氣味： 剛割下來的青草與淡淡煙燻味。加水後有剛修剪過的籬笆味。

口味： 酒體分量適宜，帶有青草／水蠟樹味，像咀嚼春天的樹葉與青豆苗。加水後浮現些許煙燻味。

尾韻： 發酵中的白酒。

格蘭奧德蘇格登（Singleton），12年 40%

氣味： 深琥珀色。綠色無花果醬、新鮮棗子、麻繩，以及從遠處傳來的花園營火味。巴西堅果，甜且帶李子味、薑餅味。

口味： 糖漬水果，口腔上方到中央有清爽感，直到煙燻與腰果味出現為止。無子葡萄蛋糕，靠近後方有香草味。厚實。

尾韻： 淡淡草味。

結論： 有蒸餾廠特色，但是這個系列中比較甜的一支。

風味陣營：豐富圓潤型

延伸品飲： Macallan 10年、Aberlour 12年、Aberlour 16年、Glenfarclas 10年

帝尼尼品飲筆記

新酒

氣味： 芳香、綠色樹籬、除草機。日本綠茶及綠鳳梨。

口味： 強烈、青澀帶酸味。加水後會變柔和，有實感。

尾韻： 水蠟樹味。短而辣。

8年，二次裝填，桶陳樣品

氣味： 強烈、乾淨，現在有中國白茶味、野牛草與檸檬草味。加水後，會有一絲橡膠樹味。

口味： 如針般銳利，淡淡的簡樸口感。水仙花、青草、漥竹。加水後質地會比較柔軟。

尾韻： 非常獨特，有「亞洲」特色。

10年，動植物系列（Floral& Fauna） 43%

氣味： 還是有檸檬草的異國風味，但現在是中國綠茶味。依舊簡樸，但比8年份多了點乳脂感。加水後會有綠色大茴香味。

口味： 一開始是草本與香料味。主軸柔軟但有所保留，加水後會滑順許多。

尾韻： 草本味。

結論： 輕而複雜。

風味陣營：芬芳花香型

延伸品飲： Glenburgie 15年、anCnoc 16年、白州 12年

HIGHLAND
SINGLE MALT
SCOTCH WHISKY

The *Cromarty Firth* is one of the few places in the British Isles inhabited by *PORPOISE*. They can be seen quite regularly. swimming close to the shore less than a *mile* from

TEANINICH

distillery. Founded in 1817 in the *Ross~shire* town of ALNESS, the *distillery* is now one of the largest in *Scotland.* TEANINICH is an assertive *single MALT WHISKY* with a *spicy*, smoky, *satisfying* taste.

AGED 10 YEARS

43% vol

Distilled & Bottled in SCOTLAND.
TEANINICH DISTILLERY,
Alness, Ross-shire, Scotland.

70cl

大摩爾、因佛高登 Dalmore & Invergordon

阿爾內斯（Alness）• WWW.THEDALMORE.COM • 全年開放，4 到 10 月週一至週六，11 到 3 月週一至週五／

所有東北海岸的威士忌都有非常強烈的獨特性。大摩爾追求豐富與深度，與帝尼尼的冷硬風格截然不同。如果帝尼尼是永恆寒冷的春天，那臨近克羅馬提灣海岸的大摩爾，就彷彿是終年無盡的秋天。離開的時候，你整個口腔都會充塞著莓汁味。

如今掛著斯佩塞這個名字的酒廠，是由喬治大摩爾在 1839 年建立，它的蒸餾系統似乎是出於創辦人某些突發的奇想。酒汁蒸餾器頂部是平的，林恩臂從側邊延伸出來，烈酒蒸餾器的頸部有水冷套裝置（water jacket muffler），而且全部尺寸都不一樣，夠複雜吧？

大摩爾有兩間蒸餾室，在舊蒸餾室裡兩座酒汁蒸餾器的大小不同，而新蒸餾室裡那兩座大小一致，但跟舊蒸餾室裡的尺寸不一樣，結果就是產生不同強度與特色的低度酒（low wine）。這種設計相仿但尺寸不同的戲碼，也在烈酒蒸餾器上演。因為蒸餾器的形狀與大小都不同，蒸餾出來酒精濃度也不一樣。不管何時都可能會有下列組合：烈酒蒸餾器的高濃度末段酒與酒汁蒸餾器的高濃度低度酒，或者是低濃度末段酒與低濃度低度酒、高濃度末段酒與低濃度低度酒等等。因此大摩爾的新酒有千變萬化的味道。

這種酒體內容也有助於決定要用什麼木桶。大摩爾的酒很適合沉浸在雪莉桶裡，雪莉桶能增添結構又可吸取甜味，帶領烈酒進入更神祕深邃的境地。五年的酒似乎還在汲取木頭的味道，不過還是小心翼翼；即使到了 12 年，黑暗的力量仍舊在橡木大門後方匯集，直到 15 年，精實的大摩爾才開始大步邁出。

近年來這位被世人遺忘的巨人重新出發，以特級陳年的昂貴酒款涉足奢華的領域。天狼星（Sirius）、星鑽（Candela）還有月神（Selene），全都在酒桶裡超過 50 年，充滿了異國風味、集中而成熟的霉腐香氣。

沿海岸往上走約 5 公里，空氣中彌漫著一種不同的氣味：熬煮穀物的味道。這裡是蘇格蘭最北方的穀物蒸餾廠因佛高登。在這樣的鄉村景緻中看見屬於都會風格的威士忌廠，似乎不太尋常，但因佛高登長久以來就有工業發展的歷史。1981 年以前有一座鋁精煉廠，海軍也因為此地的深水港而蓋了造船廠。現在風力渦輪與鑽油平台都在這裡、以及另一岸的尼格灣（Nigg Bay）建造與維修。

海軍造船廠在 1950 年代末期關閉，當時需要新的就業機會，建造蒸餾廠似乎是非常合理的方案。周遭有可提供作物的肥沃農地，既有港口又有人力，而且完美融合了農業與製造業傳統。

因佛高登在 1960 年是先用一座古菲蒸餾器（Coffey still）生產，後來增加到四座，現在則是交替使用小麥和玉米來生產略帶乳酸味與香料味的新酒，每年在這個地區的產量達 3600 萬公升，主要用於東家懷特馬凱烈酒集團的調和威士忌，但將來會有其他 非集團內的調和威士忌製造商使用。它也曾在 1990 年代早期短暫有過一款單一穀物威士忌，名稱就叫因佛高登，以女性為目標消費者。這裡也曾有班懷維斯（Ben Wyvis）麥芽蒸餾廠，在 1965-1977 年間營業了 12 年，現在它的蒸餾器在格蘭蓋爾（Glengyle，詳見第 189 頁）。

大摩爾品飲筆記

新酒
氣味：黑色水果的甜味，有些許橙汁／金桔味。醋栗味。
口味：成熟沉重，有隱隱穀物味。
尾韻：變成新鮮的柑橘味。

12 年 40%
氣味：一開始相當壓抑清脆，比較偏麥芽味，有些許乾果味。
口味：乾淨，接著是濃郁的聖誕蛋糕、橙皮與醋栗葉味。
尾韻：綿長，帶果味。
結論：已經變甜，但仍舊在尋找自我的路線。

風味陣營：**水果香料型**
延伸品飲：Eradour 1996 年 Oloroso Flinish

15 年 40%
氣味：甜，明顯有雪莉酒的影子。塗了果醬的氣味，灌木葉與灌木果。豐裕有份量。
口味：柔軟溫和。乾果、黃橙白毫茶。
尾韻：金桔味。
結論：混合了大膽的雪莉酒桶味，在這個階段，蒸餾廠的特色與木桶達到平衡的狀態。

風味陣營：**豐富圓潤型**
延伸品飲：Dufftown 蘇格登 12 年

1981 瑪杜莎（Matuselem） 44%
氣味：圓潤豐富，帶桑葚、咖啡味，有些許乳酪般的霉腐味、胡桃味。苦橙。
口味：持久、柔軟又強勁。富豪型（Robusto）雪茄、腐葉。
尾韻：長，又有淡淡附著感。
結論：多虧有雪莉桶的甜味，口感強烈有勁。

風味陣營：**豐富圓潤型**
延伸品飲：Aberlour 25 年、Macallan 18 年雪莉桶

因佛高登品飲筆記

因佛高登 15 年，桶陳樣品 62%
氣味：甜、酸、淡淡植物味。花攤氣味、微微的起司皮味、割下來的草味。
口味：很像特立尼達蘭姆酒（Trinidadian rum）。甜且有微微酚味（不是煙燻味），扎實的穀物特色，烤焦吐司邊的味道很有趣。
尾韻：苦味巧克力。
結論：蘇格蘭最有個性的穀物威士忌。

格蘭傑 Glenmorangie

泰恩 ・ WWW.GLENMORANGIE.COM ・ 全年開放，日期與參觀細節請見網站

在卡德博爾的希爾頓（Cadboll of Hilton）村外田野上，矗立著一座匹克特人有史以來最大的石雕，由雕刻家貝瑞・葛洛夫（Barry Grove）重刻複製。在交錯的動物、浮雕與繩紋圖案周圍，是一整圈別具風格的鳥類圖案，每一隻鳥棲息的姿勢都和另一側的同伴有些許不同。「匹克特人喜歡不對稱的概念，」葛洛夫說，「他們從不對稱中找到平衡。」

這塊石板最底下的圖案就是格蘭傑「稀印」（Signet）商標的由來。由環環相扣的圖案形成的漩渦迷宮，似乎都與中心互相連結，重現了威士忌加水時浮現的不對稱螺紋（稱為 vyscimetry），也呼應了在格蘭傑酒廠中潺潺流過沙質地層的泰洛希湧泉（Tarlogie Springs）的水。

這種富含鎂與鈣的硬水，可能多少對格蘭傑的特色有些貢獻。「如果格蘭傑的味道總共是一百分的話，那水可能最多占五分。」格蘭傑蒸餾與威士忌製作部門主管比爾・梁思敦（Bill Lumsden）博士說。

這裡原本是啤酒廠，格蘭傑的老紅砂岩（Old Red Sandstone）建築群從山丘上一路往下延伸到多諾赫灣（Dornoch Firth），這是重實際的 19 世紀重力供水設計，在山頂上把大麥放進去，就會變成乾淨的烈酒從山下跑出來。

格蘭傑的製酒程序最開始是控制在實用的不鏽鋼糖化槽與發酵槽內，但就跟其他蒸餾廠一樣，你必須找到風味的走向，加以引導分析，就像追蹤卡德博爾巨石的脈絡一般。

釐清格蘭傑錯綜複雜的風味脈絡的第一步就在蒸餾室內，裡頭的蒸餾器像超級名模般高大修長，頸部以傲慢的弧度進入冷凝器。銅在這些業界最高的蒸餾器裡扮演了要角。

酒心一開始就有非常高的調性，充滿指甲油與黃瓜的味道，接著變得新鮮，如柑橘、香蕉、瓜類、茴香與柔軟的水果等。香氣足、上揚而乾淨，還有隱約的穀物味，增添酸爽的底，以免口感太過豐潤、果味太重。這一切都是梁思敦在格蘭傑當經理時縮減酒心切取範圍的結果。

風味走向的下一步是倉庫。儘管近年來所有蒸餾商都知道橡木的重要性，但梁思敦對木桶的要求簡直是偏執。他的木桶只用兩次，幾乎都是美國橡木。在一個鋪著泥地板的潮溼倉庫裡，他解釋為何

格蘭傑是運用當地的老紅砂岩建造而成，原址本來是泰恩（Tain）鎮的啤酒廠。

要把所有二次裝填的木桶擺在這樣的環境裡：「二次裝填的木桶會產生比較多的氧化作用，能提升複雜度，而這樣的環境正好適合氧化。」

經典格蘭傑（10 年款重新命名）用的是 100% 的美國橡木，由各種首次裝填的酒桶集結而成，「帶有椰子與香草的味道。」而放在平鋪式倉庫裡熟成的二次裝填桶，則是「散發蜂蜜與薄荷的特色」。儘管格蘭傑的特色是緩慢地交互影響而來，變成帶甜味的果香，但其中還有第三樣要素，格蘭傑有部分威士忌是放在以緩慢生長、自然陰乾的美國橡木製成的訂製木桶中。這些昂貴木桶的作用在「旅程」（Astar）系列中完美呈現，帶有爆米花、尤加利樹與烤布蕾的味道，「是經典格蘭傑的超級強化版」，梁思敦這樣形容。

梁思敦是採用過桶處理（finish）的先驅，運用活性木桶賦予威士忌第二段熟成時間。運用得宜的話能讓原本的風味有新的轉變，但一不小心就容易過頭。「威士忌是成也木桶，敗也木桶。」他說。向來其中的關鍵就是平衡。就許多面向來說，格蘭傑的操作手法就跟匹克特石像周圍的捲軸一樣，在蒸餾廠特色與木桶之間尋求不對稱的平衡。木桶溫和地推擠出水果汁液的氣味，浮現橡木味的同時，底蘊卻有經典的特色，就像走著走著又回到起點的匹克特圖案。

格蘭傑在橡木桶管理研究方面是業界翹楚，圖為存放在格蘭傑其中一座倉庫中的訂製木桶。

格蘭傑品飲筆記

新酒

氣味：強烈，花香。糖漬水果、歐寶水果軟糖（Opal Fruit）。柑橘、香蕉與茴香味。

口味：甜、帶有純粹水果的強烈口感。花香，後頭帶著淡淡的堅果味。粉筆與棉花糖味。

尾韻：乾淨。

經典（The Original），10 年 40%

氣味：淡金色。柔軟果類，鋸木屑的甜味，白桃、蕁麻、清爽薄荷、香草、香蕉船與椰子冰淇淋、芒果雪酪、橘子。

口味：淡淡橡木味。香草與乳脂味，接著是肉桂味。些許百香果味。

尾韻：清爽的薄荷味。

結論：橡木讓這款酒多了細緻與和諧香氣的支撐。

> **風味陣營：水果香料型**
> **延伸品飲**：Longmorn 16 年、Glen Moray 16 年、山崎 18 年、Macallan Fine Oak 15 年

18 年 43%

氣味：烤布蕾、淡淡巧克力味、尤加利樹、松木樹脂、覆盆子、蜂蜜、焦糖布丁與茉莉。

口味：乾果、薄荷。成熟，清爽李子味與硬太妃糖讓味道更有厚度。

尾韻：五香與持久的胡椒味。香根草（Vetiver）。

結論：陳年賦予了味道更深的層次，與木頭合而為一，但仍嘗得出蒸餾廠特色。

> **風味陣營：水果香料型**
> **延伸品飲**：Bladnoch 8 年

25 年 43%

氣味：深度熟成的甜味，蜂巢、蠟、柑橘皮、些許碎杏仁餅、堅果與雪茄包裝紙。紅色水果切片、草本與桃核味。一絲丁香味。百香果味再度浮現。甜美多汁的太妃糖。橙皮的甜味。

口味：包覆感強。蜂蜜、豆蔻、紅椒粉。一開始是甜味，接著主軸變深沉，有淡淡的橡木味。香橙烤布蕾、草莓、橙花水。複雜。

尾韻：太妃糖、覆盆子葉與香料蜂蜜。熱托迪酒。

結論：富層次。

> **風味陣營：水果香料型**
> **延伸品飲**：Longmorn 1977、Aberfeldy 21 年、The Balvenie 30 年

巴布萊爾 Balblair

泰恩，艾德頓 • WWW.BALBLAIR.COM • 開放時間：4 到 9 月週一至週六，10 到 3 月週一至週五

往泰恩（Tain）鎮的北方走，自丁沃爾（Dingwall）起，黑土覆蓋的田野就一路相隨，被擠在群山與海岸之間。掠過海灣、不斷變化的光線，在這塊疲累耗損、石南覆蓋的山丘上投射出影子。這就是巴布萊爾周遭的環境，也是眾所皆知的「泥煤區」，證據就在不斷進逼的石南泥炭沼裡。艾德頓村（Edderton）自 1798 年就有一座蒸餾廠，但生產作業卻在 1872 年移到此處，就在鐵路的旁邊。

小而堅實的巴布萊爾給人一種雋永的感覺，這點反映在內部製造威士忌的哲學上。以今日的標準來看，巴布萊爾跟格蘭傑（僱用了 20 名員工）一樣，都屬於員工人數頗多的蒸餾廠。現在有時你走進一座蒸餾廠，卻常常一個人影都見不著。「我們這裡有九名員工。」副理葛雷恩·包伊（Graeme Bowie）說。「我喜歡用人工的方法製造威士忌。我能理解為什麼其他人要改用自動化的方式，但蒸餾廠不就是社區的核心嗎？對我來說，傳統方式是最棒的。」

傳統是個相當適合這裡的字眼。巴布萊爾是那種討人喜愛的古老蒸餾廠，有許多的房間與過樑，是一個充滿能量與熱度的地方，本身就帶有香氣。「你可以用現代啤酒廠的方式來經營蒸餾廠，」巴布萊爾東家因佛豪斯（Inver House），的首席調和師史都華·哈維（Stuart Harvey）說。「但可能會太過枯燥而失去特色，而這種特色正是你想追求的。」

發酵槽是木製的，但帶有巴布萊爾 DNA 的 卻是它的蒸餾器。包伊解釋說：「巴布萊爾會顯現出天然的辛辣味。糖化槽的基座很深，酒汁又鮮明有生氣，因此我們想激發花香／柑橘的酯味，也想要有深度與果味。」這就是蒸餾器 發揮公用的時候。巴布萊爾矮胖的蒸餾器就像倒過來擺放的香菇，蒸餾室裡有三座，但只使用其中兩座。

「這裡是我們唯一有冷凝器的地方，」哈維說，「但這些蒸餾器能製造出複雜且飽滿的烈酒。我們在蒸餾時讓酵母菌破裂，製造出果味，就等同於勃根地的攪桶（battonage），而這些矮胖的蒸餾器能攫取這個味道。我們想要豐潤帶硫磺味的烈酒，這樣放在入木桶時才能與木頭交互作用，產生出奶油糖與太妃糖的味道。」

這種比較沉重的新酒要長一點的時間來與木頭交互作用。雖然說巴布萊爾與格蘭傑都帶有「果味」，但他們卻是不同類型的水果：格蘭傑是清爽、夾帶著陣陣橡木味，而巴布萊爾則是更飽滿豐潤，需要時間熟成。

以成為第一線的麥芽威士忌來說，巴布萊爾很有耐心。它的新酒主要是用來調和威士忌，而品牌重新定位（帶有匹克特人符號的現代瓶身；不用酒齡而以蒸餾年份標示）也讓麥芽威士忌消費者頗感訝異。其中的果味與太妃糖味一直都在，但隨著慢慢熟成，令人暈醉的異國香料味就會比較明顯。它的味道培育的很緩慢，在口中的表現也很悠緩，風格相當與眾不同。

「北方的麥芽威士忌都有這種獨特性。」哈維說，「比起斯佩塞，他們更具有獨一無二的個性，有點像是迷宮。」這也呼應了當地作家兼威士忌愛好者尼爾·剛恩（Neil Gunn）的評論。提到老帕特尼（Old Pulteney）時，他說他可以「辨認出北方性情中某些強烈的特色。」這句話也可以用來形容巴布萊爾出產的任何一種威士忌。

巴布萊爾品飲筆記

新酒
氣味：蔬菜（高麗菜）硫磺味、果味、辣味，有份量，乾燥皮製品。加水後會有乳脂氣味。
口味：些許堅果味，但主要是香料與果味。
尾韻：辛辣。

2000 年 桶陳樣品
氣味：淡金色。甜且乾淨，有薑與荳蔻的刺激辛辣味，還有淡淡椰子與棉花糖氣味。非常甜，加水後會有爽身粉與檸檬味。
口味：一開始主要都是香料，摩洛哥綜合香料（ras el hanout）輕輕地在舌頭上跳舞。底 有未成熟的果味。甜且柔軟，強烈的蒸餾廠特色。
尾韻：非常吸引人，濃郁的香料味。
結論：雖然還需要一點時間讓果味軟化，但巴布萊爾已展現出香料的飽滿度。

1990 年 43%
氣味：飽滿的金色。熱帶水果與淡淡的穀物味。甘美多汁，帶些許剛成熟的杏桃味，檀香木。芬芳，泰瑞（Terry）橘子巧克力，與橙皮味。
口味：與橡木有更多互動，更厚實、有附著感。香草莢與大量甜香料。現在是烘乾的果味，柑橘味比較沒那麼重。加水後會有烤布蕾與玫瑰花瓣味。
尾韻：葫蘆巴（fenugreek）、乾燥橡木味。
結論：木桶與果味融合並加以軟化，帶有淡淡的穀物味，並增添了附著感與背景的烤麵包味。

風味陣營：水果香料型
延伸品飲：Longmorn 1977 年、Glen Elgin 12 年、宮城峽 1990 年

1975 年 46%
氣味：濃郁的琥珀色。深沉，淡淡樹脂味、複雜。主要是香料味：肉桂、香菜籽、奶油。陳年帶出的皮革味，濃重茉莉花香。些許煙燻味。加水後有亮光漆味。
口味：雄壯，有煙燻味。松香、糖漿、小荳蔻、薑，強

度的口感很像日本威士忌。不加水味道最佳。淡淡雪茄味、鉛與古董店鋪的味道。
尾韻：仍舊是香料味，西洋杉與玫瑰粉。
結論：關鍵在跟著香料味，感受它如何與果味相互作用。

風味陣營：水果香料型
延伸品飲：BenRiach 21 年、Glenmorangie 18 年、Tamdhu 32 年

BALBLAIR
Established in 1790
VINTAGE 1975
Highland Single Malt Scotch Whisky
70cl.e 46%vol.

克萊力士 Clynelish

布洛拉 · WWW.DISCOVERING-DISTILLERIES.COM/CLYNELISH · 全年開放，日期與參觀細節請見網站

寬闊的山谷切開了凱瑟尼斯（Caithness），深入穿過它的內部。人類的足跡幾不可辨，幾堆石頭與草地上的一些線條，顯示以前曾有農作的痕跡，不過這裡在 1809 年之前一直是放牧場。往布洛拉（Brora）的路上會經過鄧羅賓城堡（Dunrobin Castle），是薩瑟藍公爵（Duke of Sutherland）與公爵夫人的居所。這對夫婦與他們的產業管理人派崔克·賽勒（Patrick Sellar），淨空了這塊土地，用來飼養綿羊與獵物，強迫佃農搬到海岸邊，讓他們住在小農場裡，有限的土地所種植的作物根本無法養家活口，因此有的人跑去補鯡魚，有的則是去公爵在克里尼郡（Clyne）的布洛拉新煤礦場工作。

煤礦改變了布洛拉。那時有磚廠、瓦廠、蘇格蘭呢紡織廠與製鹽廠，1819 年成立的蒸餾廠，不但可以運用佃農種植的穀物，還能利用他們挖掘的煤礦，為公爵帶來一筆可觀的收入。到了 19 世紀末，克萊力士威士忌在售價與配額上都是最貴的，後來還成為約翰走路集團旗下的主力商品。由於大獲成功，在 1967 年又加蓋一座新的蒸餾廠。

不過舊的蒸餾廠在 1969 年獲得了一次機會。艾雷島由於枯水期而停止生產，而 DCL 有限公司需要帶有濃郁泥煤味的麥芽威士忌，於是舊克萊力士（現更名為布洛拉）的兩座壺式蒸餾器又再度運轉。

這段生產濃郁泥煤味威士忌的時期一直持續到 1972 年，艾雷島的產能重新恢復，泥煤的比例才下降，但在布洛拉重生階段的末期，這比例持續波動起浮，直到 1983 年關廠為止。

布洛拉（通常）富油脂，有煙燻與胡椒味，底 帶青草味，而克萊力士則是朝不同的方向邁進。它的新酒聞起來像剛熄滅的蠟燭和溼的油布，也有鄰居那種滿溢的直率芳香，有利於質地的發展。那種控制得相當謹慎的蠟味，是在末段與初段集酒器中所產生，經年累積的油脂會產生自然沉澱。多數蒸餾廠會把沉澱物移除，但這裡卻還保留著。

從可看見全景的蒸餾室窗戶往外望去，你可以看見布滿青苔、衰敗腐朽的舊布洛拉，就跟山谷中破敗的小屋一樣，只不過是工業化的版本。

克萊力士品飲筆記

新酒
氣味：封蠟、納爾吉橘（naartjie）。非常乾淨，熄滅蠟燭與溼油布味。
口味：獨特的蠟味口感，有黏著的特質。充塞口腔，變得寬闊深沉。在這個階段主要是看質地而不是味道。
尾韻：綿長。

8 年，二次充填 桶陳樣品
氣味：濃郁的蠟味似乎消失了，帶著杏桃果醬、松樹、柑橘皮的甜味。加水後會有蠟燭的氣味再次浮現。
口味：乾淨柔軟。仍舊有質地特色，現在帶有更多甜味、可可與大量的橙味。些許煙燻味。
尾韻：蠟味又回來了。
結論：已經開展，但仍會持續變化。

14 年 46%
氣味：仍有熄滅的蠟燭（橙香）味。富油脂、些許青草與封蠟的乾淨感。開闊新鮮、薑。加水後有海岸的新鮮感。
口味：感覺很舒服。比較像整體的感覺而不是特定的味道。之後有蠟味浮現，微帶花香，淡淡的檸檬味。一絲海水鹹味。
尾韻：溫和綿長。
結論：在香味上與 8 年款有些許不同，多了點橡木緩慢融合進去的味道，風味更深邃。

風味陣營：**水果香料型**
延伸品飲：Craigellachie 14 年、Old Pulteney

1977 Manager's Choice，單一桶 58.8%
氣味：亮金色。芳香植物與草本味：鼠尾草、小薄荷葉、清新的柑橘味。金桔與檸檬，接著是成熟的夏季水果味（蘋果、榲桲）。
口味：一開始很辛辣，接著伴隨柔軟溫和的果香，還有一絲海水味。加水後會有橡木的油滑感與烤布蕾味。
尾韻：綿長，有柑橘的滑順感。
結論：蠟味很濃郁，榲桲的味道似乎也成為風格的一部分。

風味陣營：**水果香料型**
延伸品飲：Old Pulteney 12 年

沃夫本 Wolfburn

瑟索 • WWW.WOLFBURN.COM

一條路走到盡頭時總有種無限的滿足感，地平線開展，天空似乎也更為遼闊。就象徵意義來看，這是個適合瞻仰未來、而非回顧過去的地方，充滿各種可能性。瑟索（Thurso）這個英國本土最北邊的城鎮就是如此，站在懸崖上，視線越過彭特蘭灣（Pentland Firth）洶湧海流，看到的是荷伊（Hoy）夕陽紅的峭壁。這裡是屬於走私販、破壞者、漁夫、衝浪人還有蒸餾廠的地方。

人的蹤跡，進入維京人的領土。瑟索的深水港庇護了古維京人的長船，這個城鎮的名字則是來自古斯堪地那維亞語的「Thjórsá」，也就是「公牛之河」。

維京人還滿喜歡用動物來命名河流的，因為蘇格蘭最新的蒸餾廠之一就在瑟索，名字還叫沃夫本（Wolfburn，wolf 是狼的意思），彷彿刻意要喚起同樣的聯想。不過這名字可不是什麼激烈行銷會議的產物，而是源自蒸餾廠擷取處理用水的沃夫本溪（Wolf Burn）。

從 1821 到 1860 年代，一座以沃夫本命名的蒸餾廠就在此地營業，在這短暫的期間還一度成為凱瑟尼斯（Caithness）最大的蒸餾廠。它的繼任者在 2013 年 1 月 25 號著手生產，離開始建廠不過短短五個月，簡直令人難以置信。

蒸餾廠的掌舵手是尚恩・夫雷則（Shane Fraser），他先在皇家藍勛的麥克・尼可森（Mike Nicolson）底下做事，展開威士忌生涯，之後成為業界佼佼者格蘭花格的經理。「尚恩非常清楚他要的威士忌特色是什麼。」業務發展經理丹尼爾・史密斯（Daniel Smith）說。「乾淨的酒汁、長時間的發酵以創造複雜度，以及一套在果香後會帶有隱約麥芽味的蒸餾方法。他第一次做就得到了他要的酒心，那大概是我看過他這輩子最開心的時刻。」

新酒有 85% 會裝進波本桶，15% 裝進雪莉桶。自 2016 年開始會釋出少量的威士忌，但 80% 的產品會繼續放著長時間熟成。從第一批釋出的訂購熱銷情況看來，大部份的產品只能供瑟索當地銷售。

這裡不是路的盡頭，而是旅程的開始。

沃夫本品飲筆記

沃夫本 桶陳樣品，60%

氣味：甜且乾淨，淡淡燉煮水果的氣味：些許紅蘋果與考密斯梨（comice pear）。微微草本味，底帶點玫瑰味。

口味：飽滿，甘美多汁，宜人親切。瓜類、梨，加水後有絲滑感。

尾韻：大麥的甜味。

結論：90% 波本桶與 10% 的雪莉桶。明顯年輕，但已經展現良好的平衡感。

尚恩・夫雷則（右）與伊恩・科爾（Iain Kerr，左）正精心寫下北方威士忌傳承的新一章。

老帕特尼 Old Pulteney

威克 • WWW.OLDPULTENEY.COM • 全年開放，10 到 4 月週一至週五，5 到 9 月週一至週六

最北方的本土蒸餾廠位在威克鎮（Wick），事實上這個鎮位在一座島上，與蘇格蘭其他地區隔著一大片的富羅溼地（Flow Country），灰黃褐色的溼地布滿黑色水塘、泥煤沼澤與蘆葦。地理位置通常不只是地圖上的一個點，而是一種心理狀態，所以威克鎮有自己的一套方法來製造威士忌，這點也並不令人意外。這裡會生產威士忌是因為有威克鎮，而威克鎮會存在則是因為鯡魚。

人們會聚集在這兒是因為有魚可捕，而這座蒸餾廠的名字則是取自湯馬斯．泰爾福（Thomas Telford）所建造的帕特尼鎮（Pulteneytown）。這座現代蒸餾廠位於社區的中心，為這個嗜酒的鎮製造烈酒。帕特尼鎮的命名是為了紀念國會議員威廉．帕特尼爵士（Sir William Pulteney），他在 18 世紀末遊說政府在偏遠的北方建立新的漁港，願景中的新漁港能容納更大型的船隻，相對也能捕捉到更多的魚。19 世紀的威克鎮就像湧現淘金熱的克朗代克（Klondike），只不過這些人追逐的是銀色的鯡魚，而不是閃亮的黃金。

而他們需要威士忌。於是詹姆士．韓德森（James Henderson）這位風度翩翩的蒸餾師登場。他在史坦斯特（Stemster）的家族宅邸一直都以威士忌蒸餾為業，之後把生產移到這個新興的城鎮。

這個時期的其他蒸餾廠都把握機會改變他們的蒸餾方法，但韓德森卻沒這麼做。亞爾法．伯納（Alfred Barnard）在 1886 年寫到他的蒸餾器：「……是最古老的類型，與古時私酒販子用的壺很類似。」這裡的酒汁蒸餾器有個大得誇張的蒸餾鍋與扁平的頂部，彎曲的林恩臂就像別具風格的匹克特動物圖案，兩端都接著蟲桶。這種設計雖然隨興又誇張，但很有用。「酒汁蒸餾器是老帕特尼特色的關鍵。」東家因佛豪斯的首席調和師史都華．哈維說，「這種設計能產生大量回流，捕捉到那些最上等的酯味，而且還能產生皮革味。跟巴布萊爾相比，老帕特尼的香料味較少、香氣較濃，但含有更多油脂。」這就是氣質。像這樣的地方，威士忌不就該是這個樣子？

威克港與老帕特尼蒸餾廠的建造，都是為了滿足鎮上捕鯡魚船隊的需求。

老帕特尼品飲筆記

新酒

氣味：沉重，與幾乎呈乳脂狀的油潤質地非常搭。亞麻子油。些許海水鹹味／香料味。柑橘皮／裝香橙的木箱。

口味：濃厚、富油脂，帶有多汁的柔軟果味。些許香草味。

尾韻：果味。

12 年 44%

氣味：果味現在相當外顯。柿子與桃子。淡淡鹹味、油潤。枸杞果凍、瓜類。

口味：油潤感，厚厚的油泡。多汁，但有淡淡青澀水果的味道。

尾韻：芬芳。

結論：濃厚，包覆舌面。

風味陣營：**水果香料型**
延伸品飲：Scapa 16 年

17 年 46%

氣味：淡淡麵包味（麵包與奶油），帶有榲桲與烘烤木頭的氣味。橡木影響更明顯。

口味：比 12 年更為寬闊，更有乳脂的口感。

尾韻：多汁綿長。

結論：木桶的效果更強，減少了油潤感。

風味陣營：**水果香料型**
延伸品飲：Glenlossie 18 年、Cragellachie 14 年

30 年 44%

氣味：琥珀色。雄壯、樹脂味。賽馬訓練場：皮革皂、馬蹄油、堅果甜味。西洋杉、些許酵母味。乾淨。

口味：碎杏仁餅。一樣有柑橘味，但現在強勁的油潤感又回來了。

尾韻：濃厚。

結論：典型老帕特尼奇怪的複雜組合。

風味陣營：**水果香料型**
延伸品飲：Balmenach 1993、Glen Moray 30 年

40 年 44%

氣味：琥珀色。濃郁的芳香。醃檸檬、肉桂，一樣有皮革皂味，淡淡煙燻與乾燥花味。晚開花的氣味、古老山林小屋的味道（oddfellow）。

口味：迷迭香。味道強烈，接著是典型老帕特尼包覆舌面的油潤感。煙燻味增添了新面貌。

尾韻：芬芳綿長。

結論：集中，酒體開始縮小。

風味陣營：**水果香料型**
延伸品飲：Longmorn 1977

西部高地

歡迎來到蘇格蘭最小的威士忌「產區」，儘管這裡橫跨了長型鋸齒狀的西海岸，但目前只有兩座蒸餾廠。他們可以生存，不只是因為城鎮便利的交通聯結，與酒廠獨有的特色，也許它們都堅持用古法生產威士忌也是原因之一。

歐本附近的希爾島（Seil Island）是通往西部群島的門戶。

歐本 Oban

歐本 • WWW.DISCOVERING-DISTILLERIES.COM/OBAN • 全年開放，日期與參觀細節請見網站

歐本的蒸餾廠夾在懸崖與港邊建築群之間，散發出些許偷偷摸摸的氛圍，彷彿這個城鎮試圖想換上一張不同面貌示人似的。對於蘇格蘭信奉喀爾文教派的人來說，體面受尊重一直是個很重要的元素，有部分人士認為飲酒是不怎麼得體的行為，不過約翰（John）與修·史帝文森（Hugh Stevenson）可是完全不受其擾。18 世紀末期阿蓋爾公爵（Duke of Argyll）提出一項方案，任何建造房子的人都能以極低廉的租金獲得 99 年的租約，史帝文森家族就把握機會，非常有執行力地蓋了一整個城鎮，還有一座啤酒廠，啤酒廠並在 1794 年變成領有執照的蒸餾廠。對史帝文森家族來說，威士忌絕對是體面的事業，他們代代相傳，兒子、孫子經營這座蒸餾廠直到 1869 年為止。

其他威士忌蒸餾廠也曾在這段海岸線小試身手但卻失敗，主要是因為交通的問題。然而歐本卻坐擁絕佳的地理位置，一直都是重要的交通樞紐，不但是鐵路終點站、渡船港口，還是格拉斯哥與西部群島間的道路終點（或起點）。

歐本是一座不遵循既定印象的蒸餾廠，它的兩座小型洋蔥狀蒸餾器連接著蟲桶，讓人以為這裡的新酒應該口感沉重、也許還帶有硫磺味，事實上差得遠了。

相反地，歐本的酒帶有濃郁的果味與些許柑橘味，這是在不蒸餾時讓蒸餾器通風的結果，讓銅得以還原做好準備，在硫磺成份要溜過林恩臂時攪取味道。溫暖的蟲桶也有助於延長蒸汽與銅之間的作用時間，讓後頭的果味顯露出來，也為新酒增添一絲辛辣的刺激感，這種口感嚐起來會帶鹹味。

歐本蒸餾廠的其中一個發酵槽正在進行發酵。

歐本品飲筆記

新酒

氣味：果味，開始時有些許樹根煙燻味。烘乾桃子、裝柑橘／香橙的高大木箱。有香氣、複雜有深度。

口味：溫和帶乳脂口感，接著是橙皮味布滿整著舌面。

尾韻：煙燻味。

8 年，二次裝填 桶陳樣品

氣味：泥土味、香氣、綠香蕉／綠橙，桂花。有份量，帶淡淡鹹味。

口味：甜且濃郁。大量柑橘味，密集濃縮、麻麻的口感。

尾韻：一絲煙燻感。

結論：給人新鮮有份量的印象，還需要時間，但經得住活性木桶的熟成。

14 年 43%

氣味：乾淨清脆。淡淡香草味，些許牛奶巧克力與大量的甜香料氣味。芬芳，帶有一絲煙燻味。乾燥果皮、扎實的橡木味。

口味：開始是柔軟的甜味，一路都帶有活潑的特色。非常乾淨，有橙味、薄荷與糖漿的味道。

尾韻：非常辛辣，有刺激感。

結論：乾淨、平衡，現在這年份味道已經開展。

風味陣營：水果香料型

延伸品飲：Arran 10 年、BenRiach 12 年

本尼維斯、艾德麥康 Ben Nevis & Ardnamurchan

威廉堡 • WWW.BENNEVISDISTILLERY.COM • 全年開放，日期與參觀細節請見網站／艾德麥康 • 格蘭貝格（Glenbeg）

如果我們回到之前那個非常籠統的說法——「老式」蒸餾器製造出的烈酒通常比較重，那麼本尼維斯就是最經典的例子。此外，這座蒸餾廠靠近英國最高峰，似乎也只適合製造雄壯的威士忌，若是清爽飄逸反倒似乎跟這裡的環境不搭。

本尼維斯蒸餾廠於 1825 年（合法）創立，它的歷史相當有趣，一度曾經安裝了古菲蒸餾器，也是全蘇格蘭唯一一間在裝入木桶熟成前就調和了穀物與麥芽成分的蒸餾廠。

1989 年被日本蒸餾商余市（Nikka）買下之後，許多人認為蒸餾廠會開始引進現代化的製造技術，結果沒有，還可以說恰好相反。因為他們相信是傳統的手法，才能創造出這種豐富、有果味與嚼勁，還帶著因陳年而更加濃郁的迷人皮革味的「老式」威士忌。

長久在此服務的經理科林・羅斯（Colin Ross）也有著相稱的態度，非常以傳統為傲。「一直以來我接受的就是傳統蒸餾法的薰陶，我也很努力想在我們的蒸餾場把這些傳統維持下去。」由於本尼維斯對於古老價值的堅持，他們回歸傳統的木製發酵槽，還特別為了創造風味而使用釀酒酵母。

「這兩個因素很有可能造就了我們的特色。」羅斯說，「我的第一位經理總是告訴我，威士忌最重要的關鍵就是發酵，但許多其他因素也都有影響。」

儘管就威士忌業界的標準來看，本尼維斯的地理位置偏遠，但卻身處傳統威士忌產業的核心。

這個極小型的附屬區域在 2014 年多了第三位伙伴，艾德菲（Adelphi）酒業的艾德麥康蒸餾廠在這座同名的半島上開幕。19 世紀時，艾德菲酒業在英格蘭、愛爾蘭與蘇格蘭經營大型酒廠，但近年卻專精獨立裝瓶事業，艾德麥康蒸餾廠等於是它回歸蒸餾本業之作。

會選中艾德麥康半島設廠，是因為兩位東家在這裡有土地，恰好靠近麥克林之鼻（MacLean's Nose）突出的那塊「崎嶇鼻角」，而剛好公司顧問查爾斯（Charles）的姓氏就是麥克林。這裡也許很偏僻（開船去可能是最便利的方法），但銷售與行銷總監艾力克斯・布魯斯（Alex Bruce）在法夫（Fife）就有一塊地種植大麥可供酒廠使用，預計每年要生產 50 萬公升含泥煤與不含泥煤的新酒，長遠來看有相當大的潛力。

本尼維斯品飲筆記

新酒
氣味：豐富、帶油脂味，有些許肉味與硫磺味，後頭有果味。

口味：甜而厚實。沉重的中段口感，非常有嚼勁且乾淨。豐富，嚐起來少了點肉味，多了紅甘草糖與紅色果類的味道。

尾韻：厚實。

10 年 46%
氣味：飽滿的金色。混合著椰子味，甚至有些許柔軟的小羊皮氣味。有新酒的油脂感，幾乎像果泥般濃稠。橡木增添了堅果味的底。

口味：又是椰子味，這次是椰漿。口感依舊厚實，有太妃糖的甜味。

尾韻：綿長，淡淡的堅果味。

結論：大膽的威士忌，很樂於接納活性高的木桶。

> **風味陣營：水果香料型**
> **延伸品飲**：Balvenie Signature 12 年

15 年 桶陳樣品
氣味：淡金色。清新乾淨，淡淡香氣，彷彿浮現嶄新的細緻感。不過皮革味仍是主體，沉重帶甜味，有微微泥煤煙燻味。

口味：厚實有嚼勁，但現在多了栗子蜂蜜味。加水後非常綿密，還有額外的果仁糖味。

尾韻：綿長柔順。

結論：依舊是充實豐裕的麥芽威士忌，持續地接納木桶的一切影響。

25 年 56%
氣味：深琥珀色。豐富，軟化的太妃糖味，淡淡乾果味。從柔軟的小羊皮到老舊扶手椅，這年份的氣味線索是皮革味。

口味：極度濃郁。帶苦味的太妃糖、黑巧克力、黑櫻桃，很像陳年的波本酒。

尾韻：乾燥的椰子味。甜且綿長。

結論：甜且厚實的力道讓這年份的熟成表現很好。

> **風味陣營：豐富圓潤型**
> **延伸品飲**：GlenDronach 1989、Glenfarclas 30 年

低地區

德魯姆恰佩爾（Drumchapel）、貝爾希爾（Bellshill）、布羅克本（Broxburn）、艾爾德里（Airdrie）、曼斯特里（Menstrie）和艾洛亞（Alloa）。這並不是蘇格蘭足球丙組聯賽的隊伍名單，而是蘇格蘭威士忌不為人知的基地。這些地方都在低地區，蘇格蘭威士忌的生產、熟成和調和，大部分都在這裡進行。

低地區的蒸餾業者心態向來異於高地區的同業。為了滿足較多人口的需求以及商業考量，他們一向是大格局思考。在 18 世紀，當北方和西方的蒸餾業者仍致力於供給鄰近地區時，低地區蒸餾廠如海格與史坦家族（Haigs and Stains）的烈酒已南下出口至英格蘭，精餾成琴酒後，流入斯皮塔菲爾德（Spitalfields）和沙瑟克（Southwark）等地居民的肚子裡。

出口烈酒至英格蘭是個賺錢的方法，但當時出口執照難以取得，且依蒸餾器的容量徵收高額稅金（最高可達驚人的每加侖 54 英鎊），在此產業生存的唯一辦法是蒸餾得更快速。根據 1797 年蘇格蘭稅務局的報告，卡農密爾斯（Canonmills）蒸餾廠中容量 253 加侖的蒸餾器「……以每 12 小時 47 次循環的速率運作」，幾乎沒有時間讓酒精蒸氣和銅對話！

這種烈酒嚐起來有燒灼感且充斥著雜醇油，精餾成琴酒後也許能被接受，但要是直接賣給低地區當地的消費者呢？當時高地區非法製造的麥芽威士忌品質就算不如今日，恐怕也遠比這種烈酒好的多。

當新一代商業化的單一麥芽威士忌在 1823 年後出現，低地區的蒸餾業者再度開始增加產量，並使用能同時提升產能與品質的新型蒸餾器。1827 年，基爾巴吉（Kilbagie）的羅伯特・史坦（Robert Stein）發明了「連續式」蒸餾器，接著在 1834 年，埃尼斯・古菲（Aeneas Coffey）的專利蒸餾器進駐位於阿洛亞（Alloa）的格蘭吉蒸餾廠（Grange）。低地區從此成為不可否認的穀物威士忌製造重鎮。

然而，低地區製造威士忌的歷史並非只和穀物有關，數以百計的麥芽威士忌蒸餾廠自 19 世紀即開始運作（今日多數已關閉）。儘管如此，低地區仍然不為人知或是被低估。低地區麥芽威士忌就是和山嶽、石南與曠野等形象不符。

低地區的風味很容易被人用「輕淡」一語帶過，意思其實是沒有個性。但仔細觀察便會發現，這裡什麼風味陣營都有，有三度蒸餾，也有泥煤煙燻。

事實上，低地區是蘇格蘭麥芽威士忌發展最快速的區域。艾爾薩灣（Ailsa Bay）、達夫特米爾（Daftmill）、安南達爾（Annandale）、京士班斯（Kingsbarns）等蒸餾廠正在營運，英戴爾尼（Inchdairnie）即將開幕，甚至波德斯區（The Borders）的格拉斯哥（Glasgow）、波達維地（Portavadie）、林多爾斯（Lindores）等區域，也正籌劃設立穀物及麥芽廠。

每家都以獨門的方式製酒，並從中體認蒸餾廠能賦予威士忌什麼樣的特色。他們的興起再一次給低地區帶來平衡。是的，它們是大規模經營；是的，它們是蘇格蘭威士忌最真實的模樣：「調和威士忌」的產地；是的，格拉斯哥仍是像達夫鎮（Dufftown）那樣的威士忌之都；是的，低地區的威士忌充滿都會氣息，但如今也漸漸尋回農村的根源。

何需一心往北，留下來探索吧。

邊界之地──從卡里克角（Carrick Point）眺望威格鎮灣（Wigtown Bay）對岸的班強山（Ben John）和肯哈羅山（Cairnharrow）。

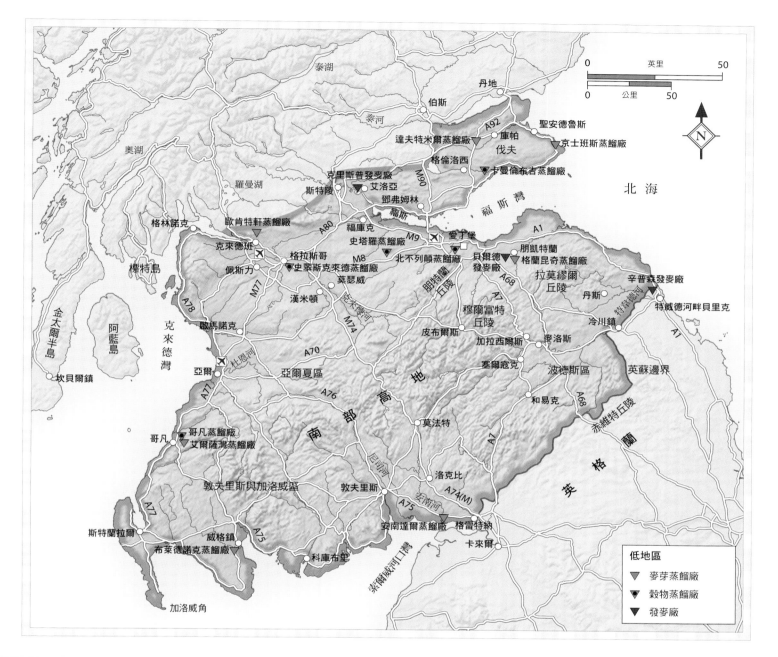

泰湖

奧湖

羅曼湖

伯斯

泰河

丹地

A92

聖安德魯斯

達夫特米爾蒸餾廠

庫帕

伐夫

京士班斯蒸餾廠

格倫洛西

克里斯普發麥廠

M90

卡曼倫布吉蒸餾廠

斯特陵

艾洛亞

鄧弗姆林

格林諾克

福斯

福斯灣

北 海

歐肯特軒蒸餾廠

A80

福庫克

A1

標特島

克來德班

A9

愛丁堡

克來德班

史塔羅蒸餾廠

朋凱特蘭

佩斯力

格拉斯哥

M8

北不列顛蒸餾廠

貝爾德

格蘭昆奇蒸餾廠

史翠斯克來德蒸餾廠

莫瑟威

發麥廠

拉莫繆爾

丘陵

辛普森發麥廠

金太爾半島

阿藍島

克來德灣

漢米頓

M74

朋特蘭

丘陵

A68

丹斯

特威德河

特威德河畔貝里克

啟馬諾克

A78

穆爾富特

丘陵

冷川鎮

A1

坎貝爾鎮

亞爾

杜恩河

皮布爾斯

加拉西爾斯

麥洛斯

A70

A76

亞爾夏區

塞爾寇克

波德斯區

英蘇邊界

和易克

A68

南

高

部

地

莫法特

A7

赤維特丘陵

哥凡蒸餾廠

哥凡

艾爾薩灣蒸餾廠

英

敦夫里斯與加洛威區

敦夫里斯

A74(M)

洛克比

A7

格

蘭

斯特蘭拉爾

A77

巨昑河

安南河

A75

A75

安南達爾蒸餾廠

格雷特納

威格鎮

卡來爾

布萊德諾克蒸餾廠

科庫布里

索爾威河口灣

加洛威角

低地區

▼ 麥芽蒸餾廠

▼ 穀物蒸餾廠

▼ 發麥廠

寧靜溫和——正如威格鎮（Wigtown）唯一的單一麥芽威士忌。

低地區的穀物蒸餾廠

史翠斯克來德・格拉斯哥／卡曼倫布吉・利芬／北不列顛・愛丁堡・WWW.NORTHBRITISH.CO.UK／哥凡・WWW.WILLIAMGRANT.COM/EN-GB/
LOCATIONS-DISTILLERIES-GIRVAN/DEFAULT.HTML

蘇格蘭產量最大的威士忌類型卻最鮮為人知，實在是絕妙的諷刺。穀物威士忌在 19 世紀的出現，是因為低地區的大型蒸餾業者需要更有效率地增加威士忌產量。起初是先運到英格蘭作為琴酒的基酒，到了世紀中葉，則晉身為調合式蘇格蘭威士忌的主要成分。

時至今日，全蘇格蘭七座穀物蒸餾廠中有六座位於低地區：哥凡（Girvan）、羅曼湖（Loch Lomond）、史翠斯克來德（Strathclyde）、史塔羅（starlaw）、北不列顛（The North British），以及卡曼倫布吉（Cameronbridge），每年產量逾 3 億公升。

穀物酒雖然酒精度高（見第 16 頁），卻不是中性的。一般而言，每座穀物蒸餾廠的特質都因使用穀物不同而相異：哥凡、史翠斯克來德、卡曼倫布吉使用小麥；史塔羅和羅曼湖使用小麥與玉米；北不列顛則僅使用玉米。克羅曼甚至在蒸餾柱中使用大麥芽麥汁，而蒸餾過程也從古菲雙柱連續蒸餾法，到哥凡與史塔羅的真空蒸餾系統不一。

熟成也有不同的方式。帝亞吉歐集團傾向於使用卡曼倫布吉的酒莊首次充填桶中熟成，愛丁頓集團則主要使用北不列顛的酒於二次充填桶，而格蘭集團（Grant）也是使用哥凡的酒於二次充填桶。這些相異點創造了多種不同的新酒與熟成特質（見下方品飲筆記）。

因此，穀物是調和威士忌中活躍且極具風味的元素，並不會稀釋威士忌的原有特質。「穀物威士忌的基礎風味，造就了調和式威士忌的特色。」格蘭父子集團的首席調和師布萊恩・金斯曼（Brian Kinsman）說「如果沒有哥凡的穀物威士忌，幾乎就沒有格蘭威士忌。就多方面而言，穀物威士忌決定調和的方向，而麥芽威士忌則是創造風格」

愛丁頓集團的首席調和師克斯頓・坎貝爾（Kirsteen Campbell）也擁有同樣信念：「大家都把焦點放在麥芽威士忌，但如果不使用優質的穀物威士忌，調和威士忌整體而言不會理想。」漸漸地，穀物威士忌也開始單獨裝瓶。卡梅隆伯里哥單一穀物威士忌（Cameron Brig）在市場上已有一段時間；哥凡的黑桶威士忌（Black Barrel）雖已停產，但 2013 年又推出了全新系列；愛丁頓則有雪雀穀物威士忌（Snow Grouse）。2014 年，帝亞吉歐與大衛・貝克漢（David Beckham）合作推出翰格蘭爵（Haig Club），穀物威士忌忽然成為時尚所趨。更有獨立裝瓶廠例如克藍丹尼（Clan Danny），以及專精於調和威士忌的威海指南針（Compass Box），其所推出的享樂主義穀物威士忌（Hedonism），更令人注目且肅然起敬。

低地區穀物威士忌蒸餾廠品飲筆記

史翠斯克來德（Strathclyde）12 年 62.1%

氣味：檸檬味、激烈；帶有輕柔花香底蘊；堅定且有青草味、少許棉花糖味。

口味：同樣緊密，稍微有聚焦感，伴隨檸檬及紅橘味。味蕾感到甜且輕柔。

尾韻：緊密堅定。

結論：滋味無窮。

> **風味陣營：芬芳花香型**

卡梅隆伯里哥（Cameron Brig）40%

氣味：年輕、酸甜交錯。杏桃核味、接著是綿滑的白脫糖味。加水後出現一絲土味。

口味：淡淡巧克力和甜椰子味。油滑特質與新鮮美國橡木結合，使酒有實體感。厚實。

尾韻：酸且有青草味。

結論：被低估的品牌及風味。

> **風味陣營：水果香料型**

北不列顛（North British）12 年 桶陳樣品 60%

氣味：溫和，卻是穀物酒中最沉重的。油滑綿密，帶一縷殘留的硫磺味。

口味：強勁飽滿、厚實有嚼感，加水後香草和熟軟果實味更明顯，並帶有一絲朝鮮薊味。

尾韻：半乾。

結論：最厚重且複雜的穀物威士忌。

哥凡（Girvan）「25 年以上」42%

氣味：新鮮且精緻。清涼並明確、帶少許花朵／香草植物氣息，和淡淡巧克力味。隱約的木頭味與一絲柑橘味。

口味：柔軟並帶有白巧克力、香草、和檸檬奶油糖霜味。之後轉微酸味。

尾韻：辛辣。

結論：充滿活力且非常乾淨。

> **風味陣營：芬芳花香型**

翰格蘭爵（Haig Club）40%

氣味：立即湧上的甜味。萊姆和檸檬皮、煎牛油和荳蔻。然後是青蘋果和煮沸的甜品、野花、燒焦／烤過的橡木和棉花糖味。加水後帶出天竺葵葉與淡淡楓糖漿味。

口味：類似萊姆酒的味道，伴隨著柑橘、煎車前草、和中心足夠的柔和甜味，使風味得以停留；柑橘和新鮮酸味。

尾韻：鮮奶油和檸檬味。

結論：非常多采多姿，代表穀物酒的新方向。

> **風味陣營：水果型 & 辛辣水果香料型**

達夫特米爾、伐夫 Daftmill & Fife

達夫特米爾・庫帕・WWW.DAFTMILL.COM／京士班斯・聖安德魯斯・WWW.KINGSBARNSDISTILLERY.COM／
英取戴爾尼・格倫洛西／林多爾斯修道院蒸餾廠・紐堡 WWW.THELINDORESDISTILLERY.COM

我這一代的成長和伐夫的產品有著熟悉密切的連結。這裡出產我們壁爐中的煤炭、餐桌上的魚、鋪在
廚房地上的油布，還有做錯事時被學校處罰用的皮帶。今日大多製造工程都已消失，煤礦早已關閉，
皮帶體罰也被禁止。伐夫所剩下的，是逐年萎縮的漁獲量、農業、和蓬勃發展的音樂社群……以及威
士忌。近年來，伐夫所有的威士忌都產自卡曼倫布吉蒸餾廠（見左頁），但這座威士忌王國在十九世
紀時曾設有 14 座麥芽蒸餾廠。1782 年走私時代開始之際，共有 1940 座蒸餾器被沒收。

這些蒸餾廠（無論違法或合法）應該大多數都始於農場，這也
解釋了法蘭西斯和伊恩・卡斯伯特（Francis and Ian Cuthbert）
這對農場兄弟，為何在 2003 年申請把達夫特米爾農場（Daftmill）
上的三座建築物改為蒸餾廠。（對了，Daftmill《傻磨坊》地名由
來，是因為這裡的小溪看似由下往上流——並非因為灌了幾杯烈酒
下肚。）

創業製造威士忌在當時被認為是魯莽且愚蠢的舉動，如今卡斯
伯特兄弟因為把這門藝術帶回根源，而被視為威士忌製造業的發展
先驅；他們自己種植大麥，把酒糟用來餵養肉牛，每年依產收狀況
決定釀酒量：平均約 2 萬公升。生產威士忌的模式就和以前一樣。

寫這本書的時候，達夫特米爾尚未推出任何作品。「我們的確
有想過在 2014 年開始自己裝瓶。」法蘭西斯說，「新的蒸餾廠如雨
後春筍般出現，我們最好趕快踏出去！」他流露完美主義者的特質，
「當酒第一次從蒸餾器流出，我們以為已經成功了；但八年過去，
我還是覺得可以調整到更好。」然而，蒸餾廠的特質隨著時間漸漸
浮現。「我總是選一種發展於熟成過程的香草植物味做底蘊，再加

上綿密油滑的口感。一切都需要時間醞釀。」

產量相對較小，並不是因為分心；從交談間可以知道他完全致
力於威士忌，而能夠體認「了解威士忌的獨有特質需要等待」已是
一種專業。這不是一位農夫，而是一名真正的威士忌專家所會說的
話。

2014 年，獨立裝瓶廠威姆斯（Wemyss）旗下的京士班斯
（Kingsbarns）蒸餾廠加入卡斯伯特兄弟。這也是一座由農場改建
並使用當地大麥的蒸餾廠，目標是生產風味較淡的單一麥芽威士忌。
（Kings Barns《國王的穀倉》是十四世紀蘇格蘭國王大衛一世儲存
穀物的地方。）

伐夫的第三座麥芽蒸餾廠英取戴爾尼（Inchdairnie）位於
格倫洛西（Glenrothes），由印度蒸餾酒業金道集團（Kyndal）
興建，竣工後將生產烈酒供給印度和亞洲市場。最後，林多爾斯
（Lindores）也計畫在 2016 年之前擁有自己的蒸餾廠。煤炭、油布、
和皮帶體罰也許不復存在，但高爾夫、海灘、音樂、和威士忌會繼
續發展。

麻雀雖小五臟俱全的達夫米特，了解時間的重要性。

達夫特米爾品飲筆記

2006 首次充填波本桶 桶陳樣品 58.1%

氣味：乾淨甜美，像維多利亞海綿蛋糕；淡淡果香：草
莓、野花、生蘋果。加水後出現濃郁梨子、奶油、
與接骨木花味。

口味：輕淡、精巧、甜美且不帶新酒特質；味蕾中段溫
和柔軟。

尾韻：甜美綿長。

結論：已達到良好平衡並極富特色。

2009 首次充填雪莉桶 桶陳樣品 59%

氣味：甜，且（居然已經）成熟，伴隨大量葡萄乾、太
妃糖、香草、和焦糖布丁味。加水後出現紫羅蘭
香水／花朵味。

口味：濃稠；之後出現紅色水果味，伴隨少許肉桂味。
抓握感不強且富含果味底蘊。

尾韻：甜美優雅。

結論：早熟，已完全熟成。

格蘭昆奇 Glenkinchie

潘凱特蘭村（PENCAITLAND）• WWW.DISCOVERING-DISTILLERIES.COM/GLENKINCHIE • 全年開放，日期與參觀細節請見網站

從威士忌的角度來說，如果不把低地區整個攤開來看，實在看不出什麼東西。要到下一座蒸餾廠，必須朝東前往波德斯區的邊緣，和一處景觀類似的鄉間。格蘭昆奇蒸餾廠建立於 1825 年，坐落在當時屬於德昆西家族（deQuincey）的土地上（因此取名為昆奇《kinchie》），獲取原料應該向來不成問題。

格蘭昆奇蒸餾廠重建於 1890 年代，現在散發著股實資本階級的可敬氛圍。它是一棟高聳堅固的磚造建築，訴說著繁榮象徵和確切意圖：興建的目的就是釀造威士忌，而且主人要用它來賺很多錢。

因此，當進入蒸餾廠低頭看見一對巨大的鍋具，也不令人驚訝了：這是蘇格蘭威士忌業最大的酒汁蒸餾器，容量高達 3 萬 2000 公升。它們的風格和尺寸，不禁使人聯想到同時期愛爾蘭業者所建立的蒸餾器。

力爭向上：令人沮喪地，低地區的威士忌被許多人所忽略。

由於需求量上升，蒸餾器的尺寸增大；而隨著蒸餾器變大，威士忌的風味也由濃重變得輕淡了。低地區出產溫和的威士忌其實與自然環境無關，而是屈就市場力量的結果。

然而「溫和」並非嗅聞新酒時會浮現的形容詞，「甘藍菜湯」可能還比較貼切；從蒸餾室也可瞧出端倪，那些胖胖蒸餾器的林恩臂穿過牆壁直達蟲桶。與達爾維尼（Dalwhinnie）、斯佩波恩（Speyburn）、安努克（anCnoc）等其它蒸餾廠一樣，格蘭昆奇出產輕淡型的熟成威士忌，起初帶有硫磺味，但隱藏在硫磺味下的才是精髓。

和達爾維尼相比，格蘭昆奇的甘藍菜氣味散去較快，留下的威士忌乾淨精巧，隱含青草味，並明顯有蟲桶造成的厚重口感。最近格蘭昆奇把標準裝瓶從偶仍殘存硫磺味的十年熟成改為 12 年，較長時間有助於建構酒體 並揭露完整熟成特質 顯然是明智之舉。

格蘭昆奇品飲筆記

新酒

氣味：燃火柴和淡淡甘藍菜水味，接著是香味，頗有農產品氣息。

口味：首先襲來的是濃重硫磺味，然後是乾草和煮熟的蔬菜味。底下還藏著什麼呢？

尾韻：硫磺味。

8 年，二次充填桶 桶陳樣品

氣味：溼草料堆味，然後是三葉草、洗過的亞麻布味；硫磺氣息已經快要消失。加水後出現番石榴水果凍味。

口味：強烈的甜味。純正乾淨，帶有少許干澀花香，然後出現殘餘的硫磺味。

尾韻：溫和，隱約有燃火柴味。

結論：蝴蝶振翅。

12 年 43%

氣味：乾淨、類似草地的氣息。淡淡花香、蘋果、橘子。

口味：甜美，伴隨淡淡堅果味，但大致如上等絲綢般滑順。直接、乾淨、少許香草味。

尾韻：清新；檸檬蛋糕味和花香。

結論：富吸引力並有實體感。如同蝴蝶飛舞。

風味陣營：芳芳花香型
延伸品飲：The Glenlivet 12 年、Speyburn 10 年

1992，特選系列，單桶原酒 58.2%

氣味：混合了百里香、檸檬香脂草、甜瓜、麝香葡萄、和曇花的初夏氣息。

口味：溫和，帶有上述花香並伴隨綿密感與新鮮無花果味。

尾韻：淡淡苦味、檸檬。

結論：輕淡芳香型威士忌的範例

風味陣營：芳芳花香型
延伸品飲：Bladnoch 8 年

酒廠限量版 43%

氣味：金黃色。比 12 年熟成更豐腴，帶有更成熟的半乾水果味。烤過的蘋果；少許乾橡木味。更具體、烈酒氣味更濃。襯著維多利亞海綿蛋糕和淡黃色無子葡萄的味道。沒有硫磺味。

口味：開始是含蓄的甜味，然後在舌頭上逐漸延伸；麥芽糖、杏仁乾、和較重的花香味。有肉感，稍微多了些熱帶特質

尾韻：輕淡，甜香料和柑橘油。

結論：在保留蒸餾廠特色的同時，更增添了新元素。

風味陣營：水果香料型
延伸品飲：Balblair 1990

歐肯特軒 Auchentoshan

歐肯特軒 • 克來德班 • WWW.AUCHENTOSHAN.COM • 全年開放，週一至週日

低地區屈指可數的蒸餾廠中，第四座是位於克來德河（River Clyde）和連結格拉斯哥與羅曼湖（Loch Lomand）的主要道路之間的歐肯特軒。儘管位置不太浪漫，這裡呈獻另一種製造輕淡威士忌的方式：三次蒸餾法。在 19 世紀，這是頗為普遍的製酒法，低地區一帶尤其盛行，也許是愛爾蘭移民的結果，或者企圖複製當時更受歡迎的威士忌風格；市場經濟再度發揮力量。然而，歐肯特軒（簡稱「歐肯」）現在是蘇格蘭唯一仍採用此方法的蒸餾廠。

在這裡，三次蒸餾法的目的是累積酒精度並淡化特質，最後成為新鮮、集中度高的新酒。酒汁收集槽中的高濃度酒頭進入第三次蒸餾（終餾機），擷取的酒心酒精度在 82-80%（見 14-15 頁）。「切取點大約是 15 分鐘。」波摩公司（Morrison Bowmore）的調和師伊恩·麥卡倫（Iain McCallum）說：「很明顯的，這讓我們的酒比較輕淡，但中性不是我要的特質。歐肯特軒應該要有甜度、麥芽味和柑橘水果味，且隨著熟成出現榛子味。」歐肯固有的精巧特質，表示麥卡倫在處理橡木味時不能粗手粗腳。

「這種輕淡的酒很容易會被蓋過。我堅信烈酒的特色源於品牌宗旨。」麥卡倫說，「處理歐肯的橡木味時必須放輕鬆。」

所以要有聰明的折衷方法，給新酒足夠的木桶刺激，才能架構多層次的風味，以支撐精巧的細節。同樣的，對於年份較高的威士忌，溫和隱約的橡木味也是關鍵。

歐肯輕淡的酒體，比其它厚重強烈的威士忌更富彈性，因此公司向來與調和師廣泛合作，使歐肯成為多種調酒的基酒。

他們做事的方式和克來德河岸的蒸餾廠不同，但絕非盲目的違背，而是因為：這方法有用。

歐肯特軒品飲筆記

新酒
氣味：非常輕淡且濃稠；粉色大黃、包裝甜點的紙盒、香蕉皮、樹葉味。
口味：緊密且灼熱；少許餅乾味以及強烈的檸檬味。
尾韻：短；蘋果味。

經典 無年份 40%
氣味：淡金色。甜橡木味。淡淡帶有花香的塵土味；少許因橡木桶而生的椰草蓆味。
口味：甜美並伴隨堅果味，加上大量香草氣息，將整體帶出巧克力的氛圍。新酒的特色依然明顯。
尾韻：清新。
結論：靈巧地掌握橡木桶的影響力，使特質得以彰顯。

風味陣營：麥芽不甜型
延伸品飲：Tamnavulin 12 年、Glen Spey 12 年

12 年 40%
氣味：橡木味再度迎面而來。十字小甜餐包、和裹上辣椒粉的烤杏仁味。柑橘味。
口味：柔軟、乾淨，穀物氣味現在轉化成香料味。仍然帶有樹葉味。
尾韻：酥脆且乾淨。
結論：識別度高的歐肯威士忌。

風味陣營：麥芽不甜型
延伸品飲：Macduff 1984

21 年 43%
氣味：有點怪異的熟成。濃縮黑莓果味，然後出現乾香料（芫荽）味。仍帶有強烈塵味和清新感的烤栗子味
口味：濃郁並有烈酒感，味蕾上有薰衣草的味道。
尾韻：香氣十足。
結論：即使是 21 年熟成的溫和型威士忌，仍然保有自己的特質。

風味陣營：水果香料型
延伸品飲：The Glenlivet 18 年、Benromach 25 年

布萊德納克、安南達爾、艾爾薩灣
Bladnoch, Annandale & Ailsa Bay

威格鎮・WWW.BLADNOCH.CO.UK・全年開放，日期與參觀細節請見網站／安南達爾・安南・WWW.ANNANDALEDISTILLERY.CO.UK／艾爾薩灣・哥凡

布萊德納克位於威格鎮 1.5 公里外蜿蜒的布萊德納克河岸，占地廣闊且規劃凌亂，龐大的倉庫群甚至延伸至蒸餾廠後方的田野。在這裡漫步，會明顯覺得自己似乎是從後門進入每棟建築物——其實說不定根本沒有正門。

布萊德納克不太像是為了製酒而建的蒸餾廠，而像是那些隨意搭建、有著石板頂的深色石屋之一，而剛好被用來儲放製酒器材。其他的石屋則被用來當成商店、咖啡店、或辦公室；酒吧也是村公所、舊窯同時擁有會場和營地的功能。1817 年以來即為全村焦點的布萊德納克，與其說是一座蒸餾廠，其實更像是個社群。

這裡從糖化室（由側門進入）開始，每個房間都藏著驚奇。微混濁的麥汁流入六個奧勒岡松製的發酵槽，並得以從容的發酵 68 小時——業主雷蒙・阿姆斯壯（Raymond Armstrong）的說法是「差四小時三天」。蒸餾室其實更像是蒸餾間，蒸餾器周圍沒有一般可見從地板穿出的圍杆、梯子或護欄。蒸餾師約翰・哈里斯（John Herries）在搖搖晃晃的桌上操作，桌邊則是裝設了開關與閥門的木箱。

事實上，這裡還在運作本身已是個驚奇。這座蒸餾廠從 1938 年關閉至 1956 年，之後恢復營運到 1992 年（後期為貝爾公司（Bell's）的一部分），但 1993 年再度關閉。阿姆斯壯是住在伯發斯特（Belfast）的特許測量師，於關閉的隔年買下這座廠房，原本打算改建為度假屋，但他最後愛上了這裡。於是，這名鍥而不捨的北愛爾蘭人，必須回頭央求帝亞吉歐集團讓他在此重啟釀酒工程。

最後帝亞吉歐讓步，釋出每年 10 萬公升的威士忌產量，並於 2000 年恢復生產，中間這段時間都在處理法律問題和重整廠房機械。

「他們在關閉之前大量粗製。」哈里斯回憶，「一切都是匆忙完成。我們現在又比較悠哉了」這就是為什麼較陳年的威士忌有堅果味，而阿姆斯壯時期的威士忌則像多蜜的花朵。

「威士忌生意麻煩的地方，是許多愛好者並不欣賞低地區麥芽威士忌的低調與優雅。」這名宛如重生的威士忌狂熱者說：「我們必須要說服他們。」在寫此書的時候，布萊德納克正待價出售，且已有數位買家表達意願。

大衛・湯森（David Thomson）原本是一名穀物化學家，先轉行成為味感研究員，再轉為市場調查員，並於 2014 年成為蒸餾師，讓已關閉 93 年的安南達爾蒸餾廠起死回生。安南達爾的重生，給了威士忌愛好者跨越英蘇邊界時另一個左轉的理由。多元化的經歷使湯森對新事業有著清楚的遠景。「蘇格蘭有一百家蒸餾廠。」湯森說：「我們要讓自己被市場真正的聽見，而不僅是加入混亂的雜音。」

蘇格蘭最南邊的蒸餾廠，也包含了咖啡店、村公所和露營地。

這表示我們要展現自己為何與眾不同。」

在寫這本書的時候，僅得知會有煙燻味。「我們位於泥炭沼澤區，」湯森補充，「而它曾是一款煙燻型威士忌」——超越人們對低地區麥芽威士忌的期待，同時強調低地區和其它地方一樣富於多樣性。

蒸餾廠說著自己的語言。

在每次蒸餾循環間讓蒸餾器稍事休息，有助於保留布萊德納克的芳香特質。

布萊德納克品飲筆記

新酒
氣味：清新、溫和，帶有明顯花朵味和淡淡柑橘味。
口味：乾淨、舒服的酸味、綻放、些許蜂蜜味。
尾韻：乾淨且短暫。

8 年 46%
氣味：酒體呈淡金色。棉花糖、剪下的帶莖花朵、甜蘋果、加上淡淡蜂蜜味。檸檬泡芙味。加水後緩慢出現苜蓿蜂蜜的清新感。
口味：清新且有點油滑。柔和中帶有芬芳的花朵和蜂蜜味。最後變成微微辛辣。
尾韻：輕淡且乾淨。
結論：如春日般清新。

風味陣營：芬芳花香型
延伸品飲：Linkwood 12 年、Glencadam 10 年、Speyside 15 年

17 年 55%
氣味：酒體呈淡金色。氣味更飽和，帶更多堅果味。香甜底蘊仍在，但比起蜂蜜更像是糖化味。新鮮出爐的麵包和杏桃果醬。塗了奶油的烤吐司味。
口味：一開始有些許香水的感覺，然後轉為蜂蜜堅果玉米片味。
尾韻：辛辣且有微微肥皂味。
結論：古老王朝最後輝煌的寫照。

風味陣營：芬芳花香型
延伸品飲：The Glenturret 10 年、Strathmill 12 年

艾爾薩灣品飲筆記

尚未推出熟成威士忌，新酒也沒有命名。以下是六種不同類型的樣酒。

1.
氣味：輕淡、帶有果香味。芝麻味。帶一點黃銅感的鳳梨味。干澀。
口味：非常純淨，混合了鳳梨、梨子、泡泡糖、和甜瓜的果味。
尾韻：柔軟溫和。

2.
氣味：乾淨、輕淡、有酸爽感的穀物底蘊。
口味：清澈、非常純淨的青草味。中段豐厚。
尾韻：酸爽。

3.
氣味：堅果味帶著一絲烹煮蔬菜的硫磺味。酒糟味。較厚重。
口味：味蕾感受更豐厚。成熟且厚重。扁豆味。
尾韻：濃郁成熟。

4.
氣味：穀物和丙酮味。綠色杏仁。和上一支相比烘烤的氣味較淡
口味：純淨。襯著水果味道的濃重堅果味。淡淡果實 / 果殼味。不甜而且乾淨。
尾韻：突來的甜味。後續發展將引人入勝。

5.
氣味：芬芳的泥煤煙味。樹根加上雪茄與淡淡火腿味。燃燒的木頭、梨子、和新球鞋味。
口味：不甜的煙燻味立即襲來。扎實但核心甜美，非常強烈。
尾韻：此時煙燻味升起，輕柔地飄散。

6.
氣味：庭院焚燒枯葉的氣息，帶著淡淡油脂味。厚重干澀。
口味：強而有力且帶著淡淡土味。乾淨但有些許霧濛感。
尾韻：綿長。

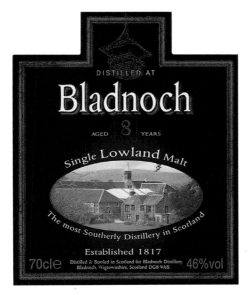

艾雷島

艾雷島的南岸平靜無波。在由小島鍊形成的海峽中，船尾的水流勉強只能慵慵懶懶地拍擊著岸邊的青銅色海草。海豹的巨瞳盯著我們，白沙從龍骨底下流過，對面一堵白牆上的黑字緩緩劃過。旅程到了終點。你可以坐飛機到艾雷島，但航海前來才是完整享受這座島嶼的方式。畢竟在這裡，海洋和陸地主宰風土的力量一樣強，而島嶼的表現則與大陸大異其趣。

艾雷島上所有的蒸餾廠都在海岸邊，便於進口原料和出口威士忌。

日落時分，坐在歌劇院岩石群頂端的西岸遠眺。碧海藍天連成一線，微風徐徐輕撫蘇格蘭肥沃的草原，整個世界瀰漫著柔光，一切彷彿由內而外的透亮。海的另一邊是加拿大，你已在世界的邊緣。

艾雷島有人居住的時間雖然已經 1 萬年，但它的「現代」始於海岸邊如聖西亞朗（St. Ciaran）小禮拜堂（當地方言稱為 Kilchiaran），因當時愛爾蘭的修士來到這荒涼的西北方隱居。

如果當時有人（例如聖西亞朗）從愛爾蘭帶來蒸餾方法就太理想了，但實際上似乎並非如此，因為這門藝術直到 11 世紀才進入西方文化。不過歸功於知道蒸餾祕密的麥克貝沙（MacBeatha）家族（簡稱貝頓）的到來，艾雷島仍可稱作蘇格蘭蒸餾業的起源地。1300 年，因為艾內歐凱森（Aine O' Cathain）和艾雷島貴族安格斯 • 麥克唐納（Angus MacDonald）結婚，隨行的麥克貝沙家族來到了這裡，並世代成為麥克唐納貴族的醫師；艾雷島自此成為蒸餾業的運轉中心，並逐漸演變成威士忌重鎮。艾雷島並非孤島，而是遼闊世界的一部分。

威士忌在 15 世紀已經出現。雖然當時應是由數種穀物製成，以蜂蜜增加甜味，並用香草植物添加風味，與現在的威士忌相去甚遠，但應該已有煙燻氣味。泥煤是艾雷島麥芽威士忌的 DNA，根本無法避免。這裡的地理風土不只會說話，它簡直就是在吼叫。

艾雷島麥芽威士忌的生命始於泥炭苔，它們的氣味是數千年浸漬、壓縮、腐爛、演化的結果。艾雷島的泥煤和大陸的泥煤不同：也許這就是艾雷島威士忌中海草、藥物和醃魚氣息的來源。

我問前樂加維林酒廠經理麥可 • 尼寇森（Mike Nicolson），作為艾雷島的外來者是什麼感覺：「在這裡，經理人和當地社群的關係較為緊密，你會開始在做決定前想的比較遠。你知道自己是這個歷史非常非常悠久的社會的一部分，它把你捲入時間的巨流，提醒你生命短暫，前人世世代代在此製造出類拔萃的威士忌，而你正跟隨著他們的步伐。」

英代爾灣（Loch Indaal）：這座淺灣的沿岸是伴著夕陽小酌一兩杯、思考艾雷島奇妙地理位置的絕佳地點。

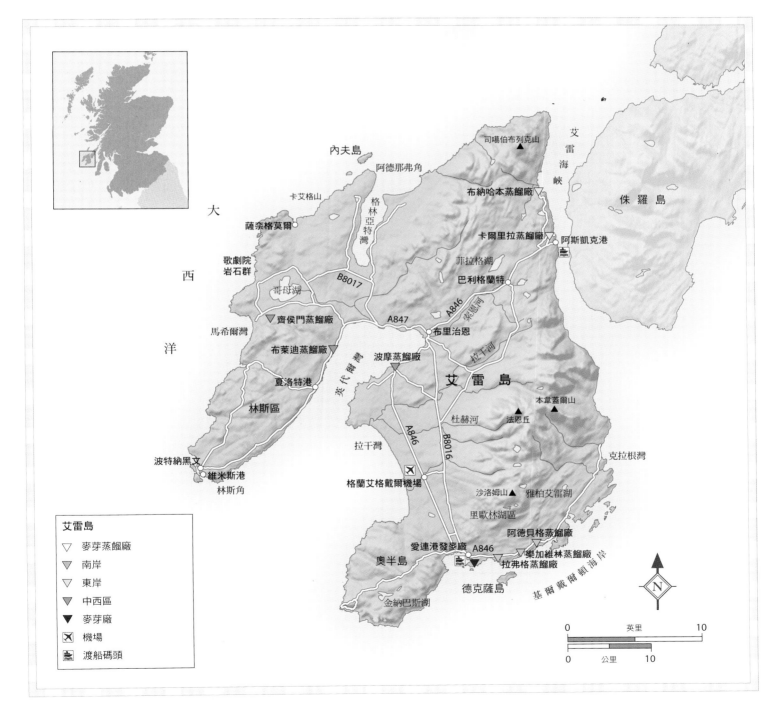

內夫島
阿德那弗角
司喝伯布列克山 ▲
艾雷海峽
卡艾格山
格林亞特灣
布納哈本蒸餾廠 ▽
侏羅島
薩奈格莫爾 ○
卡爾里拉蒸餾廠 ▽
阿斯凱克港 ⚓

大西洋
歌劇院岩石群
哥母湖
B8017
菲拉格湖
巴利格蘭特 ▽
齊侯門蒸餾廠 ▽
A847
樂恩河
馬希爾灣
布里治恩
布萊迪蒸餾廠 ▽
波摩蒸餾廠 ▽
拉干河
夏洛特港 ○
艾代爾灣
艾雷島
林斯區
本草蓋爾山 ▲
杜赫河
法恩丘 ▲
A846
克拉根灣
B8016
拉干灣
波特納黑文
維米斯港 ○
林斯角
格蘭艾格戴爾機場 ✈
沙洛姆山 ▲
雅柏艾雷湖
里歐林湖區
奧半島
阿德貝格蒸餾廠 ▽
愛連港發麥廠 ▽
A846
樂加維林蒸餾廠 ▽
拉弗格蒸餾廠 ▽
德克薩島
基爾戴爾頓海岸
金納巴斯湖

艾雷島
▽ 麥芽蒸餾廠
▽ 南岸
▽ 東岸
▽ 中西區
▽ 麥芽廠
✈ 機場
⚓ 渡船碼頭

N

0   英里   10
0   公里   10

南岸

艾雷島南岸擁有離岸礁、海豹棲息的迷你海灣、和古老凱爾特基督教派遺跡，也是基爾戴爾頓（Kildalton）三座傳奇蒸餾廠的所在地，出產最大量且泥煤味最重的威士忌。不過別被第一印象騙了——藏在煙燻外表下的，是一顆顆甜美躍動的心。

艾雷島不只吸引大批威士忌愛好者，也是知名的賞鳥中心。

阿德貝格 Ardbeg

波特艾倫・WWW.ARDBEG.COM・全年開放，日期與參觀細節請見網站

煤煙，迎面而來的全是煤煙。像是有人在打掃煙囪，但又有一股柑橘味——是葡萄柚嗎？緊接著是岩石上的紫紅藻（當地出產的海草）、綻放的紫羅蘭，然後是香蕉、還有春天樹林裡的野生大蒜。阿德貝格的新酒在煙燻味和甜味、煤煙味與水果味之間取得了平衡。這氣味縈繞在蒸餾廠中，彷彿砌在磚牆裡。但那股甜味是什麼？答案在蒸餾室。

蒸餾器的林恩臂上有根管子連接至蒸餾器的肚子，以避免較重的氣體回到蒸餾器中。這個回流過程不僅有助於建立層次感，也增長酒精蒸氣和銅的對話，使酒更輕盈。成果呢？就是那股甜味。

阿德貝格的近代史完美反映了威士忌產業的變遷。這是長期發展的生意，各家因為經驗不同且對市場看好而累積庫存；在1970年代晚期是盲目的樂觀，即使銷售量下滑卻仍繼續增加庫存量。1982年，堆積成湖的威士忌導致大批蒸餾廠關閉，阿德貝格就是其中之一。

到了1990年代，這裡已然被人遺忘，變得荒涼幽僻。蒸餾廠的熱能關掉後，剩下的只有滲入靈魂的冰冷。冷卻金屬的迴聲，說明了蒸餾廠擁有自己的精神。

但是麥芽威士忌在1990年代晚期又開始受歡迎；格蘭傑集團在1997年以710萬英鎊買下這座蒸餾廠及其庫存，又花了數百萬英鎊修復以重新啟動。

這裡也經歷了一些改變。「我們發酵的時間較長。」格蘭傑的蒸餾廠總監暨首席製酒師比爾・梁思敦博士（Dr. Bill

泥煤和煙燻味

阿德貝格的確泥煤味很重，但只這樣形容就太簡化了。阿德貝格、樂加維林（Lagavulin）、拉弗格（Laphroaig）、卡爾里拉（Caol Ila）的泥煤味濃度恰好都差不多，但煙燻味的特質卻完全不同，為什麼？蒸餾過程是主要原因。蒸餾器的形狀和尺寸、運轉的速度、還有最重要的酒心切取時間點（見14-15頁），都會造成差異。苯酚並非在製酒的最後階段才出現，而是全程都飄浮在四周。它的濃度和組成也會變化，因此切取時間的早晚，會導致非常不同的結果。切取點的設定是為了保留或去除某種特別的苯酚。

Lumsden）說：「短期發酵讓威士忌的煙燻味鋒利，長期發酵則賦予綿密感且稍微提高酸度。蒸餾器不變、泥煤度不變、只是稍微調整了流程。」

格蘭傑也實施新的木桶方案，採用更多首次充填的美國橡木桶。「最主要的改變是木桶品質提高了。」梁思敦說，「現在我們可以

阿德貝格的酒桶型屋頂廠房面向大海，令人有趣的猜測這對威士忌的特色有何影響。

大量的艾雷島泥煤，是創造阿德貝格威士忌獨特風格的關鍵元素。

突顯粗獷的特質。」自購買廠房到出產首批格蘭傑旗下的阿德貝格威士忌，拖了很長的時間。從命名「非常年輕」（Very Young）、「仍然年輕」（Still Young）、「Almost There」（即將熟成），便可一覽此威士忌發展熟成的里程碑。

「我的目標是重現原廠風格。」梁思敦說，「年輕系列雖是半玩票性質，卻也顯示出我們在做什麼。陳年阿德貝格威士忌有煤煙和焦油味，但品質也不穩定，每年都不同。我們需要的是一致性。」問題是，人們對於阿德貝格威士忌的狂熱，就建立在這不一致性上。業者也許痛恨釀酒的變數，但威士忌狂熱者卻愛極了。讓兩邊都開心的作法是保持平衡：在核心範圍內添加一系列梁思敦稱為「美好的詭異」的元素。例如最近推出的重泥煤款：「超新星」（Supernova）。

陳年威士忌的庫存短缺帶來創意調和的需要，也使阿德貝格豁免於標示年份。「Uigeadail 點出了老式風格，Corryvreckan 是展現阿德貝格威士忌在法國橡木桶中熟成的效果，Airigh nam Beist 則是表達我對舊版 17 年威士忌的敬意。」

近來阿德貝格得以昂首闊步，因為它開創了自己的命運。「蒸餾廠主宰成品的力量有多大，很難憑經驗去判斷。」梁思敦說，「但我估計我們可以控制百分之三十，其餘都依地方特質和歷史決定。工作時必須對這裡發生過的事具備同理心。」

阿德貝格品飲筆記

新酒

氣味：甜美、混合了紫菜／紅皮藻的煤煙味和石灘味。淡淡油味，然後是泥煤煙、未成熟的香蕉、大蒜、紫羅蘭莖、和番茄葉。加水後有雜酚油、咳嗽中藥、和溶劑味。

口味：厚重、煤煙味；激烈、帶點胡椒味。中心有甜味。泥炭苔、葡萄柚。

尾韻：燕麥餅。

10 年 46%

氣味：煙燻感，但也有甜味和檸檬味，並隱藏著酯的氣息。海草和新鮮臭氧，混合溼苔、山椒粉、和肉桂的味道。

口味：開始非常甜。萊姆巧克力；薄荷／冬青／油加利葉、混合大量飽和的泥煤煙味。

尾韻：綿長且富泥煤味。

結論：呈現了干澀煙味與甜美蒸餾物之間必需的平衡。

風味陣營：煙燻泥煤型
延伸品飲：Stauning Peated

Uigeadail 54.2%

氣味：熟成且飽和，伴隨明顯深色莓果的甜味和一絲土味。綿羊油、油墨、和淡淡肉味。加水後帶出綠茶、水生薄荷、和蜂蜜味。

口味：非常厚重且基本。甜味再度出現，同時酒味穿越濃厚的煙燻氣息，清晰地在混合了濃厚泥煤煙燻、西班牙雪莉酒、海岸線、雜酚油、水果乾等氣味中冒出。

尾韻：綿長且帶葡萄乾味。

結論：最厚重的阿德貝格。

風味陣營：煙燻泥煤型
延伸品飲：Paul John Peated Cask

Corryvreckan 57.1%

氣味：蟄伏卻感受得到力量。燒焦橡木、紅色水果、火堆餘燼。臭氧氣息變淡而有更多肉味。

口味：緩慢。拉塔基亞煙草／菸斗、油味。深沉且緩慢。非常厚實，但味蕾中段出現綜合水果含片的甜味。加水後煙燻味更張揚，並出現淡淡酸味。

尾韻：振奮心神的酸度和煙味。

結論：厚重、煙燻味，但均衡。

風味陣營：煙燻泥煤型
延伸品飲：Balcones Brimstone

樂加維林 Lagavulin

波特艾倫 • WWW.DISCOVERING-DISTILLERIES.COM/LAGAVULIN • 全年開放，日期與參觀細節請見網站

眾多的小型石灣令基爾戴爾頓海岸（The Kildalton）顯得曲折蜿蜒，海岸上的岩石從薄薄地殼穿出，形成參差的巢穴和密閉的空間。從這裡可以眺望對面陷落的金太爾半島（Kintyre），以及從海平面突起的藍色安特令（Antrim）山脈，這兩處也是蒸餾業的發源地。護衛著樂加維林灣的是丹尼維哥城堡（Dunyvaig Castle）遺跡，這是公元 1300 年艾內 • 歐凱森（Aine O'Cathain）的婚禮船隊的航行終點。

相較於阿德貝格在海灣上恣意延伸，樂加維林似乎被位置所侷限。建築物被迫向上發展、現代壓迫著過去、新漆的明亮白牆俯視著城堡遺跡的黑柱，山坡上沉默的教堂鐘⋯⋯一切彷彿說著貴族的日子已逝，現在是威士忌的時代。

如果 1816 和 1817 年建立在樂加維林農場的兩座合法蒸餾廠還存在，景觀會更加宏偉。這個海灣曾是艾雷島的威士忌生產中心，曾有高達十間小型（違法）蒸餾廠在此營運；由於艾雷島稅務員和房東們合力封殺，到了 1835 年只剩下一間，並在 19 世紀末成為艾雷島最大的廠房。

山間湖水順著溪谷往下流，進入裝潢如維多利亞時代晚期辦公室的糖化廠，但它其實是從麥芽穀倉精心改良而成。吸一口氣，又是煙味。之前有位剛從英陸搬來的經理，初到時以為是失火，還按

樂加維林的海灣，曾是艾雷島貴族的城堡所在地之一。

波特艾倫（PORT ELLEN）麥芽威士忌：已消逝但不被遺忘

帝亞吉歐集團旗下除了樂加維林，還有卡爾里拉蒸餾廠（Caol Ila），以及供給煙燻麥芽給島上一些蒸餾廠的波特艾倫麥芽廠（Port Ellen maltings）。1983 年之前，帝亞吉歐在麥芽廠旁邊還設有第三座蒸餾廠。波特艾倫麥芽廠建於 1830 年，19 世紀時曾出產單一麥芽威士忌，但 1970 年代早期卡爾里拉的擴展和晚期的不景氣，決定了它退居發麥廠的命運。波特艾倫的麥芽威士忌因嚴謹且富含碼頭氣息，而在今日備受推崇。

了警鈴。但這種煙燻味似乎和阿德貝格不一樣。然而樂加維林所使用的麥芽也都是在波特艾倫麥芽廠（Port Ellen maltings）烘乾，也同樣被歸類於「高度煙燻型」。

跟隨煙味的引領穿越濃重二氧化碳刺鼻的發酵室，經過散發著熱維多麥氣味的糖化槽，進入一條短短的加蓋走道。煙味似乎翻騰而出，卻半途改變了氣息；煙燻依舊，但混入了壓倒性的甜味，呈現奇特的異國風情。倒些新酒在手心，吸氣聞聞看：如果阿德貝格是煤煙味，樂加維林的氣味則更像海灘上的火堆，卻擁有強烈的甜

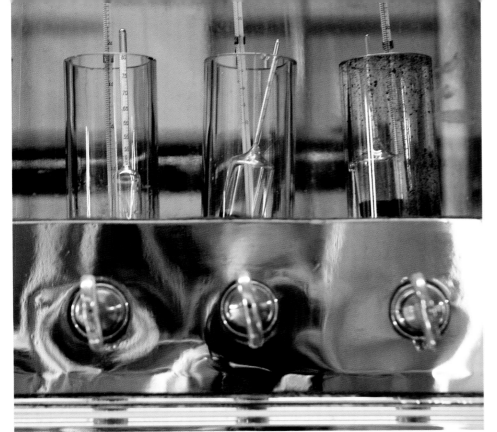

樂加維林口感複雜的祕密之一，在於非常緩慢的第二次蒸餾。

歐舊版「經典六款」中唯一不使用蟲桶的威士忌。）酒體開始累積了嗎？再餾器（烈酒蒸餾器）的體積明顯較小，底部粗胖樸素，像是素描圖中大象的腳。熱源在這裡關小，以利回流最大化、並修飾風味與清除雜質，保留煙燻味但移除硫磺氣息。

如同任何一款平衡熟成的煙燻型威士忌，當厚重感被一層層如手術般剖開，緩慢顯露的是處於核心的甜味。

睿智的依恩・麥克阿瑟（Iain MacArthur）身兼農莊主人與倉庫經理，監督著單一麥芽威士忌在二次充填桶裡熟成。在這裡，他從不同木桶中抽取樣酒，展示木桶如何逐漸磨去新酒鋒利的菱角，呈現全新

美核心。由此可見，蒸餾器是造成差別的原因。這裡的初餾器（酒汁蒸餾器）非常巨大，林恩臂大角度地往下直通冷凝器（是帝亞吉的複雜性。樂加維林是要層層發掘的，它彷彿把你拉到碼頭上遠眺，遙想著艾內和她的船隊，目光略過城堡，落至搖籃般的海面。

樂加維林品飲筆記

新酒
氣味：泥煤煙味，如同野火的氣息。濃稠且朦朧。燻窯的味道。龍膽花、魚缸、海草。帶著一絲硫磺味。

口味：厚重、錯綜複雜、伴隨清新的氣息，彷彿就快變成花香，但被充滿土味／海岸特質的煙燻味所壓制。

尾韻：綿長且富泥煤味。

8 年 二次充填 桶陳樣品
氣味：錯綜複雜。風乾的蟹螯、海草。溼泥煤岸、帶點未熟成的橡膠味、煙斗的煙味。燻窯。甜美並富煙燻味。厚重卻清新。

口味：泥煤煙味。被撲滅的火堆、熟透的水果、石南花和覆盆子、海草。充滿活力且深邃。

尾韻：具爆發力。泥煤。香料、維他麥和貝殼。

結論：蓄勢待發。

12 年 57.9%
氣味：稻草味。強烈的煙味。石碳酸皂和微煙醺過的鱈魚，但也帶著甜味。香楊梅、新鮮鯷魚上的芥末、臭氧、淡淡泥煤味。

口味：入口不甜，帶著著強烈煙味；燕麥片包裹的煙燻起司味。口感緊實卻翻騰。非常芬芳、堅定卻開放。加水後顯現甜美核心與新酒氣息。

尾韻：堅實、煙燻味、不甜。

結論：強烈複雜的煙燻味和甜味。

> **風味陣營：煙燻泥煤型**
> **延伸品飲**：Ardbeg 10 年

16 年 43%
氣味：厚實、剛勁、且複雜。煙味非常重，混合了煙斗的煙草、燻窯、海灘的火堆、煙燻屋等氣息，與熟透水果味合而為一。少許雜醇油和正山小種紅茶的味道。

口味：稍微油滑並衝擊著煙味。首先是帶著一絲藥味的水果味，伴隨香楊梅，同時煙味逐漸延伸到味蕾末端。優雅。

尾韻：綿長與複雜的組合。海草和煙燻味。

結論：展開快速，奔放的特質開始收斂至海岸泥煤的精髓中。

> **風味陣營：煙燻泥煤型**
> **延伸品飲**：Longrow 10 年、Ardbeg Airigh nam Beist 1990

21 年 52%
氣味：非常強烈且複雜，混合了馬鞍、黑巧克力、普洱茶、天竺葵、和紫羅蘭、和若隱若現的燻窯氣味。

口味：燉肉和蜜糖的味道。煙味完全整合，如同火焰餘燼。橡木桶增加了酒體結構卻不主導風味。厚重、強烈、有層次、而且複雜。

尾韻：綿長，水果和煙燻味。

結論：熟成於首次充填的雪莉桶。

> **風味陣營：煙燻泥煤型**
> **延伸品飲**：Yoichi 18 年

蒸餾師精選 Distiller's Edition 43%
氣味：桃花心木。比 16 年的木頭味更重，並略帶葡萄酒氣息。黑色莓果氣味已淡，大致上較分辨不出味道，彷彿所有韋詭複雜的元素都被移除。加水後氣味幾乎像是分開地緩慢展開。

口味：煙味似乎被往前推（可能因為味蕾末端變甜很多）。混合著醇酒、乾果、和肉桂吐司的美好味道。

尾韻：厚實且只有淡淡的煙燻味。豐富而甜美。

結論：添加甜味的樂加維林。

> **風味陣營：煙燻泥煤型**
> **延伸品飲**：Talisker 10 年

拉弗格 Laphroaig

波特艾倫 · WWW.LAPHROAIG.COM · 全年開放，3到12月週一至週日，1到2月週一至週五

拉弗格距樂加維林數公里之外，是基爾戴爾頓三座蒸餾廠中最後要介紹的成員。雖然也是煙燻型威士忌，但煙味的特質再度和鄰居們截然不同。拉弗格十分厚重且有樹根味，像是大熱天走在海邊新鋪的柏油路。這種風格曾為擁有附近樂加維林的彼得 · 梅其（Sir Peter Mackie）所覬覦——在1907年失去了拉弗格的經營權後，他複製拉弗格的模式，在樂加維林建立了「磨麥廠蒸餾廠」（Malt Mill），並使用相同的水、相同的蒸餾器、甚至（以高額薪水）雇用相同的蒸餾師，然而產出的威士忌卻不一樣。「科學家試圖解釋原因，卻找不到答案。」拉弗格的經理約翰 · 坎貝爾（John Campbell）說：「特質和地點有關，也許這就是為什麼蒸餾廠分布於蘇格蘭各地，而非集中於一間超大型蒸餾廠。可能是地勢高度，可能是離海的距離，可能是溼度……我不知道，但確實存在著原因。」

　　原因也潛藏於蒸餾過程的創意中。拉弗格仍然保有自己的地板式發麥，滿足大約20%的麥芽需求。對坎貝爾來說，這並不是做給觀光客看的標準作業程序，當然也不能節省任何固定成本，而是創造與眾不同的特色。「我們因而擁有與波特艾倫（麥芽）不同的煙燻味。我們用不同的方式窯烤、燻麥、然後低溫烘乾，以提高甲酚（一種主要的酚類）的成分，這就是酒中帶有焦油味的原因。若沒有地板式發芽即無法達成。」

　　蒸餾室當然也與眾不同。在蒸餾初期有七座蒸餾器，成酒階段的蒸餾器則有兩種尺寸，其中一個是另外三個的兩倍大。坎貝爾說：「我們有效率的製造兩種不同的酒，然後在裝桶前混合。」

　　阿德貝格和樂加維林都致力於回流中尋找增添甜美花香調的元素，拉弗格的方向則不同。坎貝爾想要保留那厚重的焦油味，所以酒頭切取點為業界中最晚（45分鐘）；蒸餾初期的甜酯味因此能被回收再蒸餾，而非被收集（見14-15頁）。「我們切取的酒精濃度是60%，不如部分其他業者低，但因為我們的酯味較淡，煙燻味成分較高，所以威士忌感覺較厚重。」

　　拉弗格中的甜味其實源於獨家使用的美國橡木桶——全部來自美格波本威士忌（Maker's Mark）。坎貝爾說：「為了一致性。」橡木桶的香草特質撫平新酒的稜角，更為熟成的烈酒增添低調的甜味。拉弗格1/4桶（Quarter Cask）系列是這過程的良好示範：原酒先陳放在一般尺寸波本桶中，再移至美國橡木特製的1/4尺寸小木桶一陣子；此系列的香草味和煙燻味都到達巔峰。

　　對坎貝爾而言，拉弗格的特質不僅是科技的產物，更是人的影響。「我認為過去在這裡工作的人造就了今日。是人影響了製造威

拉弗格是基爾戴爾頓三座偉大蒸餾廠之一，廠邊的海岸在退潮時散布著海草。

士忌的風格和態度,而且沒有人比得上伊恩 · 杭特(Ian Hunter)的影響力(1924-54 的業主),是他創造我們今日所用的配方。1920 年代我們仍在盲目嘗試,一直到 1940 年酒禁解除,他開始使用波本橡木桶,並在廠內熟成威士忌。」

　　所以又回到了地點因素。「傳統的倉庫賦予威士忌更多實質感,

也許放在潮溼棧板上的氧化程度比放在台架上高。我們兩種都有,所以知道有差別。」也許他應該告訴彼得 · 梅其。

拉弗格品飲筆記

新酒

氣味:厚重、焦油煙味。油味比鄰近蒸餾廠的威士忌重。淡淡的藥味(優碘、醫院)伴隨清脆的麥芽和龍膽草根味。

口味:高溫餘燼,緊接著是飽滿開展的煙燻味。兩者皆深沉乾淨。炎日下的海邊道路。

尾韻:不甜而乾淨、煙燻味、酸爽。

10 年 40%

氣味:酒體呈飽和的金色。煙味被甜橡木氣息所限制並主導。木油、松木。海岸、冬青。堅果味底蘊,加水後出現碘味。

口味:入口滑順柔軟,伴隨大量香草味,然後煙燻味緩慢出現,但橡木特質依然平衡。尾聲轉為焦油味。

尾韻:綿長、有點嗆辣的煙味。

結論:此處關鍵是干澀(煙味)與甜味(橡木)的平衡。

風味陣營:煙燻泥煤型
延伸品飲:Ardbeg 10 年

18 年 48%

氣味:酒體呈飽和的金色。矜持而溫和。由於和橡木接觸的時間更長,煙味不僅帶著青苔氣息,更在綿密橡木中擷取了辛辣調性。淡淡的碘味,還有新酒中的那種草根味。

口味:起初有堅果味 核桃、浸泡在威士忌中的葡萄乾。含蓄的煙味中升起淡淡檸檬味。

尾韻:煙燻鹽焗腰果。

結論:低調的範例。

風味陣營:煙燻泥煤型
延伸品飲:Caol lla 18 年

25 年 51%

氣味:煙燻味回來了!醬油、魚缸、乾焦油、重煙草、以及燃燒的捕龍蝦網。

口味:經過強烈的嗅覺衝擊,入口後幾乎覺得溫和。因陳放年份而變得濃稠,並整合了蒸餾廠總體特質、橡木味、還有全新的異國風味。

尾韻:依然是焦油味。

結論:煙味沒有消失,而是變得更集中並融入整體風味。

風味陣營:煙燻泥煤型
延伸品飲:Ardbeg Lord of the Isles 25 年

東岸

享有遼闊景觀的艾雷島東岸居民，得以略過艾拉海峽急湧的浪潮，眺望侏羅島隆起的海灘，和更北邊的科崙舍島和馬爾島。
就某方面而言，這兩座島與艾雷島相距之遠令人吃驚，因為它們是艾雷島產量最大、恐怕也是最不為人知的產區。

越過海洋凝望侏羅島隆起的海岸；艾雷島東岸的蒸餾廠享有壯闊的景觀。

布納哈本 Bunnahabhain

阿斯凱克港（Port Askaig）・ WWW.BUNNAHABHAIN.COM・ 全年開放；4 到 9 月有導覽行程，需預約

艾雷島的東北岸本是荒棄狀態，直到 19 世紀晚期，艾雷蒸餾公司（Islay Distillery Company, 簡稱 IDC）在此建立了整座村莊，也就是今日的布納哈本：道路、港口、房屋、村公所⋯⋯以及一座甚具規模的蒸餾廠。關於 1880 年代蘇格蘭威士忌業的樂觀氛圍，和新興蒸餾公司溫和專制的管理態度，布納哈本是一個很適切的例子。

首位威士忌編年史家阿夫雷德・巴納（Alfred Barnard）在 1886 年造訪布納哈本，艾雷蒸餾公司的努力顯然獲得了他的認可。他寫道：「這部份的艾雷島原本荒涼無人跡，但蒸餾業的發展把這裡變成一個有朝氣又文明的聚居地。」可能當時他並沒有現今讀來的貶低意味。

建立布納哈本的目的是生產調和威士忌的原酒。完工六年後，布納哈本和格蘭路思（Glenrothes）合併成高地蒸餾廠（Highland Distilleries）。此舉無疑在 1900 年代初的經濟衰退和 1930 年代末的經濟蕭條期間，拯救了這座位於遙遠小島的高產能廠房。

雖然布納哈本在 1980 年代晚期推出單一麥芽威士忌，卻從未獲取需要（和應得）的支持。它的巨型蒸餾器生產乾淨且微帶薑味的新酒，卻為 1990 年代蜂擁來到艾雷島的泥煤狂熱者所忽略。

這種情況被 2003 年接手的新東家邦史都華（Burn Stewart）指了出來。如今重泥煤味的麥芽每年都在使用，前任經營者卻否認這種風味曾經存在。「一派胡言！」邦史都華的首席調和師伊恩・麥克米蘭（Ian MacMillan）說：「布納哈本一直到 1960 年代早期都是泥煤風味，改變的唯一原因是調和威士忌不需要含煙味的原酒。我想要重現 1880 年代的風味，並讓大家知道他們所認為的『艾雷島威士忌』也會在我們身上出現。」艾雷島也充斥著非泥煤味的溫和

隔海眺望雲霧環繞的侏羅雙峰（Paps of Jura），不難相信布納哈本是艾雷島位置最偏僻的蒸餾廠。

風格。

「在島上的熟成過程有點不一樣。」麥克米蘭說，「海岸會造成影響。同樣是布納哈本，在比沙普布里格斯（Bishopbriggs）熟成和在艾雷島上熟成的結果就是不一樣。」

布納哈本品飲筆記

新酒

氣味： 甜美飽滿，帶有淡淡油味、發酵味、和隱約的硫磺味。緊接著是類似番茄醬的氣息，加水稀釋後出現大量麥芽味。

口味： 類似紫羅蘭的草根味，中段甜，然後甜感急速下降。

尾韻： 薑味香料。

12 年 46.3%

氣味： 大量雪莉酒氣息，讓人聯想到赫雷斯雪莉白蘭地。黑色莓果味加上些許亮光漆味和隱約煙味。水果蛋糕麵糰和堅果。

口味： 飽滿甜美，伴隨糖薑巧克力和咖啡味。利口酒巧克力的芳香。

尾韻： 香料味重。

結論： 濃度透露出它的年份。

風味陣營：豐富圓潤型
延伸品飲：Macallan Amber

18 年 46.3%

氣味： 內斂；深邃的雪莉酒味。杏仁、糖霜、生薑、和黑醋栗味。淡淡土味。

口味： 太妃糖漿；青苔、伴隨上漆的木頭和冷阿薩姆茶味。氧化調性突出。略有抓握力。

尾韻： 綿長，有點餅乾味。

結論： 比 12 年更厚實甜美。

風味陣營：豐富圓潤型
延伸品飲：Yamazaki 18 年

25 年 46.3%

氣味： 非常甜；太妃糖和雪莉酒。醋栗和深色水果，複雜妖嬈，並十分深邃。

口味： 有層次的甜味，然後浮現飽滿醇厚的口感；綿長。

尾韻： 平衡且漫長。

結論： 酒體比過去更分明且厚重。

風味陣營：豐富圓潤型
延伸品飲：Mortlach 18 年

煙燻版（Toiteach）46%

氣味： 稍甜，帶著拘謹的煙味。一股堅定的烘烤香草味像是青澀葡萄襯著石南花調的煙味底蘊。

口味： 入口後核心的甜味完全湧現，接著煙味加入，整體達成很好的平衡。溫和的水果與淡淡穀物味。

尾韻： 燕麥餅乾。

結論： 泥煤味布納哈本持續探索的一部分，熟成威士忌開始加入甜味以取得平衡。

風味陣營：煙燻泥煤型
延伸品飲：Caol Ila 12 年

卡爾里拉 Caol Ila

阿斯凱克港 • WWW.DISCOVERING-DISTILLERIES.COM/CAOLILA • 全年開放,日期與參觀細節請見網站

雖然離艾雷島上兩座渡輪港之一的阿斯凱克港(Port Askaig)很近,但除非出海,否則不會知道卡爾里拉的存在。赫克托 • 韓德森(Hector Henderson)歷經過兩座蒸餾廠的失敗教訓之後,在一處緊鄰峭壁的海灣上看見發展威士忌業的可能,並在 1846 年建立了卡爾里拉;旁邊就是全蘇格蘭潮水最洶湧的海岸之一。

過去一個世紀以來,艾雷島的單一麥芽威士忌一直和今天一樣廣受喜愛,而且重要性與日俱增;調和師發現,調和威士忌中淡淡的煙味能使風味豐富,並增添一抹神祕感。調和威士忌是卡爾里拉的命脈。它是島上產量最大的蒸餾廠,但在許多方面卻最鮮為人知。在百家爭鳴的艾雷島上,卡爾里拉像是名沉默剛強的巨人,而經理比利 • 史蒂契爾(Billy Stitchell)正是此堅毅形象的完美化身。

由於卡爾里拉是調和的要角,舊廠在 1974 年被拆除,重建為今日所見的大型蒸餾廠。蘇格蘭麥芽蒸餾公司(Scottish Malt Distillers,簡稱 SMD)的蒸餾室設計效果達到最佳,玻璃窗的設計如同汽車展示間,坐擁蘇格蘭蒸餾廠中最佳全景視野,巨型蒸餾器成了框景,從中間望出去,可越過艾雷海峽欣賞到侏羅山峰(Paps of Jura)。

卡爾里拉的麥芽威士忌會讓你在不知不覺中感到驚豔;它有煙味,但低調。基爾戴爾頓海岸的雜酚油和海草味,被煙燻培根、貝殼、與青草的清新感所取代。雖然使用的發芽大麥和樂加維林完全相同,但泥煤感較淡。在卡爾里拉,所有的作法都與眾不同,包括糖化程序、發酵、還有最重要的蒸餾器尺寸和酒心切取點。知道麥芽中的酚類(泥煤味的來源)濃度是多少 ppm 或許能贏得趣味知識

巨大的卡爾里拉蒸餾廠嵌在海邊的一處迷你峽谷中。

問答比賽,在這裡卻完全沒有意義,因為泥煤味已在威士忌的製造過程中消失了。

在這裡甚至找得到完全不含酚的威士忌,因為自 1980 年代起,卡爾里拉每年都會用另外的蒸餾系統,生產一些沒有泥煤味的威士忌;之前也曾推出含新鮮蜜瓜特質的麥芽威士忌。滿瓶水不響,沉默者總是令人驚奇。

卡爾里拉品飲筆記

新酒
氣味:芳香和煙燻味。杜松、溼草;魚肝油和潮溼的蘇格蘭裙。淡淡麥芽味,帶有海岸的清新感。
口味:入口是干澀的煙味,緊接著是爆發的油和松木氣味。嗆辣。
尾韻:青草和煙燻味。

8 年 二次充填桶 桶陳樣品
氣味:依然有青草味;油的氣味轉為培根的脂肪味,杜松氣味依舊。肥厚且有煙味……是甜味、油感和干澀的混合體。
口味:油滑有嚼感,比新酒鹹。梨和臭氧;皮膚的鹹味與新鮮水果味。
尾韻:強烈的煙味。
結論:以煙味為首的各種氣味清晰分明。

12 年 43%
氣味:平衡地混合臭氧的新鮮氣息、煙燻火腿、以及淡淡海草味。非常乾淨並有煙燻感,以淡淡甜味底蘊。當歸和海岸的新鮮氣息。
口味:油滑,舌頭有包覆感。梨和杜松。尾韻變得干澀,但一縷煙味持續地增添芳香和甜味,平衡了口感。
尾韻:柔和的煙燻味。
結論:再度呈現了均衡。

風味陣營:煙燻泥煤型
延伸品飲: Glan ar Mar、Kornog(France)、Highland Park 12 年、Springbank 10 年

18 年 43%
氣味:強烈。海水 / 海岸、煙燻過的魚、風信子、煙燻火腿。甜木頭味。
口味:柔和、頗為飽滿且較不油滑。木頭和水果味合而為一,將煙味往後推。
尾韻:淡淡煙燻和香草植物味。
結論:木桶的活性使泥煤味受到安撫。

風味陣營:煙燻泥煤型
延伸品飲: Laphroaig 18 年

中西部

最後是艾雷島中西部的三座蒸餾廠。兩座位於英代爾灣岸，第三座則是蘇格蘭最西邊的廠房，也是最新的蒸餾廠之一。歡迎來到林斯半島（Rhinns）：這裡有圓形教堂、全蘇格蘭最古老的岩層、從未停歇的創新，以及可能是蘇格蘭最早蒸餾廠的所在地。

靜謐的畫面：英代爾灣的夕陽。現在翻到下一頁…

波摩 Bowmore

波摩・WWW.BOWMORE.COM・全年開放，日期與參觀細節請見網站

英代爾灣岸的雅緻白色村莊最早在 1786 年才出現，而波摩蒸餾廠的外牆已經是這個村子的防波設施的一部分。當時農業設備的快速進步，大幅改變了蘇格蘭的景觀。1726 年，蘇格蘭肖菲爾德（Shawfield）地方人士「偉大的」丹尼爾・坎貝爾（"Great" Daniel Campbell），因為房子在格拉斯哥麥芽稅暴動中被燒毀，從政府得到 9000 英鎊的賠償金，便用這筆錢買下了艾雷島。丹尼爾在島上的開發建設後來由孫子小丹尼爾（Daniel the Younger）接手，並設立了波摩蒸餾廠。整個艾雷島就像一家企業一樣在經營：有亞麻種植與麻布紡織業、有一整支艦隊的捕魚業，並且擴建新農場，引進產量較大、易於發芽的二稜大麥，使威士忌生產得以更具商業規模。

因此，波摩蒸餾廠並不因位居海邊而與世隔絕，也不因地點隱蔽而淪為私酒的基地，而是這個小社區的中心。蒸餾廠的餘熱用來加溫（倉庫改建而成的）游泳池，燻窯的煙味煙彌漫在空氣中……波摩和這個地方深深結合在一起。

從寶塔型屋頂冒出的煙，證明了波摩和拉弗格一樣，保有自己的地板發麥樓層。「我們可以滿足自己 40% 的需求。」業主波摩蒸餾公司（Morrison Bowmore Distillers, 簡稱 MBD）的麥芽威士忌大師伊恩・麥可科倫（Iain McCallum）表示：「以一個產業的角度，我們總是在談傳承和傳統；但我們實際上就是用傳統的方法做事，這也是人們會想來參觀的原因。」在本土的大麥供給受到天氣影響時，保有自己的地板式發芽使蒸餾廠仍可維持運轉，也是個務實的原因。

波摩的泥煤調性又不同了。雖然不是艾雷島泥煤味最重的麥芽威士忌，煙味卻最明顯，且散發著最清晰的泥煤臭味。如同大陸的新酒充斥著硫黃味，掩蓋了部份特質，泥煤味的新酒也隱蔽了唯有熟成後才顯現的內在個性。

對波摩而言，那是新酒中的熱帶水果味。年輕時被泥煤味遮蔽或被首次充填的雪莉桶壓過，但在二次充填桶中陳年後，氣味忽然令人驚奇地綻放開來，讓這支來自寒冷赫布里底小島的威士忌，洋溢著加勒比海的異國風情；這向來是波摩愛好者所推崇的特質。

「有些 1970 年代製造的威士忌，陳放至今已和傳奇的 1960 年代一樣好。」麥可科倫說，「我們擁有非常好的威士忌，只是不擅於告訴世人我們的好在哪裡。我們以前是大量生產調和威士忌的公司，但現在生產的是單一麥芽威士忌，我們就要專注於品項的去蕪存菁，並推出一些輝煌的作品。」改變一家威士忌公司的定位需要時間，但從許多證據可以看出，自從波摩蒸餾公司使用儲放在英代爾灣旁倉庫的酒桶後，新的木桶政策已經結出了果實。

「我們所有的單一麥芽威士忌實際上都是在波摩熟成的。」麥

波摩的廠房經常受到英代爾灣的風浪拍擊，有助於城鎮防洪。

波摩所用的麥芽仍然有很大一部分是自己發麥，不過未被泥煤烘乾的大麥也會自己開始發芽！

可科倫說，「我們就在海邊，微氣候會有所不同。波摩總是有種鹹味。我是化學家，當然知道威士忌不含鹽，但那個鹽的特質在威士忌裡是分辨得出來的。也許那些潮溼低矮的酒窖裡真的有魔法吧。」

波摩品飲筆記

新酒
氣味：非常甜，伴隨芬芳的泥煤味和掃帚／碗豆莢的味道。淡淡溼草味、大麥、香草。加水後出現集中的果凍味。

口味：濃厚的溼泥煤煙味包覆著舌頭，堅果味底蘊。加水後有甜味。榛果，

尾韻：芬芳的煙味。

惡魔之桶（Devil's Cask） 10 年 56.9%
氣味：濃重。李子、無花果乾、鹽水太妃糖、製鞋皮革、玫瑰花瓣、海洋的鹹味。 馬麥醬（Marmite）和煙味。

口味：甜味持久，混合黑櫻桃、煙斗中的煙草、和丁香的味道。

尾韻：煙燻味且深邃。

結論：熟成於首次充填雪莉橡木桶。波摩最強烈的一支。

風味陣營：煙燻泥煤型
延伸品飲：Paul John Peated Cask

12 年 40%
氣味：飽滿的金色。烤過的橡木、些許棗子味。更濃稠，帶有結合了泥煤臭味的焦木氣息。淡淡芒果軟糖味。成熟且有肉感。柳橙皮。

口味：更深沉，水果味更明顯。甜香草植物、太妃糖、伴隨淡淡鹹味。煙燻味移到後方。

尾韻：層疊的煙燻味伴隨淡淡巧克力麥芽味。

結論：已達到平衡，並展現穩健的整合。

風味陣營：煙燻泥煤型
延伸品飲：Caol Ila 12 年

15 年 達克斯（Darkest） 43%
氣味：琥珀色。深邃，帶有明顯雪莉酒調性。漸漸轉為櫻桃巧克力、糖蜜、橘子皮、海灘上火堆的味道。

口味：集中，有一絲薰衣草味。甜雪莉酒、苦／鹹味巧克力和咖啡。雪莉桶使新酒的油滑質感重現。

尾韻：濃稠綿長。煙味在此被釋放，熱帶水果味卻消失了。

結論：豐富有力，均衡的煙味。

風味陣營：煙燻泥煤型
延伸品飲：Laphroaig 18 年

46 年 1964 蒸餾（Distilled 1964） 42.9%
氣味：熱帶水果味像是幻覺般強烈：番石榴、芒果、鳳梨、葡萄柚。一抹淡淡的泥煤煙燻味。

口味：酒精度雖不高，但口味很集中。絲滑、迷醉、令人難以忘懷。氣味在空杯裡久久不散。

尾韻：優雅地變乾。

結論：經典老波摩味。

布萊迪、齊侯門 Bruichladdich & Kilchoman

布萊迪 ‧ WWW. BRUICHLADDICH.COM ‧ 全年開放，日期與參觀細節請見網站
齊侯門 ‧ 布萊迪 ‧ WWW.KILCHOMANDISTILLERY.COM ‧ 全年開放，11 到 3 月週一至週五，4 到 10 月週一至週六

布萊迪蒸餾廠的鑄鐵大門，在沉靜七年後於 2001 年 5 月 29 日再度開啟。復廠以來雖經歷多種發展，但 13 年後在蒸餾廠漫步，起初仍會覺得沒什麼改變。磨麥廠還是 1881 年裝設的 Heath Robinsonian 機型、糖化槽依舊維持開放式、發酵槽仍是松木材質、蒸餾室內還是鋪著木頭地板。不過接著你會注意到一些細節，例如廠內的角落有一座巨型羅門式蒸餾器，生產布萊迪的植物學家琴酒（Botanist Gin）。

你大概也會注意到一些法國口音。2012 年，法國人頭馬集團豪擲 5800 萬英鎊買下這裡。如果有「蒸餾廠的身價在十年內能提高多少」的認證牌，放在這裡就對了。布萊迪在 11 年前才以 600 萬英鎊的價格被收購。

人頭馬集團這項信心滿滿的決定，不僅意味著更好的通路安排，也帶來新的目標。布萊迪現在財務狀況穩定，且有多餘資金可投資。多年來這個團隊——尤其是神奇的工程師頓肯‧麥可吉理威（Duncan MacGillivray）——不知道是怎樣維持這裡的運作，現在布萊迪的願景可以成真了。

這是個夢想永遠比現實遠大的地方。決定在廠內裝瓶雖然提高了成本，卻也創造了工作機會；九個當地農戶專門種植威士忌用的大麥（占布萊迪所需 25%），是 19 世紀末以來未曾有過的事。縱然這種作法花費較高，卻能長遠且深度開發艾雷島的未知荒土。

基本款的威士忌維持蜂蜜、甜美、檸檬麥芽糖般的味道，而添加泥煤風味的波夏（Port Charlotte）系列和奧特摩（Octomore）系列，則擺脫了輕狂莽撞的特質，熟成蛻變為思慮周到、頂多有點愛嬉鬧的少年。

繁多的品項被簡化，木桶的品質提高（較不需要重新裝桶），現在需要的是建立一個有識別度的品牌以利量產，但這不表示充滿探索精神的吉姆‧麥克伊文（Jim McEwan）在即將退休之際被新東家請回來後，沒有令人興奮的創意發想。

如同許多「新的」蒸餾廠，布萊迪面對許多值得深思的問題：「我是誰？我可以做什麼？」答案是：「我有很多可能性。我可以做任何事，任何可以反映艾雷島特色的事。」

2013 年秋天，發生了一件怪事。當時我有一支齊侯門 2007 年新裝瓶的樣酒，在聞香後我不經思索地寫下：「齊侯門的經典特質。」雖然陳年並不等同熟成，但基本上威士忌需陳放在優質木桶中至少十年，才能充分顯現熟成面貌；齊侯門以令人意想不到的速度達到了這個里程碑。

然而這座目前艾雷島最新且最小的蒸餾廠（另有一座正計畫蓋在英代爾灣岸的葛特貝爾克（Gartbreck）），向來都是早熟的。它的最終目標，是把威士忌帶回農莊的根源。

齊侯門位於不靠海的齊侯門教區的肥沃農地上，眺望著蔚藍的哥母湖（Loch Gorm），是 14 世紀比頓家族（Beatons）安身立命之處。晚夏時節，大麥在兩側遼闊的田野中窸窣搖擺，然後收割、發芽、蒸餾，並在當地熟成。這是舊式農莊製酒的現代版，反映出昔日的艾雷島人如何只靠土地提供的資源來製酒。

現在管理蒸餾廠的約翰‧麥克萊倫（John MacLellan）曾在布納哈本蒸餾廠工作，也是一位彷彿握著取樣管（valinch）出生的艾雷島人。他負責創造的新酒，充滿煙燻和海岸味，伴隨隱約丁香與柔和的水果氣息。雖然出身即屬頂尖，它和其他任何烈酒一樣，必須藉由木桶平衡並增添風味。

木桶的特質注定了齊侯門的早熟，它的風味不只是烈酒加上橡木，而是兩者交融得天衣無縫。海岸的調性轉化成鹽水和海蓬子的

布萊迪擁有業界極少數仍在運作的開放式糖化槽。

味道，水果味變柔和且成熟；香草植物氣息開展，在味蕾後端的強烈口感顯示了它的無窮潛力。

齊侯門的產品以馬希爾灣（Machir Bay）為主力，使用二手波本桶做換桶處理，少部分最後再用奧洛羅索（Oloroso）雪莉桶過桶；既有陳年裝瓶款，每年也推出百分之百在艾雷島生產的威士忌，都是限量發行；這裡保留了大量的庫存，證據就在科寧斯比（Conisby）新建的倉庫裡。雖然如此，還是有一些古怪而得宜的細節，顯示務

布萊迪的廠房沿著海岸連成一線，如今正在進行大量的威士忌實驗。

實的農莊思維並未完全消失。有一次我看見單桶原酒是用舊茶壺倒出來裝瓶——就某方面而言，這也是百分之百艾雷島的本色。

布萊迪品飲筆記

艾雷島大麥（Islay Barley），5 年 50%

氣味：新鮮。龍舌蘭糖漿、些許綿滑，帶有淡淡山谷百合和檸檬海綿蛋糕氣息。

口味：穀物特質被壓制，味蕾上有隱約焦味，伴隨香蕉、椪柑、桂皮、和粉紅色棉花糖。

尾韻：緩慢升起的花香，帶著些許白胡椒味。

結論：使用生長於岩邊農場（Rockside Farm）的大麥。

風味陣營：**芳芳花香型**
延伸品飲：Tullibardine Sovereign

萊迪系列（The Laddie）10 年 46%

氣味：非常溫和甜美，擁有蒸餾廠鮮明的清新特質。花香、淡淡香草味、檸檬皮、甜瓜和蜂蜜。

口味：綿密且散發大麥的味道，仍然清新但會依附在舌面上。柔和水果味。

尾韻：甜美溫和。

結論：是這個新團隊的指標性作品。

風味陣營：**芳芳花香型**
延伸品飲：Balblair 2000

黑色藝術第四版（Black Art 4），23 年 49.2%

氣味：調性成熟，混合了蜂蠟打亮的教堂長椅、少許玫瑰水、芒果乾、玫瑰果糖漿、乾燥花瓣的氣息。

口味：帕瑪紫羅蘭糖，襯著淡淡的紫羅蘭味；混合著肉味、麥蘆卡蜂蜜（manuka honey）、檸檬乾和石榴味。

尾韻：杏桃核、檸檬乾。

結論：混合了木桶、過桶和一些不知名的風味來源。

風味陣營：**豐富圓潤型**
延伸品飲：響 30 年、Mackmyra Midvinter

波夏蘇格蘭大麥威士忌（Port Charlotte Scottish Barley），50%

氣味：海灘上的篝火、炙熱的沙灘、隱約的氣球味、橄欖油、醃漬檸檬和尤加利樹。

口味：濃稠，草莓糖的甜味將泥煤味向後推。

尾韻：營火的煙味。

結論：年輕但有實體感。

風味陣營：**煙燻泥煤型**
延伸品飲：Coal Ila 12 年、Mackmyra Svensk Rök

波夏 PC8（Port Charlotte PC8）60.5%

氣味：酒體呈金色。烘烤過的泥煤味；木頭煙味、燃燒的樹葉和乾草味。芳香、年輕。

口味：強烈，石南花特質。煙味像霧一般地覆蓋味蕾。

尾韻：熾烈的餘燼。

結論：乾淨，風味發展饒富興味。

風味陣營：**煙燻泥煤型**
延伸品飲：Longrow CV、Connemara 12 年

奧特摩 4.2 版（Octomore, Comus 4.2）2007，5 年 61%

氣味：像是站在燻窯旁。保留了蒸餾廠的甜味特質，並偽裝成鳳梨和香蕉的氣味。

口味：油加利潤喉糖和淡淡麥芽味，接著出現萊迪系列的濃稠感，使甜度提升。

尾韻：綿長且有煙燻味。

結論：強勁但均衡。

風味陣營：**煙燻泥煤型**
延伸品飲：Ardbeg Corryvreckan

齊侯門品飲筆記

馬希爾灣（Machir Bay）61%

氣味：煙味、海蓬子、和軟皮水果。扇貝和白桃。加水後出現海水衝擊過的岩石、淺色花朵、以及炙熱沙灘的味道。

口味：甜且酸，煙味隱約帶著石灰的味道，味蕾微微刺辣。加水後釋出花朵綻放與槍煙味。

尾韻：微帶煙味、甜。

結論：新鮮且有煙燻味。

風味陣營：**煙燻泥煤型**
延伸品飲：Chichibu Peated

齊侯門 2007 年 46%

氣味：五彩繽紛的貝殼和新鮮海草，混合著攪拌的牛油、浮木、和剛經過窯烤的泥煤味。

口味：海蓬子、泥煤、甜大麥、和一股香草植物味。

尾韻：淡淡煙燻和丁香味。

結論：完全融合了橡木與蒸餾廠的特質。

風味陣營：**煙燻泥煤型**
延伸品飲：Talisker 10 年

島嶼區

島嶼總是令人著迷，只要想到某種程度的與世隔絕之感，就令人感到興奮。造訪島嶼不只是身體的舟車勞頓，同時也是心理層面的旅程。現在我們就要離開熟悉的一切，前往「彼處之地」，在這趟離開蘇格蘭海岸的旅程中，我們會在世界上幾個最適合乘船的區域航行：這裡有亮翡翠色的大海、粉紅大理石、古老含砂礫的斑馬紋片麻岩、熔岩流，還有上升海灘（raised beach），不停歇的海風，以及可躲避風浪的港灣；生機勃發的景緻扣人心弦，虎鯨、小鬚鯨、海豚、塘鵝與海鷗都以此地為家。

這裡混雜著各種氣味，溼繩索、含鹽水霧、石南、沼澤桃金娘、鳥糞、海藻、污油、乾掉的蟹殼、歐洲蕨以及魚箱。地底下的岩石內部與表面也藏著祕密，石南或海風吹來的沙子，在此區肥沃的沙灘草原（machair）上生根，兩者壓縮成芬芳的泥煤，而奧克尼群島的泥煤又與艾雷島的不同。

不管是農夫為了自己社區的需求，還是以商業的形式經營，這裡每一座島都在某個階段以某種形式製造過威士忌。內赫布里底群島（Inner Hebridean island）最西邊的泰里島（Tiree），就有兩家領有執照的蒸餾廠，18世紀時還曾經有一家威士忌出口商。默爾島（Mull）與愛倫（Arran）也是生產威士忌的著名島嶼，而外赫布底里群島（Outer Hebrides）同樣也是威士忌產區。

那現在呢？蒸餾廠都散布在赫布里底群島各地，這是例外而非常態，不過空間的分布跟存活下來的酒廠同樣引人關注。強迫遷村（Clearance）政策迫使大部分農村蒸餾作業結束，光是泰里島就逮捕了157名私酒業者，許多人遭到驅離，但也同樣促使較大型的蒸餾廠誕生，比方說泰斯卡（Talisker）與托巴莫利（Tobermory）。也有其他蒸餾廠嘗試過但卻失敗，許多是直接放棄，19世紀的市場需求改變，使得島嶼區要以商業規模來製酒成本太過高昂。至今依舊如此。

人在陶醉的時候會忽略掉在居住在島上的現實層面問題，像是交通、原物料、更高的固定成本，以及在本土視為理所當然、但在這裡卻缺乏的事物等等。泰斯卡的前任經理曾對我說：「如果想買一條新的褲子，我就得開車到因佛內斯。」滿懷著「快速致富」夢想的新移民，很快就會意識到致富是不可能的。這裡沒有一樣是快速的，島嶼生活是以較慢的時間框架在進行⋯⋯但威士忌需要的就是時間。島嶼的生活可能很美好，但也很艱困。

在這個西部海岸最外緣地區製作出的威士忌，儘管本質慷慨大方，但卻有種不肯妥協的風土特質，這應該不令人意外吧？你必須要按照他們的方式來認識威士忌，這也是他們會這麼成功的原因。島嶼威士忌的香氣與生俱來，似乎匯集了地貌的特質，整體來說不會受到市場的需求左右。它們就是這個樣子，要不就接受，要不就拉倒。

蘇格蘭島嶼區崎嶇而獨特的地貌反映在威士忌不肯妥協的本質中。

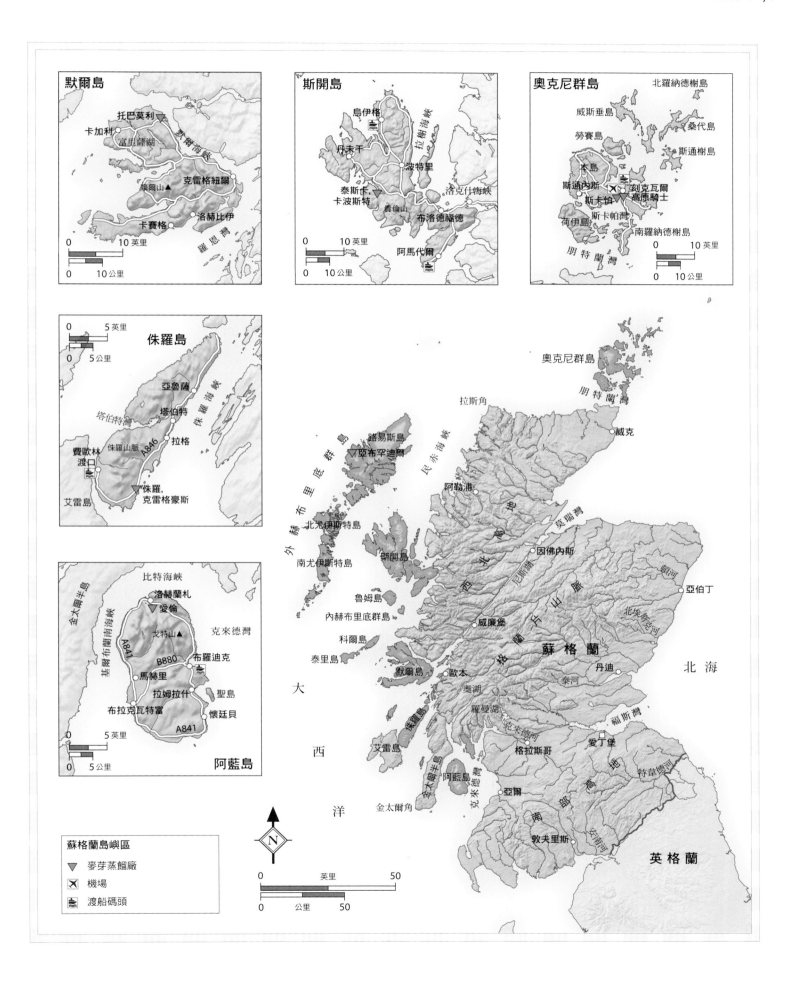

默爾島

托巴莫利
卡加利
富里薩湖
默爾海峽
克雷格紐爾
橫爾山▲
卡賽格
洛赫比伊
羅恩灣

0　　10英里
0　　10公里

斯開島

烏伊格
拉爾海峽
丹未干
波特里
泰斯卡,
卡波斯特
洛克什海峽
賽倫山
布洛德福德
阿馬代爾

0　　10英里
0　　10公里

奧克尼群島

北羅納德榭島
威斯垂島
桑代島
勞賽島
斯通榭島
本島
斯通內斯
刻克瓦爾
斯卡帕✈高原騎士
荷伊島
斯卡帕灣
南羅納德榭島
朋特蘭灣

0　　10英里
0　　10公里

侏羅島

0　　5英里
0　　5公里
亞魯薩
塔伯特
塔伯特灣
侏羅海峽
侏羅山脈
A846
拉格
費歐林
渡口
侏羅,
克雷格豪斯
艾雷島

阿藍島

金太爾半島
比特海峽
洛赫蘭札
愛倫
戈特山▲
基爾布蘭南海峽
A841
B880
布羅迪克
馬赫里
拉姆拉什
聖島
布拉克瓦特富
懷廷貝
A841
0　　5英里
0　　5公里

蘇格蘭島嶼區
▽ 麥芽蒸餾廠
✈ 機場
⚓ 渡船碼頭

奧克尼群島
朋特蘭灣
拉斯角
威克
外赫布里底群島
路易斯島
亞布羅迪爾
民赤海峽
阿勒浦
莫瑞灣
北尤伊斯特島
斯開島
西北高地
因佛內斯
尼斯湖
蛾河
亞伯丁
南尤伊斯特島
魯姆島
威廉堡
北埃斯克河
內赫布里底群島
格蘭坪山脈
蘇格蘭
科爾島
泰里島
默爾島
歐本
奧湖
丹迪
泰河
北海
艾雷島
侏羅島
羅蒙湖
克來德河
福斯灣
阿藍島
格拉斯哥
愛丁堡
南部高地
特韋德河
克來德灣
金太爾半島
亞爾
安南河
金太爾角
敦夫里斯
英格蘭

N

大
西
洋

0　　英里　　50
0　　公里　　50

斯凱維湖（Loch Scavaig）與通往庫林山（Cuillins）的後門。泰斯卡蒸餾廠就在這些雄偉的山峰後方。

愛倫 Arran

洛赫蘭札 · WWW.ARRANWHISKY.COM · 全年開放，冬季開放日期不定；3月中到10月週一至週日

就一個不符合威士忌常規的島嶼來說，愛倫是很難定義的蒸餾廠。高地邊界斷層（Highland Boundary Fault）將島嶼切割為兩半，這裡簡直就是地質學家的天堂，有花崗岩侵入體、達拉第安（Dalradian）變質岩、沉積層、冰河作用的山谷與上升海灘等等。北邊崎嶇多山，南邊全是波浪起伏的牧地。這裡算是高地區還是低地區？也許只能說是蘇格蘭蒸餾出品。若要以威士忌術語來分類就更為複雜，這間蒸餾廠位在北方的洛赫蘭札（Lochranza），照理說應該屬於高地區，但它又位在島嶼上，所以……肯定歸類為島嶼威士忌吧？也許定義根本沒有意義，重要的是這個小規模區域的獨特性，它能創造出自己的特色要歸功於蒸餾廠工作人員的態度。

蒸餾廠所在的阿藍島一直是既讓人困惑又充滿啟發性。地質學之父詹姆斯 · 赫頓（James Hutton）就是在這裡發現了其中一種「不整合面」（unconformity），也就是較新的地層水平地疊在深入侵蝕的較古老地層上，較古老的地層升起呈垂直狀，透露出地質形成所需的久遠時間。

這座蒸餾廠是在1995年建造，對一個曾以私酒聞名的島嶼來說，算是頗晚才重新開始生產威士忌。這又衍生出另一個問題：為什麼在將近160年後，阿藍島的新蒸餾廠不是蓋在歷來大多數蒸餾活動進行的南方，而是在北方呢？

「他們看了好幾個地點。」原本的經理（也是蒸餾界傳奇人物）戈登 · 米切爾（Gordon Mitchell）說。他們是因為水源才選擇洛赫蘭札。「達比湖（Loch na Davie）提供了大量的水源，酸鹼質又非常適合發酵……湖裡也絕對不會有死掉的綿羊！」

愛倫就和大多數新蓋的蒸餾廠一樣，整層是不隔間的，雖然引人注目而有點不太協調，但卻仍有大型麥芽威士忌酒廠該有的功能。原本是從外面引進碎麥芽，但現在裝設了磨粉機。「我想要掌控整個流程。」現在的經理詹姆斯 · 麥塔格（James MacTaggart）說，他是艾雷島人，之前在波摩有三十多年製作威士忌的經驗，現在這裡每年都生產一些帶泥煤味的威士忌，這也不令人意外。

愛倫從一開始就生產帶有濃郁柑橘味的酒：以穀類為根基，酸爽中帶有清新感。「很難確切說明這個味道是從哪裡來的，」麥格塔說。「但這些小型蒸餾器是以非常緩慢的速度蒸餾，導致有許多時間產生回流，我想柑橘味就是這麼來的。」

愛倫清爽的特色是商業決策的結果，它的建廠時間在泥煤味的新威士忌熱潮出現之前，因此在商業考量上，必須生產相對來說能快速熟成的烈酒。有時候有人會認為它的風格就是「易飲」，但這種說法相當輕蔑。現在已經營19年的愛倫還在成長中，近年來它的木桶政策證明自己可以耐得住雪莉桶熟成，而且至少對我來說，減少過桶的種類是正確的決定，這樣才能讓愛倫真正的特色顯現。愛倫已經經歷最痛苦的轉變，也存活下來。

「不整合」這個地質名詞也許也很適合用來描述這座蒸餾廠，它既不屬於典型的高地、低地風格，也沒有一般咸認的島嶼特色，但這樣才適合愛倫，畢竟一路走來，它就不符合任何確切的定義。愛倫（不論是島嶼或是威士忌）的風格就是愛倫。

愛倫品飲筆記

新酒

氣味：清新，明顯柑橘味。新鮮橙汁、切下來的未成熟鳳梨，帶有麥麩／燕麥味。青澀。

口味：麻刺感。乾淨、大量柑橘味。非常集中、帶甜味。穀物味。

尾韻：乾淨強烈。

羅伯特 · 伯恩斯（Robert Burns）43%

氣味：清新芳香、濃郁酯味，紫香李（quetsche）與蜜拉貝爾李（Mirabelle）。愛倫柑橘的特色在此以柚子的氣味展現。加水後有香氣。

口味：跟聞起來很類似。浮現果樹花叢與剪下花朵的味道。起泡的，帶淡淡粉筆味。

尾韻：輕快，帶柑橘味。

結論：年輕但已經平衡得相當好。

風味陣營：芬芳花香型
延伸品飲：Glenlivet 12年

10年 40%

氣味：展現更多以穀物為主的特色，有橘子與些許香蕉味。加水後的乳脂味增添滑順感。

口味：壓抑，愛倫混合穀物與果味的經典特色。加水後更為柔軟。

尾韻：辛辣，薑、南薑（galangal）。

結論：年輕但已有自信。

風味陣營：水果香料型
延伸品飲：Clynelish 14年

12年，原桶強度 52.8%

氣味：甜且均衡。羅伯特 · 伯恩斯的粉筆味在這年份出現，還有檸檬白皮與剛鋸下的淡淡橡木味。

口味：甜且濃郁。愜意，混合著花香、柑橘與成熟的榛果味。

尾韻：檸檬、大麥、糖。

結論：充足的特色深度足以蓋掉酒味。

風味陣營：水果香料型
延伸品飲：Strathisla 12年

14年 46%

氣味：柔和、溫暖、烘烤過的橡木。清爽青澀，有些茴香、檸檬草氣味。甜。

口味：淡淡甜味，熟成得很好，有更濃的橡木味作為平衡。卡士達醬與柚子。

尾韻：還是有點緊繃。

結論：尾韻的緊繃感，顯示還需要更多時間讓蒸餾物浮現。

風味陣營：芬芳花香型
延伸品飲：山崎12年

侏羅島 Jura

克雷格豪斯 · WWW.ISLEOFJURA.COM · 開放時間：5 到 9 月週一至週六，最好先電話確認

在侏羅島上蓋座蒸餾廠可是個浩大的工程，這裡幾乎是赫布里底群島人煙最稀少的地方之一，運輸也都得透過艾雷島，使得固定成本的控制更為困難。這間位於克雷格豪斯（Craighouse）的蒸餾廠有過好幾個名字：考南艾林（Caol nan Eilean）、小島（Small Isles）、拉格（Lagg）、侏羅（Jura）等，它在 1910 年關閉時，當地人似乎就只能從鄰近的艾雷島輸入威士忌。

然而 1962 年時，兩位地主羅賓 · 弗藍切爾（Robin Fletcher，大文豪喬治 · 歐威爾待在島上時的房東）以及東尼 · 萊利－史密斯（Tony Riley-Smith，《威士忌雜誌》發行人的叔叔），擔心島上人口減少，於是聘請設計師威廉 · 達美－伊文斯建造新的蒸餾廠。

侏羅島上有一樣東西絕對不缺，就是泥煤，但直到最近才開始用於威士忌生產。然而記錄顯示小島蒸餾廠以前生產的是帶有重泥煤味的威士忌，弗藍切爾與萊利史密斯的主要客戶是蘇格蘭新堡集團（Scottish & Newcastle），他們想要的是清爽無泥煤味的基酒來調和威士忌，因此侏羅島就跟 1960 年代大多數的蒸餾廠一樣，生產的風格是清新不帶泥煤味，還安裝了大型蒸餾器來加速蒸餾的過程。

賦予侏羅島在香氣方面的決定性特色的，就是泥煤層上的蕨類植物，在潮溼的夏季森林裡呈現嫩綠色，隨時間慢慢乾燥成歐洲蕨，全都帶有穀類的剛性。侏羅島的酒很強悍。「放入雪莉桶前必須先沉澱。」理查 · 派特森（Ricahrd Paterson）說，他是侏羅島東家馬凱集團的首席調和師。「這裡的酒簡直就在說我很高興穿的是西裝，而不是貂皮大衣。太早把我放進雪莉桶，我就會朝另一個方向發展。」

緩慢的熟成過程要 16 年才能讓最棒的部分開始展現，在 21 年（或更久）會達到高峰。以往「無泥煤」的規則已不復存，現在是

侏羅島是個什麼都單一化的島嶼，一條路、一個村，以及一種威士忌。

重泥煤的單一桶裝威士忌，展現歐洲蕨與松樹並存的氣味，而帶草皮泥煤味的「幸運」（Superstition）則提供了另一種不同特色的選擇，就某些方面來說味道更為複雜。接受自己的環境、不要背道而馳，就長遠來看也許對侏羅島最有益處。

侏羅島品飲筆記

新酒
氣味：塵土感、不甜，青澀的歐洲蕨。淡淡青草味。
口味：強烈，中段口感有一絲香氣、清爽，接著是麵粉味。非常緊緻。
尾韻：儘管很甜，但風味還沒有打開。

9 年 桶陳樣品
氣味：金黃色。麵粉／粉塵的氣味現在已經變成綠麥芽，帶著榛果的底。柑橘味浮現（檸檬），還是有綠色蕨類的特色，伴隨些許牛軋糖味，仍屬酸爽。
口味：非常干澀紮實。碎杏仁片、未成熟的水果、麥芽。
尾韻：在最後才開始展開，帶些許集中的甜味。
結論：新酒簡單乾淨印象的延伸，底蘊依舊紮實。

16 年 40%
氣味：琥珀色。木材萃取物的氣味：香草、甜乾果、李子、栗子、樹莓果凍。微微乳酸味，底部有干澀的特質。
口味：比 9 年份更圓潤柔軟，有絲滑溫和的口感。切下來的成熟水果、帶乾草味（由之前的綠色歐洲蕨氣味演變而來）。
尾韻：雪莉桶的甜味與扎實烈酒混合的味道。
結論：活性木桶混合的作用，讓潛藏的甜味慢慢浮現。

風味陣營：豐富圓潤型
延伸品飲：The Balvenie 馬德拉桶 17 年、
The Singleton of Dufftown 12 年

21 年 桶陳樣品
氣味：桃花木。成熟，麵粉乾果甜糕（clootie dumpling）：五香、薑、葡萄、乾果皮。接著是糖漿味、悠閒（也許是因為干澀感終於消失）。開始變得濃郁。
口味：深受雪莉桶的影響：巴羅考塔度雪莉酒（Palo Cortado）。甜／可口開胃的特色。水果蛋糕與核桃。醇厚綿長。
尾韻：成熟的甜果味。
結論：有吉拉島侏羅島熟成演化中很慢才出現的迷人香料辛辣味。

托巴莫利 Tobermory

托巴莫利 · WWW.TOBERMORYMALT.COM · 全年週一至週五皆開放

任何在蘇格蘭西部海岸航海過的人，都知道這裡的世界級海景無比壯闊，但迎面而來的惡劣天氣也令人頭疼。默爾島（Isle of Mull）的首府托巴莫利是主要的避風港之一，停泊著乘風破浪、與自然環境搏鬥一整天後的快艇。從下錨處蹣跚而上，看到的第一棟建築物是米西尼西飯店（Mishnish Hotel），它散發著跟剛下船的人一樣的氣息，疲倦又飽經風霜。我必須說托巴莫利不像其他蘇格蘭蒸餾廠那般美麗。

就某些方面來說，托巴莫利的故事與島嶼本身的發展很類似。自 18 世紀末期以啤酒廠起家，歷任東家對待它的方式，就像不住在赫布里底群島的地主對待當地的佃農一樣，1993 年以前的木桶政策本是「只要是樹，就能拿來做木桶」。現在它隸屬邦史都華（Burn Stewart）集團，在酒廠經理伊恩·麥克米蘭（Ian MacMillan，詳見第 104 頁丁斯頓蒸餾廠）的帶領下逐漸恢復生機。

他成功地製造出新酒，儘管質地油潤又帶蔬菜氣味有點奇怪，但除了紅色果味之外，還發展出吸引人的青苔特色。托巴莫利的蒸餾器在林恩臂頂端有 S 型的彎曲，這點確實很奇特。

「那個彎曲是關鍵，」他說，「這樣能產生許多回流，有助於底蘊的清爽。」

托巴莫利蒸餾廠重泥煤的酒款也同樣潛藏這種清爽的特色，里爵（Ledaig）的新酒充滿芥末、笠貝的風味，而且煙燻味重得像煙囪一樣。然而，兩者 30 年以上的陳年款皆展現了優雅細緻的風味。

換句話說，這兩種酒都非常有特色，而且跟侏羅島一樣需要時間熟成。「這些酒的確需要時間醞釀，但它的風格就是如此。」麥

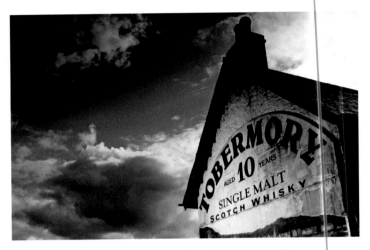

對許多疲倦的水手來說，托巴莫利蒸餾廠的三角牆就是歡迎的標誌。

克米蘭說。「誰說威士忌只要五分鐘就能做好？」

托巴莫利品飲筆記

新酒

氣味：油潤、有植物味，而且還帶著綜合甘草糖的古怪氣味。等這味道消散後，有青苔、黃銅、朝鮮薊與麥麩味。

口味：油潤，一開始結實富油脂，但尾韻卻相當干澀。

尾韻：冷硬簡短。

9 年 桶陳樣品

氣味：濃郁果味（歐寶水果軟糖以及濃縮萊姆汁），草莓軟糖，接著是溼餅乾、葫蘆巴、油潤，還有雪莉酒味。

口味：亞麻子油，跟之前聞到的果味相比，現在浮現的是全麥的特色，變得更甜。加水後有波薩輕木（balsawood）的味道。

尾韻：酸爽。

結論：新酒的甜與干澀的特質依舊在角力中。

15 年 46.3%

氣味：暗琥珀色。明顯的雪莉酒影響：新酒的青澀之外，還有無子小葡萄的氣味。些許薄荷巧克力味，成熟的果醬味正在成形。

口味：辛辣，展現些許櫻桃（以及雪莉酒）味，紅色果味正以有趣的方式成形中。榛果。

尾韻：干澀，帶一絲糖漿味。

結論：木桶讓整體味道變得圓潤，但感覺還需要時間熟成。

風味陣營：豐富圓潤型
延伸品飲：Jura 16 年

32 年 49.5%

氣味：暗琥珀色。成熟、接骨木莓、葡萄乾、淡淡煙燻味、秋天的森林、腐葉，又再度浮現青苔味。

口味：扎實附著感，有明顯濃郁的雪莉酒味。西洋杉、溫和柔軟的乳脂口感。

尾韻：持久不散。

結論：味道終於顯露出來。

風味陣營：豐富圓潤型
延伸品飲：Tamdhu 18 年、Springbank 18 年

亞布罕狄爾 Abhainn Dearg

亞布罕迪爾 • 路易斯島，卡尼許（Carnish）• WWW.ABHAINNDEARG.CO.UK • 全年週一至週五皆開放

到過西部群島就會知道，當地人對於蘇格蘭烈酒的愛好可以追溯到幾個世紀以前，不過令人意外的是，這條長長的外圍島鏈在 1840 到 2008 年間，並沒有生產自己的威士忌——至少合法的沒有。最後一間營運的蒸餾廠有個夢幻名字叫休伯恩（Shoeburn），據紀錄顯示它曾經供應相當大量的酒給路易斯島（Lewis）的首府斯托諾威（Stornoway），但卻沒多到可以販售到島嶼之外。就像我說過的……

2008 年，馬可・泰伯恩（Marko Tayburn）決定要採取行動解決這個問題。建造蒸餾廠這件事需要耐心、遠見、充裕的資金，以及馬可所說的：「……大量的時間用來坐著填一堆表格。」

在英國本土蓋一座蒸餾廠就很棘手了，更別提在西北海岸最西端的聖基爾達島（St Kilda）會有多艱鉅，但他做到了。他在雷德河（Red River）找到一間古老的魚類養殖場，自己設計蒸餾器，運用當地的大麥開始進行生產威士忌。蒸餾廠的目標是自給自足，畢竟島嶼的現實景況就是如此。如果有任何需要做的事，動手做就對了。

「我們一直都知道自己要什麼。」馬可說的是他那大膽又帶泥煤味的烈酒。「大家想喝的是與眾不同又有辨識度的酒，我們用自己知道的唯一方式來製造威士忌，這酒是所有元素的總和，可是……」他停頓了一會兒，「它也展現了外赫布里底群島的一部分，像是低地草原、泥煤、沙子、水質以及群山等等。」

「大型的蒸餾廠很棒，」他說。「但我喜歡反映出不同風土人情的小型蒸餾廠。」只要與馬可交談，最後都會講到人與自然環境，你可以明顯感受到他以身為赫布里底島的居民為榮。亞布罕狄爾的威士忌不僅僅是酒，而是特定思維模式的展現。

儘管地處偏遠，但不少人為了要來看看這座蒸餾廠特意造訪路易斯島，這讓馬可頗為驚訝。這座英國最偏僻的蒸餾廠不僅忠於自我，也與廣大的威士忌世界建立起關係。

蓋蒸餾廠現在似乎就像開通巴士路線，許久之前就有人提議要在哈里斯島（Harris）與巴拉島（Barra）建造蒸餾廠，下筆的時候已有進行的計畫。赫布里底群島是否已誕生新的威士忌文化？

亞布罕迪爾在外赫布里底群島展開蒸餾業的復興運動。

亞布罕狄爾品飲筆記

單一麥芽 46%

氣味： 暗琥珀色。成熟，接骨木莓與葡萄乾的氣味。淡淡煙燻味，有一絲秋天森林與腐葉味，一樣有青苔味。

口味： 一路都有細緻煙燻味，舌上有明顯蒸餾物精華的口感。辛辣芥末、油潤，皮革保養油。

尾韻： 穀類味。

結論： 依舊年輕，沉重與輕快的有趣混合，需要時間在活性木桶中熟成。

風味陣營：水果香料型

延伸品飲： Kornog

泰斯卡 Talisker

泰斯卡・卡波斯特・WWW.DISCOVERING-DISTILLERIES.COM/TALISKER・全年開放，日期與參觀細節請見網站

泰斯卡地處哈伯特湖（Loch Harport）前方的卡波斯特村（Carbost），是蘇格蘭景觀最壯闊的蒸餾廠之一。這裡有山群與海岸，蒸餾廠後方聳立著庫林山，崎嶇破碎的山脊與南方形成一道屏障。站在岸邊深吸一口氣，你會聞到藻類與海水的氣味，再聞聞新酒，則會浮現煙燻、牡蠣與龍蝦殼味。泰斯卡蒸餾的是這塊土地的味道，不過這只是我不切實際的浪漫隨想，島嶼極端的地理位置撩人思緒，讓人感受到生命的渺小。

人稱「大修」的修・麥卡斯吉爾（Hugh MacAskill）並不是因為什麼形而上的抽象理由才在這兒蓋了座蒸餾廠。身為某位默爾島地主的侄子（他從叔叔那兒繼承了默爾島的莊園），麥可吉爾在 1825 年承接了泰斯卡的「租約」（tack），對他的佃農以及之前地主洛克蘭・麥克林（Lauchlan MacLean）時期留下來的人，執行殘忍的經濟「改善」措施。

泰斯卡和克萊力士（詳見第 133 頁）一樣，都是高地淨空時期蓋的蒸餾廠。當地居民要不就選擇待在卡爾波斯的蒸餾廠工作，要不就得搬遷到殖民地。斯開島杳無人煙的美景並不是因為地理環境，而是 19 世紀資本主義經濟導致的結果。「斯開島不是原本就空曠，」英國作家羅伯特・麥克法蘭（Robert MacFarlane）寫道，「而是被淨空的。」

這兒的威士忌也不是一開始就跟抽象的聯想有關，泰斯卡主要是以回流、純淨管與泥煤來塑造它的風味，講究的是「程序」……

不過這些在舌頭上層層演進的味道還是會讓人感受到沿海地區的氛圍。斯開島的土很薄，有 21 條泉水直接供應蒸餾廠使用，大麥也經過泥煤燻製（近幾年是來自格蘭奧德麥芽廠），發酵時間長而且用的是木製發酵槽。這一切製造出來的酒汁，則是流入廠內兩座造型奇特的蒸餾器中。

泰斯卡的祕密就藏在這些有著誇張 U 型彎度林恩臂的高大罐式蒸餾器裡，蒸汽會在此倒流，透過純淨管回到蒸餾器裡。林恩臂往後直立回到原本的高度，穿過牆壁繞著冷的蟲桶圍成圈，這些都是能創造出風味的卓越機器。低度酒接著流入三座簡樸烈酒蒸餾器中的其中兩座（也許是泰斯卡採取三次蒸餾法時遺留下來的），製造出擁有複雜度的新酒。

這裡的酒明顯帶有煙燻與硫磺味，這是蟲桶與筋疲力竭的銅交互作用的結果，而富含油脂的甜味，則是來自巨大酒汁蒸餾器與純淨管產生的回流。硫磺味最後退卻到口腔後方，接著而來的就是洩漏了泰斯卡真實身分的胡椒味。

位在海岸與庫林山之間的泰斯卡，是蘇格蘭景致最壯闊的蒸餾廠之一。

那麼，泰斯卡這些白漆廠房究竟是製造威士忌的工廠，還是當地精神的展現？「你一定能在威士忌中捕捉到這個地方的神韻。」帝亞吉歐集團首席蒸餾師與調和師道格拉斯・莫瑞（Douglas Murray）說，「在釀酒的過程中，一定會擷取些許當地的精華，這裡有某種特質讓泰斯卡成為……泰斯卡。我們永遠無法確定這一切到底是怎麼形成的。我們也不想知道。」這是這個地點獨有的風土。

近年來泰斯卡增加相當多的酒款，從雄壯帶泥煤味的北緯 57 度（57° North）、風暴（Storm）以及黑暗風暴（Dark Storm），到持續推出的 25 到 30 年的陳年珍釀，全都是這塊土地、海洋與沿海地帶的綜合，蒸餾出斯開島的特色。

所有的島嶼威士忌之所以能夠存活，是因為他們不但務實——製造威士忌是少數在此地能成功的企業，而且還有絕不妥協的風味（主要是泥煤賦予的特色），就跟當地的自然景致一樣。威士忌以這種方式來反映出自己的身世以及生產人的個性。這也是文化上的風土。

查看威士忌：泰斯卡帶胡椒煙燻味的風格，是持續與橡木桶細緻撫觸交互作用的結果。

泰斯卡品飲筆記

新酒

氣味： 一開始有淡淡的煙燻味，底　有硫磺的甜味。牡蠣海水味、龍蝦殼，最後有煙燻的香味。

口味： 干澀煙燻與硫磺味。淡淡焦油味，新皮革味。柔軟果味、鹹。

尾韻： 綿長、煙燻味，胡椒、底　帶有硫磺味。

8 年，二次充填　桶陳樣品

氣味： 有香氣。石南／類似土味的泥煤味。白胡椒粒，有藥味。依舊有新酒那種海水／牡蠣味。碘、乾薄荷。加水後會有泥沼桃金孃（bog myrtle）與落葉松的氣味。

口味： 明顯白胡椒粒味道襲來，海洋味。扎實淳厚的質地，帶些許油潤感、複雜。

尾韻： 干澀、甜，之後又再度浮現干澀與胡椒味。

結論： 已經展現成熟的特色。

10 年 45.8%

氣味： 金黃色。煙燻辣味。石南、甘草根與覆盆子。混合了泥土煙燻（營火）、脆皮烤豬以及淡淡的海藻味。底　有甜味，均衡、些許複雜度。

口味： 立即直接。豐富又複雜，混合胡椒粉與非常甜的柔軟果味，全都帶有煤煙／青苔的煙燻味。一絲硫磺味。混合了海洋與海岸的味道，甜、辣，煙燻味。

尾韻： 干澀胡椒味。

結論： 在似乎互相衝突的元素間取得平衡。

> **風味陣營：煙燻泥煤型**
> 延伸品飲：Caol Ila 12 年、Springbank 10 年

風暴 45.8%

氣味： 煙燻、海水味。碎浪、浮現新酒的硫磺味。加水後會和緩些，增強糖漿與果類的甜味，接著海水煙燻味又再度出現。

口味： 典型泰斯卡的特色，讓人放鬆警惕的甜味後，會突然迸發出雄壯有自信的煙燻味。

尾韻： 鹹、胡椒味。

結論： 沒有標示年份的泰斯卡，展現極為濃郁的泥煤味。

> **風味陣營：煙燻泥煤型**
> 延伸品飲：Springbank 12 年

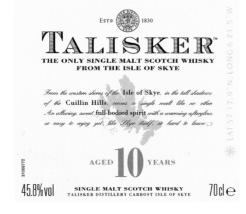

18 年 45.8%

氣味： 金黃色。複雜，燃燒的石南、菸草甜味、老舊的倉庫以及殘餘的螢火。底　是杏仁醬／牛軋糖奶油餅乾味，以及淡淡的草本味。濃郁煙燻味、豐富且複雜。

口味： 和緩地開始，接著是胡椒味、淡淡煙燻魚味，但主軸是水果糖漿的甜味，賦予了平衡感。口感逐漸增強，最後是爆發性的尾韻。

尾韻： 紅胡椒粒。

結論： 保留了泰斯卡辨識度很高的衝擊性特色，但中心有逐漸增長的甜味。

> **風味陣營：煙燻泥煤型**
> 延伸品飲：Bowmore 15 年、Highland Park 18 年

25 年 45.8%

氣味： 香氛味。類似紫羅蘭的氣味中帶有溼繩索、帆布上殘留的海水味、綠色蕨類與淡淡的皮革味。海岸、營火餘燼。

品味： 非常複雜。草莓、磨碎黑胡椒、月桂葉、海藻與煙燻味。

尾韻： 鹹巧克力味。

結論： 平衡、成熟、神祕。經典的泰斯卡特色。

> **風味陣營：煙燻泥煤型**
> 延伸品飲：Lagavulin 21 年

奧克尼群島

奧克尼群島獨立於蘇格蘭本土之外，這裡有豎立的石頭、新石器時代埋藏的房舍以及古老的圓屋堡壘。無情的海浪拍打著懸崖，維京人的冒險故事依舊像是不久前才發生的事。這一切似乎都共存在這個集各種魔法於一身的群島上，島上兩座蒸餾廠以不同的方式展現他們所處地理位置的面貌。

時空交疊短暫的並存：奧克尼群島古老的過去在今天依然觸摸得到舊栩栩如生。

高原騎士、斯卡帕 Highland Park & Scapa

高原騎士・刻克瓦爾・WWW.HIGHLANDPARK.CO.UK・全年開放，日期與參觀細節請見網站
斯卡帕・刻克瓦爾・WWW.SCAPAMALT.COM

螺旋槳切開雲層，顯露出平緩起伏的海岸線，從這高度往下看，彷彿是陸地與海洋之間溫和的華爾滋，不像蘇格蘭西海岸的景觀宛如醉漢的蹣跚步伐。奧克尼群島的自然景緻、文化與居民……以及威士忌，都不像蘇格蘭其他地方。這塊低地綠色圓盤狀的群島依舊是古挪威文化的前哨站，儘管不屬於斯堪地那維亞，而是隸屬蘇格蘭，但卻不像蘇格蘭。在這裡，我們又再次發現島國天生孤立與自給自足的特性，讓他們創造出自己的解決方式。高原騎士與斯卡帕這兩座島上的蒸餾廠，就代表了兩種不同生產威士忌的創意手法：前者是自然派，後者是科技派。

高原騎士蒸餾廠就如同其名，坐落在刻克瓦爾（Kirkwall）上方山丘的頂端，層疊的黑色石牆讓它看起來就像是從岩石中直接延伸出來似的。穿過廠區建於 1798 年的華美大門，就好像走進一個奇怪的次元，鋪有石板的蜿蜒小巷帶著訪客在其間穿梭，這些建築物隨著蒸餾廠的需求增加，一棟棟擴建，彷彿有機物一般地生長。

這裡有 20% 的大麥是以地板發芽的方式在廠內生產，一天用泥煤，一天用焦炭，創造出中等程度的沉重特色，接著再與本島無泥煤的麥芽調和。這裡用乾酵母長時間發酵、緩慢蒸餾，生產出混合煙燻香氣與柑橘清爽感的新酒。簡稱「HP」的高原騎士從一開始就有甜味，這種煙燻、甜美、柳橙與豐富果味交織的特色貫穿了所有的酒款。有時泥煤味占上風，有時是甜味從容地走到前面來，持續的熟成會讓這兩種元素融合成濃郁的蜂蜜味。均衡是箇中關鍵。

高原騎士的 DNA 來自釀酒過程的前端與終端。它隸屬於愛丁頓集團，木桶是木桶大師喬治・艾斯比（George Espie）管理。自 2004 年起就不再以波本桶裝填（順便一提，他們也不再使用任何焦糖染色），這裡的威士忌是用四年風乾的歐洲與美國橡木雪莉桶來

斯卡帕：以現代的方式塑造風格

斯卡帕蒸餾廠眺望斯卡帕灣，與高原騎士的直線距離不過 1.5 公里，但這裡的威士忌風味卻截然不同，無泥煤味且多汁、富果香。它的特色關鍵就在擺放了羅門式蒸餾器的蒸餾室。儘管移除了隔板，蒸餾器寬闊的頸部以及純淨管卻讓酒與銅有大量的接觸。現在經過新東家起瓦士（Chivas Brothers）集團的翻修，這座美麗的蒸餾廠以及相當可口的酒，終於慢慢建立起名聲。

熟成。「這種木桶政策使高原騎士得以維持特色一致。」品牌大使蓋瑞・托許（Gerry Tosh）說。「當你的產品線包含了沒有過桶處理、12 到 50 年的七種酒款時，一致性就是最大的挑戰。」如果艾斯比和威士忌製造師馬克思・麥克法蘭（Max MacFarlane）想在最後階段排除不受歡迎的意外驚喜，那就得從奧克尼群島的地底下著手。

高原騎士蒸餾廠鋪了石板的陡峭巷弄，讓它有一種自給自足的中世紀城鎮的氛圍。

走在高原騎士每年擷取 350 公噸泥煤的霍比斯特泥炭沼（Hobbister Moor）上，你會注意到土地的氣味有所改變，帶著 HP 威士忌中那種類似松樹與草本的香氣。想要真正了解為何高原騎士的風味與眾不同，就從荒原走到葉斯納比（Yesnaby）的懸崖，你就會發現之前海岸溫和共舞的飄渺幻象已然破滅。站在遭受海浪重擊拍打的多色地層頂端，這裡的風速每年有 80 天是超過時速 160

公里。「高原騎士與眾不同的關鍵就是奧克尼的泥煤，」托許說，「而這裡就是一切的開始。奧克尼因為鹽霧樹木無法生長，只剩石南，所以這裡的泥煤和別的地方不一樣，燃燒時的香氣也不一樣……正是這一點造就了高原騎士。」

蒸餾廠的特色就源自於它的誕生之處。

高原騎士品飲筆記

新酒

氣味：煙燻、柑橘味。非常清新又帶甜味。新鮮、金桔皮，淡淡的多汁果類風味。

口味：淡淡堅果味。非常明顯的柑橘甜味，之後浮現煙燻香氣。

尾韻：甜味持續，尾韻帶一絲洋梨味。

12 年 40%

氣味：淡金色。果味穿透出來，軟化了泥煤味。依舊有明顯柑橘味（納爾吉橘），溼潤的水果蛋糕、莓果與橄欖油。加水後會有烘烤水果味以及溫和煙燻味。

口味：柔軟溫和，帶些許無子葡萄味，中段口感後有隱約泥煤味浮現。所有味道都集中在舌頭中央。

尾韻：煙燻甜味。

結論：已經開展，累積了複雜度。

風味陣營：煙燻泥煤型
延伸品飲：Springbank 10 年

18 年 43%

氣味：飽滿的金黃色。比 12 年的更為成熟油潤，12 年的是果皮氣味，18 年的則是豐潤的果肉。馬德拉蛋糕（Madeira cake）、甜櫻桃與香料味。乳脂軟糖與淡淡蜂蜜味。煙燻味已經變成壁爐中的餘燼。

口味：濃郁的口感持續，乾梨、蜂蜜、拋光過的橡木、核桃。多汁，帶些許橘醬味。

尾韻：融為一體的煙燻味。

結論：明顯與同一系列的特色類似，從橡木桶中逐漸累積分量。

風味陣營：豐富圓潤型
延伸品飲：The Balveni 馬德拉桶 17 年、Springbank 15 年、山崎 18 年

25 年 48.1%

氣味：琥珀色。甘美多汁，帶大量乾果甜味。比起 18 年，石南煙燻／石南蜂蜜味更為濃郁。開始有堅果味，有傢俱亮光漆與溼潤泥土的氣味。

口味：糖漿、濃郁的果糖。五香、豆蔻，依舊帶甜味。

尾韻：乾橙皮、煙燻芳香，大吉嶺的茶味。

結論：即將進入第三個十年，但蒸餾廠的特色依舊存在。

風味陣營：豐富圓潤型
延伸品飲：Springbank 18 年、Jura 21 年、Ben Nevis 25 年、白州 25 年

40 年 43%

氣味：成熟、淡淡堅果風味。非常具有異國風情，軟羔皮、性感撩人的麝香。底 有煙燻味，接著又回到乳汁軟糖／鮮奶蛋糕的甜味。加水後味道會變濃郁，持續好幾個小時，之後散發煙燻的香氣（燃燒石南荒原雜草），以及淡淡類似鳶尾植物的草根味。

口味：一開始干澀，之後變油潤、包覆舌面。皮革味再度浮現，伴隨杏仁苦味、葡萄乾與乾果皮味，之後煙燻味取得上風。

尾韻：酸爽，之後是甜味。

結論：已成熟進化，但然帶有明顯高原騎士的特色。

風味陣營：煙燻泥煤型
延伸品飲：Laphroaig 25 年、Talisker 25 年

斯卡帕品飲筆記

新酒

氣味：香蕉、綠豌豆、榲桲、紫李等的酯味。背景有些許潮溼泥土味與一絲蠟味。

口味：甜，淡淡油潤口感。水果口香糖。

尾韻：乾淨簡短。

16 年 40%

氣味：金黃色。明顯美國橡木桶的影響，香蕉、水果軟糖。清爽芳香，帶著隱約新鮮百里香的氣味。

口味：依舊有淡淡油潤感。感覺富含油脂但又輕盈。有橡木淡淡的烘烤麵包味。果味停留在舌頭中央。

尾韻：油潤成熟。

結論：精力充沛、急於討好。

風味陣營：水果香料型
延伸品飲：Old Pulteney 12 年、Clynelish 14 年

1979 47.9%

氣味：金黃色。融入的特色更為明顯，有淡淡可可味、香蕉泥、黑掉的香蕉。榲桲的氣味又再度出現，飽滿有活力。

口味：複雜豐富。巧克力餅乾、芭樂、烘烤過的橡木。甜味。

尾韻：溫和的辛辣味。果味。

結論：依舊有明顯的蒸餾廠特色，但比稚嫩的 16 年冷靜。需要時間培養出穩重感。

風味陣營：水果香料型
延伸品飲：Craigellachie 14 年

坎貝爾鎮

「坎貝爾鎮灣啊,我多麼希望你的海水是威士忌。」一首古老蘇格蘭歌廳樂曲是這麼唱的。說起來這個夢想的確有一段時間成真過。這個位在金太爾半島(Kintyre)末端的小鎮,曾經擁有至少 34 間蒸餾廠。其中 15 間在 1850 年代的蕭條期消失,但到了 19 世紀末,坎貝爾鎮的麥芽威士忌卻成了炙手可熱的商品,調和商對這種油潤帶煙燻味的特色青睞有加,當時鎮上可謂一片榮景。

過去 34 間蒸餾廠生產的威士忌就從這片水域運送出去;今天只剩下三間。

海灣東邊的別墅是此地曾經富庶輝煌的證據。這裡曾是製作威士忌的天堂,不但有很深的天然良港,又有一處煤層,鄰近還有 20 間麥芽廠,原料都是當地的大麥,以及來自附近愛爾蘭及蘇格蘭西南部的穀物。鎮上街道擠滿了蒸餾廠,甚至連巷弄也是。不過到了 1920 年代末期,只剩瑞克萊申(Riechlachan)還在運作,但就連這唯一的倖存者也在 1934 年結束營業,今日還在此地活躍的雲頂和格蘭帝(Glen Scotia)就是在這一年重新開張。

其他 17 間蒸餾廠為何歇業,至今還未有人完全了解,但原因似乎有幾個:過度生產導致品質下滑(不過把威士忌裝入鯡魚桶這種無法證實的傳聞倒是不必考慮)、沒有能力解決污染問題(19 世紀在達林托柏(Dalintober)自由放養的豬隻很喜歡吃酒糟,常在一處名叫 Pottle Hole 的沙坑上大快朵頤)、馬克里哈尼什(Machrihanish)煤層的耗盡。這些都有關係,但沒有任何一個單一因素是威士忌產業衰敗的元兇。只能說坎貝爾鎮是這場完美風暴中最受害最深的地方。

到了 1920 年代,調和商將主力集中在最受歡迎的酒款上,因此不再那麼需要坎貝爾鎮帶有明顯煙燻油潤感的基酒。此外,一次世界大戰導致威士忌飲用量下滑,但產量也減少,庫存量甚至比這種程度的需求量還低。再者,英國稅賦在 1918 年與 1920 年大幅度調漲,但蒸餾廠卻不能將成本轉嫁到消費者身上,因此充實庫存變得益發昂貴。

深邃的避風港讓坎貝爾鎮成為重要的漁港,能快速通往低地區市場的條件也讓這裡成為威士忌產地。

美國禁酒時期與大蕭條也使得出口同樣面臨困境,在成本攀升與銷售下滑的雙重夾擊下,製作威士忌愈來愈不符合經濟效益,尤其是對於小型獨立蒸餾商來說更是如此。

我們很容易忽略一點,那就是整個產業都受到了影響。全蘇格蘭有 50 間蒸餾廠在 1920 年代關閉,在 1933 年時,全國只有兩座罐式蒸餾器還在運轉。危機過後,蒸餾者有限公司(Distillers Company Ltd)將產業進行重整(1850 年代就曾做過一次,也是 1980 年代大規模淘汰),變得更「精實」,甚至更「健康」。顯然坎貝爾鎮的蒸餾廠(以小型為主)就是無法適應這個新的威士忌世界。有人說蘇格蘭威士忌這一行的日子很好過,其實不是這樣。

還好,這個故事有個快樂的結局。今日的坎貝爾鎮靠著自己的能力,又恢復成為威士忌產區,目前有三間蒸餾廠、製作五種不同的威士忌。其中一間成為小型獨立蒸餾廠的模範生,另一間則是從墳墓中被救了回來。或許坎貝爾鎮灣還沒注滿威士忌,但坎貝爾鎮已經捲土重來。

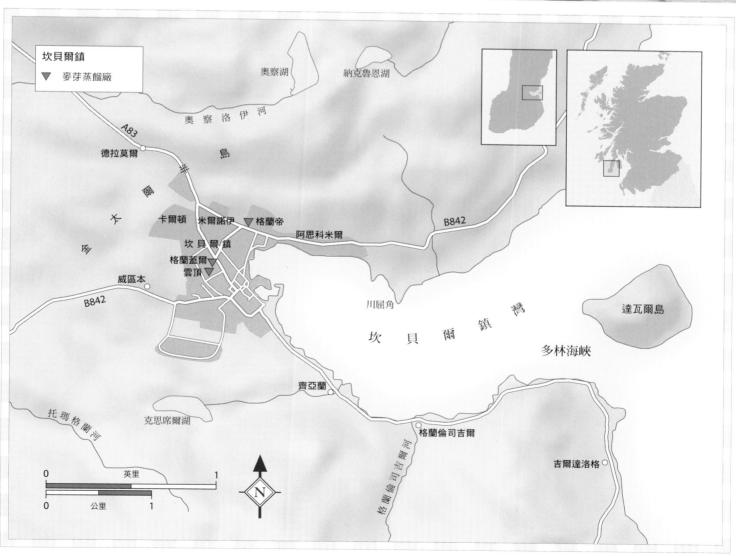

雲頂 Springbank

坎貝爾鎮 ・ WWW.SPRINGBANKWHISKY.COM ・ 全年週一至週六開放；需預約

雲頂隱藏在狹窄街道一座教堂的後方，自 1828 年以來一直都由同一個家族持有，這是蘇格蘭威士忌史上最長的所有權紀錄。自給自足是這裡的代名詞，雲頂在廠內完成所有蒸餾廠所需的一切，如發芽、蒸餾、熟成與裝瓶等，也是蘇格蘭唯一一座萬事齊備的蒸餾廠。然而，這種全然仰仗自己的做法其實是近期的事。雲頂跟其他仰賴調和商合約的蒸餾廠一樣，在 1980 年代的危機時期遭受衝擊，因此以回歸基本面來因應。他們要傳遞的訊息相當明確：雲頂的命運應該要掌握在自己手裡，而不該仰賴大型酒商。

這座蒸餾廠最引人注目的一點，就是在保留傳統與展望未來間取得平衡，就拿以打造船身的落葉松製成的發酵槽來舉例。「我們會查閱歷史紀錄，盡可能複製重現當時的種種條件。」生產主管法蘭克・麥哈迪（Frank McHardy）說。因此雲頂採用了低比重（low gravity）麥汁（大約是 1,046°）、特長時間發酵（100 小時）以及低強度酒汁（4.5-5% 的酒精度，業界標準是 8–9%）等方法來製作威士忌。「在木製發酵槽裡漫長的發酵過程會產生大量的果味，低重力則有助於培養酯味。」

廠內有三座蒸餾器，一座是直接加熱的酒汁蒸餾器，兩座是低度酒蒸餾器，其中一座低度酒蒸餾器連接到蟲桶，總共蒸餾出三種風味不同的新酒。雲頂本身是採用兩次半蒸餾法：酒汁蒸餾器先蒸出低度酒，低度酒再蒸出「末段酒」；在第二座低度酒蒸餾器中最後的混合物，是 20% 的低度酒加上 80% 的末段酒（詳見第 14-15 頁）。新酒的風格雄壯，是蘇格蘭威士忌中最複雜的之一，耐得住長時間熟成，彷彿蘇格蘭各種風格都壓縮在這裡面。

「自有記錄以來，我們就是採用這種生產方法。」麥哈迪說，「有一點我們很確定，雲頂是坎貝爾鎮唯一採用這種製程的蒸餾廠。」這可能就是雲頂能存活下來的原因。

雲頂依舊採用傳統的手法來釀造製作威士忌……但卻又是許多新蒸餾廠效法的典範。

從大麥到酒瓶一氣呵成。雲頂是唯一一間從發麥、蒸餾、熟成和裝瓶都在同一個地方進行的蒸餾廠。

雲頂另外兩款威士忌，一是無泥煤帶蘋果味、經三次蒸餾的赫佐本（Hazelburn），靈感可能是來自低地或愛爾蘭北方，麥哈迪之前在北愛的布什米爾（Bushmill）蒸餾廠擔任了 13 年的經理，而重泥煤味的朗格羅（Longrow）則相當「正常」，只經二次蒸餾，但也許更接近「坎貝爾鎮」標準的原始風格；年份還輕就很大膽，通常橡膠般的生硬感會破壞年輕泥煤威士忌的風味，但它沒有，而且能累積出複雜度（詳見第 188 頁）。

三種都是大膽與傳統抗衡的威士忌。雲頂千辛萬苦、跳脫常規，才一點一滴地提升、精煉出這些味道。然而，千萬不要抱持著參觀威士忌博物館的心態而造訪此地，雲頂有計劃地採用傳統手法，但也運用多重分流、嚴格的木桶策略以及自給自足的方式，為其他較新（也較喧鬧）的蒸餾廠樹立典範。它不僅是過去，也是未來。

歸根究底，能超前時代的這項能力就是雲頂多年來存活下來的主因。

雲頂品飲筆記

新酒

氣味：雄壯、甘美多汁且複雜。烘烤過的柔軟果類，些許香草、一絲百利髮油（Brylcreem）味，非常淡的穀物味。甜、豐富、沉重。加水後會有煙燻與些許酵母味。

口味：沉重、油潤。酒體非常飽滿，帶濃郁煙燻與些許海水微刺感。沉重、帶土味，成熟。

尾韻：飽滿帶土味。

10 年 46%

氣味：淡金色。帶有刨橡木的淡淡氣味。煙燻、成熟果類、特級初榨橄欖油以及芬芳的木頭味。豐富帶焦香。烤麵包與淡淡柑橘清香。

口味：一開始是甜味，之後浮現黑橄欖味，再來是海水與煙燻味。依舊緊緻。

尾韻：綿長、煙燻味。

結論：由新酒緩慢溫和發展而來。就像年輕的勃根地或麗思玲白酒，口感相當宜人，但還有許多令人期待的發展。

風味陣營：煙燻泥煤型

延伸品飲：Ardmore 傳統木桶、Caol Ila 12 年、Talisker 10 年

15 年 46%

氣味：煙燻帶海水味：風暴過後海灘的氣味。黑橄欖、淡淡草味，接著是烤杏仁、瓜類、酸梅味，穩健的油潤深度。

口味：平衡豐富。高強度增加了煙燻味的影響。濃郁果味、油潤且深刻，帶一絲柑橘味。

尾韻：綿長、溫和煙燻味。

結論：平衡、複雜且有層次。

風味陣營：煙燻泥煤型

延伸品飲：Talisker 18 年

赫佐本品飲筆記	朗格羅品飲筆記	齊亞蘭（Kilkerran）品飲筆記

赫佐本品飲筆記

新酒

氣味：乾淨、辛辣。高尚、萊姆味，底 有些許澱粉味。濃郁純粹、青蘋果。

口味：清爽，強度鋒利，但卻有宜人的柔軟感。

尾韻：青梅。

赫佐本 12 年 46%

氣味：飽滿的金色。雪莉酒味：阿蒙蒂亞（Amontillado）雪莉的堅果味，混合了糖漿、梅乾與無子葡萄的氣味。底 甜味相當清新。

口味：柔軟。木頭讓口感變得醇厚，但有穿透力的強度蓋過橡木，增添了一種果皮的濃郁感。口感慢慢變得帶柑橘味：乾果甜味與橙味。

尾韻：乾淨。

結論：飽滿，平衡地融合蒸餾廠與橡木的特色。

風味陣營：**水果香料型**
延伸品飲：Arran 12 年

朗格羅品飲筆記

新酒

氣味：非常甜。黑醋栗、泥土煙燻味、溼石板。

口味：一開始是濃郁的甜味，之後是明顯煙燻的紫色雲霧襲來。些許番茄醬的香味。

尾韻：非常干澀、煙燻以及一絲微刺的鹹水味。

14 年 46%

氣味：圓潤。煙燻味明顯但卻不搶戲，因為有更濃郁的木頭味浮現，讓人想到泥炭沼、煙囪、紫丁香與歐洲蕨。營火、溼石板的特性，代表還有更多味道正在形成。

口味：雄壯、淡淡麥芽味。干澀的木頭煙燻味，接著是新酒那種成熟黑色果類的味道浮現，混合些許棗子的甜味。

尾韻：煙燻味浮現且持續存在。

結論：從這年份起一帆風順。

風味陣營：**煙燻泥煤型**
延伸品飲：余市 15 年、Ardbeg Airigh nam Beist 1990

18 年，46%

氣味：烘烤過的大麥、焦糖味，接著是煙燻與大量甜味。加水後會帶出碳酸（creosote）、熱浮木、甘草與芝麻味。

口味：迸發的煙燻味。大膽帶泥土味，還有大量果味。

尾韻：綿長、油潤、豐富。

結論：直接加熱蟲桶與泥煤的組合，創造出豐富雄壯的麥芽威士忌。

風味陣營：**煙燻泥煤型**
延伸品飲：Yoichi 15 年

齊亞蘭（Kilkerran）品飲筆記

新酒

氣味：乾淨。溼掉的乾草、麵包店與淡淡硫磺味、酵母、油滑的酒體。

口味：酒體感覺與鄰居類似，但更油潤且更像棉花糖。一開始有果味，之後變干澀帶麥芽味。

尾韻：芬芳。

3 年 桶陳樣品

氣味：豐富的金黃色。早熟，大量椰子添加物的味道。甜、潮溼的乾草／拉菲亞樹纖維（raffia）與法式蛋糕味。

口味：甜且成熟，混合芒果與橡木味，有穀物的附著感，質地滑順。

尾韻：甜且綿長。

結論：活性橡木桶明顯助了一臂之力，但進展的速度很快。

調配中威士忌四號 46%

氣味：甜且乾淨。型態佳，帶柑橘甜味、煮過的大黃（rhubarb）與罐裝水蜜桃味。

口味：非常輕微的麥麩味。醇厚帶嚼勁，橙皮與香草、蘇格蘭方塊糖（Scotch tablet）。在舌後方有些許酸味。

尾韻：淡淡龍蒿味與持續的甜味。

結論：蒸餾廠帶甜甜果味的特色在這年份完全展現

風味陣營：**水果香料型**
延伸品飲：Oban 14 年、Clynelish 14 年

格蘭蓋爾、格蘭帝 Glengyle & Glen Scotia

坎貝爾鎮・WWW.KILKERRAN.COM・參觀前需先連絡

坎貝爾鎮威士忌產業的沒落全都寫在它的建築物上，有些風采迷人的舊址依然留存，比如帶著裂痕的褪色招牌、一整個街區公寓的窗形，以及擁有不協調五角形屋頂的超市等等。這經驗雖迷人但也很警醒，曝露出威士忌產業的脆弱一面。然而沉溺於過去對鎮上的蒸餾廠來說並不是什麼好事，該造訪坎貝爾鎮的不是威士忌考古學家，而是威士忌愛好者。

在 2000 年，海德利・萊特（Hedley Wright）買下雲頂隔壁的蒸餾廠，他的家族自 1828 年雲頂創立就一直持有至今。這間已經關閉了 80 年的蒸餾廠就是格蘭蓋爾。

廠房外貌重新整修成整齊的單層設計，內部的兩座蒸餾器，是從法蘭克・麥哈迪（Frank McHardy）的第一座蒸餾廠班懷維斯（Ben Wyvis）那兒搶救回來的。班懷維斯在因佛高登穀物蒸餾廠內曾經短暫運作過。「蒸餾器裝設在這裡時做了一些改變。」麥哈迪解釋，「我們請銅匠重塑 S 形的彎曲線條，也和緩了罐式蒸餾器肩部的角度。林恩臂的角度也上調，讓蒸餾器多點倒流的特質。」初期釋出的酒帶著中等酒體、淡淡泥煤味的特色。

這款威士忌叫做齊亞蘭（Kilkerran），格蘭蓋爾是坎貝爾鎮的第三座蒸餾廠格蘭帝（Glen Scotia）所有。英國著名的威士忌歷史學家阿夫雷德・伯納（Alfred Barnard）到坎貝爾鎮時，寫下這座當時叫做斯考蒂亞（Scotia）的蒸餾廠「似乎把自己藏匿起來不見蹤影，彷彿製作威士忌的藝術……就該是件見不得人的事。」

格蘭帝至今沒什麼大改變，依舊是蘇格蘭蒸餾廠裡較為隱晦難以捉摸的其中之一，大家比較熟知的是前東家鄧肯・麥考倫（Duncan MacCallum）的鬼魂在此徘徊流連的傳聞。現在格蘭帝由羅曼湖集團（Loch Lomand）持有，自 1999 年起就全力生產，不過卻完全沒有仰仗雲頂的人力協助。筆者下筆的時候，這間蒸餾廠正在進行重新配製、重新包裝與重新品牌定位，推出 10 年與 12 年的酒款。

起死回生——格蘭蓋爾在沉寂了 80 年之後，於 1999 年重新開工。

格蘭帝品飲筆記

10 年 46%

氣味：淡淡薄荷味，底 有溫和、新鮮的世紀梨味（Comice pear）。之後會浮現些許水仙花香，加水會有礦物的氣味。

口味：柔軟、淡淡的油潤感，主軸有些許甜味。柔順、花香又浮現，類似百合的味道。

尾韻：即便簡短，但帶柔軟感。

結論：壓抑又平衡的酒款。

風味陣營：芬芳花香型
延伸品飲：秩父

12 年 46%

氣味：強健帶泥土味，有堅果、穀類（糟粕）與古老硬幣的氣味。加水後有溼石頭和一股蔬菜／鬱金香的氣味。

口味：飽滿、穀物味、油潤。需要加水來軟化，讓些許堅果味釋放。

尾韻：粉筆味。

結論：舊式風格的格蘭帝。

風味陣營：麥芽不甜型
延伸品飲：Tobermory 10 年

左：鼻子一聞就知道。愛丁頓（Edrington）的首席調和師戈登·莫遜（Gordon Motion）正在工作。

右：不管人事怎麼變遷，調和的程序始終維持不變。

蘇格蘭調和威士忌

讓人將蘇格蘭與烈酒聯想在一起的也許是蘇格蘭單一麥芽威士忌，但要不是蘇格蘭調和威士忌，大多數的蒸餾廠就不會存在。蘇格蘭銷售到全世界的威士忌裡有 90% 是調和威士忌。世人講到「蘇格蘭威士忌」時，指的是調和威士忌。而調和威士忌有另外的故事。

調和威士忌講究的不是地方而是場合，而且風味是其中的核心。蘇格蘭威士忌在歷史上面臨無數次的危機，每一次都從風味著手，再次以嶄新面貌示人。

1830 年代，眾人視製作威士忌為「快速致富」的手段，但就在二十年內整個業界就面臨產能過剩的問題。當時蘇格蘭偏好蘭姆酒，而且蘇格蘭威士忌在蘇格蘭賣得比愛爾蘭威士忌還要差。「主要是因為蘇格蘭威士忌的風味單調。」調和威士忌的主要做手 DCL 有限公司的董事總經理威廉・羅斯（William Ross），曾向威士忌與飲用酒皇家專門調查委員會（Royal Commission）這麼表示。這個委員會在 1908 年成立，替蘇格蘭威士忌賦予了正式的法律定義。

1853 年法條改變，允許同一蒸餾廠不同年份的威士忌用「保稅」（in bond）的方式調和，讓酒商更能實驗不同年份威士忌混合的結果，以達到味道的一致性。在一年之內，亞瑟（Usher）的老調和式格蘭利威（Old Vatted Glenlivit）就出現在市場上。今日我們所熟知的大型威士忌調酒商，是在 1860 年與第一波「雜貨商」賣酒執照一起發展起來的，這項政策讓更多零售商（尤其是雜貨商）能直接賣酒給一般大眾。

許多雜貨商（又名「義大利式倉庫管理人」）利用此次機會進入市場，像是約翰・沃克（John Walker）與他兒子亞歷山大（Alexander）、起瓦士（Chivas）兄弟，以及酒商約翰・杜瓦（John Dewar）、馬修・葛勞格（Matthew Gloag）、查爾斯・麥金雷（Charles Mackinlay）、喬治・百齡罈（George Ballantine）與威廉・迪雀（William Teacher）等。

對他們來說，掌握原則、混合不同味道與質地的酒以調和出品質一致的威士忌，本來就是熟門熟路的事，清爽的連續蒸餾穀物威士忌能夠緩和單一麥芽桀驁不馴的性情，但主要的改變並不是在酒本身，而是酒商把自己的名字標在瓶身上作為品質保證。自此以後，調和威士忌就成為蘇格蘭威士忌的希望，而調酒商也主宰了威士忌的風味。。

到了 19 世紀末期，不少新的麥芽蒸餾廠成立，有的是搭了調和威士忌市場的順風車，有的則是調酒商自己有需要。在斯貝河畔區尤其如此，那兒的調酒商想要製作出味道比較溫和的威士忌。為什麼？因為市場需求。

沃克、杜瓦家族以及詹姆士・布坎南（James Buchanan）等調酒商的聰明之處，就在於進入英國市場，觀察中產階級想飲用什麼酒，按照這些需求量身打造調和威士忌，全世界各地也仿效同套模式。他們製作出適合佐餐（威士忌與蘇打水）以及某些場合（餐前與看戲前）的調和威士忌。蘇格蘭威士忌就成為了成功的象徵。

這套模式從極為短暫的禁酒時期、戰後一直持續到今天，不管是裝在倫敦的雕花平底無腳玻璃杯裡，還是在巴西的海邊酒吧、上海的夜店或是南非索維托（Soweto）的地下酒吧，調和威士忌的本質就是隨著不同口味而改變的液體，這是他們在真實世界生存的方式。

調和的藝術

起瓦士兄弟 · WWW.CHIVAS.COM · 亦見 WWW.MALTWHISKYDISTILLERIES.COM
帝王 · 艾柏迪 · WWW.DEWARSWOW.COM · 全年週一至週六開放
約翰走路 · WWW.JOHNNIEWALKER.COM ／ WWW.DISCOVERING-DISTILLERIES.COM/CARDHU · 全年開放，日期與參觀細節請見網站
格蘭 · 達夫鎮 · WWW.GRANTSWHISKY.COM · WWW.WILLIAMGRANT.COM

以蘇格蘭威士忌而言，「歷史是由勝利的一方撰寫」這個論點未必成立。對英語系國家的人來說，威士忌歷史的著眼點有兩處，一是單一麥芽威士忌暫時被較為劣等的調和威士忌篡位的過程，二是原有秩序恢復的過程。然而，全世界銷售的蘇格蘭威士忌中有90%是調和威士忌，而且銷量還在持續成長，所以調和威士忌依舊是勝利的一方。

不過事情不應該這樣看。調和威士忌與麥芽威士忌其實是處於快樂共存的狀態，不但彼此需要，而且在威士忌世界中也是各占山頭，沒有誰優於誰的問題，兩者根本完全不同。

麥芽威士忌講究的是特色的強度，單一麥芽是將這種獨特性擴充到最大，而調和威士忌則是要創造整體感。

原則上製造調和威士忌很簡單。你只要把一些穀物威士忌與一些麥芽威士忌混合在一起，最後調出令人滿意的味道即可。如果只做一次，也許我們可以調出一瓶好喝的威士忌，但如果每年得調製數百萬瓶，該怎麼辦？每次調和威士忌都必須確保味道一樣，但問題是其中所用的每一種酒都會變，因為每一桶都不一樣。調酒商必須要精通各種味道的調配，不但得知道A威士忌喝起來是什麼味道，還得清楚A和威士忌B、C、D加在一起會變成什麼味道。他們得盡可能地累積眾多調配選項，才能維持風味的一致性，不管何時都得堅守品牌風格。

因為大眾認為單一麥芽威士忌較為優越，所以調和威士忌飲用者會想知道其中包含的麥芽威士忌種類、數量與年份。這個問題的答案很簡單：適合的種類、適合的數量，與適合的熟成年份。調和威士忌主要是看風味與一致性，怎麼做到的並不是重點。

用哪種麥芽威士忌調配是依它與其他威士忌互動的方式而定：有些是為了前味、有些是為了增加緊緻感；有些是要滑順度、有些是要豐富度，有些則是要煙燻味。有的威士忌可能會放在強度較弱的木桶裡增加活力，有的則可能會以過重的桶味（overwooded）來創造緊緻感。

至於種類的數量多寡，只要能創造出某個風味輪廓就是正確數量；熟成度也一樣，但和年份的概念不同。年份是時間長短，而熟成度則和木頭、烈酒與空氣間的交互作用有關，不同程度的熟成會產生不一樣的風味。調和並不是數字的遊戲，而是風味的遊戲，把一系列的蒸餾廠特色、木桶特色以及熟成度的各個面向拿來排列組合，就能創造出複雜度。

還有穀物威士忌。約翰走路的首席調和師吉姆 · 貝夫睿（Jim Beveridge）總是強調穀物的改造力量，除了加入它自己的風味之外，穀物威士忌還有助於把各個成分酒的新風味誘導出來。穀物不是填料或是稀釋劑，它能塑造質地、賦予調和威士忌更好的連貫性與一致性。品飲調和威士忌時，你所感受到的那個似乎帶著風味往前走、緊抓著舌面的柔軟元素，就是穀物提供的。它增添了風味與口感，穀物威士忌是讓麥芽威士忌——更廣義地說，是調和威士忌——中潛藏的複雜度顯露出來的一種方式。

「有時候麥芽威士忌的特色中有某個元素可能很強勢，比方說煙燻味。」威廉格蘭父子公司（William Grant & Sons）的首席調和師布萊恩 · 金斯曼（Brian Kinsman）說，「穀物的功用就是降低它的強勢程度，讓其他次要或不那麼明顯的味道顯露出來。蒸餾廠的核心特色依舊存在，但現在卻多了更豐富的內涵。」

「箇中關鍵在於麥芽與穀物威士忌間的平衡——不是比例上的。調和威士忌不會因為加了很多穀物威士忌而變差，而是因為不平衡才會變差。麥芽威士忌含量高的調和威士忌也是一樣。」

每一間穀物蒸餾廠都有自己的特色，調和商通常會以某一款單一穀物威士忌（如果有自營的蒸餾廠，通常會用自家的）作為調和主軸，但也會為了獲得某些特質而使用其他穀物威士忌來輔助。

「北不列顛蒸餾廠的新酒用了玉米，所以它的典型特色就是那股油潤的奶油調性。」順風（Cutty Sark）的首席調和師克莉絲汀 · 坎貝爾（Kristeen Campbell）說。「熟成時這些氣味會變得更甜、更像香草的風味。這些味道跟油潤的質地會賦予酒體宜人滑順的口感，成為愛丁頓調和威士忌核心的甜味。使用品質不良的穀物威士忌，就好比用廉價麵粉做蛋糕一樣。最重要的是穀物能增添滑順感，與麥芽較強烈的味道相輔相成。如果熟成時間再久一點，穀物就會變得非常複雜，會吸收更豐富的橡木味和隱隱約約的香料味。」

調和的關鍵不只是把不同味道與質地的酒混合在一起，而是要了解這些截然不同的元素如何彼此和諧共處，還要打造出適合佐餐與某些場合的威士忌。埃尼爾斯 · 麥克唐納（Aeneas MacDonald）在1930年是這麼寫調和威士忌的：「調和讓威士忌能適合不同的天氣與不同階層的顧客，威士忌能有龐大的出口量，主要就是因為調和威士忌替產業帶來的彈性。」

這個彈性到現在還是適用。調和商不只要思考調和威士忌裡要使用哪些酒，還得考慮顧客的飲用偏好。一般而言，調和威士忌不是用來純飲，大多數是要加水加冰飲用，或是用於雞尾酒中，才能發揮最佳的效果。

調和威士忌用途廣泛，又有魅力；因為有它，威士忌才能成為世界性的飲品。

蘇格蘭調和威士忌品飲筆記

安提夸瑞（Antiquary）12 年 40%

氣味：甜、蒸糖漿布丁蛋糕味，柔軟、桃類的果味、淡淡香草味以及爆米花似的穀物味。

口味：溫和但有深度。穀物顯露出淡淡牛奶巧克力味。甜香料。

尾韻：甜且綿長。

結論：平衡細緻。

> **風味陣營：水果香料型**

百齡罈特醇（Ballantine's Finest）40%

氣味：清新有活力。法式甜點氣味、草味與酯味。隱約的甜味，有一絲青澀感。

口味：新鮮芬芳。淡淡花香、綠色果類，主軸是多汁的口感。

尾韻：酸爽新鮮。

結論：細緻，加薑汁汽水就會活躍起來。

> **風味陣營：芬芳花香型**

布坎南（Buchanan）12 年 40%

氣味：豐富繁盛，芒果、木瓜、柔軟的穀物味與乳脂般的橡木味。

口味：乾淨的橡木味增添些許的結構感，有點烘烤過的味道。淡淡椰子味，果味仍在。

尾韻：微微的干澀與辛辣。

結論：柔軟豐盛。

> **風味陣營：水果香料型**

起瓦士（Chivas Regal）12 年 40%

氣味：清爽、穀物味。乾草、楓糖漿的甜味與淡淡香草味。

口味：新鮮。鳳梨、紅色果類，些許無子葡萄的味道替乾草元素增添了深度。

尾韻：新鮮干澀。

結論：似乎很細緻但卻有實質的厚度。

> **風味陣營：芬芳花香型**

順風（Cutty Sark）40%

氣味：明亮、冒泡。白杏仁、檸檬起司蛋糕、香草與些許青梨／蘋果味。

口味：酒體的活力加上些許穀物的絲滑感，增添了深度。

尾韻：果皮味。

結論：非常活躍，加蘇打水或薑汁汽水味道最好。

> **風味陣營：芬芳花香型**

帝王白牌（Dewar's White Label）40%

氣味：非常甜，香蕉泥、融化的白巧克力冰淇淋。溫和穀物味，些許蜂蜜味。尾韻的丁香與荳蔻，賦予了適量的辛香能量。

口味：溫和帶乳脂味。希臘優格、柑橘與蘋果做的甜點味。

尾韻：丁香、豆蔻。

結論：是主要調和威士忌中最甜的。

> **風味陣營：水果香料型**

威雀（The Famous Grouse）40%

氣味：非常均衡，有橙皮味、熟香蕉、一絲綠橄欖及太妃糖的氣味。

口味：滑順，帶淡淡堅果味、成熟果類、太妃糖，接著是些許葡萄乾的味道增添了深度。

尾韻：淡淡辛辣口感，有甜薑味。

結論：中等酒體、優雅。

> **風味陣營：水果香料型**

格蘭金筒（Grant's Family Reserve）40%

氣味：新鮮、帶穀物的絲滑感，烤過的棉花糖與杏仁片、淡淡花香。

口味：蠟味、黑巧克力、紅色果類與焦糖，創造出更濃郁的厚實感。

尾韻：綿長，帶些許乾果味。

結論：中等酒體、均衡。

> **風味陣營：水果香料型**

大國王街（Great King Street）46%

氣味：美國冰淇淋汽水、西洋梨、山谷百合與溫和的穀物味。明顯花香、清新。

口味：甘美多汁、柔軟，些許綠荳蔻、大茴香、檸檬與油桃味。

尾韻：溫和，相當持久。

結論：麥芽穀物比例較高，也用了更多首次裝填木桶的酒。可以試試加蘇打或汽水。

> **風味陣營：水果香料型**

老帕爾（Old Parr）12 年 40%

氣味：皮革味、豐富、成熟，有葡萄乾、棗子與核桃味，間雜紫丁香、紫羅蘭味，點燃的橙皮、香菜、芫荽味背後，帶著些許清爽芬芳的柑橘味。

口味：厚實、黑醋栗帶味的嚼勁，還有香菜、芫荽子的味道。皮革味再度浮現。

尾韻：雪莉酒味、深刻。

結論：舊式風格豐富的調和威士忌。

> **風味陣營：豐富圓潤型**

約翰走路黑牌（Jonnie Walker Black Label）40%

氣味：黑色果類，藍莓、煮過的李子、葡萄乾、些許水果蛋糕味。加水後會有淡淡的海邊煙燻味。

口味：柔軟豐富，帶雪莉酒的深度，些許橘子醬味替乾果味增添了滋味。

尾韻：淡淡煙燻味。

結論：複雜、豐富。

> **風味陣營：豐富圓潤型**

愛爾蘭

早年，愛爾蘭威士忌的地位曾經備受尊崇，但已經被人遺忘殆盡，直到十多年前才開始改觀。然而，愛爾蘭製作出大麥蒸餾酒的時間說不定比蘇格蘭更早，愛爾蘭人更以鍾愛自製的烈酒而聞名於世，早在 16 世紀時莎士比亞就寫過：「我寧願把我的生命之水託付給一名愛爾蘭人，也不放心讓妻子獨守空閨。」

然而，最初讓愛爾蘭聞名於世的卻不是英文中的生命之水（aqua vitae），而是蓋爾語拼音的 usquebaugh。和莎士比亞同時代的愛爾蘭紳士、旅行家費恩斯・莫里森是這麼形容它的：「比起我們自己〔英國人〕的生命之水，我們更偏愛 usquebaugh，因為裡頭融合了葡萄、茴香籽跟其他成分的味道。」19 世紀以前，這種以威士忌為基底的加味蒸餾酒，一直是愛爾蘭威士忌的著名特色。

在那時之前，愛爾蘭威士忌也經歷了和蘇格蘭威士忌相同的發展過程，那就是私酒與合法威士忌之間的對抗；私酒大多數由農村製造，而合法的「國會威士忌」，則產自科克、哥爾威、班敦、塔拉摩爾，以及最主要的城市：都柏林。

當時都柏林已經是一個重要的貿易港，勤奮的人在這裡都能致富。威士忌正是當時的新興產業之一，包括約翰・詹姆森（John Jameson）和他兒子在內的一些人，都因 1823 年威士忌合法化而受惠，這項立法也鼓勵資金投入蒸餾廠，使得都柏林搖身一變，成為全球第一的威士忌重鎮。

愛爾蘭威士忌業者與他們的蘇格蘭同業（以及親屬）選擇了不同的道路。對他們來說，埃尼斯・科菲（Aeneas Coffey）發明的柱式蒸餾器製造出的威士忌酒體太輕，他們選擇採用罐式蒸餾器，以發芽和未發芽的大麥，以及裸麥和燕麥作為原料：他們透過這樣的方式來確保風味的一致，並可大量供貨。如果你在 19 世紀中葉喝威士忌的話，它很可能是愛爾蘭純罐式蒸餾威士忌。

然而好景不常。20 世紀時，愛爾蘭是所有主要威士忌生產國中受創最深的，不只是因為當時所有國家都遭遇到的經濟不景氣，也因為愛爾蘭獨立建國斷絕了與英國之間的貿易所帶來的三重打擊：愛爾蘭拒絕與私酒業者合作而喪失了美國市場、國內採取的鎖國主義政策，加上高額的國內稅與出口禁令，造成蒸餾產業崩潰。

1930 年代，愛爾蘭仍在營運的蒸餾廠只剩六家，到了 1960 年代，僅存的三家蒸餾廠共同組成愛爾蘭蒸餾者有限公司（Irish Distillers Limited，簡稱 IDL）。

事後看來，自從 IDL 推出了一支新的尊美醇調和威士忌，並在 1970 年代，於科克郡的密德頓鎮設立了中央蒸餾廠之後，愛爾蘭威士忌開始有了轉機。

本書寫作時，就有 19 份蒸餾廠的建廠申請案正在審核當中。「我們現在有一個新的愛爾蘭威士忌協會，第一次會議才剛剛開完，」基貝根蒸餾廠（Kilbeggan Distilling，前身是庫利〔Cooley〕蒸餾廠）的首席蒸餾師諾埃・斯威尼（Noel Sweeney）說，「我們估計這大概是 19 世紀以來第一次有這麼多威士忌蒸餾師共聚一堂。」

愛爾蘭逐漸重新掌握了這項文化遺產的主導權。「說來慚愧，我們只有三間蒸餾廠，也從來不太重視自己的威士忌傳統，」新的丁格蒸餾廠（Dingle）的老闆奧利佛・休斯（Oliver Hughes）說，「愛爾蘭還是世界上最有名的飲酒文化呢！」

那麼，21 世紀的愛爾蘭威士忌究竟是什麼？很簡單，就是愛爾蘭製造的威士忌。和愛爾蘭這個國家一樣，愛爾蘭威士忌也有很多層面。有穀物威士忌、麥芽威士忌、調和威士忌、單一蒸餾威士忌，以及無煙燻的和煙燻過的威士忌；有大型蒸餾廠生產的，也有小廠製造的；產地遍布全愛爾蘭；喝法可以直接純飲、加熱喝、稀釋過再喝，或者搖勻調成威士忌雞尾酒。

那麼現在就拉張椅子，斟上一杯酒，體驗愛爾蘭的風情吧。放輕鬆，有的是時間。在愛爾蘭總是有時間的。

前頁：19 世紀以前，多數的愛爾蘭威士忌都是由小農自製而成。
下圖：幾世紀以來，製造威士忌一直都是愛爾蘭農村生活的一部分。

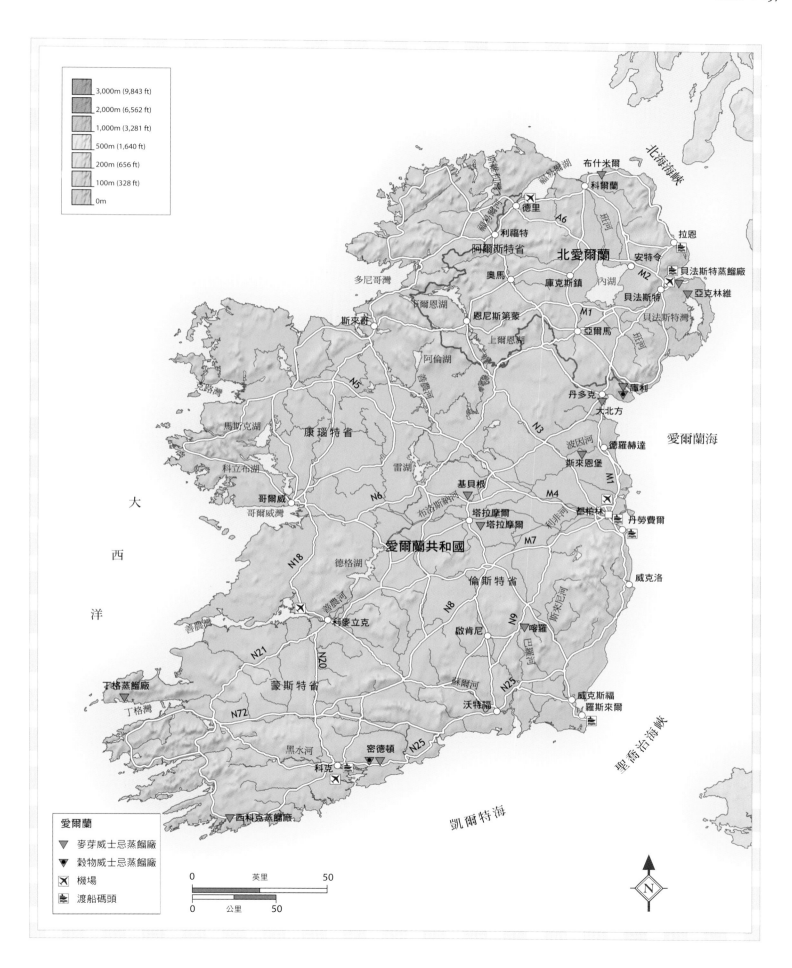

3,000m (9,843 ft)
2,000m (6,562 ft)
1,000m (3,281 ft)
500m (1,640 ft)
200m (656 ft)
100m (328 ft)
0m

北海海峽

布什米爾
科爾蘭
德里
A6
利福特
阿爾斯特省　北愛爾蘭　拉恩
安特令
多尼哥灣　奧馬　庫克斯鎮　內湖　M2　貝法斯特蒸餾廠
貝法斯特
恩尼斯第蒙　亞克林維
斯來哥　上爾恩湖　亞爾馬　貝法斯特灣
阿倫湖
庫利
丹多克
N5　大北方
馬斯克湖　康瑙特省　N3　愛爾蘭海
德羅赫達
科立布湖　波因河
斯來恩堡
雷湖　M1
大　基貝根
哥爾威　M4
西　哥爾威灣　塔拉摩爾
洋　N6　塔拉摩爾　都柏林
利非河　丹勞費爾
愛爾蘭共和國
N18　M7
德格湖　倫斯特省　威克洛
善農河
N8　斯來尼河
N9
利麥立克　巴羅河　喀羅
啟肯尼
N21
N20
丁格蒸餾廠　豪斯特省　蘇爾河　N25
丁格灣　N72　威克斯福
沃特福　羅斯來爾
黑水河　密德頓
科克　N25
西科克蒸餾廠
凱爾特海
聖喬治海峽

英里　50
0
公里　50
0

N

不難想見威士忌蒸餾技術就是從愛爾蘭的岩石海岸散播到蘇格蘭去的。

布什米爾 Bushmills

布什米爾　•WWW.BUSHMILLS.COM•　全年開放，確切日期與細節請參閱網站

長期以來，愛爾蘭與蘇格蘭之間的北海海峽都是一條繁忙的水道。這些年來在此傳播的故事、歌曲、詩詞，以及政治理念和科學知識，掀起了文明和思想進步的潮流。威士忌是其中不可或缺的一部分。1300年，畢頓家族（Beaton family）就是從這裡，帶著威士忌製造技術出發前往艾雷島（Islay）的嗎？布什米爾（Bushmills）在這段歷史中佔有一席之地，即便事發地點就在愛爾蘭，但如果你想了解事實，可得先捨棄那些片面的真相。

舉例來說，雖然布什米爾這一帶在 1608 年就獲得了蒸餾製酒的許可，但直到 1784 年鎮內才出現第一家蒸餾廠，廠內僅架設兩座小型的罐式蒸餾器。到了 1853 年，蒸餾廠的設施已經有所「改善」，還剛裝上了電燈。不過在通電兩週以後，這間蒸餾廠就付之一炬了。這兩起事件之間是否有所關連，則不得而知。

威士忌編年史學家艾佛列·巴納德（Alfred Barnard）在 1880 年代造訪此地時，興奮地說如今擴建的蒸餾廠「使用了當今所有的新發明」。不過當時布什米爾還沒有生產三次蒸餾威士忌。直到 1930 年代，蘇格蘭人吉米·莫里森（Jimmy Morrison）被聘為經理，改善威士忌的製程，三次蒸餾威士忌才被製造出來。他的解決之道是嘗試一種「其他地方沒有人使用過的三重罐式蒸餾器（蒸餾技術）」（請參閱第 17 頁）。1970 年代以前這裡都還使用泥煤作為蒸餾器的燃料呢。

如今，布什米爾不只生產輕柔中帶有青草香的三次蒸餾麥芽威士忌，還有自己的調和威士忌：口感豐富，帶有果香的黑布什威士忌（Black Bush），以及新鮮中帶有薑的酸爽口感的原味威士忌。這兩種威士忌都簡單易飲，同時具有複雜風味——這間蒸餾廠的外觀經歷過多少改變，它生產的威士忌就有多麼複雜。

布什米爾的酒心來自看似隨意散置在廠內的九座蒸餾器製造出的烈酒。這些蒸餾器細長的頸部能夠擠壓酒精蒸氣，使它們不停地倒流，和銅形成化學反應。

布什米爾蒸餾廠追求的清爽風味，是將中段蒸餾器出來的烈酒分為三個部分來達到的。初段酒會進入「低度酒收集槽」，中段的烈酒則被收集到「強濁段酒收集槽」裡，殘餘的末段酒也會進入低度酒收集槽內（請參閱第 17 頁）。

接著，兩座用來製造烈酒的蒸餾器分別被注入 7000 公升的強濁段酒。只有一小部分（86% 到 83%）會被當作烈酒而收集起來。在其他蒸餾液被保存作為強濁段酒後，蒸餾的過程尚未結束，那些弱濁段酒及多餘的烈酒仍會持續進行再蒸餾、分離、再蒸餾、再注入的過程。

與其試圖弄懂這些複雜的流程，在蒸餾廠裡四處看看、聞東聞西、仔細聆聽會讓人滿足得多。站在廠中央的蒸餾師四周圍繞著「烈酒保險箱」，他如同演奏廳中的樂隊指揮一般操控著威士忌的風味。嘶嘶作響的蒸汽及閥門的鳴響聲是音樂；混合的香氣是各種旋律，沉重、輕柔，還有高低音。布什米爾不是那種單調、有條不紊的威士忌；它的味道有流動性，不斷地變化，層層相疊，時而發散時而收斂。

現在的新酒多半都會被裝進初次充填的木桶裡熟成。「這支威士忌輕柔、複雜，雜醇油的含量又低，」伊根說，「如果你有一支清淡可口的烈酒，你絕對不敢用狀況很差的木桶來裝它。」

這間蒸餾廠的一切和它那進化中的威士忌，都跟這裡的人清楚

岩石上的威士忌
巨人堤道的玄武岩柱群離布什米爾蒸餾廠很近。

知道自己要什麼有關。雖然布什米爾蒸餾廠看似踏上了一條既非傳統又難走的路,不管這個抉擇是有意或無心,它卻也因此存活了下來。布什米爾蒸餾廠的產物不完全算是「愛爾蘭威士忌」,而是「布什米爾威士忌」。讓布什米爾與眾不同的,是它的風味、塑造出這種風味的過程、背後的傳統,以及產地的地理環境。在這裡,威士忌製造技術血脈相承。安特令(Antrim)平靜的小路和鋸齒狀的海

布什米爾是一間龐大、雜亂的蒸餾廠,在它悠久而動盪的歷史中經歷了一連串的重生。

岸線孕育出了天生的蒸餾師,他們對於自己能抱持懷疑的思維感到洋洋得意,並對他們非傳統的特色相當有信心。

布什米爾品飲筆記

原味調和威士忌 Original, Blend 40%
氣味:淡金色。非常新鮮,有香草植物的細緻嗆辣感、熱陶土味和青草的香味。
口味:甜中帶點塵土味;甜味的中心帶有少許橙花味;蜂蜜味到口腔後部轉為青草味。
尾韻:有薑的酸爽感。
結論:適合用來調酒……這是讚美。

風味陣營:芬芳花香型

黑布什調和威士忌 Black Bush, Blend 40%
氣味:飽滿的金色。乾淨的橡木味;香料味和加利亞甜瓜味中帶有一絲棗味,黑葡萄汁,然後是椰子味和雪松味;加水後有法式李子布丁蛋糕與燉過的大黃味。
口味:多汁,有水果味;成熟;水果蛋糕;麥芽糖;深厚。味道會殘留在舌頭中央。
尾韻:滑順悠長。
結論:喝的時候加一顆冰塊。

風味陣營:豐富圓潤型

10 年 40%
氣味:金色。青草味轉為淡淡的乾草味、麥芽儲存槽的氣味,接著是新鮮的灰泥味、波薩輕木味、苜蓿味。
口味:酸爽,但帶有波本桶的香草甜味;清淡的芳香。
尾韻:乾草味和帶有塵土味的香料味。
結論:比酒齡較輕時更飽滿一些。

風味陣營:芬芳花香型
延伸品飲:Cardhu 12 年, Strathisla 12 年

16 年 40%
氣味:深琥珀色。明顯的雪莉酒特色,大量的濃縮過的深色水果味;蜜棗味,但也有甜甜的橡木味。保留了多汁的特色;葡萄乾與甜麵包味。
口味:成熟,有葡萄酒味;桑葚果醬,醋栗;些微的單寧味,然後是黑櫻桃,接著是太妃糖味。
尾韻:葡萄味再度出現。
結論:在三種橡木桶中熟成,但不咬口。

風味陣營:豐富圓潤型
延伸品飲:The Balvenie 17 年馬德拉桶

馬德拉過桶 21 年 40%
氣味:澎湃宏大;轉成抹了奶油糖霜的咖啡蛋糕味。加水後讓人想到雪莉酒酒窖。接著是薄荷味、柑橘皮味,和清新的鞣製皮革味;類似碎麥芽的甜味。
口味:甜味,咬口的深色水果乾、糖蜜和甘草味。
尾韻:堅實;堅果味,乾淨。
結論:雙桶熟成的方式增加了酒體的厚重度。

風味陣營:豐富圓潤型
延伸品飲:Dalmore 15 年

亞克林維、伯發斯特蒸餾廠
Echlinville & Belfast Distillery

亞克林維．科克本．唐郡

科爾雷因蒸餾廠（Coleraine）在 1978 年停業以後，北愛爾蘭就只剩下一家蒸餾廠：布什米爾。正如愛爾蘭的情況一樣，所有主要的威士忌製酒傳統都已遭遺忘。隨著蒸餾器逐漸冷卻，回憶也像杯裡的香氣一樣飄散而去。曾經家喻戶曉的伯發斯特和鄧維爾蒸餾廠都成了褪色的標語和有些生鏽的酒吧招牌。

情況並非總是如此。19 世紀初，北愛爾蘭大量生產罐式蒸餾威士忌。到了 19 世紀末，這裡便成了穀物威士忌的主要生產地，這卻也是愛爾蘭威士忌衰落的起點。北愛爾蘭穀物威士忌的價格壓低了蘇格蘭威士忌的價格，重創了一間叫做蒸餾者有限公司（簡稱 DCL）的蘇格蘭穀物威士忌專賣商。

1920 年代是生產過量卻滯銷的年代。DCL 開始了一連串的北愛爾蘭蒸餾廠併購案。1922 年到 1929 年間，DCL 買下了位在伯發斯特的艾文維爾（Avonviel）和康斯瓦特（Connswater），以及位在德里的瓦特賽德（Waterside）與亞比（Abbey），並讓這些蒸餾廠全部歇業。到了 1930 年代中期，唯一的大型製酒商就只有營收見紅，位在伯發斯特、鄧維爾家族（Dunville's）故鄉的皇家愛爾蘭而已。然而，皇家愛爾蘭也在 1936 年因不明原因收掉了店面。

如今，在阿德斯半島（Ards peninsula）上的亞克林維大宅從前作為馬廄的空間裡，一場潛在的復興運動正在展開。2013 年，憑著一名當地人謝恩．布蘭尼夫（Shane Braniff）的發想，北愛爾蘭第二家合法蒸餾廠正式開業。布蘭尼夫在 2005 年用庫利蒸餾廠的存貨，建立了自己的威士忌品牌「費金愛爾蘭威士忌」（Feckin Irish Whiskey）及「斯特朗福金牌」（Strangford Gold）。庫利被賣給金賓公司（Beam）以後，布蘭尼夫頓失供給。解決辦法很簡單：他要自己生產威士忌。

「我一直都想這麼做，」布蘭尼夫說，「在我旗下的品牌一年賣出七個儲存槽的量時，我就說應該來蓋一間蒸餾廠。」他種植了 40.5 公頃的大麥，剛進入到地板發芽階段。「當你看到標籤上寫說『從土地到玻璃杯』時，那可不是隨便說說的。」布爾尼夫說。此外，他更相信阿德斯半島是種植、養育大麥和製造威士忌的最佳地點。

「我完全依循品質至上的原則，」他說，「不管哪個產業都一樣，大家愈來愈視價格為一切。如果我能夠製造出全世界最好的威士忌，我相信我也會得到應有的報酬。」

不單只有他這麼想。本書寫作時，一間新的蒸餾廠也無畏地在此開張了。彼得．拉瓦利（Peter Lavery）撥出他在 2001 年中的樂透獎金的一部分，在伯發斯特已停用的克姆林路監獄（Crumlin Road Gaol）區內投資興建麥芽蒸餾廠。以每年 30 萬公升的三次蒸餾單一麥芽威士忌的產量為目標。

拉瓦利打算創造一種叫做「鐵達尼」（Titanic）的威士忌品牌，但在考量歷史因素後，他買下了其中一支已停產的伯發斯特威士忌品牌「麥康納」（McConnell's）。拉瓦利買下麥康納、布蘭尼夫買下鄧維爾，可見北方不只要崛起，更要重新掌握自己的威士忌歷史。

亞克林維蒸餾廠宏偉的外觀。

庫利 Cooley

庫利・丹多克・WWW.KILBEGGANDISTILLINGCOMPANY.COM

位於勞司郡（County Louth）的庫利半島不僅是一家蒸餾廠的所在地，還是中世紀愛爾蘭史詩《奪牛長征記》（The Táin Bó Cúailnge）的其中一個場景。這部史詩講述了一名國王和一名皇后爭奪魔法公牛的故事——就像在比喻 1988 年似乎是為了爭奪愛爾蘭威士忌烈酒而開始的一場鬥爭。

約翰・帝林（John Teeling）創辦庫利公司最主要的目的，就是要提供愛爾蘭威士忌消費者多一種選擇。1966 年起，IDL 就是愛爾蘭唯一的一家蒸餾廠，因此無可避免地，IDL 的風格就定義了何謂「愛爾蘭威士忌」：三次蒸餾，不燻泥煤。1990 年代，庫利販售的威士忌種類包括二次蒸餾麥芽威士忌、燻泥煤麥芽威士忌、單一穀物威士忌以及調和威士忌。於是愛爾蘭威士忌又重新找回了原有的多樣性。

廠址的選擇與美醜無關。這裡原先是國有工廠，用馬鈴薯製造燃料酒精。如今，這些實用主義至上的水泥廠房都活了過來。這地方或許看起來不怎麼漂亮，不過倒是很好聞。走到生產線那邊，迎面襲來的是玉米麵包及爆米花的甜甜香氣，這就是格林諾爾（Greenore）單一穀物威士忌的味道：這支以玉米製成的香甜烈酒正從 28 塊金屬板製成的巴貝柱式蒸餾器中湧現。

另外還有一對罐式蒸餾器，它那向上指著的林恩臂內部有冷凝管，用以刺激倒流的產生。就連燻過泥煤的康尼馬拉威士忌的中段酒也帶有這股細緻的韻味，恰好能對應酚厚重的泥煤味。

調和程序一直都是庫利威士忌的一部分；進行二次蒸餾的原因之一，就是因為他們需要用麥芽來增加酒體的厚重度。庫利 2011 年被金賓接管（並改名為基貝根蒸餾公司）以後，就把重心放在基貝根品牌上。「我們捨棄那些自有品牌或是無合約的客戶，」首席蒸餾師諾爾・史維尼（Noel Sweeney）說，「我們現在全力生產基貝根威士忌。」許多新成立的蒸餾公司都是庫利過去服務過的老顧客。

由於基貝根蒸餾公司全新波本桶的供量充足，在現階段木材數量吃緊的情況下，基貝根比其他競爭對手來得有利。儘管如此，木桶供給依然有限。

「你知道嗎，」史維尼說，「我最近才跟林業部部長說，『別再種杉樹了，該多種些橡樹才對。』我們這樣才有辦法自給自足啊！」

老庫利蒸餾廠的精神猶在。

大量投資木桶為庫利帶來了絕佳優勢。

庫利品飲筆記

康尼馬拉 Connemara 12 年 40%

氣味：芳香；割過的青草味，竹葉、蘋果乾，以及些微泥煤味。像新酒一樣，泥煤味似乎很含蓄……

口味：……但含在嘴裡就不那麼含蓄了。現在的味道混合了杏仁、小茴香籽跟香蕉。

尾韻：燻製的辣椒粉和泥煤煙味。

結論：整體相當平衡。

風味陣營：煙燻泥煤型

延伸品飲：Ardmore Traditional Cask、Bruichladdich、Port Charlotte PC8

基貝根 Kilbeggan 40%

氣味：非常油，帶有大量新鮮橡木味；剛開封的球鞋香味；濃烈、煙燻的山核桃芳香。

口味：厚重；豐富的新鮮橡木味；甘甜。

尾韻：清爽、柔嫩的水果味；咬口的橡木味；油感。

結論：豐裕且濃郁。

風味陣營：水果香料型

延伸品飲：Chichibu Chibidaru

基貝根 Kilbeggan

基貝根 • 塔拉摩爾 • WWW.KILBEGGANWHISKEY.COM • 全年開放，確切日期與細節請參閱網站

以往參訪愛爾蘭的蒸餾廠就像在參觀陵墓。行程結束後，你會拿到一杯酒，讓你用來向已逝者獻上敬意。愛爾蘭人很會規畫歷史之旅，但不管這些行程多麼有趣，仍然是一個悲傷的經驗——基貝根參訪之旅正是如此。

　　馬修 • 麥馬諾斯（Matthew McManus）是頭幾個意識到也許能透過商業蒸餾來賺錢的人之一。1757 年，他在愛爾蘭密德蘭區（Midlands）的小鎮蓋了一間蒸餾廠。這間蒸餾廠在 1843 年被約翰 • 洛克（John Locke）買下，直到 1940 年代以前都為洛克家族所有。如同許多愛爾蘭蒸餾廠，它也深受 20 世紀的威士忌產業危機之苦，在 1953 年關門歇業，面臨廢棄的命運，直到 1982 年才作為一間蒸餾博物館重新開業。

　　這間蒸餾廠既迷人又哀傷。它一方面是一間保存完好的 18 世紀蒸餾廠：用來轉動兩顆巨大磨石的水車；寬敞、無蓋的糖化槽；提供熱氣的蒸汽機，廠外擺著三座挺著大肚、有著銅鏽紋路的蒸餾器。「這裡從以前到現在都沒有改變，」蒸餾廠說。

　　庫利在 1988 年買下這間蒸餾廠，原本圖的是它的倉儲空間跟品牌；卻在 2007 年發現一座老舊的球狀小型罐式蒸餾器，於是開始用中央蒸餾廠的低度酒來進行蒸餾。2010 年，生產部門徹底翻修，加裝了第二座蒸餾器，它因此又被作為蒸餾廠使用。

　　有一段時間，庫利把這間蒸餾廠當作自家的試驗廠，實驗純罐式蒸餾以及裸麥。如今它不只生產基貝根威士忌的烈酒，更成了這個品牌的故鄉。

　　金賓對這個品牌的要求很明確：增加產能，使它足以和其他大型品牌競爭。這間蒸餾廠稍微進行了調整，做了重新包裝，正將目標轉向美國市場。

　　庫利帶來了驚人的改變，原本不被需要、特立獨行、不肯遵守遊戲規則的蒸餾廠如今煥然一新，成為基貝根蒸餾公司，用心地經營自己的品牌。從前的野孩子現在為了社會的一分子。

　　究竟產生了什麼樣的變化？「帝林先生可得為這些改變負起責任！」首席蒸餾師諾爾 • 史維尼開玩笑地說，「整個愛爾蘭的看法都轉變了。過去只有我們在嘗試新事物，如今整個產業都在創新：新產品、新制度，以及多角化經營。」

　　新一批蒸餾廠逐漸崛起，他們想問的問題，約翰 • 帝林和他的團隊在 1980 年代就想過了：「什麼是愛爾蘭威士忌？它又能變成什麼模樣？」

美好的往日時光。在 20 世紀的威士忌產業崩潰以前，基貝根曾經是一個知名的品牌。

塔拉摩爾杜 Tullamore D.E.W.

塔拉摩爾杜 · WWW.TULLAMOREDEW.COM · 週一至週日全年開放，確切日期與細節請參閱網站

「讓每個男人擁有自己的甘露」——一語雙關，這在品飲界裡已經算不錯的標語了，隱含著丹尼爾 · 艾德蒙 · 威廉斯（Daniel Edmund Williams）的願景。威廉斯當時擔任塔拉摩爾的戴利蒸餾廠的總經理，最後成為了業主，他在 1887 年改善了戴利，還用自己的姓名縮寫創造新品牌「塔拉摩爾杜」（Tullamore D.E.W.）和這句標語。

威廉斯家族在 20 世紀的艱難時期仍保有塔拉摩爾杜，只在 1925 到 1937 這 13 年間暫時歇業。他們在 1947 年裝設了第一座柱式蒸餾器，開始製造較清爽的調和威士忌，以迎合美國人的口味轉變。這種用純罐式蒸餾、麥芽，以及穀物威士忌混和法，在當時算是相當創新的作法，但卻已經挽回不了大局。這間蒸餾廠 1954 年結束營運，品牌則被權力公司（Powers）買下，1994 年又轉賣給坎垂爾與科克蘭公司（Cantrell & Cochrane，簡稱 C&C），並由 IDL 按照原本的配方來生產（請參閱第 207 頁）。

目前為止的發展並不令人意外。但就在 2010 年，格蘭父子集團（Grant & Sons）買下了塔拉摩爾杜，隨即宣布要在塔拉摩爾蓋一座蒸餾廠。塔拉摩爾杜從 1974 年起，長久以來的品牌大使都由約翰 · 昆因（John Quinn）擔任。

「從 C&C 買下這個品牌開始，一直有謠傳要蓋蒸餾廠，但當格蘭宣布建廠時，我脖子後面的寒毛都豎了起來。這對我、對鎮上來說都是件大事。讓我感到無比驕傲。」威士忌賦予人身分和目標，它不僅僅只是一種飲料而已。

一座用來製造麥芽及純罐式蒸餾威士忌的罐式蒸餾器已經啟動，第二階段就會加裝穀物處理設備，這表示生產調和威士忌的所有要素都已經到齊了。「我們的目標是要能用比較小型的蒸餾器，製造出跟密德頓那裡來的成品一模一樣的威士忌，因為顧客要求一致性，」昆因說，「如果能研發全新的口味當然會很刺激，但味道是不能變的。」

要製造純罐式蒸餾威士忌還有個問題：幾十年來這個技術都一直是 IDL 的獨門絕活。「威廉 · 格蘭（William Grant）知道怎麼製造威士忌，他們有好幾間蒸餾廠。」昆因的話只能說到這裡，但你早就知道大量未發芽的和發芽的酒液正流經蘇格蘭的蒸餾器。

這種三種威士忌調和法讓他們將來可以開發更寬廣的風味。「以前的我們確實做不到，」他笑著說，「但現在辦得到了。看看這個地方。」

塔拉摩爾杜品飲筆記

塔拉摩爾杜 40%
氣味：非常新鮮，具青草味；斷斷續續的檸檬味及堅實的穀物味。加水後有些綠橄欖、葡萄，以及烤橡木的味道。
口味：乾淨。酒體介於輕與中等之間。相當堅實，有紅蘋果及牛奶巧克力味。
尾韻：略酸。
結論：新鮮，適合稀釋後再喝。

風味陣營：芬芳花香型
延伸品飲：Lot 40

特藏調和 Special, Reserve Blend 12 年 40%
氣味：豐富澎湃。有水果和乳脂感：芒果、水蜜桃，以及香草味；美國橡木；太妃糖；些許薑味；塗上奶油的司康味。
口味：成熟果味，輕微的橡木中有燉大黃的味道；加水後會帶出黑醋栗及更多的果肉味。
尾韻：辛香緊實。
結論：複雜的果味，酸爽感，橡木味。

風味陣營：水果香料型

鳳凰雪莉桶調和威士忌
Phoenix Sherry Finish, Blend 55%

氣味：濃厚；綠無花果醬；水煮西洋梨味；豐富而複雜，有雪莉酒、酒心巧克力與黑莓味。
口味：深厚的勁道為原本太輕柔的酒體增加了咬口感；雪莉桶增添了層次與氧化的堅果味。淡淡的酸橙；醋栗味。
尾韻：薑與香料味。
結論：酒體厚重，有格調。

風味陣營：豐富圓潤型

單一麥芽威士忌 10 年 40%
氣味：新鮮有活力。白蘇維濃風格的醋栗（果酪）味；些許糖味；節制的橡木味。加水後有更多熱帶水果；石墨；和一些厚實的熟透果味。
口味：滿嘴的水果味：灌木類水果、醋栗、藍莓。輕柔的水蜜桃伴隨著無籽黃葡萄味。木頭味被壓了下去。
尾韻：圓潤，清淡，溫和。
結論：豐盛的水果饗宴。

風味陣營：水果香料型
延伸品飲：Langatun Old Deer

丁格 Dingle

丁格 · WWW.DINGLEDISTILLERY.IE · 參觀採預約制；聯絡方式請參閱網站

丁格蒸餾廠位在愛爾蘭偏遠的西南部，它的所有人奧利佛 · 休斯（Oliver Hughes）是名天生的開拓者。1996 年，他創立了愛爾蘭第一家提供自釀啤酒的酒館——「波特之家」（Porterhouse），位於都柏林的坦普爾酒吧區，但手工釀造啤酒的產業卻直到最近才在愛爾蘭發展起來。「也許我老是走得比趨勢還快一些吧，」他開玩笑說，「有時你會覺得自己像個拓荒者，但別忘了：拓荒者都被印第安人射死了，他們的地後來都被移民搶走啦！」

如今他又再次領先了潮流。在愛爾蘭的新蒸餾廠如雨後春筍般冒出前，丁格（Dingle）就率先現身了。「從釀造跨足到蒸餾，感覺還滿合理的。」休斯說，「市場對愛爾蘭威士忌有明顯的需求，我造訪丁格也已經三十年了，我覺得這個地點很好，也在愛爾蘭自我認同的歷史中佔有一席之地。這裡應該蓋間蒸餾廠才對。」

夢想開一間蒸餾廠是一回事；要順利營運又是另一回事。比起蘇格蘭，愛爾蘭威士忌的種類也許比較少，但實力卻很堅強。「你的商品確實得和別人不一樣，不只是產品種類不同——我們也有製造一支琴酒跟一支伏特加——生產的威士忌風格也必須有所變化。」

「剛開始營業時，我跟我們的顧問約翰 · 麥克道格（John McDougall）在半島上許多酒吧裡有過幾次長談。他告訴我愛爾蘭威士忌往往比蘇格蘭威士忌還要甜，還說我們得在蒸餾器上裝幾個沸騰球才行。所有的設計都是為了製造出特定的風味。」

對休斯來說，這種風味的威士忌有種「奢華感」。因此，在 2012 年的 12 月 18 號要將第一批威士忌裝桶時，他們使用了大量的雪莉桶和波特桶。

尋找極西之地的旅程也同時開展。「我想在半島及離島等不同地點讓這些威士忌熟成，」休斯解釋說，「而且我還計畫了要釋出一些特別的新品。」

身為一名啤酒釀造師的經驗真的有幫助嗎？「有，因為在那行也得創新。我們曾經把一支酒精濃度 11% 的司陶特黑啤酒放進威士忌桶裡熟成，我還想再用同樣的桶子來熟成威士忌。我會用不同的麥芽釀造司陶特，那如果我拿那些麥芽去蒸餾會發生什麼事？製造黑麥威士忌說不定會很有趣。」

丁格將有許多新鄰居。總部在肯塔基州的奧特奇（Alltech）在喀羅（Carlow）有蒸餾廠，但正要遷到都柏林；帝林家族買下了位在丹多克的舊海尼根釀造廠，他們計畫在那裏蓋一間穀物及麥芽威士忌蒸餾廠，也打算在都柏林蓋小型蒸餾廠；斯來恩堡的蒸餾廠也將會在此完工。

愛爾蘭的改變相當值得關注。

愛爾蘭手工蒸餾威士忌發源於丁格。

丁格品飲筆記

新酒

氣味：非常甜，有卡士達味。蘋果奶酥和覆盆子葉味。加水後會帶有穀物味。

口味：極具果味，接著是烤過的穀物味。帶勁，果決。奶油味會殘留下來。

尾韻：成熟的果味。

波本桶 桶陳樣品 62.1%

氣味：立刻聞到香草味；焦糖布丁；覆盆子的甜味還在，伴隨著香蕉味。

口味：氣味清爽的木桶賦予了此酒迎面而來的檸檬味。清爽、乾淨；香甜。

尾韻：緊實有活力。

結論：乾淨，精緻，非常早熟。

波特桶 桶陳樣品 61.5%

氣味：紅醋栗樹叢與樹葉味；柔和；一段時間後，湧出蔓越莓及覆盆子汁味。加水後會有香氣。

口味：莓果類，還有蔓越莓的清脆感；有一點土味〔可能是橡木桶的關係〕；細緻。

尾韻：年輕，新鮮，酸爽。

結論：酒桶賦予了許多元素，酒體也有辦法應對。值得注意的蒸餾廠。

IDL、西科克蒸餾廠 IDL & West Cork Distillers

密德頓 · WWW.JAMESONWHISKEY.COM/UK/TOURS/JAMESONEXPERIENCE · 週一至週日全年開放，確切日期與細節請參閱網站
西科克蒸餾廠 · 斯基伯林 · WWW.WESTCORKDISTILLERS.COM

威士忌與科克郡密不可分。這座城市裡有一些很棒的小酒館，你可以舒適地在那裡度過漫漫長夜，聊些奇聞軼事，配上威士忌，再灌下幾杯手工精釀的優質司陶特。這座城市擁有偉大的威士忌製酒傳統。1867 年，四家蒸餾廠──北莫爾（North Mall）、水道（Watercourse）、約翰街（John Street），以及格林（The Green）──與鄰近的密德頓合併成科克蒸餾公司（Cork Distilleries Company，簡稱 CDC）。這些科克郡蒸餾廠最終轉變成為愛爾蘭威士忌製造重鎮。

老密德頓蒸餾廠規模壯觀。原本的羊毛紡織廠在 1825 年被頗具膽識的莫非兄弟（Murphy brothers）買下，在此投入大量資金；很快地，他們就擊敗了 CDC 蒸餾廠的其它同業。如何做到的？靠著品質跟產量。到了 1887 年，密德頓年產量高達 455 萬公升，（還擁有世界最大的罐式蒸餾器。1970 年代，IDL 愛爾蘭蒸餾者有限公司）關閉旗下最後兩間都柏林蒸餾廠（約翰小徑（John's Lane）和弓箭街（Bow Street）），將製造轉移至密德頓，能夠拯救愛爾蘭威士忌的品牌將會在這裡誕生。1975 年，IDL 又在原址後方蓋了一間新的高科技蒸餾廠。

密德頓的人仔細檢驗 IDL 當時製造的威士忌──以及它的發展性。公司一方面必須保留自有品牌的配方及蒸餾液；另一方面，他們如今擁有一間嶄新的蒸餾廠，絕對有能力製造出新的蒸餾液。

傳統的風格確實應該以純罐式蒸餾威士忌的姿態保存下來，但搭配當時開放的林業政策，正是開拓新局的好時機。在蘇格蘭威士忌業界依然認為「木桶只要是用木頭做的，就沒問題」的時候，IDL 已經開始採用訂製的木桶。

威士忌的製造很耗時。生產者得要有耐心；因此，巴里 · 克羅基特、

追求創新的愛爾蘭威士忌：西科克蒸餾廠

2013 年，郡內的第二間蒸餾廠開始營運。西科克蒸餾廠位在愛爾蘭最南端的城鎮斯基柏林（Skibbereen），它正準備要生產多款烈酒，其中許多都是和裝瓶廠簽約製造的，以幫助自家的現金流量。一款由荷爾斯坦蒸餾器（Holstein stills）生產的二次蒸餾單一麥芽威士忌被存放起來，同時他們也進行調和，將買來的熟成庫存裝瓶。這些庫存都經由前任 IDL 首席調和師巴里 · 瓦許的專業眼光認證過。他們的合夥人約翰 · 歐康諾（John O'Connell）先前曾在食品集團嘉里（Kerry）及聯合利華任職，他發現了利用不同酵母及技術來產生獨特風味的可能性。「我們得要創新，」他說，「愛爾蘭威士忌會在 20 世紀崩盤，其中一個原因就是他們拒絕創新。我們不能夠再犯下同樣的錯誤。」

巴里 · 瓦許（Barry Walsh）、布蘭登 · 蒙克斯（Brendan Monks）、戴夫 · 昆因（Dave Quinn）、比利 · 雷頓（Billy Leighton）和其他人默默地做著事。參觀老密德頓深具情調的建物時，你可以從深鎮的大門間窺見新的蒸餾廠。導覽員介紹著威士忌的黃金時代，你參觀著一間安靜的廠房，但同一時間，愛爾蘭威士忌的未來就在一旁逐漸成形。

「新」密德頓蒸餾廠是威士忌界裡最棒的蒸餾廠之一。從逆境中不屈不撓，使愛爾蘭威士忌的旗幟得以持續飄揚。

木材專家。IDL 首創的多種木桶管理技術現在都成為了威士忌業界的常規。

如今多年來的努力都已開花結果，由眾人共享。在母公司保樂力加（Pernod-Ricard）投資了 100 萬歐元後，那些新蒸餾廠的大門已然開啟。我們現在可以看到新的小酒吧、罐式蒸餾室，以及穀物蒸餾廠一間間地冒出，使得密德頓的產能高得令人幾乎難以置信——每年 6000 萬公升的產量。

新廠的罐式蒸餾器就放在一扇巨大的全景窗後面，那裡還可以通到舊廠。所有的要素都到齊了，過去與現在連結在一起。如今他們放眼未來。

對世上多數品酒人來說，愛爾蘭威士忌就等同於尊美醇。密德頓在 1972 年將品牌重新塑造為嶄新、清爽的調和威士忌的動作還只是個開始，後面還有很長的路要走，此舉的目的是要讓自家的風格起死回生。雖然唯有進行改變才可能達成這個目標，但不代表他們得要放棄自己的原則，而是要合理地調整愛爾蘭威士忌的風味，以對應這個不再追求重口味的全球市場。如果大家的口味改變了，還強迫他們喝純罐式蒸餾威士忌也沒什麼意義。雖然這個改變令那些熱愛權力（Power's）、綠點（Green Spot）、十高峰（Crested Ten）跟赤腹（Redbreast）威士忌的人有些沮喪，但單一品牌的經營策略奏效了。長期不斷的廣告以及穩定的品質，讓尊美醇得以從地方特產晉升為國際品牌。

尊美醇的創新關鍵是找出一種製造方式，來善用新密德頓蒸餾廠帶來的各種製成可能性。萊特糖化槽能製造出更清澈的麥汁，提升了酯香的味道。目前有了已經能夠製造出不同「厚重感」的純罐式蒸餾威士忌，但要做出新的調和威士忌，他們還需要一種清爽、乾淨、香氣濃郁的穀物；新型的三柱式蒸餾器組便能供應這種原料。穀物又再次成為了祕密武器。

接著，尊美醇威士忌家族開始慢慢地壯大，每增加一支新品都會讓酒體變得更厚重。更多純罐式蒸餾的風味被加入這些舊式的改良版中，使用不同的木桶也會帶來影響：新的橡木桶用來裝金牌；波特桶裝特級；訂製的美國木桶則裝精選。尊美醇如今也與純罐式蒸餾威士忌有了連結。

如果尊美醇追求的是全球化的口感，那麼真正的愛爾蘭風味就在權力威士忌裡頭。權力這支歷史悠久的都柏林威士忌中加入的純罐式蒸餾在比例上高過一般的尊美醇（也較少使用新橡木桶），因此口感肥美、多汁，帶給人極為享受的品飲經驗。科克郡的人依然鍾情於當地的調和威士忌派迪（Paddy），這支酒的名稱是為了紀念 CDC 頂尖銷售員派迪・富萊赫迪（Paddy Flaherty）。從前他總會走進酒吧，請大家喝一杯「他的」威士忌，很快地人人就都嚷嚷著要「喝一杯派迪的酒」。諷刺的是，他花太多錢在買威士忌了，所以銷售獎金都用光了。

「我們必須做各種嘗試。」談到過去的密德頓，巴里・克羅基特是這麼說的，但我可不同意，他們不是「一定得這麼做」；他們只是「想要這麼做」。也因此他們才得以為新的愛爾蘭威士忌市場打下根基。

純罐式蒸餾威士忌

每支新的 IDL 調和威士忌的核心都是純罐式蒸餾威士忌，風格掌握了愛爾蘭威士忌的命運（製造細節請參閱第 17 頁）。雖然愛爾蘭與蘇格蘭的蒸餾廠長年混和發芽與未發芽大麥、裸麥，以及燕麥來製造，但直到 1852 年這種風格才確定下來——當時發芽的大麥被課了重稅，愛爾蘭大城市的蒸餾廠為了要避稅才開始這麼做。

更改穀物成分的比例意謂著風味的重大改變。使用未發芽的大麥能為威士忌的結構增添一股油性、多汁的厚實感，以及辛香、有活力的尾韻，正是這樣的風格塑造出了愛爾蘭威士忌。事實上，直到 1950 年代以前，這就是愛爾蘭威士忌。

新上市的尊美醇和早先推出的塔拉摩爾杜都嘗試要脫離那種對當代品飲者來說，酒體過重的威士忌。

威士忌愛好者卻不認同這樣的改變，但這些年來要找到純正的愛爾蘭威士忌變得很困難。他們會在赤腹（由尊美醇為吉爾貝生產）或綠點（尊美醇為都柏林的米契爾生產）威士忌當中尋找這種特質，或從酒體較重的罐式蒸餾調和威士忌如高峰 10 年或權力威士忌上尋求慰藉。

然而，還是有人在生產這種風格的威士忌。甚至從風格上來說，密德頓不是只生產一種純罐式蒸餾威士忌；它生產了一系列的純罐式蒸餾威士忌。黏著在口腔的各種質地、蘋果、香料，以及黑醋栗的不同味道。透過更改穀物配方和蒸餾方式——注入量、蒸餾強度、分割點——它製造出了四種風格：輕酒體、兩種中酒體（又稱 mod pot），以及一種重酒體。IDL 的木桶管理制度使用了世界首創的訂製木桶，將新酒裝入各種酒桶後，產生新的質地、口感，以及強度，使風味的可能性變得更為寬廣。這些新風格也都加入了 IDL 持續成長的調和威士忌家族。

但在 2011 年，情勢全盤改變。除了赤腹和重新包裝的綠點，權力蒸餾廠的約翰小徑及巴里・克羅基特傳承威士忌（Barry Crockett Legacy）也加入了愛爾蘭威士忌的行列。在那之後，又加入了兩支新的赤腹變體和黃點威士忌，它們也都承諾在未來的十年內，每年推出一支新品。愛爾蘭威士忌的復興運動就這樣大功告成了。

它的風格令人上癮，百般挑逗，要你駐足，在你耳邊低語著「再喝一杯就好」，你便屈服了。誰又能抵擋它的魅力呢？

IDL 與西科克蒸餾廠品飲筆記

尊美醇原味調和 Jameson Original, Blend 40%

氣味：飽滿的金色。香氣濃郁；藥草；熱土味；琥珀麥芽；香木；以及焦糖蘋果味；蜜酒般的滋味；新鮮而辛香。

口味：柔和，帶著大量香草味。中段多汁，接著變得較不甜、更為細緻的口感。開始滲入辛香味。

尾韻：小茴香；波薩輕木；乾淨。

結論：均衡富香氣。

風味陣營：芬芳花香型

尊美醇 12 年調和 40%

氣味：香氣較原味少，更多蜂蜜味；無籽黃葡萄；太妃糖；奶油糖；烹調過的蘋果；乾燥的藥草以及熱木屑的味道。

口味：較原味多汁、飽滿；更多椰子、香草，以及少許的濃縮果乾味。多汁，一點點樟腦味。

尾韻：眾香子味。

結論：長時間罐式蒸餾增添了酒體厚重度和口感。

風味陣營：水果香料型

尊美醇 18 年調和 40%

氣味：飽滿的金色。起初味道是封住的，但較重的罐式蒸餾酯香開始湧現。是三者中最圓潤、最油（亞麻油）的一款。些許樹脂味，原先湧出的味道現在變成乾燥藥草味。

口味：咬牙且飽滿，較多雪莉果乾特性。葡萄乾味多於無籽黃葡萄味。加水後，甜甜的薑餅味。

尾韻：辛香感再次湧現，這次是豆蔻伴隨栗子蜂蜜味。

結論：明顯來自同一個威士忌家族，但較為厚重。

風味陣營：豐富圓潤型

權力 12 年調和（Power's）46%

氣味：豐裕，多汁，花香。更多水蜜桃味；較多桃子、新鮮水果味，整體來說比尊美醇豐厚。

口味：濃郁的香蕉奶昔甜味，伴隨水蜜桃汁與蜂蜜味；厚重的質地後出現了腰果／開心果的滋味。口中的味道飽滿。

尾韻：成熟。接著出現芫荽與薑黃味。

結論：油脂感。

風味陣營：芬芳花香型

赤腹 Redbreast 12 年 40%

氣味：豐富，柔和的水果味；柔嫩清爽；伴隨著濕麂皮；蛋糕預拌粉；薑；以及菸葉味。接著是堅果和少許卡士達粉味，之後轉為醋栗葉味。

口味：乾淨。雪茄跟深色水果味，但帶有罐式蒸餾的新鮮清爽風味；包覆住舌頭，存在感濃厚。

尾韻：不甜，有香料味。

結論：純罐式蒸餾基本款。

風味陣營：豐富圓潤型
延伸品飲：Balcones 純麥

赤腹純罐式蒸餾 15 年 46%

氣味：澎湃。秋季（紅色和深色）水果味；太妃糖及輕微的皮革味；檀香；花粉；圓潤的橡木味，飽滿。

口味：豐富而圓潤。麂皮皮革味，然後大量辛香味；層層的小茴香及薑味，混合了新製的皮革、果乾、烤過的蘋果味，風味複雜。

尾韻：悠長的成熟口感在喉頭繚繞不去。

結論：像服了類固醇的尊美醇。罐式蒸餾威士忌經典款。

風味陣營：豐富圓潤型
延伸品飲：Old Pulteney 17 年

權力約翰小徑 Powers John's Lane 46%

氣味：比赤腹飽滿，油脂感更為顯著，伴隨了胡椒、皮革，以及陳舊的玫瑰花瓣。包覆著巧克力的莫利洛黑櫻桃味中還帶有鞣製獸皮味，同時混合了檀香、保溼盒以及黑醋栗味。

口味：成熟、豐裕，油脂口感，有權力威士忌慣有的水蜜桃味（以及芒果和百香果味）。飽滿、滑順，風格顯著。

尾韻：芫荽籽；干澀的泥土味。

結論：滋味在口中徘徊，風味厚實。

風味陣營：水果香料型
延伸品飲：Collingwood 21 年

綠點 Green Spot 40%

氣味：活潑、香甜。稍許的油脂味立即湧現，帶點蘋果皮、西洋梨、杏桃乾，以及香蕉片味；還有少許橡木甜味。

口味：起初很新鮮。柔和地轉為醋栗、丁香，以及小茴香味。加水後更為辛香。芝麻與菜籽油，然後是白醋栗味。

尾韻：咖哩葉和大茴香味。

結論：最清爽的威士忌範本。

風味陣營：水果香料型
延伸品飲：Wiser's Legacy

密德頓巴里‧克羅基特傳承
Midleton Barry Crockett Legacy 46%

氣味：蜂蜜、甜榛果，以及新鮮大麥味。些許萊姆、青草、醋栗葉、青芒果、比利時長啤梨、香草和橡木味。

口味：滑順、舒暢、蜂蜜味；佛手柑、新鮮的柑橘味湧現。中段的味道芳醇，接著是豐富的小豆蔻和肉豆蔻味。

尾韻：悠長，帶點橡木椰子和深色水果味。

結論：節制而優雅。

風味陣營：水果香料型
延伸品飲：Miyagikyo 15 年

日　本

某次前往輕井澤蒸餾廠的路上，我看到一張海報。海報上的男子面貌兇惡，戴著一副厚厚的眼鏡，山羊鬍突出下巴，後來才知道他是俳句詩人山頭火。這恰好和我旅程的目的產生了共時性。山頭火出了名的貪杯，而俳句的本質不正是將字句精煉成經驗嗎？或者用山頭火的話來說，俳句是萃取出「生命的深沉呼吸」。威士忌就是一首俳句。威士忌生產與風味的濃縮息息相關；但在技術層面的背後，它顯現的是更為寬廣的文化層面。

前頁：看似熟悉卻又非常不同，日本的風景反映在它的威士忌上。

雖然對外國人來說，要完全理解日本文化是不可能的，不過欣賞日本的感性仍有助於稍微理解日本威士忌的創造過程。日本的威士忌歷史有著民間傳說的色彩。西方烈酒在 1872 年抵達日本，岩倉使節團的歐美訪查任務中將一箱老帕爾（Old Parr）帶回日本；隨後日本的實驗室開始仿造這些外國烈酒；年輕的鳥井信治郎於 1899 年創辦了壽屋；1918 年年輕的化學系學生竹鶴政孝赴格拉斯哥學習化學；竹鶴被蘇格蘭魅惑——他和瑞塔‧科文（Rita Cowan）結婚，到赫佐本（Hazelburn）和朗摩蒸餾廠（Longmorn）實習；竹鶴後來被鳥井先生聘用。1923 年，鳥井先生四處尋找日本籍蒸餾師，送到位於山崎的日本第一間威士忌專門蒸餾廠工作；兩人一同打拚，但後來分道揚鑣：鳥井創立了三得利，竹鶴創立了 Nikka，這兩間公司至今仍是日本威士忌製造業的台柱。

有一種說法是，因為日本遵循蘇格蘭製酒模式，所以日本威士忌頂多只能算是仿製品。事實絕非如此，起初他們的以創造出日本自己的風格為目標。更有許多人認為這些威士忌是高科技產物，與土壤毫無連結。這個想法同樣也錯得離譜。

日本威士忌製造者確實從一開始就採取科學方法。他們還能怎麼做？花上兩百年等待，然後集結民間智慧蓋起一堆殘渣嗎？當鳥井信治郎在 1923 年蓋了國內第一座專事生產威士忌的山崎蒸餾廠時，他和他的蒸餾師竹鶴政孝從零開始。他們都是有遠見的人，兩人的公司三得利和 Nikka 持續稱霸日本蒸餾界，但他們的夢想奠基於科學。

雖然日本威士忌是從實驗中誕生，它能夠成長到今天的面貌，則是因為日本這個國家的自身條件：氣候、經濟、食物、文化、精神層面——在工作一天後需要放鬆一下。這些威士忌從古至今都是配合日本的情感製造出來的。

日本威士忌未必比較清爽，但它有種非常明顯的香氣。少了穀物基底的味道，加上使用香氣濃郁的日本橡木，讓它和蘇格蘭威士忌產生了差異。如果蘇格蘭單一麥芽威士忌是一條奔流的山澗，所有的味道你推我擠地搶著出頭，日本威士忌就是一座清澈的水池，水面下什麼都看得一清二楚。

它的創造與風味的濃縮有關，但在技術層面的背後顯現的是更寬廣的文化層面。雖然任何外國人都沒有辦法完全了解日本文化，但我愈打量這些威士忌，我就與日本美學產生愈深的連結。

日本的藝術、詩詞、陶藝、設計，以及料理都既純粹又樸實。這樣的原則稱為素雅，是一種簡單、低調，卻深邃而天然的企求。日本威士忌的「透明感」展現了素雅的特質，我不認為這只是個巧合。

素雅與另一種更深的概念有密切的關係——侘寂。侘寂同樣推崇簡單與天然，但卻讚頌事物的不完美，就是這些不完美使它們變得美麗。正如李歐納德‧科恩（Leonard Cohen）所唱的，「任何事物都有裂縫，光芒就從那裡鑽進去。」

這跟威士忌又有什麼關係呢？蒸餾是一種捕捉本質〔烈酒〕的技術，但沒有辦法做到中立。威士忌會有雜質，這就是它的風味來源。就是這些「缺陷」使得威士忌如此迷人。缺陷就是威士忌的侘寂。

這些觀念深植於日本美學之中，進入了他們的潛意識。但我相信日本風味的產生，也立基於這個概念。在最深的層面上，日本的確創造了這種威士忌，所有其他日本新蒸餾廠也都以此為模範。

於是，出現在西方市場上的日本威士忌在風格、形式，以及風味上都受到了應有的尊崇。然而本書所介紹的所有國家中，日本是唯一一個蒸餾廠的數量沒有增加的國家。

三得利、Nikka（日果），以及小小的秩父都有出口威士忌，但輕井澤和羽生的庫存很快就要見底。江井島一年只有兩個月的時間在製造威士忌；御殿場實際上是沒有實體的，連在日本也一樣；而火星蒸餾廠直到最近才重啟。日本迫切地需要新的蒸餾廠。但近期只有一家岡山縣的蒸餾廠開張。

全球市場變化快速，日本的影響力很容易就會衰退。

涼爽、平靜、鎮定——卻又難以捉摸。如今，世界正在揭開日本威士忌的神祕面紗。

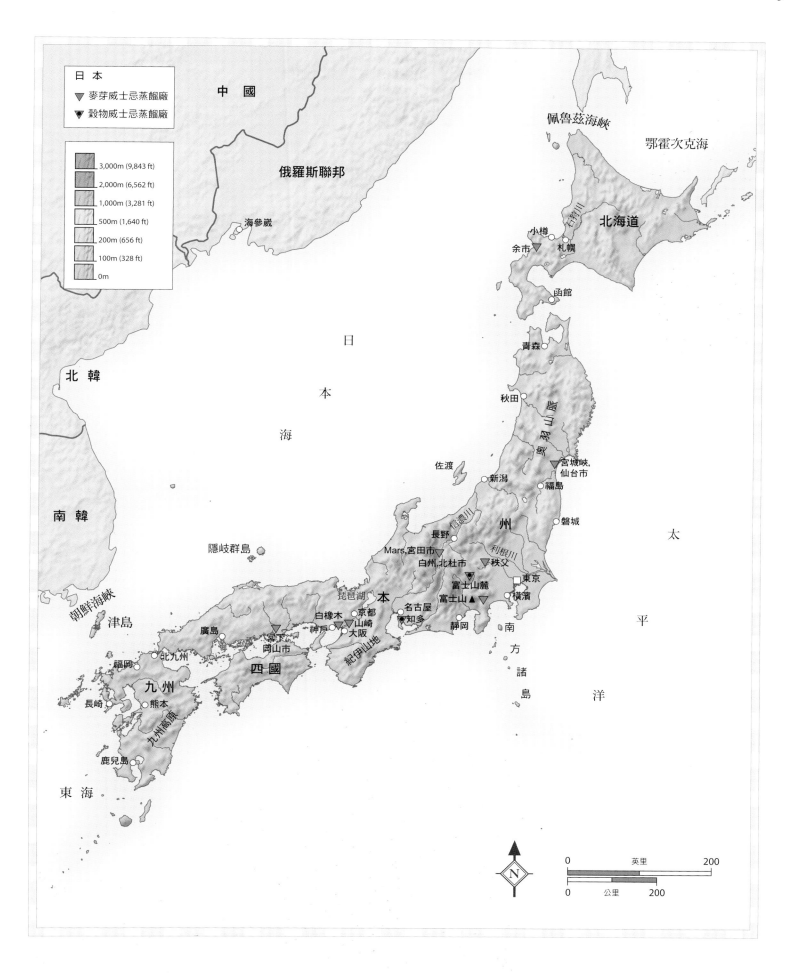

佩魯茲海峽

鄂霍次克海

日本

▼ 麥芽威士忌蒸餾廠

▼ 穀物威士忌蒸餾廠

3,000m (9,843 ft)
2,000m (6,562 ft)
1,000m (3,281 ft)
500m (1,640 ft)
200m (656 ft)
100m (328 ft)
0m

中國

俄羅斯聯邦

北韓

南韓

朝鮮海峽

津島

日
本
海

海參崴

白樺川

小樽
余市
札幌

北海道

函館

青森

秋田

奧羽山脈

宮城峽,
仙台市

佐渡

新潟
福島

磐城

長野

信濃川

州

利根川

Mars,宮田市
白州,北杜市

秩父

富士山麓

富士山

東京

橫濱

琵琶湖

本

京都
名古屋
知多

白樫木
神戶
山崎
大阪

廣島

宮下
岡山市

紀伊山地

靜岡

太
平
洋

南
方
諸
島

四國

福岡
北九州

九州

長崎
熊本

九州高原

鹿兒島

東海

N

0   英里   200

0   公里   200

山崎 Yamazaki

大阪 ・ WWW.THEYAMAZAKI.JP/EN/DISTILLERY/MUSEUM.HTML ・ 全年開放，確切日期與細節請參閱網站

這裡就是起點，就在一條連接京都與大阪港的古道上，越過那如今子彈列車呼嘯而過的鐵路；一個夏天悶溼、冬天寒冷的地方，山崎蒸餾廠就在這裡。1923 年，鳥井先生因為一些理由而決定在這裡蓋蒸餾廠。精明的生意頭腦，讓他選擇將蒸餾廠安置在兩個重要的市場之間，此處還有良好的運輸管道；加上這裡是三條河川的匯聚之地，意謂著充足的水源。但這個選擇的背後其實還有一個更深的情感因素。廣為人知的茶道由千利休在 16 世紀創立，（有人認為）他因為這裡優良的水質而在此興建第一座茶室。這裡不僅僅是一塊鄰近鐵路、占地利之便的平地而已。

這種根深蒂固的思維模式並不代表它會被過去限制住。日本蒸餾廠幾乎令人堪憂地積極拋下老舊的事物，一切重新來過。山崎蒸餾廠重建過三次，最近的一次是在 2005 年。這次翻修將蒸餾室徹底整建，換成了較小型的蒸餾器，又換回直火加熱（底部直接受熱），連各種風格都改變了。注意，我剛剛用的是複數。當你試著要了解日本威士忌時，最好先把蘇格蘭威士忌拋在腦後。風格的創造是日本融合實用與創意的另一個例子。

蘇格蘭有 118 間麥芽威士忌蒸餾廠，調和師得以從大量不同風格中做選擇。日本的兩位大老（三得利與 Nikka）一共有四座蒸餾廠──但彼此不互相交易。如果他們想要為自家的調和威士忌增加更多變化，他們得自己製造其他選擇才行。

山崎有兩座糖化槽，用來糖化低泥煤及重泥煤的大麥，製造出非常清澈的麥汁（因此烈酒中缺乏穀物的味道）。這些麥汁混合了兩種酵母，放進有益於長時間增長風味的乳酸發酵的木製或鐵製發酵槽中進行發酵。初次來訪者看到蒸氣室可會被它嚇一跳：八組蒸餾器，外型、大小都不同。所有的酒汁蒸餾器都是直接受熱，其中一個還附有蟲桶。山崎用五種不同的木桶來陳年：雪莉桶（美國及歐洲橡木）、波本桶、首充桶，以及日本橡木桶。

這讓他們能用不同的方式去生產單一麥芽威士忌。蘇格蘭每一間蒸餾廠都傾向於製造單一風格，意謂著 18 年酒齡

跟 15 年酒齡威士忌之間的差別，簡單來說，只在於三年的熟成期外加木桶添加的調性。但山崎每種酒齡的構成元素表現的特性都不同：山崎 18 年不只比 12 年多熟成 6 年，它還是用不同的威士忌去調製而成的。在裝瓶前，這些原料要花六個月來彼此交融。

山崎蒸餾廠位於京都與大阪之間一條古老道路的鐵軌對面，是日本第一間專門為了製造威士忌而建的蒸餾廠。

把酒桶載上路兜風。這是新的熟成技術——還是只是因為蒸餾廠的規模太大了？

山崎生產數種風格的威士忌。

　最厲害的是，即便口味如此多樣，山崎威士忌仍有一個共通點：威士忌沉澱並停留在舌心的那一瞬間，果味隨即湧現。這種特質足以與雪莉桶和具線香味道的水楢（日本橡木）桶明顯的特性抗衡，木桶那刺激的酸性特質也能對應烈酒本身的豐富感。因此它象徵了日本威士忌的生命弧線：從早年鳥井信治郎和他的後繼者為了做出符合日本消費者需求的清爽感，到滿足新一代以麥芽為中心、追求更多特質的消費者。

　相較於所有的技術創新（還有許多技術藏在訪客看不到的地方），山崎蒸餾廠仍然是個寧靜的地方。在這裡，日本人融合對立的元素。西方人覺得完全相反的元素（古代與現代、直覺與科學），在這裡卻極其自然地彼此相和。

山崎品飲筆記

新酒，中等酒體
氣味：優雅、甜美，果味中伴隨濃濃的〔百合〕花香、蘋果，以及草莓味。
口味：圓潤，中段帶有稱作「山崎沉澱」的氣味（參閱主文）。略帶辛香的果味，有活力。
尾韻：柔順、悠長。

新酒，重酒體
氣味：深沉而豐富。伴隨輕微蔬菜味，豐富的果味。
口味：咬牙，飽滿，豐裕的香草味。風味繚繞，成熟，厚實中帶點煙燻味。
尾韻：略為閉鎖。

新酒，重泥煤
氣味：乾淨。鳶尾花和朝鮮薊味；煙燻味堅實而芳香。
口味：甜美、〔主要元素〕厚實。煙燻味大多出現在後段；海邊的營火香味。
尾韻：辛香。

10 年 40%
氣味：淡金色。新鮮，湧現出更多香料特性；烤過的橡木；酯香。
口味：乾淨、有活力。淡柑橘味；些許榻榻米〔日式蘆葦墊〕；綠色水果味。
尾韻：柔軟，接著又充滿活力。
結論：細緻、乾淨。適合以「蘇打水割」〔加蘇打水後再加冰塊〕方式飲用。春天般的氣息。

風味陣營：芬芳花香型
延伸品飲：Linkwood 12 年、Strathmill 12 年

12 年 43%
氣味：金黃色。果味開始湧現，熟透的哈密瓜；鳳梨；葡萄柚，以及花香；帶點榻榻米味和少許水果乾。
口味：香甜的果味。多汁；糖漿；杏桃，以及微微的香草味。
尾韻：淡煙燻味，水果乾味繚繞。
結論：酒體中等，但充滿個性。夏天般的滋味。

風味陣營：水果香料型
延伸品飲：Longmorn 16 年、Royal Lochnagar 12 年

18 年 43%
氣味：淡琥珀色。秋季水果；成熟蘋果；半乾水蜜桃；樹脂；淡淡的護根樹葉氣味。煙燻味多了起來；現在花香味變重了；比原來更芳香。
口味：木頭；較飽滿的雪莉酒味；核桃；大母松李；些微苔味。依然在舌心繚繞，複雜。
尾韻：橡木甜味，飽滿。
結論：像是走進森林的深處，秋天般的滋味。

風味陣營：豐富圓潤型
延伸品飲：Highland Park 18 年、Glengoyne 17 年

THE
YAMAZAKI
SINGLE MALT
WHISKY
AGED 12 YEARS
The oldest distillery in Japan
YAMAZAKI DISTILLERY
PRODUCED BY SUNTORY
PRODUCT OF JAPAN
ウイスキー
山崎
"YAMAZAKI"

白州 Hakushu

北杜市 • WWW.SUNTORY.CO.JP/FACTORY/HAKUSHU/GUIDE • 全年開放，確切日期與細節請參閱網站

日本阿爾卑斯山山脈南方的甲斐駒岳的花崗岩斜坡上長滿了松樹，涼風吹拂而過，林木間點綴著幾間倉庫和蒸餾廠。除非登上空橋——一條連接這座博物館頂端兩座高塔的玻璃走廊，否則你無法理解三得利的白州蒸餾廠規模有多大。這壯觀的廠址中，有一部分是國家公園，一部分是蒸餾廠，目前保存超過 45 萬個酒桶。這象徵了在景氣蓬勃發展的 1970 年代，日本蒸餾廠龐大的野心。當時對〔調和〕威士忌似乎永遠不會滿足的需求，造就了這幢建築。有段時間，這裡曾是世界上最大的麥芽威士忌蒸餾廠。

把三得利吸引過來的，是這裡的水。充足的柔軟山泉水（公司現在也把這些水裝瓶）能配合公司遠大的願景。不幸的是，未來並不如他們所料。亞洲發生金融危機，使得日本威士忌產業的蓬勃發展在 1990 年代初期告終；造成了通貨緊縮，日本今日還在面對這個問題，以殭屍般的蹣跚腳步設法慢慢越過它。

日本威士忌業低谷所帶來的影響，清楚地顯現在西蒸餾室的兩扇大鐵門後。首席調酒師福與伸二推開大門，讓我們走進寒冷的陵墓中，相較於那些巨大的銅製蒸餾器，我們顯得相當渺小。他提到以前這座蒸餾廠的東與西兩座蒸餾室一年共生產 3000 萬公升的烈酒。

如今，生產部分都已轉移到東蒸餾室，產量更減少了三分之一。一如山崎，變幻莫測的市場逼得白州不得不改變自己，1983 年進行了規模最大的一次整修。在西蒸餾室關閉以前，福與都在這裡做實驗。其中一個蒸餾器的頂部是平的。「沒錯，那是我弄的。」他歡樂地說，「我想製造出不同的風格，所以就想試看這樣做會帶來什麼效果。」對日本蒸餾師來說，不需再三考慮就做出這種大幅度的變動好像正常的很。

真要說的話，白州甚至比山崎更激進。這裡使用了四種大麥——從未燻泥煤到重泥煤大麥，清澈的麥汁使用混合了蒸餾用與釀造用的酵母，放在木製發酵槽裡長時間發酵。「木製發酵槽跟釀造用酵母能幫助乳酸菌生長，」福與說，「這種方式能助長酯香和這款烈酒的乳脂感。」更精確來說——多款烈酒。這裡有六組直接受熱、散發出金色光澤的蒸餾器。它們的造型和大小多得讓人難以置信：高的、胖的、瘦的、迷你的；林恩臂有的向上、有的往下，還可以拆下來改裝到蟲桶或冷凝器上。這些蒸餾器的陳列方式雖然令

對木桶近乎癡迷的控制欲，是日本威士忌品質的關鍵。
左圖：二次炭化的木桶；右圖：正要取出樣品酒。

田園詩般的地點。白州蒸餾廠坐落在日本阿爾卑斯山上的自然保護區內。

人困惑，但和山崎一樣，它們和不同種風味的烈酒間似乎相互對應。

使白州和山崎威士忌的深度不同的是，即使在酒體最重、泥煤味最強的情況下，你仍嘗得出白州的焦點和它率直的風味。酒齡較輕的白州威士忌彷彿直接將當地的景致裝進了酒裡，這款單一麥芽威士忌充滿活力、有著青翠綠意的特質：溼竹子、雨後新鮮的苔蘚——沒有錯，還有乳脂感，一部分是來自這裡對美國橡木桶的偏好，一部分可想而知是由長期發酵的方式產生的。雖然白州也帶有泥煤味，但幾乎要到事後才回想得起來。

白州的風格不用說當然也和周遭的溫度有關。「這裡的溫度範圍從攝氏 4 度到 22 度，」福與說，「在山崎，則是介於攝氏 10 度到 27 度，而且夏天的溼度會高很多。」10 年分的新酒氣味如同松木芳香劑，絲毫不會讓人發覺白州有延長熟成的能力。25 年分的威士忌酒體更重，泥煤味也更強，但總會有股卵石般的率直新鮮感，和一絲清涼的薄荷味在嘴裡擴散開來，如同松樹林間的一陣微風。

2010 年，這間蒸餾廠加裝了一座柱式蒸餾器，最初是要用來做實驗。主要以玉米作為原料，但也嘗試過包含小麥及大麥等其他穀物。

白州品飲筆記

新酒，淡泥煤
氣味：非常乾淨。黃瓜；水果軟糖；些微的青草味；白梨；芭蕉，以及不太明顯的煙燻味。
口味：甜美、濃烈。香瓜味，酸度高，新鮮，後頭有股煙燻味……
尾韻：……煙燻味最後冒了出來。

新酒，重泥煤
氣味：粗獷、緊密。些許的堅果味，不像蘇格蘭的泥煤味那麼「模糊」，更清澈，帶有淡淡的香氣；溼草皮和檸檬味。
口味：有活力，酸爽，伴隨漸濃的煙燻味。
尾韻：緩緩地消褪。

12 年 43.5%
氣味：稻草；涼爽；有活力；些微柑苔調性的的氣味。青草和淡淡的花香；少許松木及鼠尾草；綠香蕉味。
口味：平順，柔滑；帶點薄荷跟綠蘋果味；竹子跟潮溼苔蘚；萊姆跟甘菊味。
尾韻：細微的煙燻味。
結論：新鮮。看起來很纖細，但真材實料，味道集中。

風味陣營：**芬芳花香型**
延伸品飲：Teaninich 10 年，anCnoc 16 年

18 年 43.5%
氣味：金黃色。餅乾味，有點薑味和杏仁／杏仁軟糖味。些許蠟；李子；甜乾草；杏仁蛋糕；青草；青蘋果；醋栗葉味。
口味：中等酒體，乾淨（同樣酸度佳）。芒果；成熟的白蘭瓜味，青草味還在。
尾韻：乾靜，微微的煙燻味。
結論：沉著。一樣不連貫，帶點煙燻味。

風味陣營：**芬芳花香型**
延伸品飲：Miltonduff 18 年

25 年 43%
氣味：琥珀色。濃烈，有許多果乾及上了蠟的家具味，還有點焦糖水果味。烤蘋果，無籽黃葡萄；蕨類／苔蘚；蘑菇；乾燥薄荷和煙燻味。
口味：宏大，成熟，香氣四溢。葡萄酒味；絲滑，帶點單寧；杏仁糖的味道味。
尾韻：木頭味中又昇華出煙燻味。
結論：濃郁但仍保有新鮮的酸味，具自家蒸餾廠的特色。

風味陣營：**豐富圓潤型**
延伸品飲：Highland Park 25 年、Glencadam 1978

白州威士忌桶，重泥煤 61%
氣味：金黃色。濃烈，臭氧般的新鮮氣味讓人胃口大開。康乃馨；青蔥；淡淡的煙燻氣味逐漸加重，加水後煙燻味完全釋放出來。香氣還在，新鮮水果及潮溼泥煤味。
口味：酒精和蒸餾廠的風味一樣濃烈；香瓜和重煙燻味在舌間擴散開來。
尾韻：有活力、悠長。
結論：口感均衡、獨具特色。

風味陣營：**煙燻泥煤型**
延伸品飲：Ardmore 25 年

宮城峽 Miyagikyo

仙台 • WWW.NIKKA.COM/ENG/DISTILLERIES/MIYAGIKYO/INDEX.HTML • 全年開放，不提供英文導覽

Nikka 的頭兩間麥芽蒸餾廠位在本州的東北方，從仙台市往西行約 45 分鐘即可到達。這裡道路曲折，山丘上佈滿了長著樹瘤的楓樹，這裡是日本其中一個外人鮮少造訪的祕境。溫熱的泉水湧出地表，古老的溫泉樸素地散落在山谷各處。與報導所說的相反，這間蒸餾廠並沒有受到東北海嘯、或是隨後福島核電廠洩漏的輻射塵影響。

宮城峽蒸餾廠創建過程中，水源又再度扮演了重要的腳色。日本威士忌界的共同草創人、於 1930 年代創立 Nikka 的傳奇人物竹鶴政孝到了 1960 年代後期，想要另外找地方設蒸餾廠。若第一次的尋找過程將他直接帶往了寒冷的北方（請參閱余市，第 224 頁），這一次日本各個地方都有潛力被選中。依據公司內部流傳的說法，他奔波了三年，才找到這個位於宮城山谷（也就是宮城峽），新川與廣瀨兩條河的交會點。他走上河岸的灰色圓卵石地，鞠起一口水喝，隨即宣布這是相當好的水。到了 1969 年，仙台蒸餾廠便開始在此製酒。

竹鶴對水質的要求以蒸餾師來說並不算罕見。即使水不會直接影響風味，但蒸餾廠會用到大量溫度適當的水（冷水），水中的礦物質成分也會影響發酵。1919 年，竹鶴開始在朗摩蒸餾廠實習（請參閱第 87 頁），他最早對經理提出的 13 個問題中，有兩個和水有關。找到了蒸餾廠的水源後，他問：「你有分析過水質嗎？」經理的答案是否定的。接著他又問蘇格蘭哪一間蒸餾廠有使用顯微鏡。這次經理回答：「我想應該沒有。」在竹鶴喝過宮城峽的水後，他鐵定回去做了水質的分析。這年頭做事不能只靠運氣啦。

在那之後宮城峽兩度擴廠，分別建立了一間麥芽蒸餾室和一間穀物蒸餾室來製造烈酒。麥芽蒸餾室同樣採用日本的多種組合製程設計來製造威士忌，不過 Nikka 的技術和三得利的並不相同。

宮城峽大多使用未燻泥煤的大麥，但有時使用中度，偶爾也會用重度的泥煤大麥製成多半清澈或混濁的麥汁。發酵過程採用多種不同種的酵母做組合搭配。蒸餾器都有著同樣的形狀：容量大、底部肥寬、一個沸騰球以及粗厚的頸部——其實長的很像朗摩的蒸餾器。

品飲宮城峽威士忌時，竹鶴的意圖變得更加清楚。在余市，他創造出一款酒體重、具煙燻味且結構豐富的單一麥芽威士忌。在這裡，清爽是關鍵。如果充滿煙燻味跟扶手皮椅味道的余市是冬天的威士忌；那宮城峽就是充滿了果味的夏末威士忌。它是威士忌系列中

在一片和緩山丘、森林，以及溫泉的景致中，宮城峽是因為它的水質而雀屏中選。

的平衡款，也是調和威士忌裡的新元素。穀類蒸餾廠加入了最後的要素，這進一步證實了，總是在研究新技術的日本蒸餾師，依然保留了過去奏效的那些元素。

　　至於現代化的柱式蒸餾器，這裡也同樣放了一對在格拉斯哥製造的科菲蒸餾器，能製造三種不同的穀物烈酒：全玉米、玉米／發芽大麥混搭，以及全麥的蒸餾液。最後一種小批量產的烈酒在裝瓶後被命名為科菲麥芽威士忌（Coffey），因為它的品質而（自然而然地）倍受推崇——也被視為日本威士忌創新的典型案例。其實在竹鶴研習時，蘇格蘭到處都有人製造科菲麥芽威士忌。也許這只不過是他保留下來，以留待正確時機……和正確的地點使用的另一項技術吧；也許在那個地方，深紅色的秋葉會在河裡的漩渦中舞動，孩子們歡樂的叫聲會在冷冽的空氣中響起。

宮城峽威士忌在木桶內轉變的過程中，迥異的四季氣候各自都會帶來影響。

宮城峽品飲筆記

15 年 45%

氣味：飽滿的金色。柔順而甜美，多汁的太妃糖；牛奶巧克力，以及成熟柿子味。

口味：原先 10 年分威士忌的優雅與昇華特性如今增添了些許水蜜桃味，在口腔中與些微的雪莉元素一同環繞。有淡淡的葡萄乾味，松木味又再度湧現。

尾韻：悠長、具果香。

結論：甜美、順口。

風味陣營：**水果香料型**
延伸品飲：Longmorn 10 年

1990 單一木桶 18 年 61%

氣味：烏龍茶和醃漬檸檬味，清爽、乾淨。堅實的焦糖味，然後是草莓；橡木內酯，略帶油性。加水後出現巧克力餅乾和橡木的芳香。

口味：立刻而直接。豐裕、像果醬，包覆住舌頭。味道穩定增長到後段；燉蘋果及白醋栗味，隨後發展為百里香、柑橘味，微酸。

尾韻：淡淡的橡木味。

結論：各種口感產生美妙地匯聚效果。

風味陣營：**水果香料型**
延伸品飲：Balbalir 1990、Mannochmore 18 年

NIKKA 單一木桶科菲蒸餾麥芽威士忌 45%

氣味：防曬乳；拿鐵咖啡；夏威夷豆；甜美，帶有成熟的熱帶水果味。一段時間後出現木頭的芳香和鞋子的皮革味。加水會帶出些許花香，以及水果燉煮後的焦糖味。均衡且有些複雜。

口味：最初幾乎可說是滑順，接著是火焰酒燒香蕉及白巧克力味。

尾韻：悠長，具油性。

結論：非常獨特。

風味陣營：**水果香料型**
延伸品飲：Crown Roya

輕井澤、富士御殿場 Karuizawa & Fuji-Gotemba

輕井澤・長野・WWW.ONE-DRINKS.COM
富士御殿場・富士山・WWW.KIRIN.CO.JP/BRANDS/SW/GOTEMBA/INDEX.HTML・全年開放，英文導覽需事先預約

輕井澤是一座非常雅緻的小鎮，坐落在長野縣海拔800公尺高的地方。環境宜人：17世紀到19世紀間，這裡是連接京都和江戶的「中山道」上的宿場；接著成為基督教傳教士的庇護所；後來變成日本菁英階層的溫泉浴場；現在則是滑雪勝地和頂級溫泉區。日本最活躍的火山——淺間山就在小鎮上方冒著煙。

輕井澤蒸餾廠的前身是一座酒莊。1955年，為了在日本威士忌的蓬勃發展期牟利，因此轉而生產威士忌。這裡的創辦人從不打算全心投入生產單一麥芽威士忌，這支威士忌原本只是作為一款叫做「海洋」的調和威士忌的基底使用。

他們創造了一種風格。使用了黃金大麥、許多泥煤和清澈的麥汁，長時間發酵後，以小型蒸餾器蒸餾，接著幾乎都放入舊雪莉桶中陳年。它的每個面向都表現出了酒體的厚重，然而這種口味絕對是日式的沒有錯。煙燻中帶有煤味，陳年後呈現樹脂的深度，還有一絲野性，難以輕易被馴服。本身的異國香料味——荳蔻、眾香子和大豆味——都被非常顯著而強烈的日式風格給控制住了。

再熟成幾年後，雖然會有樟腦丸的味道，它卻吸引到了死忠愛好者，並希望它製造的騷動能說服母公司麒麟蒸餾廠重新開張。然而，蒸餾廠卻被賣給了房地產開發商。唯一的好消息是，這些庫存都被日本一番（the Number One Drinks Company）給搶救了下

富士御殿場

雖然輕井澤蒸餾廠位在一座活火山底下，但富士御殿場的狀況更教人吃驚，它坐落在很可能會再次爆發的富士山及日本自衛隊的靶場之間。以風格來説，它和輕井澤完全不一樣。御殿場蒸餾廠在1973年由麒麟及施格蘭（Seagram）合資設立，麥芽和（更豐富飽滿的）穀物威士忌的製成方式與金利（Gimli，請參閱第275頁）相似；甚至還裝設了金利蒸餾廠的鍋爐及柱式蒸餾器組。御殿場威士忌只以美國橡木桶陳年，還特別做成和日本料理相當匹配的口味。照理來説，這款單一麥芽威士忌應該會大賣。但很可惜，它的行銷做得不夠好——因此欣賞它的人也不多。

來，最後剩下的酒液以單一木桶發售，或是作為「淺間山」（Mount Asama）調和使用。

隨著輕井澤蒸餾廠不必要的結束營業，世界上其中一款頂級威士忌也消失了。

富士御殿場品飲筆記

富士山麓 18 年 40%

氣味：極佳，具酯香。非常節制；拋光的木頭；水蜜桃核，以及紫羅蘭味。加水後有白花和葡萄柚香。

口味：甜美；芳香，蜂蜜味。稍稍咬口，有點檸檬和熱木屑味。

尾韻：優雅，有荔枝的味道。

結論：非常乾淨且精確。

> **風味陣營：芬芳花香型**
> 延伸品飲：Royal Brackla 15 年、Glen Grant 1992 酒窖典藏

18 年單一穀物威士忌 40%

氣味：金黃色。非常甜美、濃烈，具奶油的豐裕特質。許多蜂蜜、芝麻與椰子鮮奶油味。

口味：厚實；柔軟；甜美，豐裕的玉米味與烤香蕉味一同湧現。

尾韻：悠長，糖漿味。

結論：優雅，芳醇，香甜，經得起考驗。

> **風味陣營：芬芳花香型**
> 延伸品飲：Glentauchers 1991、The Glenturret 10 年

輕井澤品飲筆記

1985 年編號 7017 木桶威士忌 60.8%

氣味：血紅色。深沉，帶點野性，翻過的泥土味，夾帶糖蜜；天竺葵；黑醋栗，以及雪松味，接著是蜜棗和燉阿薩姆茶味。加水後有潮溼的煤倉；亮光漆；葡萄乾和硫磺味。

口味：豐裕；焦油味厚重；煙燻味中帶著淡淡的橡膠感。咬口，大量的桉樹味讓人聯想到早期的祛痰劑。加水後硫磺味變得有點太重了。

尾韻：煤煙味，悠長。

結論：典型的經井澤。剛硬不屈。

> **風味陣營：豐富圓潤型**
> 延伸品飲：Glenfarcas 40 年、Benrinnes 23 年

1995 年「能」系列，編號 5004 木桶威士忌 63%

氣味：樹脂；亮光漆；香膏/虎標萬金油；天竺葵；鞋油；蜜棗；上了油的濃厚木頭味；小樂及紫檀棺木味。加水後出現常青植物味，以及煤煙、皮革味。

口味：直接喝，味道有點澀，桐油味不平穩地轉苦。加水後出現桉樹味。奇怪的是，嘗起來像像煙燻過的雅瑪邑白蘭地，芳香味讓它不會太咬口。

尾韻：緊實而具異國情調。

結論：這是用來喝的還是用來抹在胸口上的？

> **風味陣營：豐富圓潤型**
> 延伸品飲：Benrinnes 23 年、Macallan 25 年、Ben Nevis 25 年

秩父 Chichibu

秩父 • 江井島 • 神戶 • WWW.EI-SAKE.JP，採預約開放制

通常參觀一間蒸餾廠時，你不會和別人討論樂活運動嚮往的生態永續原則。但是秩父並非一般的蒸餾廠，它的所有人肥土伊知郎也不是一般的蒸餾師。他的家族從 1625 年起，就在靜謐的秩父地區製造酒精飲料（清酒，之後是燒酒）。1980 年代，他們開始在羽生的工業小鎮製造威士忌，用卡車從秩父運水過來進行糖化作業。當時景氣極差，威士忌市場崩潰。到了 2000 年，肥土先生身邊只剩下蒸餾廠遺址與 400 桶舊庫存，他最後一支撲克牌系列威士忌預計在 2014 年推出。2007 年，他回到故鄉秩父，在距離小鎮兩座險峻山脊外的地方買下一塊地，並在一年內蓋好了一間可以正常營運的小型蒸餾廠。

員工是一群熱血青年，由輕井澤的前蒸餾師負責監督。小小的秩父蒸餾廠面積不超過一間大房間，裡面和酒莊一樣乾淨。在我拜訪過的所有蒸餾廠之中，只有這間在進去前還會先換上橡膠拖鞋。

「蒸餾廠與在地生產者間要有緊密的連結」，肥土先生的這個理念正在成形。秩父蒸餾廠使用的麥芽有 10% 是在地生產，雖然比例看起來不高，但對一個長期完全仰賴進口原料的產業來說是相當大的一步。還使用了當地的泥煤，跟艾雷島的齊侯門（Kilchoman）蒸餾廠作風相似（但不包括使用拖鞋）。

隨著秩父的理念開始統合，肥土先生也持續實驗不同的風格與熟成方法。其中一支威士忌使用的大麥，是由他和團隊在諾福克以地板發麥的方式製成的。如此不僅訓練團隊將來在自家蒸餾廠用地板發麥，還刻意採用和日本傳統非常不同的方式讓它帶有穀物的味道。藉由調整冷凝器的溫度，他製造了包含重泥煤的三種蒸餾液：重酒體就用低溫，輕酒體就用高溫。秩父這種小規模的蒸餾廠讓他得以專注在每一道過程上。

新酒會放在多種混雜的木桶中陳年——有赤櫟、常見的威士忌酒桶種類、水楢、500 公升的美國橡木桶、葡萄酒桶，以及可愛的小樽（四分之一桶）。倉庫裡剩下的輕井澤蒸餾廠威士忌正慢慢消耗掉，拿這些空酒桶來熟成也會讓酒產生有趣的調性。他們目前也正在興建一座製桶廠。

這樣完整的願景是長達 385 年的歷史下的產物。

而最讓他訝異的是什麼呢？「為了製造出一款上好威士忌所需要的循環：種樹、耕種，以及蒸餾，彼此環環相扣。形成一個共同體。我從前以為木桶就是一切，現在我知道蒸餾有多麼重要，但其實每一個步驟都是如此。」

秩父品飲筆記

伊知郎麥芽威士忌，秩父「On The Way」 2010 年蒸餾 58.5%

氣味：竹筍，接續到粉紅大黃味，隨後湧現的花香還伴隨著草莓果醬及鮮奶油味。加水會出現鳳梨和香瓜味。

口味：典型的秩父：味道快速但優雅地在口腔裡變濃。草莓和香草味再次湧上來，然後是清新的粉筆味。

尾韻：花朵綻放般的風味。

結論：甜美，複雜度循序漸進。

風味陣營：芬芳花香型
延伸品飲：Mackmyra

地板發麥威士忌 3 年 50.5%

氣味：麥芽味，與其說是堅果味，更接近穀糠味。有著秩父的花香元素，夾帶葡萄汁、酸果汁，以及草藥味。

口味：混合了非常甜的水果，還有罕見穀物的干澀味。清爽，酸李味。

尾韻：新鮮而緊實。

結論：是使用在諾福克發芽的大麥製成的。

風味陣營：麥芽不甜型
延伸品飲：St George EWC

波特桶 2009 54.5%

氣味：年輕，但橡木味明顯。直接品飲的話有點烈，伴隨明顯的覆盆子和蔓越莓的果味；蕁麻；青草味。加水後有粉筆味。

口味：舌尖嚐得到甜味。有微微的覆盆子果酪味，以及木桶的焦糖味。

尾韻：緊實，多汁。

結論：在 500 公升的波特桶中熟成。味道交相融合。

風味陣營：水果香料型
延伸品飲：Finch Dinkel

秩父小樽 2009 54.5%

氣味：強烈的清新感，帶有檸檬蛋白派；蜜柚，以及一絲夜開紫羅蘭的味道。

口味：叫人垂涎的柑橘酸味，軟心甜點味漸漸變成豆蔻和草莓的味道。

尾韻：跳跳糖。

結論：Chibidaru 在日文俗諺中是「小」的意思，很適合用來形容這種木桶的大小：僅一般木桶的四分之一大。

風味陣營：水果香料型
延伸品飲：Miyagikyo 15 年

信州 Mars Shinshu

MARS 信州 · 宮田村 · 鹿兒島縣 · WWW.WHISKYMAG.JP/HOMBO-MARS-DISTILLERY

這間蒸餾廠位在日本阿爾卑斯山脈，周圍的群山像極了弄皺的綠色絲絨。它不只有個相當奇特的名字，它的故事還能追溯到日本威士忌歷史的最初期，讓你對各種可能性充滿了想像。不僅僅只提到一間蒸餾廠，它是三間蒸餾廠的故事。

蒸餾廠所有者本坊在 1949 年取得了蒸餾威士忌的執照，但直到 1960 年他才開始生產威士忌——還不是在這裡製造，而是在山梨縣一間專司蒸餾的廠房，由岩井喜一郎負責營運。岩井在世紀交替的時候曾任竹鶴政孝的頂頭上司，兩人都為一家名為攝津酒造的公司工作。攝津酒造原本打算興建日本第一間威士忌蒸餾廠，不幸的是，竹鶴回來的時候，公司便已經申請了破產保護。於是竹鶴轉而加入山崎，創立了 Nikka，接下來發生的事我們都已經知道了。但如果當時攝津先蓋好了蒸餾廠，事情又會怎麼發展呢？

看來岩井也是個威士忌愛好者。山梨縣的廠房落成後，岩井依據竹鶴原始的報告生產了自己的威士忌，因此毫無疑問地，這款威士忌酒體又重又帶煙燻味。山梨的廠房營運了九年，在轉為生產葡萄酒後，蒸餾事業遷到了九州南端的鹿兒島。以兩個小型的罐式蒸餾器，繼續製造出酒體重、具煙燻味的威士忌。

1984 年，生產線遷到了目前的 Mars 廠址。選擇搬到這裡是因為它的高海拔（可以促進緩慢熟成），以及被花崗岩濾過的軟水資源。風格也隨著地點改變，這款威士忌的口感變清爽了。

那個時期留下來的幾支酒桶內，裝著日本最香甜的威士忌，充滿了柔軟、加了蜂蜜的果味。它本來應該能闖出一片天，但同樣因為時機不好，日本威士忌產業開始崩潰，出口又不在考慮範圍內，於是 Mars 便在 1995 年結束營業。

但幸好本坊對威士忌的願景較輕井澤的前任擁有者明確許多。威士忌又開始在國內外販售後，這間蒸餾廠也在 2012 年重新開張。目前製造兩種風格的威士忌——未燻泥煤和（為了向岩井致敬的）燻泥煤威士忌。有些新的烈酒會被拿來和舊的庫存調和，偶爾也會有舊木桶中的威士忌被拿去裝瓶。在 Mars 裡生氣蓬勃！

17 年後，Mars 信州蒸餾廠又在高聳的日本阿爾卑斯山上重新開業。

Mars 品飲筆記

新酒，輕泥煤 60%

氣味：綠西洋梨和輕微的煙燻味。隱約有一絲硫磺味。

口味：甜美，上升的煙燻味。中段口感的淡淡硫磺味，熟成後口感會變很好。

尾韻：糖味。

駒岳 2.5 年單一麥芽威士忌 58%

氣味：水果味濃得很誇張。冰過的白桃、甜瓜皮、果糖，以及非常細緻的橡木味。

口味：極甜。酒齡輕，帶有香料味，但它的味道感覺已經越來越均衡了。

尾韻：未熟水果味，表示它還需要一些陳年時間。

結論：味道好像永遠不散去。立刻回歸到蒸餾廠的特性。

風味陣營：水果香料型
延伸品飲：Arran 14 年

白橡木 White Oak

江井島 • 神戶 • WWW.EI-SAKE.JP

白橡木蒸餾廠是一個謎團。它位在靠近神戶的明石海峽上，這裡曾有機會成為日本第一款威士忌的生產地。白橡木在 1919 年拿到威士忌蒸餾執照，但到它實際開始——其實只有偶爾——製造烈酒時已經是 1960 年代了，生產的威士忌都拿來做調和使用。它的命運和規模差不多大的羽生及 Mars 相似，市場開始走下坡時，它也毫無招架之力。就算生產線再次運作，產量卻有限。

　　母公司江井島酒造專門製造燒酒、梅酒、葡萄酒，以及白蘭地，因此威士忌必須在已有的投資項目中，以及可以想像有多麼滿的蒸餾時程表上爭取一席之地。由於烈酒的種類繁多，一年只有兩個月可以用來生產威士忌（原本只有一個月）。白橡木蒸餾廠製造的未燻泥煤威士忌，幾乎都裝進野火雞桶和雪莉桶中熟成。

　　專門介紹日本威士忌的部落格「Nonjatta」的主編斯特凡 • 馮 • 艾根（Stefan van Eycken）近日造訪白橡木，揭露出這裡的木桶管理制度竟然比大家原先想像的更複雜。他們將威士忌裝進公司從山梨的廠房運來的白酒桶裡陳年，有趣的是，他們還使用小楢

（Konara oak，拉丁學名為 Quercus serrata）做成的燒酒桶。2013 年，白橡木限量推出以小楢木桶過桶的威士忌。此外，獨立裝瓶廠鄧肯泰勒（Duncan Taylor）也把白橡木威士忌拿到了蘇格蘭熟成。

　　最近釋出的威士忌酒齡都比較輕，但我跟那些日本威士忌愛好者一樣，都覺得這些威士忌需要經歷酒桶優雅、漫長的處理過程，味道才會完全展開。這是要花時間的，但商業上的需要有時候比那些威士忌癡的要求更重要。不幸的是，看來只釋出新酒的政策和限量供應政策都將會持續下去。燒酒和清酒能替公司賺錢，有錢能使鬼推磨。

　　另一家燒酒（也是精釀啤酒）製造商宮下，從 2012 年開始在旗下的岡山廠蒸餾出限量威士忌。目前這些酒放在各種酒桶中陳年，第一批新品預計在 2015 年推出。

白橡木品飲筆記

5 年調和威士忌（為第一名的品飲者裝瓶） 45%

氣味：較淡、清爽、乾淨，還帶點蠟味。香氣開展，類似當歸的味道升起，然後是醋栗果醬的味道，接著又加重變為焙茶味。加水會帶出酵母、黃瓜、琉璃苣和酸橙味。

口味：甜美；香草卡士達醬的味道，以及一股甜甜的薑味轉變為成熟的西洋梨味。

尾韻：優雅、清爽。

結論：細緻但風味平衡。

風味陣營：芬芳花香型

靠近神戶的白橡木是日本第一家獲得威士忌製造許可的蒸餾廠。

羽生蒸餾廠

　　肥土伊知郎（請參閱秩父，第 221 頁）的家族從 1625 年起就投身酒精事業，主要釀造清酒。1940 年代，他們拿到了許可，得以在利根川旁的小鎮羽生建造新的蒸餾廠，但直到 1980 年這裡才開始生產威士忌。它那剛勁的風格在一個追求清爽的市場裡乏人問津，再加上日本威士忌市場在 1990 年代崩盤，逼得羽生蒸餾廠只好歇業，並在 2000 年被拆毀，不過伊知郎在此之前買下了它剩下的 400 桶威士忌。羽生最傑出的作品為「單一木桶精選撲克牌系列威士忌」，每支酒瓶上都有一張撲克牌的圖案。伊知郎表示，特定風格的威士忌所分配到的撲克牌其實沒有任何意義，但篤信陰謀論的麥芽威士忌愛好者仍試圖要理解這個分配模式。這個系列在 2014 年停止販售，最後釋出的兩款威士忌瓶身上都是鬼牌。

余市蒸餾廠 Yoichi

余市 · WWW.NIKKA.COM/ENG/DISTILLERIES/YOICHI.HTML · 全年開放，確切日期與細節請參閱網站，只提供日文導覽

雖然日本的麥芽威士忌蒸餾廠散布在九州中部和北部，但從東京前往都相當便利。這是有原因的：為了方便運送和進入主要市場。每一家蒸餾廠都能輕易抵達，除了一間以外——余市蒸餾廠到底在哪裡？找著找著你總算往北望向北海道；你搭上往來青森及函館的渡輪，經過札幌，往西海岸前進 50 公里，這裡是海參崴的對面的北國。當大家都集中在本州時，為什麼日本威士忌的共同創辦人要來到這裡？

竹鶴政孝一直都對「在北海道製造威士忌」有所憧憬，對他來說，北海道是一個完美的產地。還留在赫佐本蒸餾廠時，他由於再度擔憂日本水質而寫到：「就連在蘇格蘭，偶爾也會缺乏優質的水源，因此在住吉（位於大阪）建造罐式蒸餾廠完全不合理，在那裡還得鑿井才有水可用。」

「考量到日本的地理環境，我們需要的是一個能持續供應優質水源，能取得大麥、充分的燃料供給、煤炭，或是木材的地方，還要有鐵路和水道。」

他覺得所有的跡象都指向北海道，但他務實的上司鳥井信治郎卻認為那裡離市場太遠，於是就在山崎蓋了蒸餾廠。沒有人知道兩人關係惡化的實情，說不定竹鶴只是碰巧搬到橫濱去管理啤酒廠而已。只是剛好同一年他的威士忌白札上市——然後徹底失敗。它的酒體太重，煙燻味太濃，風味不夠「日本」。

1934 年，竹鶴的聘僱合約到期，在大阪贊助人的財力支援下，他跟蘇格蘭籍的妻子瑞塔北上，最後抵達了北海道。他們表面上來製造蘋果汁，但其實他是來實現自己的願景。實現夢想的地點在小漁港余市，四周高山環繞，一旁就是廣闊、灰暗、冰寒的日本海。

這裡是蘇格蘭還是日本？余市是竹鶴政孝對心靈故鄉的致敬，這裡也是獨特日本風味威士忌的產地之一。

以煤炭作為燃料的蒸餾器仍是余市重酒體和油感背後的重要元素。

1940 年出產的余市是一款怎麼樣的威士忌？渾厚，煙燻味重，用鳥井的話來說，很不「日本」。如今，余市高聳、紅頂的窯爐不再噴出石狩平原的日本泥煤所製造的煙雲。就像日本所有的蒸餾廠一樣，余市使用的麥芽同樣來自蘇格蘭。它生產了許多（Nikka 仍委婉地不肯明說一共幾款）風格的新酒：不同的泥煤量（從無泥煤到重泥煤）、酵母菌株、發酵時間，以及分割點。

這裡和其他地方最大的差異，在於坐落在四件一組的巨大酒汁蒸餾器下方的煤炭火。掌管煤炭是一門藝術，蒸餾師總要預想接下來會發生什麼事，準備好滅火或調高溫度，隨時掌控活生生的火焰，藉此影響烈酒成品的濃度。蟲桶也幫得上忙，它能控制熟成的溫度範圍：冬天攝氏零下 4 度，夏天 22 度。

余市的威士忌澎湃、油滑、帶煙燻味，但又香醇；有層次，具備清澈的特質，酒體的各種複雜元素一覽無遺。它的酒體不像輕井澤那樣厚重無比，還另外帶點鹽味。有時它喝起來會有雅柏威士忌（Ardbeg）的味道，之後……微微的黑橄欖味。它的煙燻味……沒有帶你到艾雷島，反而來到金太爾半島（Kintyre）。你觀察四周，發現自己身處一座小漁港，離這裡最近的主要城鎮有好幾里遠，這地方頑固地保持它與眾不同的威士忌製造風格。你看到的可能是坎貝爾鎮（Campbeltown），竹鶴曾在這裡工作，當年甚至有機會選擇留下來。余市怎麼看都不像他牌威士忌的複製品，它是純粹的日本威士忌，但也和蘇格蘭威士忌之間有著精神上的連結。

竹鶴這個人依然是個謎，他究竟是務實還是浪漫？也許兩種都是？他只是依據實務考量而搬到北海道，還是他希望能遠離過去的是非之地，到一個能夠呼吸海邊的空氣，可以喘息的地方？

余市品飲筆記

10 年 45%
氣味：淡金色。乾淨而清新，明顯的煙燻味；煤燻味；稍鹹，需要加水才能帶出深度及油性基底。
口味：油性讓風味得以繚繞舌間；輕微的橡木味，鮮嫩的蘋果味藏在濃濃的煙燻味後。
尾韻：還是略帶酸味。
結論：平衡、清新……配蘇打水喝吧。

> **風味陣營：煙燻泥煤型**
> 延伸品飲：Ardbeg Renaissance

12 年 45%
氣味：飽滿的金色。立刻湧現海水般的煙燻味，隱含一絲杏仁糖霜味。酒體比 10 年重，帶濃濃的花香味；烤過的水蜜桃、蘋果味，也開始出現可可味。
口味：油性；烤蘋果的味道完全展現。甜美，像蛋糕般；一點奶油；然後是腰果和煙燻味。
尾韻：煙燻味開展。
結論：在海岸與果園之間取得了平衡。

> **風味陣營：煙燻泥煤型**
> 延伸品飲：Springbank 10 年

15 年 45%
氣味：深金色。煙燻味沒那麼明顯，更多的是深沉濃郁的油性，展現了蒸餾廠的特色。雪茄；雪松；胡桃蛋糕；隱含一絲烏櫻味。
口味：具備蒸餾廠全部的調性。包覆住舌頭的油性又一次讓味道得以繚繞舌間。雪莉；丁香酚（近似丁香味），以及在 12 年威士忌出現過的可可味如今變成飽滿的苦巧克力味。
尾韻：略鹹。
結論：強勁但高雅。

> **風味陣營：煙燻泥煤型**
> 延伸品飲：Longrow 14 年、Caol Ila 18 年

20 年 45%
氣味：琥珀色。濃烈；海味；晾乾的魚網、潮溼的海草、船艇汽油味、龍蝦殼；檀木和濃郁的果味；橄欖醬及醬油味。加水後變得更具辛香：葫蘆巴、咖哩葉味。
口味：深沉，具樹脂感。煙燻味開始在厚實的黑油味中滋長；驚人的新鮮感浮現在淡皮革味之上。
尾韻：亞麻仁油；些微的辛香，然後煙燻味又回來了。
結論：強壯而矛盾。

> **風味陣營：煙燻泥煤型**
> 延伸品飲：Ardbeg Lord of the Isles 25 年

1986 年份 22 年威士忌，重泥煤 59%
氣味：金黃色。橙皮；線香；燻泥煤味；果肉；帶有堅定煙燻味的烏欖；醉魚草；硬太妃糖；以及烘烤過的甜香料味，香膏感暗示了威士忌的年份。
口味：濃厚的煙燻味；完全地混合了水果蛋糕跟焦油麻繩的味道，結實而複雜。加水才能展現出它優雅、具果味的風貌。
尾韻：所有複雜的元素在口腔裡滑順地延展開來。
結論：依然相當濃郁。

> **風味陣營：煙燻泥煤型**
> 延伸品飲：Talisker 25 年

這只是余市生產的眾多風格威士忌中的一款。

日本調和威士忌 Japanese Blends

NIKKA・WWW.NIKKA.COM/ENG/PRODUCTS/WHISKY_BRANDY/NIKKABLENDED/INDEX.HTML・請參閱余市和宮城峽
響・WWW.SUNTORY.COM/BUSINESS/LIQUOR/WHISKY.HTML

日本和蘇格蘭的威士忌都建構在調和威士忌上。市場對調和威士忌的複雜需求，激起了單一麥芽蒸餾廠技術上的創新，也因此界定了日本威士忌。即便到了今天，雖然麥芽威士忌在新一代的市場上蓬勃發展，但銷售主要還是來自調和威士忌；也是調和威士忌使得單一麥芽蒸餾廠需要推出這麼多款口味。雖然日本的調和機制和蘇格蘭相同，但日本的氣候和文化會決定調和威士忌的風格。調和威士忌反映了社會的風貌。

日本第一支調和威士忌「白札」（即白牌之意）在 1929 年推出，酒體重、帶煙燻味，絕非一支成功的產品。於是鳥井信治郎重新設計，改走清爽路線，後來推出的威士忌「角瓶」至今仍是日本賣得最好的威士忌之一。他從這次經驗中學到的一課，讓他在戰後日本經濟開始熱絡起來時大獲其利。

一時之間，酒吧裡坐滿了辛苦工作的上班族，需要休息和紓解壓力。他們都喝些什麼呢？在日本，啤酒的地位跟在德國相似：算是日常食物的一種……在商務旅館裡點一杯「早餐啤酒」，端上桌時不會有人對此大驚小怪。那麼威士忌呢？當然不會純喝。在潮濕的日本，哪種飲料清爽又能提神呢？答案是水割威士忌：加冰的調和威士忌再加上大量的水來稀釋。現在說這種話好像有點政治不正確，但用水割的方式喝威士忌，你會喝很多……簡直就是盡情痛飲。

日本的調和威士忌勢力龐大。1980 年代，三得利「我的」（Old）威士忌在光日本國內市場就賣了 1240 萬箱，數量幾乎和約翰走路全系列目前的全球銷售量一樣。「你不能把當時的銷量拿來跟現在的比，」三得利的首席調和師輿水精一說，「我們當時賣得最好的是三得利紅牌、白牌（即「我的」）、角瓶、金牌、珍藏，以及皇家，它們就像一座風格一致的「三得利」金字塔。社會上也有一座金字塔，如果你升遷了，就會嘗試更高階的威士忌；因此當你爬到更高的階層，你就會改喝不同的威士忌。」

誰說調和威士忌很容易？日本的調和師得用一堆酒瓶和口味變出戲法。

現在情況還是一樣嗎？「階級制度消失了。如今喝『高階』威士忌是因為想要嘗鮮！因此，就算才剛開始接觸，資歷尚淺的品飲者也會試喝特級和麥芽威士忌。」世代與社會型態的轉變會反映在威士忌上。

有趣的是，威士忌品飲趨勢正朝向兩個方向邁進。年輕一代（包含了比平均更高比例的女性）曾經拒絕喝他們父親愛喝的飲料，反而選擇喝燒酒，現在他們卻都改喝威士忌了，不是喝單一麥芽就是喝……要猜猜看嗎？用大量的蘇打水和冰塊稀釋的「高球威士忌」（Highball）。

新的頂級調和威士忌目前正在研發階段。三得利特級的「響」系列（於1989年推出）加入了一個新成員，一款酒齡12年的變體，以竹炭纖維濾過的威士忌和以梅子利口酒桶陳年的麥芽威士忌調和而成。Nikka的「來自酒桶」（From The Barrel）系列提供麥芽品飲者一個入口，讓他們得以進入曾經拒絕過的世界；同一間公司的「調和師的酒吧」提供一窺調和威士忌世界無數種可能性的機會，以相同成分、不同比例調製多款味道極其不同的威士忌。

調和看起來或許是個冷冰冰的分析過程，但它其實需要很多創意。「我們是工匠，」另一位三得利的資深調和團隊成員福與伸二說，「我們都努力想成為工匠，但你可不能隨隨便便冠上這個頭銜。藝術家致力於創造新事物，他們是創作者。我們工匠不單要負責創新，更要維持自家產品的品質。我們得對飲用者信守承諾。」

每一支威士忌都會被品嘗、評定，並記錄下來。

日本調和威士忌品飲筆記

NIKKA 桶酒 51.4%

氣味：春天的木頭味：樹幹、苔蘚、綠葉，還有輕微的芳香托住了迷迭香油的氣息；新車味。加水後更加濃郁。咖啡蛋糕味。

口味：謹慎而輕柔地帶出了香瓜、水蜜桃、甜柿味；後來甜味消散，回歸苔癬味。

尾韻：緊實的橡木味。

結論：濃烈而平衡，麥芽威士忌愛好者都會喜歡。

風味陣營：**水果香料型**

NIKKA 特級 43%

氣味：銅色。豐裕而清爽；淡果乾味；焦糖；一絲煙燻味；覆盆子，還帶有淡淡的、根莖類般的芳香。

口味：乾淨清淡，滑順的穀物味讓酒體更順口；淡柑橘味。品飲的甜度比氣味來的重。

尾韻：長度中等，乾淨。

結論：紮實的調和威士忌，適合調酒。

風味陣營：**芬芳花香型**

響 12 年 43%

氣味：辛香（粉塵；肉豆蔻）；濃烈的青芒果／維多利亞李樹；鳳梨和檸檬味。

口味：優雅，甜美；香草冰淇淋，水蜜桃；香料味。

尾韻：悠長的胡椒、薄荷腦味，接著是芫荽籽味。

結論：高度創新的調和成果。

風味陣營：**水果香料型**

響 17 年 43%

氣味：柔軟、優雅的果味，帶有一絲檸檬薄荷與橙葉味；然後出現可可、杏桃果醬、香蕉，以及榛果味。

口味：優雅的穀味賦予了濃郁的太妃糖特質；果乾味藏在底下；黑櫻桃、無籽黃葡萄蛋糕味，悠長而成熟。

尾韻：滑順，帶有蜂蜜味。

結論：多層次的效果正是日本威士忌的製造特色。

風味陣營：**水果香料型**

知多單一穀物威士忌 48%

氣味：奶油味，需要加水才能帶出軟糖、橙皮、法式烤布蕾，以及綠香蕉味。

口味：咬牙的鮮奶油太妃糖甜味，被紅色水果的酸味抵銷。

尾韻：輕盈而甜美。

結論：加了酒精的丹麥酥餅。

風味陣營：**柔順玉米型**

17 Years Old
HIBIKI
SUNTORY WHISKY
A harmonious blend of
handcrafted select specially aged whiskies

美　國

蒸餾者會善用身旁的草木。對他們來說，到一個新的國家並不可怕，他們會適應環境的改變，拿新的基本原料來發揮創意。墨西哥的移民學會將龍舌蘭製成龍舌蘭酒；加勒比地區的人也把甘蔗製成了蘭姆酒。新移民剛到美國不久時，用蘋果和其他水果做成了白蘭地。直到18世紀中葉才有人開始製造各種大小的威士忌，製造者多半是來自德國、荷蘭、愛爾蘭，以及蘇格蘭的農夫。他們定居在馬利蘭州、賓夕法尼亞州、西維吉尼亞州，以及南、北卡羅來納州，他們種植的裸麥正是美國第一種本土威士忌的原料。

前頁：從蒙大拿州的甜草郡望向洛磯山脈。

以玉米為原料的烈酒直到1776年才出現，肯塔基郡內處女地的新移民拿到「玉米田與小屋」的開墾權後，把「印第安玉米」拿去蒸餾。這個行為很合乎經濟效益，1蒲式耳（bushel）的玉米只能賣50分錢，用同樣數量的玉米製成23公升的威士忌則能淨賺2塊錢。所以說蒸餾師懂得善用身旁的草木。

到了1860年代，工業革命創造了商業威士忌產業。蒸餾廠愈開愈大，鐵路讓貨物得以運往全國各地，最重要的是威士忌的品質也提升了，這都得感謝肯塔基州的老奧斯卡胡椒蒸餾廠（Old Oscar Pepper distillery）的擁有者詹姆斯‧克羅（James Crow）在科學方面的突破（請參閱第232頁及第236-7頁）。

如果美國沒有受到禁酒令的影響，現在的威士忌世界會是怎麼樣的風貌呢？這是個相當有趣的推測。威士忌產業的明星球員很可能就會是美國而不是蘇格蘭，但我們永遠也不會知道結果。

我們知道的是，到了1915年，包括肯塔基在內已經有20個州不再製造威士忌。威士忌的生產在1917年完全中斷，以製造戰爭需要的工業用酒精。三年後，1920年1月17號，威士忌乾旱開始了。1929年，美國人喝的酒量已低於1915年。雖然酒精飲料的產量開始減少，但美國人的口味卻變重了，從喝啤酒改成喝威士忌，遏止了已經下滑75年的威士忌消耗量。

儘管社會歷史學家指出，美國人在禁酒令施行的13年間喝下的烈酒比以往多，這對美國的威士忌製造者卻起不了多大的安慰作用，他們可是親眼看見新世代喝著蘇格蘭和加拿大威士忌。1933年禁酒令撤銷，不只是幾乎沒有剩半點威士忌庫存，就連美國人的口味都變了。本來也許還有機會說服這些品飲者重回裸麥和波本威士忌的懷抱，但第二次世界大戰使得威士忌的生產再度停擺。戰後業界復甦，但是美國已經停止製造威士忌將近30年了，美國人對自己的國家生產的威士忌變得非常陌生。

復興產業花了很長的時間和耐心。從很多方面來看，蒸餾師必須等待大眾改變口味——因為他們如果改生產口味清爽的威士忌，就會削弱美式威士忌的本質。直到加州葡萄酒和單一麥芽威士忌再度帶動豐富口感的潮流，各種跡象都指出，新一代的美國品飲者準備好要再次發掘自己國家的烈酒了。

如今裸麥威士忌捲土重來，波本威士忌產業忙著想新點子，手工蒸餾的風潮也已經紮了根，就連波本威士忌的心靈故鄉肯塔基州也不例外。美國各地都有人在製造波本、玉米威士忌，以及裸麥和小麥威士忌。此外，蜂蜜、櫻桃、薑餅、辛香等各種口味的威士忌正在創造新的市場，同時懷舊口味也大放異彩。美國人都在問：「什麼是威士忌？」。

肯塔基的石灰岩階地形不只適合生產波本威士忌，也可以飼養馬匹。

肯塔基州與田納西州

▼ 蒸餾廠

✕ 機場

伊利諾州

密蘇里州

俄亥俄河

肯塔基湖

墨里

猶尼昂市

戴爾斯堡

阿肯色州

I-40

傑克森

孟斐斯

密西西比州

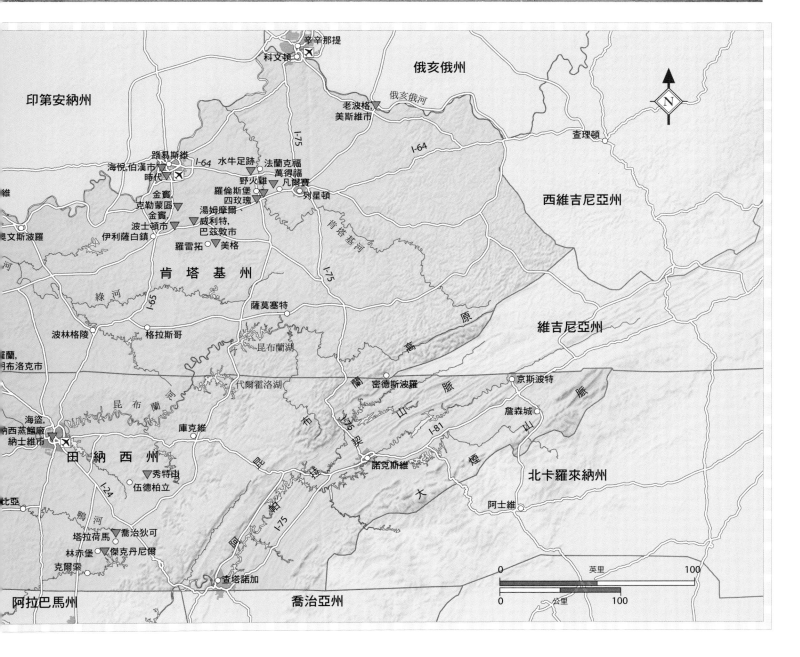

肯塔基州

雖然美國的任何地方都能（也都有）製造波本威士忌，但它
的故鄉是在肯塔基州。所有初次嘗試製造波本威士忌的蒸餾
師都會先造訪這裡，向那些創造出現今「美式風格」的先驅
致上敬意。但為什麼波本威士忌的故鄉是肯塔基州呢？

在只能種植玉米的條件下，18 世紀的移民免費獲得了土地，讓
肯塔基聯邦得以搶先開始生產威士忌，有蒸餾器的農場都變成了小
型蒸餾廠。到了 19 世紀初，威士忌酒桶沿著俄亥俄河往下運到密西
西比河，再從密西西比河送到紐奧良。

那時的酒品質粗糙，在運送到市場的路途中進行熟成，但它也
可以說是第一批刻意裝在木桶裡陳年的威士忌。蘇格蘭人詹姆斯．
克羅（James Crow）帶來了改變，從 1825 年開始，到他 31 年後逝
世為止，克羅將科學的嚴謹精神帶進了威士忌製程中：使用酸渣、
糖度計、測量酸鹼值。他創造了一致性。

隨著烈酒的品質提升和市場的改變，陳年和使用全新的內部燒
烤木桶成了常規。沒有人知道是從誰開始這麼做的，不過很有可能
是借鏡美國的第一支烈酒：蘭姆酒。蘭姆酒蒸餾師知道木頭有轉化
粗製烈酒的效用，因此從 17 世紀就開始使用內部燒烤木桶。使用酸
渣的技法也可能源自蘭姆酒的製程。

隨著技術的進步，波本威士忌開始有了固定的味道──連法律
都有規定。如今，「純波本」威士忌得符合以下條件：蒸餾時的酒
精度不得高於 80%，酸渣的玉米成分不得低於 51%，盛入木桶時酒
精度不得高於 62.5%，在全新的內部燒烤橡木容器中陳年時間得長
達兩年或更久。

當然還是有些彈性在裡面：木桶大小不限，也不一定只能使用
美國橡木桶；51% 的規定讓玉米／穀物的準備比例在穀物配方中有
許多變化。波本威士忌就是以下這些過程的一系列即興創作的成果：
調高或降低玉米和裸麥的比例以帶出辛香或是玉米的豐富口感、以
小麥代替裸麥讓口感變得滑順、使用不同種酵母製造出獨特的香氣。
最後，還有肯塔基州這個元素。

波本威士忌在肯塔基州誕生，也因為肯塔基州的緣故，在這裡
存活至今。肯塔基州的石灰岩硬水需要經過酸渣作用處理，也因此
賦予了另一番風味。空氣中難以駕馭的酵母反而幫助蒸餾廠帶出自
己的特色；這裡的土壤能孕育出玉米及裸麥；這裡的氣候也大大影
響了波本威士忌成品的風味。最後還有人文因素，即威士忌製造者
建立的王朝：賓氏家族、山謬斯家族、羅素家族、夏皮拉家族。波
本威士忌是人製造出來的。

肯塔基州的蒸餾廠為了因應增長中的市場需求，都在進行擴建。
蒸餾師都在研究波本威士忌還能變成什麼模樣、它的風味從何而來、
熟成的週期又能提供它什麼。木桶會成為他們研究的焦點，一部分
原因是工作過程中自然而然產生了好奇，但也是因為擔心木材量是
否足以應付新木桶的需求。在認真研發商品的同時，幾乎每個星期
都會推出新風味，肯塔基州從來沒有製造出這麼多種威士忌過。

紐奧良，波本街：肯塔基州生產的威士忌經由密西西比河送到這裡。

美格 Maker's Mark

羅雷拓 · WWW.MAKERSMARK.COM · 全年週一至週六均開放。3 月到 12 月則是週一至週日均開放

1844 年，《尼爾森紀錄》不負自己的名聲，為泰勒 · 威廉 · 山謬斯（Taylor William Samuels）在肯塔基州蒂斯維的蒸餾廠留下了紀錄：「蓋得很結實，還裝設了所有蒸餾界改良過的現代化設備。」看來泰勒 · 威廉承襲了家族的傳統。有蘇格蘭、愛爾蘭裔的山謬斯家族顯然從 1780 年起，就將自家的玉米製成了威士忌，到現在也沒變，依然繼續著這個傳統。

美格的故事關乎傳承與堅持，有著當地所有蒸餾者體內的那種固執——還有一個重要的轉折點。波本威士忌的故事擷取自家族歷史，半真半假，各種推測全被縫在一起，如同一條過時的拼布棉被。它可能會惹惱歷史學家，但對行銷可是一大助益。故事中不斷出現的模式之一，是在禁酒時期後，蒸餾師爬起身，拍掉舊配方，再次開始動工。這樣的精神非常美式，很值得讚揚，而且通常都是真的。

1953 年，當老比爾 · 山謬斯（Bill Samuels Senior）決定在星丘農場振興家族事業時，他偏離了故事中常見的模式。他爬起身，環視周遭，然後說：「這次我們要換個方法做。」換句話說，他不只要重建蒸餾廠，還要從最核心的地方下手。對老比爾來說，市場上的波本威士忌酒體重、粗糙、售價低廉，最重要的是，銷量遠不及蘇格蘭威士忌。如果波本威士忌要長久經營下去，他心想，就得提升品質並改變風味。

在哈登溪旁灌木叢生的山谷中，一間從 1805 年就開始生產威士忌的蒸餾廠裡，老比爾設計出了自己的單一威士忌風格。穀物配方裡用的不是裸麥，而是小麥。美格，跟大眾的認知相反，並不是市場所謂的純小麥威士忌。老比爾在請教過小麥威士忌推廣大使凡 · 溫客老爹（Pappy Van Winkle）後，想出了一種穀物比例：70% 的玉米，16% 的小麥，以及 14% 的大麥麥芽。

「他做了了很多與眾不同的事，」美格的品牌大使珍 · 康納（Jane Conner）說，「大環境很糟，所以他反其道而行。」這些「與眾不同的事」在現在的美格蒸餾廠裡仍看得到：一台防止穀物烤焦的滾磨機；以開放式蒸煮器慢煮，「萃取玉米的精華」；使用自家的瓶裝酵母；在加裝了加倍器的三個銅製啤酒柱式蒸餾器中蒸餾至酒精度 65%。如此便能製造出溫順、風味集中的白狗（美國人對新酒的稱呼）。

黑與紅，這個看起來有點不吉祥的美格公司標準外觀，跟他們對波本威士忌的開放心胸呈現極大的對比。

「熟成是一大關鍵，」康納說，「我們的橡木桶會風乾 12 個月，稍微以焦炭烘烤過，這樣會賦予威士忌某種風味。我們不想跟別的波本威士忌一樣有著太過甜膩的口味，老比爾想做出口感滑順的波本威士忌。雖然這年頭好像說『易飲』這兩個字不太好，但我不懂為什麼不好，製造出好喝的東西不是很好嗎？」

威士忌熟成都在漆成黑色的倉庫中的貨架上熟成，這樣的倉庫零星散布在廠內。美格依然會轉動那些木桶：將放在冰涼底層緩慢熟成的木桶，與在頂層烘烤的木桶對調。康納說這是為了達到一致性，但明明只有製作一款波本威士忌，分兩半來處理不是比較方便嗎？「如果我們只有一間倉庫，分兩半的方法也許可行；但我們有 19 間，而且每一間都不一樣。在肯塔基，熟成的情況很不穩定，所以用轉動木桶的方式比較合理。」

美格威士忌從 1953 年起就走優雅且口味鮮明的風格，但在 2010 年它推出了「美格 46 號威士忌」。關鍵在於木桶：在加強木桶影響力的同時，得試著不去破壞味道的均衡。和木桶公司「獨立桶材」（Independent Stave）合作得到的解決辦法，不是燒焦，而是灼燒法國橡木條，這樣在抑制單寧味的同時也強化了焦糖味。

最後一道手續，是將標準的美格威士忌從木桶中取出，去掉初段酒，放進 10 根橡木條；然後再把木桶加滿酒，放上三到四個月。蘇格蘭威士忌公司「威海指南針」的老闆約翰・葛萊薩（John Glaser）曾嘗試過類似的技術，結果他的威士忌卻被禁止販賣。看來美國的作風似乎比較開放。

要創造出美格的特色，焦化木桶是必要元素。

美格品飲筆記

白狗 White Dog 45%

氣味：甜美、優雅、純淨；玉米香甜油味；帶點重花香、蘋果跟棉絨味。

口味：多肉、成熟，夏天的紅色水果味；芳香中帶有優雅質地；非常清爽有活力。

尾韻：集中，帶有少許小茴香味。

美格 46 號 47%

氣味：肉桂吐司、楓糖漿、肉豆蔻、一絲豆蔻味；丹麥酥；櫻桃和香草味。

口味：成熟而飽滿。厚實的焦糖味；糖漬橙皮；太妃糖，以及柔軟的紅色果園水果味。

尾韻：辛香而甘甜。

結論：乾淨，甜美，更多香料味濃縮其中。

風味陣營：濃郁橡木型

延伸品飲：Four Roses 單桶

美格 45%

氣味：柔軟；奶油橡木味；油滑感；馬拉斯加櫻桃；檀木，以及明顯的蘋果味；完全成熟的果味。加水後花香更濃。均衡的木頭味。

口味：滑順、甜美、優雅；相當咬牙；些微月桂葉、糖漿跟椰子味。

尾韻：輕柔。

結論：裸麥不再是咬口的元素，橡木味得以發揮功效，讓輕酒體被溫和地稍作壓縮。

風味陣營：甘甜小麥型

延伸品飲：W L Weller 限量版、Crown Royal 12 年

Maker's Mark
(S IV)
KENTUCKY STRAIGHT BOURBON
WHISKY
Handmade

Distilled, aged and bottled by the
Maker's Mark Distillery, Inc.
Star Hill Farm, Loretto, Ky. USA
750mL 45% alc./vol.

時代、萬得福 Early Times & Woodford Reserve

時代・路易斯維・WWW.EARLYTIMES.COM
萬得福・凡爾賽・WWW.WOODFORDRESERVE.COM・全年開放

路易斯維是權貴與藍領階級迷人的混和體：貴為一州的首都，城內的磚造建築上有著令人印象深刻的鐵製裝飾；一間球棒博物館，以及設有暗道的旅館，供走私販逃跑使用。這裡也是穆罕默德・阿里的出生地，此處也還發生過溫和的美國音樂革命。但在夏夫利這類地區就會看到倉庫和老舊廠房的空殼，這裡可曾是幾位偉大的威士忌製造者的故鄉。

路易斯維兩座營運中的蒸餾廠都坐落在這一帶：天堂丘的伯恩海母（Bernheim）和布朗霍文的時代蒸餾廠。時代蒸餾廠從 1940 年開始運作，生產時代和老佛瑞斯特（Old Forester）。「這兩支威士忌非常不一樣，」首席蒸餾師克利斯・莫瑞斯（Chris Morris）說，「時代很恢意，老佛瑞斯特很集中。」時代系列的「老式鄉村」風味的穀物比例為 79% 的玉米、11% 的裸麥，以及 10% 的大麥麥芽（請參閱第 18 頁）。「我們從 1920 年代就開始使用 IA 酵母菌株了，」莫瑞斯說，「它會讓酒體的味道變淡，幫忙製造出柔和感。我們還把它酸化到 20%（也就是 20% 的酒汁會當作「回流」倒回去，藉此將啤酒柱式蒸餾器底部使用過的酸性沉積物加到發酵槽中）。老佛瑞斯特的穀物配方中裸麥和麥芽的比例較高，18% 比 72%，促進了辛香味的提升。它也有自己的酵母，但只會酸化到 12%。」

「酸渣發酵」這個詞可能會令人困惑。許多波本威士忌迷宣稱自己比較偏好經過「酸渣發酵」的牌子，追根究柢，只是因為在酒標上看到這個詞才這樣說，但其實所有純威士忌都以酸渣發酵製成。肯塔基州與田納西州都位於石灰岩階地，這裡的水富含礦物質，水質也較硬且偏鹼性。加入酸渣回流這道過程能促進酒汁的酸化、抑制潛在的感染因子，並減緩發酵過程。酸渣的比例是影響風味的關鍵，莫瑞斯解釋說：「你用的酸渣愈多，酵母菌能作用的糖分就愈少。因此採用 20% 的酸渣和三天的發酵期間（和時代威士忌相似）會減少同源物的數量。而老佛瑞斯特採用的 12% 的酸渣和五天的發酵製程，因為酵母作用的物質比較多，能製出更多風味、更新鮮的啤酒。老佛瑞斯特啤酒聞起來像玫瑰花瓣，時代則像玉米片。」兩者都是在酒精度 70% 時從重擊蒸餾器中取出，稀釋成酒精度 62%，然後裝桶陳年。

時代欣然地作為一支純樸易飲的波本威士忌（如果以二次充填桶陳年，就叫肯塔基威士忌），但老佛瑞斯特則單一日期生產方式，以「生日酒桶精選」作為賣點，推出酒齡較大（平均 10 到 14 年）的波本威士忌。「這樣我們才能找到特別的口感，」莫瑞斯說，「舉例來說，有一次有松鼠跑進接線盒裡，造成斷電同時也害死了自己，讓我們的發酵期變為三天，因而產生了不同的風味。」

也許布朗佛曼（Brown-Forman）旗下另一間蒸餾廠「萬得福」會讓松鼠更有家的感覺。它位於馬匹飼養地帶中心，緊鄰萬得福郡啤酒釀造廠「葛蘭小溪」（Glenn's Creek）。1830 年代，奧斯卡・佩伯（Oscar Pepper）在這裡雇用了當代波本威士忌之父詹姆斯・克羅。如今在這些蒼白的石灰岩建築內，有一座獨特的波本蒸餾廠，

使用罐式蒸餾器（宛如格蘭傑蒸餾廠的縮小版）進行三次蒸餾。

「這間蒸餾廠是蓋來紀念佩伯和克羅的，」莫瑞斯說，「不過這款威士忌可不是 19 世紀威士忌的重製版。」萬得福反倒延續了克羅對可能性的探索。這支威士忌的穀物配方和老佛瑞斯特相同，但只酸化到 6%，還使用不同的酵母菌發酵七天。剛從三次蒸餾器取出的白狗酒精度 79%，比剛從同樣效能的柱式蒸餾器中取出的烈酒，這座「效能較差」的罐式蒸餾器能建構更多風味。在酒精度 54.5% 時，

木桶被安置在萬得福蒸餾廠的石灰岩牆後。

「蒸餾師精選」被裝進風乾橡木桶，與夏夫利蒸餾廠的波本調和。「橡木雙桶」是以一般桶裝威士忌調和，再裝進輕微碳化、重度烘烤過的木桶中。

　　克羅那「有何不可？」的信念孕育出限量的「大師精選」。「我們的波本有五種風味來源，」莫瑞斯說，「穀物、水、發酵、蒸餾和熟成。蒸餾跟水固定不變，所以得在另外三種上創新。」他們最近推出一款四種穀物配方、一款甜酒渣、一款夏多內過桶、一款裸麥、一款「四重木桶」（在波本桶中熟成，再以歐羅雪莉桶、波特桶和楓木桶過桶），以及兩款單一麥芽威士忌（稱為「純麥芽」）。這兩款都用了 100% 發芽的大麥，一款放入二次填充桶，另一支放入全新的焦化橡木桶。克羅的精神猶在。

萬得福蒸餾廠前身為老奧斯卡佩伯蒸餾廠，詹姆斯 · 克羅就是在這裡將科學實驗的嚴謹態度，帶到波本威士忌蒸餾技術裡。

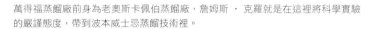

時代與萬得福品飲筆記

時代 40%

氣味：金黃色。芳香；蜂蜜感；許多棉花糖和甜爆米花味；椰子跟少許的蜂蜜味。

口味：酒體中等，輕柔；玉米跟香草軟糖味巧妙搭配，底層更濃的煙草味展意外地展現嚴肅感。

尾韻：優雅悠長。

結論：甜美、爽口。

風味陣營：柔順玉米型
延伸品飲：George Dickel 老 12 號、Jim Beam 黑牌、Hedgehog（法國）

萬得福蒸餾師精選 43.2%

氣味：暗琥珀色。蠟味蜂蜜感；檸檬百里香和濃郁的柑橘味；燉蘋果；肉豆蔻；檸檬蛋糕味，橡木桶賦予糖漿／麥芽糖的滋味。加水後出現燒焦的木頭、玉米葉，以及桐油味。

口味：起初乾淨清爽；精確，幾乎可說是有稜有角；緊實有活力；百里香跟橘皮味再度湧出；裸麥味輕巧地浮現。

尾韻：混合了柑橘和甜香料味。

結論：平衡，非常乾淨。

風味陣營：辛辣裸麥型
延伸品飲：Tom Moore 4 年、Maker's Mark

LABROT & GRAHAM
WOODFORD RESERVE
DISTILLER'S SELECT

野火雞 Wild Turkey

羅倫斯堡 • WWW.WILDTURKEYBOURBON.COM • 全年週一至週六均開放，4月到11月週一至週日均開放

外面包覆一層鐵皮、外牆刷成黑色的野火雞蒸餾廠，坐落在肯塔基河上方懸崖的邊緣，這裡很長一段時間都實際象徵了波本威士忌產業的往日情形。其實野火雞得以存活下來，全靠一名男子的努力：在這裡服務長達 60 年的蒸餾大師，吉米 • 羅素（Jimmy Russell）。事實上可以說是因為吉米那個世代的蒸餾師們，為了不在威士忌的特色和品質上妥協，拒絕接受改變，傳統波本威士忌的價值才得以保存下來。

吉米和野火雞已經達到相依相存的狀態：野火雞是一支口味豐碩的波本威士忌，它那厚實、豐富的特質讓品飲者不分男女都能從容享用，象徵了緩慢、悠閒的時光。吉米有著老蒸餾師對科學家那種輕蔑但仍保持禮貌的態度，在回覆有關野火雞的 DNA 的問題時，他還會溫和的消遣一下。我過去怎麼做，現在也這麼做，他似乎是這麼說的，前輩怎麼教我，我也怎麼教艾迪。（艾迪是吉米的兒子，在野火雞擔任了 35 年的蒸餾師。）

野火雞製程的基本原理在於風味的建構，要讓這支波本威士忌繚繞在口中。「我們的玉米威士忌走的是 70 年代初期的風格，因此幾乎 30% 都使用小型穀類，」吉米說，「有些人是走 70 年代晚期的風格，有的是走 70 年代中期的風格，還甚至有人用到小麥——但那就是不同的產品了——但我們的年代最早。我們很傳統，有更多酒體，更多風味，以及更多特色。」

上圖：兩個世代的天才。艾迪 • 羅素（左）和吉米 • 羅素（右）是野火雞的風味管理人。下圖：在木桶中裝入酒精度低的原酒是野火雞的特色之一。

野火雞的特色是從無蓋式蒸煮器開始塑造的，以單一酵母菌株來發酵。「這個菌株用了多久？我在這待了 55 年，我剛來的時候它就已經在這裡囉！」吉米說，「它也會影響到風味，我們用它就是為了要讓強烈的風味更上一層樓。」

白狗在酒精度 62-63% 時從蒸餾器中被取出，在酒精度 55% 時裝桶。「我覺得酒精濃度愈高，風味就愈少。我們裝桶的時候濃度不高，酒精度 50.5% 的時候裝瓶，因此我們沒有喪失太多風味，這樣有助於製造老式風格的威士忌。」

說不定連利皮兄弟（Ripy brothers）都認得這種風格。利皮家族從 1869 年就開始製造波本威士忌，他們在 1905 年，從賓夕法尼亞州提隆郡的家族蒸餾廠搬來。1940 年代，利皮蒸餾廠被奧斯丁・尼可斯（Austin Nichols）買下，重新命名為「野火雞」，因為老闆每年獵野火雞時，都愛喝自家的波本威士忌。這間蒸餾廠後來被納入保樂力加旗下，但新東家似乎不太了解它的潛力，於是在 2009 年又被金巴利（Campari）買下。也許不插手管事才是最棒的經營方法，吉米繼續製造屬於他的風格的波本威士忌，如今市場的喜好也回到了原點。

「我認為消費者的偏好又回到幾年前他們想要的風格，」他說，「不是只有老一輩才喝野火雞，新的品飲者也在尋找某種風味和酒體的波本威士忌，讓他們能啜飲、享受一段美好時光。現在彷彿回到了禁酒令以前，一切都回到了那時。」就連只有幾間蒸餾廠（包含野火雞）保存下來的純裸麥威士忌，都又流行了起來。

波本威士忌市場的口味變清淡時，他有想過要改變嗎？「我們在那個市場裡無法和別人競爭，我想這一方面是老闆經濟上的考量，

美國橡木的甜味與豐富的玉米和裸麥混合──再施點魔法──就做出了野火雞。

一方面也是我的主張。我們想要保留波本威士忌真正的味道──而不是摻水稀釋它。」

金巴利已經投資了一億美金，要在這裡打造新的遊客中心和裝瓶廠，其中 5500 萬的資金要用來擴建蒸餾廠，讓產能增加一倍以上。

現在野火雞已經展翅高飛。波本威士忌在見過深淵後，回到了充滿風味的世界。吉米・羅素的理念被證實是對的。

野火雞品飲筆記

101 度（50.5%）

氣味： 太妃糖，焦糖，豐富果味。相當多汁，櫻桃乾；栗子太妃糖；辛香裸麥味；具口感層次佳；帶有年輕的新鮮感。

口味： 焦糖，以及一種近乎皮革般的成熟感；厚實，悠長，香甜；淡淡的單寧味。

尾韻： 可可脂味。

結論： 比 8 年野火雞威士忌更節制。

風味陣營：柔順玉米型
延伸品飲： Buffalo Trace

81 度（40.5%）

氣味： 親近感，相當細緻；甜美，伴隨楓糖漿味；烘烤過的水果；以及辛香裸麥帶來的少許熱度。

口味： 溫和；蒸餾廠的味道依然停留口腔中央；有檸檬與昇華的果味。

尾韻： 優雅。

結論： 清淡的野火雞。

風味陣營：柔順玉米型
延伸品飲： Wiser's Deluxe

羅素珍藏波本 10 年 45%

氣味： 豐裕，香甜；有香草、巧克力、焦糖味；烘烤過的水蜜桃、果糖味；然後是和野火雞 101 威士忌裡一樣的栗子蜂蜜味，伴隨希臘產的松木蜂蜜味；厚實，幾乎像是蠟一般的口感。加水後更多裸麥味湧現；肉豆蔻味。

口味： 跟氣味相同，再加上土耳其軟糖和大量橡木味，撐住了厚重酒體的酒精味；帶杏仁味，香甜。

尾韻： 酒體的重量提升並且平衡了裸麥味，肉桂和煙草味。

結論： 複雜多層次。

風味陣營：濃郁橡木型
延伸品飲： Booker's

珍稀品種 54.1%

氣味： 深琥珀色／閃爍的古銅色。沒有羅素珍藏那麼厚實，有一種更乾淨的甜味。柑橘跟香子味，還出現了原本沒有的皮革味。芳香，對野火雞威士忌系列來說味道纖細。

口味： 明顯的辛香味；亮光漆；菸葉，之後是尖銳的裸麥味。

尾韻： 悠長，融合了太妃糖的甜味跟斷續的辛香味。

結論： 小批製造、以 6 年、12 年，以及未稀釋威士忌的調和而成。

風味陣營：濃郁橡木型
延伸品飲： Pappy Van Winkle 家族珍藏 20 年

羅素珍藏裸麥威士忌 6 年 45%AV

氣味： 淡金色。起初帶濃濃的裸麥味，但後頭藏著很重的蜂蜜味。粉塵味沒有一些裸麥威士忌那麼重，但依然顯著；伴隨綠茴香籽、雲杉，以及園藝用的棉線味。加水後出現樟腦、酸麵團和橡木的甜味。

口味： 一開始慢慢出現蜂蜜味；水煮的糖果，然後干澀的裸麥特性開始將甜味轉變為乾淨的酸味。

尾韻： 碳酸糖粉般的辛香。

結論： 相當優雅的裸麥威士忌。

風味陣營：辛辣裸麥型
延伸品飲： Millstone 5 年裸麥威士忌（荷蘭）

天堂丘 Heaven Hill

路易斯維．WWW.HEAVEN-HILL.COM．文化中心位於巴茲鎮．週一至週六全年開放，3月至12月週一至週日均開放

放眼望去都是倉庫。在肯塔基起伏的地形上，到處都是包著鐵皮、裝滿威士忌的廠房，看起來有點像一個大型建案，被迷路的龍捲風捲起來後丟在這裡。這些倉庫的規模足以證明天堂丘蒸餾廠生產的威士忌數量有多麼龐大，這裡畢竟是美國威士忌市場中，擁有最多品牌的蒸餾廠。

　　這幅景象給人一種永恆的感覺。這裡是波本威士忌的聖地，天堂丘旗下兩支品牌的名字就是取自這塊玉米豐收之地的傳奇蒸餾先驅：伊凡．威廉斯（Evan Williams）和伊利亞．克雷格（Elijah Craig）。不過，天堂丘的故事相對比較近代，要從禁酒令頒布後，這片被遺棄的蒸餾荒漠開始講起。沃爾斯泰德法案（Volstead Act）在 1920 年代正式實施前，原本的數百間蒸餾廠中，只有一小部分在法案廢止後開始轉而製造威士忌。其中幾間蒸餾廠又重拾舊業。

　　當中也有不少逮住機會加入的新蒸餾廠，夏皮拉兄弟（Shapira brothers）正是如此。他們原本從事零售貿易，在 1930 年代於巴茲鎮外買了一塊地，從 1935 年開始蒸餾製酒。夏皮拉兄弟會把蒸餾廠命名為「天堂丘」，不是像許多人想的那樣有著浪漫的典故，只是用來紀念原本的地主威廉．海文希爾（William Heavenhill）。戰後，蒸餾廠經營順利，他們便決定聘請一名首席蒸餾師。在肯塔基州，哪裡還有比賓家成員更好的人選？於是他們雇用了金賓的外甥，厄爾．賓（Earl Beam）。如今天堂丘依然是夏皮拉家族的產業，由厄爾的兒子帕克和孫子克雷格掌管這裡的

波本與蘇格蘭威士忌的區別

　　波本威士忌與蘇格蘭威士忌的其中一個差異，是威士忌風格中人為因素的強大影響力。因為禁酒令的緣故，美國威士忌得從零開始。這些蒸餾廠生產的威士忌風格本身就是製造者親自創造的，帕克沒有像蘇格蘭蒸餾師一樣遵循百年傳統，而是向自己的父親學習製造方法。因此蒸餾師和波本威士忌之間有一種直接的肉體和情感連結。有時候風格甚至無關乎產地，而是受蒸餾師的個性影響。

威士忌生產業務。

　　現在天堂丘在巴茲鎮的據點除了公司總部、一座得過獎的遊客中心，還有那些倉庫，但卻沒有蒸餾廠。這背後是有原因的。在山丘下曾經有間蒸餾廠，但在 1995 年它的倉庫被閃電擊中，液體起火燃燒，流進蒸餾廠裡，炸毀了廠房。

　　現在天堂丘旗下所有品牌，都是由原本飲料界巨人 UDV

這可不是巴茲鎮的大型建案，而是天堂丘巨大倉庫群的一部分。

波本威士忌充滿了色彩和生命力，準備好要邁進生命中的下一個階段——裝瓶——然後到你的杯中。

（United Distillers & Vintners，也就是現在的帝亞吉歐）所擁有、位在路易斯維的伯恩海母蒸餾廠所生產，所有權在 1999 年易手。更換蒸餾廠不是件簡單的差事，帕克用向來輕描淡寫的態度說：「當時的確有點不順遂，得先解決這些問題，我們才能找回天堂丘的特色。」

伯恩海母蒸餾廠完全採用電腦作業，但帕克和克雷格習慣捲起袖子全力以赴的工作方式。「威士忌是一個要親自動手做的產業，」帕克說，「你得把它當作自己的一部分，我們以前都是這麼做的，我也不知道還有甚麼其他的作法。」他喜歡有點年紀的威士忌，就連天堂丘最年輕的品牌「伊凡・威廉斯」都熟成七年了，是一支酒齡相當好的波本威士忌。

沒錯，這個父子團隊打造了美國的傳統威士忌。伊凡威廉斯和伊利亞奎格是以玉米跟裸麥為基底的波本威士忌；老費茲傑羅（Old Fitzgerald）是用玉米跟小麥製成；里騰豪斯（Rittenhouse）和派克斯維（Pikesville）使用了純裸麥；而最新開發的「伯恩海母小麥威士忌」則是以純小麥製成的。

我在帕克的同名威士忌，以及天堂丘沉穩、低調但創新的系列產品中，明顯看見了帕克和克雷格溫和的人格特質。

天堂丘品飲筆記

伯漢原麥威士忌 Bernheim 45%
氣味：優雅，有奶油、新鮮的烘焙味；紅色水果、眾香子味；乾淨而明確。
口味：新創橡木的強烈口感；讓人聯想到融化的冰糖，帶有一絲太妃糖跟薄荷腦的味道；非常細緻。
尾韻：令人震撼，優雅但獨特。
結論：優雅，可怕地好喝，充滿希望的新世界就此展開。

> **風味陣營：甘甜小麥型**
> **延伸品飲：**Crown Royal 限量版

老費茲傑羅 12 年 Old Fitzgerald 45%
氣味：複雜的土壤味，伴隨了甘草；雪茄煙氣；皮革；胡桃蛋糕味。
口味：深沉而繚繞不絕的波本威士忌；底部有奶油糖及香草的味道；宜人的蜂蜜與巧克力味交互出現；有木頭味，帶有堅果味。
尾韻：橡木味，巧妙而均衡。
結論：深沉而強勁，讓人想抽雪茄。

> **風味陣營：濃郁橡木型**
> **延伸品飲：**W L Weller、Pappy Van Winkle

伊凡威廉斯單一桶裝 2004 Evan Williams 43.3%
氣味：淡琥珀色，帶有該品牌慣見的辛香甜味；煙燻柑橘；立刻出現的裸麥味；均衡、優雅而節制；成熟的甜味。加水後出現一些冬青及蜂蜜味。
口味：輕柔、甜美、細緻，有橙花的蜂蜜味；後段有酸味，辛香味隨之釋放出來。加水後出現的味道很像發泡錠。
尾韻：新鮮而乾淨。
結論：成熟，但橡木味不會過重；讓人印象深刻的系列。

> **風味陣營：辛辣裸麥型**
> **延伸品飲：**Four Roses 黃牌

里騰豪斯裸麥威士忌 Rittenhouse 40%
氣味：甜味與酸味嬉鬧般地混在一塊；樟腦；松香水；亮光漆；豐富的橡木味；辛香味非常重。加水後出現堅果、刨過的木頭，以及點燃的橘皮味。
口味：非常辛香，堅實的咬口感，讓人口部緊縮的單寧味伴隨著驚人的甜味襲來；檸檬香；乾燥的玫瑰花瓣味。
尾韻：悠長的絕佳苦味；裸麥！
結論：初踏入裸麥世界者的絕佳入門款。

> **風味陣營：辛辣裸麥型**
> **延伸品飲：**Wild Turkey、Sazerac

錢櫃 12 年 Elijah Craig 47%
氣味：香甜濃郁；杏桃果醬；燉煮過的水果；燒成炭的橡木；卡士達；雪松；還有一點菸葉味。
口味：圓滑；起初非常甜；甘草味；最後香料蘋果的味道蓋過了一切。
尾韻：甜美；糖果；橡木味。
結論：香甜豐裕；親切宜人的老式波本風味。

> **風味陣營：濃郁橡木型**
> **延伸品飲：**Old Forester、Eagle Rare

水牛足跡 Buffalo Trace

法蘭克福 • WWW.BUFFALOTRACE.COM • 週一至週六全年開放，4月至10月週一至週日均開放

一開始來了一群水牛，這是一年一度的大遷徙，牠們在肯塔基河的轉彎處找地方涉水。接著在1775年李家兄弟也來了，他們在這裡建立的交易站，就叫做李家鎮。鎮內現在有間巨大的蒸餾廠，至今換過的名字比絕大部分的蒸餾廠還多：OFC、斯塔格、香里、遠古時候、李家鎮——以及目前的「水牛足跡」。

水牛足跡蒸餾廠是一所純威士忌蒸餾的大學，連外觀都是像大學一樣的紅磚建築。跟美格使用單一配方的做法完全相反，這裡的目標是盡可能地生產多款威士忌：有小麥波本威士忌（WL韋勒）；裸麥（薩茲拉克、漢狄）；玉米／裸麥波本威士忌（水牛足跡），以及單一桶裝（布蘭登、飛鷹），連帕比凡溫客系列也是在這裡生產的。

此外，它還推出每年限量供應的「古董珍藏」，還釋出偶而才有的實驗性波本威士忌。水牛足跡簡直就打算憑一己之力，將波本威士忌的品牌數恢復到禁酒令以前的水準。

儘管首席蒸餾師哈林・韋特利（Harlen Wheatley）肩負多重責任，他看起來相當悠閒。「我們有五個主要配方，」他說，「但我們一次只做一種。所以我們會花六到八個星期處理小麥，然後是裸麥／波本，再來是從三種的裸麥配方中挑一種做。我們什麼都想做一點！」

雖然製程細節是機密，但在加壓烹煮的階段（請參閱第18-19頁）他們並不會添加酸渣回流。「這樣才好萃取出所有糖分，」韋特利說，「還能讓它發酵得更一致。」他們只使用一種酵母菌株，但藉由大小不一的發酵槽，創造出了不同的環境。然而，每個品牌在蒸餾階段的倒流程度和蒸餾強度都完全不同。

到了蒸餾這個步驟，故事才進行到一半。一系列複雜、風味各異的白狗（請參閱第18頁）搭配一系列複雜的熟成條件。每一個木桶都不一樣，每間倉庫的微氣候也不同。理解了這些原理，你才能增加酒體的複雜度。

「我們總共有75種不同的地板，」韋特利解釋說，「分散在三個廠址，有磚造、石造、高溫地板，以及（多層、木框的）木桶架。因為每個地板和每間倉庫都不一樣，因此放置木桶的地點很重要。」

除了穀物配方和蒸餾過程，就連木桶擺放的位置都會帶來不同的影響。「韋勒的酒齡是七年，所以我們不會把它放在最高或最低層。我們得謹慎地觀察帕比23年——大概會放在第二或第三層——布蘭登被放在獨立的倉庫內，這樣能產生非常獨特的效果。」

威士忌多樣的風格是人類知識的結晶。

世界上沒有一間蒸餾廠會像他們一樣如刑事鑑定般地觀察木桶和陳年過程。這裡甚至還蓋了全新的微型蒸餾廠，持續實驗各種比例的裸麥和小麥威士忌的裝桶濃度。這間蒸餾廠一直在研究使用樹的頂端或底部打造的木桶是否會影響酒體，木材每個部分含有的化學複合物都不同：底部高濃度的木質素能帶來更多香草精；頂端高濃度的單寧則讓酒體更有結構，還能促進脂化。

這個實驗會砍下96棵樹，每棵樹製成兩個木桶。這些木桶都分別裝了穀物配方相同但濃度不同的威士忌，然後放在不同的倉庫中陳年。本書寫作時，實驗仍持續進行，甚至發展出了極端的「X倉

水牛足跡擅長製造風格廣泛的威士忌，因此成為紅磚打造的波本威士忌大學。

「庫」計畫。當初是由於酒桶貨架倉庫的屋頂被龍捲風扯壞，倉庫內的酒桶曝露在開放的空氣和陽光下好幾個月，使得桶內的波本威士忌味道變得明顯不同。

　　X 倉庫在四間內室及一條「穿堂」裡存放了 150 桶威士忌。每間內室的日照量都不同（人造光和人為控管的自然光），每一間的溼度也都受到控制，只有穿堂的空氣可以自然流通。「倉庫會賦予威士忌風味，」已故的艾爾默・T・李（Elmer T. Lee）說。至於影響多少、用什麼方式影響，接下來的 20 年答案也許就會揭曉。

蒸餾廠進入最後的彌封階段，表示這幾瓶水牛足跡威士忌已經通過審核。

水牛足跡品飲筆記

白狗，一號糖化槽
氣味：香甜豐裕；玉米粉／玉米粥味；嗆辣，伴隨百合味；堅果風味的烤玉米／大麥味。加水後有帶植物氣息的農業蘭姆酒味。
口味：香氣升起；豐裕的帕爾瑪紫羅蘭激盪而來，然後是咬牙的玉米味擴散開來。
尾韻：悠長而滑順；一點也不粗糙。

水牛足跡 Buffalo Trace 45%
氣味：琥珀色。融合了可可奶油／椰子，以及紫羅蘭花香／草藥味；有點杏桃跟辛香味；乾淨的橡木味；辛香的蜂蜜；奶油糖，以及甌柑味。
口味：最初是辛香味及柑橘的甜味，接著是香草跟桉樹味，然後是佩查苦精味；豐沛大方；中等酒體；一段時間後湧現大量的新鮮研磨肉豆蔻味。
尾韻：淡淡的咬口感，裸麥的辛香味。
結論：成熟而豐富；平衡。

> **風味陣營：柔順玉米型**
> **延伸品飲**：Blanton's 單一桶裝、Jack Daniel's Gentleman Jack

飛鷹 10 年單一桶裝 Eagle Rare 45%
氣味：琥珀色。比水牛足跡的味道更深邃；有更多黑巧克力及乾橘皮味，伴隨那種芳香，是蒸餾廠的特色之一；糖蜜及強烈的辛香；一點櫻桃口味的咳嗽糖漿；大茴香；芳醇的橡木味。加水後有上了蠟的木地板味。
口味：輕柔，非常濃厚；跟水牛足跡的口感相當不同，有更多的單寧及更清脆的橡木；岩蘭草味。
尾韻：干澀，然後酸味襲來。
結論：整體來說讓人更加期待。

> **風味陣營：濃郁橡木型**
> **延伸品飲**：Wild Turkey、1792 Ridgemont 典藏 8 年

WL 韋勒 12 年 W L Weller 45%
氣味：乾淨清爽；研磨過的肉豆蔻；牛皮紙；烘焙的咖啡豆；蜂巢及玫瑰花瓣味；還有一絲濃郁的花香。
口味：口感乾淨，蜂蜜味；伴隨來自橡木的清脆辛香，再柔化成融化的巧克力味。
尾韻：檀木味。
結論：一款展現穀物優雅芳醇感的小麥波本威士忌。

> **風味陣營：甘甜小麥型**
> **延伸品飲**：Maker's Mark、Crown Royal 限量版

布蘭登單一桶裝，第 8/H 倉庫 Blanton's 46.5%
氣味：琥珀色。更多烹煮過的水果及焦糖味；許多香草豆莢；玉米；水蜜桃餡餅味；甜美、乾淨，淡淡的辛香味。
口味：一開始味道有點拘謹，然後浮現花香——幾乎就像白狗的茉莉／百合香；木頭味開始變緊實，太妃糖味；幾乎有股烤過的煙燻味。
尾韻：薑黃及乾燥的橡木味。
結論：比飛鷹的鷹爪威士忌更圓潤。

> **風味陣營：柔順玉米型**
> **延伸品飲**：Evan Williams 單一桶裝

帕比凡溫客家族珍藏 20 年 Pappy Van Winkle's 45.2%
氣味：豐富的琥珀色。成熟；具橡木味；甜美的果醬跟濃濃的楓糖漿；一點辛香味。加水後出現黴菌／蕈類的陳年烈酒特質。
口味：橡木及乾燥的皮革；雪茄；然後是樟腦丸味，接著偏向乾燥的薄荷；櫻桃乾；甘草味。
尾韻：優雅的咬口感及橡木味。
結論：酒齡大，木頭味。

> **風味陣營：濃郁橡木型**
> **延伸品飲**：Wild Turkey 珍稀品種

薩茲拉克裸麥與薩茲拉克 18 年 Sazerac 45%
氣味：酒齡較輕的一款聞起來有粉塵味；帕爾瑪紫羅蘭；發酵的酸麵包味；伴隨橘子的苦味以及間斷的櫻桃味。18 年威士忌也有香氣，但攻勢較緩，移轉成整體的皮革／亮光漆味；櫻桃味失色了。
口味：不馴而濃烈；許多樟腦味；經典的活力感。18 年威士忌展現出更多像木味及烤過的裸麥麵包味；比起不馴還不如說是油脂感，仍有香氣。
尾韻：眾香子跟薑味；18 年威士忌保留了薑味，增添了茴香及在喉頭累積的甜味。
結論：就像蘇格蘭威士忌的泥煤味一樣，裸麥的特性並沒有消失，只是被酒體吸收了。

> **風味陣營：辛辣裸麥型**
> **延伸品飲**：新款：Eddu（法國）、Russell's 珍藏裸麥 6 年；舊款：Four Roses 120 周年 12 年、Four Roses 結婚收藏 2009、Rittenhouse 裸麥

金賓 Jim Beam

克勒蒙 ・WWW.JIMBEAM.COM・週一至週日全年開放

蘇格蘭蒸餾師對他們製造威士忌的傳統相當自豪，不過就我所知，蘇格蘭並沒有像賓氏家族這樣的威士忌王朝。根據家族歷史，雅各・賓（Jacob Beam，原本姓波姆，Boehm）1795 年開始在華盛頓郡製酒。1854 年，他的孫子大衛・M・賓（David M Beam）將廠房遷到了清泉地區靠近鐵路的地方，大衛的兩名兒子金和帕克就在那裡學習製酒技術。故事到目前為止都還算正常，真正精采的部分是在禁酒令之後。

1933 年，年滿 70 歲的金申請了蒸餾執照，並在克勒蒙蓋了一間新蒸餾廠，帕克和他的兒子們就在這裡製造威士忌。金把事業交給兒子傑若米亞，之後經營權傳到他的孫子布克・諾（Booker Noe）手上，現在則由布克的兒子弗瑞德接管。當你想到天堂丘的帕克和克萊格・賓兩人都是帕克的孫子，創建時代威士忌的也是賓家成員時，你會納悶，這個國家是不是該改個名字比較好啊。

唯有了解這層血緣關係，你才會明白為什麼一名老人要在 70 歲的高齡重建家族事業。不做這件事，詹姆斯・博瑞加德・賓（James Beauregard Beam）還能做什麼？他的血管中流著波本威士忌。

這一回他有做什麼改變嗎？可以說有，也可以說沒有。在老家煮那具有甜味、加了啤酒花的酵母菌是為了重現原始做法，但蒸餾過程在 20 世紀有了長足的進步。當我品嘗雜醇油味濃厚〔其他公司的〕、禁酒前風格的波本威士忌嗆到時，我清楚記得布克・諾當場捧腹大笑。「我喜歡真正的波本，」他聲音低沉地說，「但你也知道，有些事情就是需要改變。」

禁酒期結束後，賓家的故事幾乎變成在尋找一個平衡：一邊是在不停變化的市場中，大廠牌所面臨的商業需求；另一邊則是布克對「大波本威士忌」的信心及堅持。在這種創造性張力下，世界上出現了一款賣得最好的波本威士忌，1988 年又推出了在味道上絕不妥協的「桶裝純威士忌」、布克，以及四年後推出的「小批次典藏威士忌」。

成為主流品牌的壞處是，威士忌迷可能會對整個系列不屑一顧，幸好賓家的克勒蒙和波士頓兩間蒸餾廠就跟其他廠房一樣有創意。倒不是說他們把精力都用在提升風味的祕密配方上，「酵母菌當然很重要，」品牌大使伯尼・魯伯斯（Bernie Lubbers）說，「而且我們的確擁有不只一種配方，但面對任何一支波本威士忌，你該提的第一波問題是，從蒸餾器中倒出時，酒精濃度是多少、裝桶的濃度又是多少，以及這些酒桶被存放在哪裡？看看蘇格蘭威士忌，裡頭的原料只有大麥而已，但卻有好幾百種不同的風味——配方不是唯一的重點！」

賓家的品牌將酒精的濃淡度和儲存地點對風味可能帶來的影響發揮到極致。白牌跟黑牌出蒸餾器時酒精度是 67.5%，裝桶時是 62.5%，接著將這些酒桶散置在倉庫各處：上層、底層、邊緣，以及中央。「老祖父」的配方使用了大量的裸麥，但除此之外都跟白牌和黑牌一樣。裸麥威士忌出蒸餾器時濃度較低，酒精度為 63.5%，

自從賓家開始在克勒蒙蒸餾製酒，這裡理所當然地也產生了變化。

金賓品飲筆記

白牌 40%

氣味：新鮮活潑、有年輕的精力；淡淡的裸麥和檸檬的辛香味；接著出現薑跟茶味。芳香有活力。

口味：在精力充沛的香氣後，口感滑順，伴隨著真正的薄荷腦味；清涼的薄荷菸；奶油太妃糖味；清爽。

尾韻：甜美。

結論：平衡而生氣蓬勃。

風味陣營：**柔順玉米型**
延伸品飲：Jack Daniel's

黑牌 8 年 40%

氣味：柔軟，伴隨一點糖漿；橘子的辛香，以及跟白牌相近的清爽辛香氣息；可可及煙灰味。

口味：橡木味殘留；雪松及木炭在這強而有力的酒體中找到平衡；比白牌有更多明顯的香料味。

尾韻：糖蜜。

結論：橡木味；充滿活力。

風味陣營：**柔順玉米型**
延伸品飲：Jack Daniel's 單一桶裝、Buffalo Trace、Jack Daniel's Gentleman Jack

留名溪 9 年 Knob Creek 9Yo 50%

氣味：琥珀色。香甜豐裕；純粹的果味；煮成焦糖的果糖；龍舌蘭糖漿味；淡淡的椰子及杏桃；雪茄葉味。

口味：豐裕、甜美、誘人；酒體飽滿；許多肉桂、覆盆子，以及棉花糖味。

尾韻：橡木及奶油味。

結論：豐富，有金賓的活力。

風味陣營：**濃郁橡木型**
延伸品飲：Wild Turkey 珍稀品種

博士 Booker's 63.4%

氣味：豐裕柔和；烘烤過的水果伴隨著糖漿／黑糖蜜；熱帶水果及黑色香蕉味；深沉有力。

口味：甜美，簡直就像利口酒；酒體跟橡木的刺激性巧妙搭配；覆盆子果醬跟焦糖；橙花蜂蜜味。

尾韻：木頭味，嗆辣。

結論：味道強烈到沒有極限的品飲經驗。

風味陣營：**濃郁橡木型**
延伸品飲：Russell's 珍藏 10 年

但裝桶時還是 62.5%。

　　小批次威士忌和其他系列的差別更大了。「留名溪」蒸餾到酒精度 65%，並在濃度 62.5% 時裝桶。「這是一支酒齡有 9 年的產品，因此我們不會讓它們〔酒桶〕接觸到倉庫的邊緣或是頂層，」魯伯斯解釋。「巴素海頓」的裸麥含量很高，但蒸餾和裝桶時酒精度都是 60%，和留名溪一樣放在倉庫中央陳年。「貝克」蒸餾跟裝桶的

濃度是 62.5%，放在頂層熟成七年，「這就是貝克會這麼濃烈的原因」。「布克斯」蒸餾和裝桶的濃度是 62.5%，接著放在倉庫的第五和第六層上陳年。

　　「跟你說，」魯伯斯說，「布克經常上去，站在那裡觀察酒桶的變化。」先有夢想，然後找出方法實現它——人的角色就這樣滲透進去。

四玫瑰 Four Roses

羅倫斯堡・WWW.FOURROSESBOURBON.COM・週一至週日全年開放

1930 年代末期，時代廣場上最早出現的幾個霓虹燈看板中，四玫瑰的廣告就是其中一個。既然熬過了禁酒時期，它之後又是怎麼從美國本土消失的呢？答案得往北方找。1943 年，四玫瑰成為施格蘭旗下五間肯塔基州蒸餾廠的其中一間，它的新東家做了一個古怪的決定，要讓四玫瑰變成外銷的主要品牌，禁止在美國本土販售。（據說是）因為施格蘭的總裁小艾德加・布朗夫曼（Edgar Bronfman, Jr）想要在國內販售他的加拿大威士忌。

1960 年，四玫瑰被一支調和的版本取代，兩者外型相似，但口味當然不一樣。毫不意外地，它的名聲一落千丈，後來才被日本的啤酒釀造／蒸餾公司麒麟從施格蘭的廢墟中解救出來。

其實拯救了四玫瑰的也是一名波本威士忌愛好者。就像吉米・羅素、布克・諾和艾爾默・T 一樣，吉姆・拉特利吉（Jim Rutledge）對自己的波本威士忌很有信心，培育它、保存它，如今才能將它展現出來。

施格蘭留下了一個傳統，就是對酵母菌的執著。施格蘭的加拿大本部裡有三百種酵母菌株，每一間肯塔基州的廠址也都有自己的酵母菌株——在其他廠址都關閉後，全部的酵母菌株都存放在四玫瑰蒸餾廠。

從某方面來看，拉特利吉手上有 10 間蒸餾廠可以把玩，不是只有一間而已。他總共有兩種配方：OE（75% 玉米，20% 裸麥，5% 發芽大麥），以及裸麥元素增加到 35% 的 OB，拉特利吉說這可是純波本威士忌中最高的裸麥含量。這些穀物會再以五種酵母菌發酵：K 能帶來辛香；O 能增強果味；Q 能產生花香和果味；F 有草藥味，V 則用來增加清爽、細緻的果味。接著，這 10 種蒸餾液分別進行熟成，使拉特利吉在製作調和威士忌時擁有許多風味的可能性。

由於每個木桶都有自己的個性——就連單層的倉庫，放在底部和第六層架子上都會產生差異——因此，拉特利吉可以彈性地創造出複雜、口味一致的產品，也能製造出變化多端的風味。

同時他也能為每個系列調製出不一樣的威士忌。黃牌（全部的 10 種變體都用了）和單一桶裝（OBSV）截然不同。小批次系列則是以不同酒齡的 OBSK、OESK、OESO，以及 OBSO 調和而成。

每支威士忌最有趣的地方，是裸麥的表現方法。一般來說，當你品飲波本威士忌時，風味會有階段性的變化，從誘人的柔順玉米味和最初的橡木味，到最後襲來的辛香裸麥味，就像看似溫和的祕書，忽然從手提包裡拿出鐵棒來痛擊你一樣。四玫瑰並不會這樣，它雖然有含有豐富的裸麥，但從甜味到辛香味的轉換很流暢，那個重擊喬裝成輕柔的撫摸：比較不像鐵棒，像一把短劍。拉特利吉總算把世界給踩在了腳下。

四玫瑰品飲筆記

原酒單一桶裝 15 年 52.1%

氣味：棉花糖甜味；青梅；桉樹，橡木味。

口味：芳香，順口，以及碳酸飲料的辛香；香料和太妃糖蘋果的味道平衡了多汁的口感。

尾韻：緊實而辛香。

結論：均衡、紮實。

> **風味陣營：辛辣裸麥型**
> **延伸品飲**：Sazerac 18 年

黃牌 40%

氣味：優雅，微甜，花香的元素湧現。一絲水蜜桃味，然後是淡淡的甜香料味。

口味：芳醇的滋味持續，還有一些香草豆莢；接著出現有點刺激的眾香子、丁香和檸檬皮味；柔軟的果味中有股蘋果味。

尾韻：悠閒，裸麥味只短促地出現了一下。

結論：節制，有個性。

> **風味陣營：柔順玉米型**
> **延伸品飲**：Maker's Mark, 157

四玫瑰 12 單一桶裝 54.7%

氣味：大量的薄荷腦／桉樹；磨成粉的香料味；高度裸麥特質，然後是杏仁膏跟椰子味；濃烈且高格調。

口味：芳香，灼燙，再次出現許多薄荷腦味；咬口、帶出口感結構的橡木味；帶著橙皮跟黑巧克力的苦味，但有夠強的甜味來平衡兩者。

尾韻：甜美但濃郁。

結論：呈現豐裕的口感。

> **風味陣營：辛辣裸麥型**
> **延伸品飲**：Lot 40

四玫瑰 3 小批量 55.7%

氣味：高度裸麥辛香：眾香子，五香粉；濃烈的樟腦，以及撞傷的紅色水果味，後頭藏著橡木的甜味，濃烈而迷人。

口味：起初是胡椒薄荷味，伴隨著櫻桃喉糖味；有種純粹的醒腦特質；中段出現舒服的粉塵味，同時底層帶有豐裕的柑橘和煮過的水果味。

尾韻：肉桂蘋果、橡木味。

結論：均衡、濃郁但優雅。

> **風味陣營：辛辣裸麥型**
> **延伸品飲**：Wiser's Red Letter

巴頓 1792 Barton 1792

巴茲鎮 · WWW.1792BOURBON.COM · 週一至週六全年開放

多數的蒸餾師都不喜歡避開公眾目光、藏身於山谷中。但在某間有過許多名字的蒸餾廠裡，有一群蒸餾師多年來都樂於過著這樣的生活。其他的蒸餾廠善於讓旗下的蒸餾師致力於創造新風味，但這些藏身在巴茲鎮外山谷裡的人只會低頭苦幹，製造好喝得要命的波本威士忌，還以真的非常實在的價格售出。就算從來沒有人來參觀過也沒有關係，倒不是說他們過去（或現在）不好客；他們只是看不出要這種行銷手段的必要性。如此看來，它就像那些總是待在幕後的斯佩賽蒸餾廠，不過是肯塔基州的版本。

巴頓1792的上一任母公司在某個時期，同時擁有羅曼湖（Loch Lomond）和斯高夏（Glen Scotia）兩家蘇格蘭蒸餾廠，因此你也許可以說它是「前」蘇格蘭威士忌蒸餾廠。「麥汀里與穆爾」1876年的廠址就在這裡，之後在1899年又改為「湯姆摩爾」。禁酒時期結束後，奧斯卡 · 蓋茲（Oscar Getz）的巴頓品牌買下了這座蒸餾廠，並在1944年開始營運（巴茲鎮那間絕讚的波本威士忌博物館的名字就是取自這位蓋茲先生）。

興建於1940年代的紅磚蒸餾廠使用了幾種配方（細節是機密）、自家的酵母菌，以及裝有銅製蒸氣管的啤酒柱式蒸餾器，用來延長了倒流的時間，然後才換加倍器上場。巴頓在1999年被賣給了星座集團，同時將改名為「老湯姆摩爾」，後來又被丟給薩茲拉克，名字立刻又被改回巴頓，還加上了「1792」（肯塔基州加入聯邦政府的年分）。更重要的是，他們還開了一間遊客中心。

結果這些人其實還是希望有人來看他們。

湯姆摩爾系列波本威士忌以高檔玉米作為基底，給了裸麥和橡木味可以盡情表現的寬廣舞台。

巴頓 1792 品飲筆記

白狗，獻給里奇蒙 White Dog, For Ridgemont

氣味：甜美，豐盈，後味緊實而乾淨；玉米油和淡粉塵味。

口味：一開始就嘗到濃烈的辛香；巨大的衝擊，然後慢慢地舒緩（幾乎是逆向回歸正常）；濃烈。

尾韻：緊實；還需要在木桶裡待些時間。

湯姆摩爾 4 年 Tom Moore 40%

氣味：新鮮，年輕，受橡木桶影響；星毛櫟和伐木場味；一段時間後是天竺葵葉、雪松，還有新翻的泥土味。

口味：芬芳，都是紫檀味，以及不明顯的甜味；淡淡的爆米花味。

尾韻：太妃糖味。

結論：年輕有活力；調和威士忌專用。

風味陣營：辛辣裸麥型

延伸品飲：Jim Beam 白牌、Woodford 蒸餾師精選

非常老巴頓 6 年 43%

氣味：茶；拋光的橡木；摩擦過的香料味；活潑、新鮮、干溼；很像自製威士忌。

口味：進入口中的感覺既甜美又柔和；奶油肉豆蔻；玫瑰，葡萄，以及咖啡味。

尾韻：雪茄盒味。

結論：有活力、乾淨。

風味陣營：辛辣裸麥型

延伸品飲：Evan Williams 黑牌、Jim Beam 黑牌、Sazerac 裸麥

里奇蒙珍藏 1792 8 年 46.8%

氣味：有深度；少許白狗的油脂感，但透過橡木味的潤飾後氣味變得好聞。

口味：成熟，帶有新鮮柑橘；一絲香草，以及酒齡較輕的酒款也出現過的茶味；酒體較重。

尾韻：（如今取出盒子的）雪茄味。

結論：能吸引蘇格蘭威士忌品飲者的一款波本威士忌。

風味陣營：濃郁橡木型

延伸品飲：Eagle Rare10 年單一桶裝

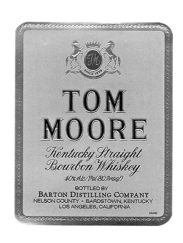

田納西州

某方面來說，田納西威士忌的故事跟肯塔基的很相近：蓬勃發展，禁酒令，接著緩慢地復原。差別在於，肯塔基州多數的大型蒸餾廠在 1930 年代禁酒時期結束後捲土重來，但田納西州從 1910 年就開始鬧威士忌酒荒，就連最蓬勃的時期威士忌產業都只有小規模生產。結果禁酒令撤銷以後，就只有一家蒸餾廠立刻開張：傑克丹尼爾（Jack Daniel's）。那之後又過了 25 年，第二家（合法）蒸餾廠「喬治狄可」（George Dickel）才開張。

「合法」這個字是刻意加上去的。田納西州是美國與酒精之間的矛盾關係的縮影。美國的高山與低谷中藏著數不清的私酒蒸餾廠，許多間的位置都很靠近那些宣導飲酒是罪惡的基本教義派教會。這裡的音樂——田納西州有著豐富的音樂傳統——同時頌揚又譴責品飲威士忌的行為。有多少首歌唱著喝私酒的歡樂，就有更多首歌將酒精飲料（通常是威士忌）貶為崩潰和絕望的象徵，是那些自憐自艾、心碎的傻瓜的避難所。歌手喬治 • 瓊斯（George Jones）對酒精飲料一點也不陌生，他在〈再來一杯就好〉中為這樣的矛盾做了總結：「把酒瓶放回桌上，就讓它待在那，直到我走到哪都不會再看見你的臉……再一杯，再來一杯就好……然後又再來一杯。」

這種兩極的對比在林赤堡展露無遺：這裡可以說是世界上最著名的小鎮，全世界最暢銷的美式威士忌的家鄉——不過別以為能晃進鎮上的酒吧點一杯威士忌。林赤堡這裡仍然禁酒，就算你去參觀蒸餾廠也沒有機會喝到。

換句話說，田納西州的做事方法不太一樣，這也可以套用到他們的威士忌上——例如在穀物配方中，裸麥占的比例非常低（請參閱第 18-19 頁）。田納西威士忌和純波本威士忌依循同樣的法律框架，白狗（新酒）得經過「林肯郡過濾程序」：裝桶前先以一層糖楓燒成的木炭過濾。製成的烈酒會更柔和，還帶有輕微的煙燻味。

這完全是由田納西州的人自己發明的嗎？證據顯示，早在 1815 年，肯塔基州就開始採用過濾法，但似乎很快就放棄不做了。就像傑克丹尼爾的首席蒸餾師說的，這種做法所費不貲。

會叫做「林肯郡過濾程序」也說明了這個特殊作法不只來自田納西州，還發源於某個特定場所——「岩洞清泉」，也就是傑克丹尼爾蒸餾廠目前的所在地。蒸餾神童來到這裡以前，一位名叫艾弗瑞德 • 伊頓（Alfred Eaton）的人以岩洞清泉的石灰岩水自製威士忌——並從 1825 年開始使用木炭過濾法。即便假設伊頓不是發明人，他也確實將這種作法發揮得淋漓盡致。

沒有人說得出它的發源地到底在哪裡。當時伏特加也使用木炭過濾，但除非岩洞清泉一帶有俄羅斯出身的流亡蒸餾師，否則這門技術不太可能直接傳過來。這個疑問至今依然無解，成了田納西州眾多祕密的其中一員。

左圖：木炭過濾法（在傑克丹尼爾蒸餾廠這裡）是田納西威士忌和波本威士忌之間的關鍵差別。

右圖：傑克丹尼爾總是為自己那老式的迷人魅力感到自豪。

燒錢：傑克丹尼爾蒸餾廠每年都得花上一百多萬美金來製造木炭。

傑克丹尼爾 Jack Daniel's

林赤堡・WWW.JACKDANIELS.COM・週一至週日全年開放

「知名品牌」這個詞在酒精飲料界被過度濫用,但偶爾還是會有使用合宜的時候,傑克丹尼爾就是其中一個例子。許多位搖滾巨星都曾將它握在手中,方形瓶身上貼著黑白相間的酒標,同時象徵了享樂式的反叛行為和樸實的城鎮價值。品牌經營的入門課程,得從傑克丹尼爾開始上起。

它的創立故事具備了民間傳說所有的特色。田納西人傑克丹尼爾在 1846 年左右出生,年輕時和邪惡的繼母鬧翻後逃家,跟「叔叔」住在一起。他 14 歲時幫一位名叫丹・科爾(Dan Call)的商店老闆兼民間傳教士做事,丹在勞斯溪一帶經營蒸餾製酒的生意。丹去參加內戰以後,傑克從老奴隸尼爾雷斯特・葛林(Nearest Green)身上學會製造威士忌的技術。1865年,傑克搬離勞斯溪(或許他當時已經懂得怎麼做行銷了),葛林的兒子喬治和伊萊也跟他一同離開。

傑克在林赤堡郊區岩洞的清泉處租下了老伊頓蒸餾廠,這裡正是大家一致認同的「林肯郡過濾程序」的發源地(林赤堡當時位在林肯郡內)。「這裡的水造就了我們品牌的獨特之處,」傑克丹尼爾的首席蒸餾師傑夫・阿內特(Jeff Arnett)說,「水溫全年維持在攝氏 13 度,還富含礦物與養分,這些都成了這間蒸餾廠的特色。如果我們用不同的水,特性也會隨之改變。」從涼爽、回聲繚繞的岩洞中流出的水,被加入低比例〔8%〕的裸麥配方中──藉此降低烈酒成品的辛辣口感──再使用自家蒸餾廠的酵母菌去幫助酸渣發酵。以銅製蒸餾器和加倍器進行蒸餾,剛取出的白狗酒精度 70%。接下來的過程會使傑克丹尼爾成為一支真正的田納西威士忌──以三公尺厚的糖楓木炭進行過濾。

究竟為什麼田納西威士忌需要過濾呢?「我猜是因為當年有些部分是傑克無法掌控的,過濾程序可以把那些部分排掉,」阿內特說,「這種作法能讓品質穩定下來,還可以善用當地生長期快速的

藏在樹林裡:這不過是傑克丹尼爾眾多倉庫的其中一間。

糖楓。他做很多事都完全是出於實際考量。」

「你如果喝那些剛從蒸餾器取出的白狗，會覺得很澀，但過濾後會產生不同的口感，嘗起來乾淨又清爽。」他補充說，「從技術層面來說，我們沒有遇到傑克當時面對的那些問題，但不過濾，蒸餾廠的特性就會改變。」

既然過濾能帶來這麼多好處，那為什麼沒有被廣泛採用呢？「這種做法很花錢！我們總共有72座槽，每隔六個月就要替換每座槽的木炭，一年會花上一百萬美元。」

你愈研究傑克丹尼爾，就愈發現它的重點在於木頭，包括木炭和木桶。「我們的木桶是自製的，」阿內特說，「我們有自己的木材採購員、自己的乾燥流程，以及自己的烘烤流程。這些都會創造出複雜的特性，讓你嘗到傑克威士忌獨有的明顯烘烤甜味。」

長期的宣傳活動——不曾展現傑克惡名昭彰的派對動物特質——要你相信他們只不過是一間位在沉睡谷的小公司。事實可差得遠了，這間公司龐大的規模都為了要製造出這唯一一款酒，儘管光這支酒就有三種風格。

最近幾年他們做了些改變：提升了「田納西蜂蜜」和「田納西火焰」的風味，還推出「阿內特未陳年田納西裸麥威士忌」（Arnett's），以及向最有名的傑克愛好者致敬的「辛那屈精選」（Sinatra Select），這款威士忌使用了布滿深溝的木材做成的木桶，好讓白狗和酒桶的接觸面達到最大。耗資1億300萬的廠房擴建計畫目前正在動工，下一支產品也許應該向早該獲世人認可的尼爾雷斯特 · 葛林致敬吧？

啤酒蒸餾器的銅製材質能使白狗變得清爽

傑克丹尼爾品飲筆記

黑牌，老7號 40%

氣味：金黃琥珀色。煙燻味；焦糖和毛氈味，接著出現鳶尾花味；烤桉木味。香甜。

口味：淡淡的甜味，乾淨；香草和塗了柑橘果醬的海綿[L5]蛋糕，但底層的口感年輕而堅定。

尾韻：少許辛香和均衡的苦味。

結論：和緩的甜味，可以用來調和。

風味陣營：柔順玉米型
延伸品飲：Jim Beam 白牌

傑克紳士 Gentleman Jack 40%

氣味：煙燻味和橡木味比標準的傑克丹尼爾威士忌淡，更多具乳脂感的香草味；森林中的營火和更多卡士達與熟香蕉味。

口味：非常柔順。咬牙又多汁的水果味，標準傑克丹尼爾威士忌的剛硬口感藏在裡頭。

尾韻：辛香。

結論：更柔和也更優雅。

風味陣營：柔順玉米型
延伸品飲：Jim Beam 黑牌

單一桶裝 45%

氣味：暗琥珀色。更多香蕉味；更豐裕，更多酯香；木頭味；松木般的味道。加水後有木炭味。

口味：有標準傑克丹尼爾威士忌的活力，也有傑克紳士的甜度，更添加一股猛烈襲來的辛香。口感平衡。

尾韻：乾淨，淡淡的辛香。

結論：擷取了另外兩款威士忌的優點。

風味陣營：柔順玉米型
延伸品飲：Jim Beam 黑牌

喬治狄可 George Dickel

瀑布谷，位在納士維與查塔諾加之間 · WWW.DICKEL.COM · 週一至週六全年開放

這間位於瀑布谷的蒸餾廠把我們帶回由傳奇和神話交織而成的品牌故事中。美國威士忌有著動盪的歷史，品牌數度易手、蒸餾廠消失後又以新的名稱在其他地方現身、更不用說禁酒令帶來的毀滅性影響，蒸餾公司的歷史紀錄都化成了碎紙。此外，田納西威士忌產業在 19 世紀被認為「普通」的作法，在 21 世紀可能算不上什麼好事。歷史的毛毯掩蓋了真相。

喬治 · 狄可的狀況便是如此。粉飾過的官方說法，是 1867 年他和太太歐古絲塔駕著輕便馬車出門時，來到塔拉荷馬，就決定在這裡蓋蒸餾廠了。但其實喬治 · 狄可從來都不是瀑布蒸餾廠（Cascade distillery）的擁有者，他甚至沒有製造過威士忌。

狄可在 1853 年從德國移民到納士維，一開始賣鞋，後來拓展到雜貨及威士忌的批發，也就是在內戰期間販賣私酒。在狄可的小舅子維克多 · 史瓦博（Victor Shwab）和邁爾 · 沙爾斯卡特（Meier Salzkotter）的幫忙下，生意蒸蒸日上，以史瓦博的「高潮酒館」作為威士忌販售通路——這個店名非常適合納士維最早的幾間萬惡之窟之一。1888 年，維克多 · 史瓦博以個人名義買下了瀑布蒸餾廠（建於 1877 年）三分之二的股份，還給了狄可裝瓶銷售的專利。

十年後，史瓦博買下了蒸餾廠的所有股份，當時的經營者麥克林 · 戴維斯（MacLin Davis）是一名貨真價實（也是唯一）的蒸餾師。1911 年，田納西禁酒隔年，史瓦博家族和狄可的遺孀將瀑布威士忌的生產線——連同木炭過濾流程——遷到了司帝奏蒸餾廠（Stitzel）。

1937 年，喬治 · 史瓦博把公司賣給了辛雷企業（Schenley），辛雷也在 1958 年派拉夫 · 杜波斯（Ralph Dupps）到田納西，在瀑布蒸餾廠原址附近一家新蒸餾廠生產喬治狄可威士忌，故事到這裡就結束了。喬治 · 狄可作為一名成功的批發商也沒甚麼不好，畢

竟說實話，威士忌界的一些大人物也不過就是這麼回事。

喬治狄可蒸餾廠現在位於昆布蘭高原邊緣一座綠樹成蔭的狹窄山谷中，附近就是諾曼第湖。這裡的穀物和玉米都經過加壓烹煮，再用狄可自家的酵母菌發酵三到四天。由於狄可是田納西威士忌，裝瓶前它會先以木炭過濾，但這裡使用的技術和西南方 29 公里處的傑克丹尼爾蒸餾廠有所不同。

狄可的白狗過濾前會先冷凝過濾，以去除肥厚的酸味。發酵槽的頂部和底部都鋪了羊毛毯，前者是為了讓白狗在大量填充時能均勻分布在槽內〔這裡不是將白狗慢慢滴入發酵槽〕；後者是為了抑制木炭通過。十天後裝瓶，放在山頂的單層倉庫中陳年。

狄可的風格跟傑克完全不同。狄可有著濃郁的果味和甜味，儘管它 2012 年推出的裸麥威士忌配方含有 95% 的裸麥，也只熟成了短短四年，這種溫和的果味特質仍得以展現出來。

這間蒸餾廠在 1999 年到 2003 年間關閉，直到母公司帝亞吉歐（Diageo）終於發現多年來他們都擁有一支世界級的威士忌，於是又開始全力生產威士忌。現在他們得弄清楚這支威士忌背後的歷史，才對得起史瓦博和麥克林 · 戴維斯。

從維克多 · 史瓦博擁有瀑布蒸餾廠到現在，這裡有了一些改變。

準備要將成堆的糖楓燒成木炭……

……後來用來來過濾這個蒸餾器裡的白狗。

喬治狄可品飲筆記

12 號特級 45%

氣味：琥珀色。非常甜，少許的蠟味；蘋果派跟檸檬；淡淡的丁香跟金色糖漿味。

口味：相當順口，帶些許草藥味：又回到百里香跟乾皮薩草味。然後是薑、萊姆花香，以及蜂蜜味。

尾韻：乾淨而溫和，有烤蘋果味；忽然湧出肉桂味。

結論：優雅而滑順，很有自己的個性。

> **風味陣營：柔順玉米型**
> **延伸品飲**：Early Times、Hudson Baby 波本威士忌

8 年 40%

氣味：相當甜，有水果味，帶豐富的杏桃餡餅味；一些搗碎的香蕉和水蜜桃味；細緻，有豐富的水果糖漿味；橡木味加重。加水後帶出柑橘和少許粉紅葡萄柚味，伴隨著甜甜的辛香味。

口味：乾淨及高度果味；淡淡的橡木；一絲木炭味，但木頭味很節制；均衡多汁。

尾韻：簡單、短促。

結論：誘人而悠長。

> **風味陣營：柔順玉米型**
> **延伸品飲**：Jameson 金牌

12 年 45%

氣味：成熟，果味消褪，出現了一些橡木味；有點干澀，口味轉向烏龍茶及焦糖油桃味。

口味：非常精確，許多新鮮的櫻桃味；在普通的橡木咬口感、椰子及狄可威士忌特有的優雅、水果甜味之間取得了平衡。

尾韻：烘烤過的乾燥辛香。

結論：成熟而高雅。

> **風味陣營：水果香料型**
> **延伸品飲**：The BenRiach 16 年

酒桶精選 40%

氣味：香草伴隨著橘子味湧現；紫藤，以及果汁味；有 8 年威士忌的果汁口感，但增添了乳脂感和一絲用奶油煎過的肉桂及肉豆蔻味。

口味：展現出果皮的淡淡咬口感；淡檸檬皮味，以及少許的胡椒味。

尾韻：更柔和。

結論：優雅而迷人。

> **風味陣營：柔順玉米型**
> **延伸品飲**：Forty Creek 銅製蒸餾珍藏

裸麥威士忌 45%

氣味：戴著裸麥威士忌最舒緩、溫和的偽裝；優雅，具備狄可威士忌典型的甜味；柿子及水蜜桃核的味道轉淡，變成藥膏及草莓味。加水後出現丁香味。

口味：優雅的辛香味；不是那種嚇唬人的裸麥味，而是極力討好的味道。加水後出現更多辛香。

尾韻：芬芳。

結論：早餐時喝的裸麥威士忌？

> **風味陣營：辛辣裸麥型**
> **延伸品飲**：Crown Royal 珍藏

精釀蒸餾廠

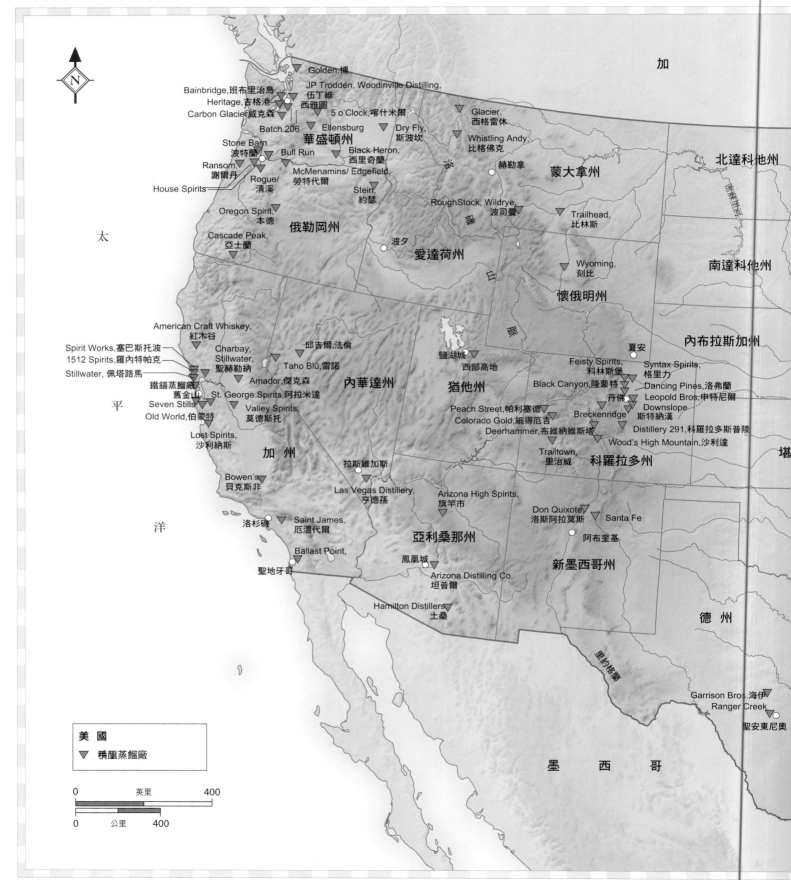

加

Golden, 博

Bainbridge,班布里治島
JP Trodden, Woodinville Distilling,
Heritage,吉格港
伍丁維
Carbon Glacier威克森
西雅圖

5 o'Clock,喀什米爾

Glacier,
西格雷休

北達科 他州

Batch 206
Ellensburg
Dry Fly,
斯波坎

Whistling Andy,
比格佛克

蒙大拿州

Stone Barn
華盛頓州
波特蘭
Bull Run
Black Heron,
西里奇蘭
赫勒拿

Ransom,
謝爾丹
Rogue/
清溪
McMenamins/ Edgefield,
勞特代爾

RoughStock, Wildrye,
波司曼

House Spirits

Stein,
約瑟

Trailhead,
比林斯

Oregon Spirit,
本德
俄勒岡州

Cascade Peak,
亞士蘭

波夕
愛達荷州

懷俄明州
Wyoming,
刻比

南達科他州

太

平

American Craft Whiskey,
紅木谷

邱吉爾,法倫

鹽湖城
西部高地
猶他州

夏安

內布拉斯加州

Spirit Works,塞巴斯托波
1512 Spirits,羅內特帕克
Stillwater, 佩塔路馬

Charbay,
Stillwater,
聖赫勒拿

Taho Blü,雷諾

Feisty Spirits,
科林斯堡

Syntax Spirits,
格里力

Black Canyon,隆蒙特
丹佛

Dancing Pines,洛弗蘭
Leopold Bros,申特尼爾

鐵錨蒸餾廠
舊金山
Amador,傑克森
St. George Spirits,阿拉米達

Peach Street,帕利塞德

Breckenridge

Downslope
斯特納漢

內華達州

Seven Stills
Old World,伯蒙特

Valley Spirits,
莫德斯托

Colorado Gold,細得厄吉

Distillery 291,科羅拉多斯普陵

Deerhammer, 布維納維斯塔
Wood's High Mountain,沙利達

Lost Spirits,
沙利納斯

加 州

拉斯維加斯

Trailtown,
里治威
科羅拉多州

洋

Bowen's
貝克斯菲

Las Vegas Distillery,
亨德孫

Arizona High Spirits,
旗竿市

Don Quixote,
洛斯阿拉莫斯
Santa Fe

堪

洛杉磯

Saint James,
厄溫代爾

亞利桑那州

阿布奎基

德 州

Ballast Point,

聖地牙哥

鳳凰城

Arizona Distilling Co,
坦普爾

新墨西哥州

Hamilton Distillers
土桑

里約格爾

Garrison Bros,海伊
Ranger Creek
聖安東尼奧

美 國

▽ 精釀蒸餾廠

0   英里   400

0   公里   400

墨 西 哥

大

蘇必略湖

明尼蘇達州

anther,
奧沙基

威斯康辛州
45th Parallel,
新里奇蒙

密西根湖

休倫湖

聖羅倫斯河

緬因州

Penobscot Bay,
文特波特

奧古斯塔

Sweetgrass,猶尼昂

明尼亞波利斯

ath's Door, Old Sugar, Yahara Bay,
麥迪孫

Civilized Spirits, Grand Traverse,
特拉弗斯市

密西根州

紐約州
Saratoga
哥爾威
Finger Lakes
伯德特

Green Mountain,斯托

弗蒙特州
新罕布夏州

New England,波特蘭
Sea Hagg,北漢普頓

Aeppeltreow,柏林頓
Northshore,上布拉夫湖
FEW,艾凡斯頓

愛荷華州
Cedar Ridge
史威莎

Templeton
莫恩

新荷蘭,
荷蘭

Red Cedar,
東蘭欣
底特律

安大略湖

Hillrock Estate
安克拉姆

麻薩諸塞州
Nashoba
波爾頓

Ryan & Wood,格洛斯特

Bully Boy, Nashoba,波士頓
Damnation Alley,伯蒙特

Berkshire Mountain,大巴陵頓

羅德島州

Triple Eight,南土克特島

Quincy Street,
里弗塞德

Big Cedar,
斯特吉斯

Flat Rock,費爾拜恩

Delaware Phoenix,
沃爾頓

康乃狄克州

Sons of Liberty,南京斯頓

Mississippi River,
勒克雷爾

Koval,
芝加哥

Journeyman,
三橡村

Ernest Scarano,
吉卜生堡

Catskill,貝什爾
圖西爾鎮,加德納

Long Island,貝汀哈洛

Nahnias & Fils,揚克斯

紐納

Tirado,布隆克斯

Breukelen Distilling,

伊利諾州
印第安納波利斯

印第安納州

Dancing Tree,
雪德

賓夕法尼亞州
Pittsburgh
Distilling

Mountain Laurel
布里斯托

King's County,
Noble Experiment,
布魯克林

McCormick
威斯頓

Pinkney Bend,
新哈芬

Woodstone Creek,
辛辛那提

俄亥俄州
Middle West
哥倫布

Cooper River,
康登

新澤西州
德拉瓦州

馬里蘭州

Catoctin Creek,波索維

k,
ns,

r Horse,
內克沙

Mad Buffalo,
秀尼鎮斯珀

Square One,
聖路易

Angostura
羅倫斯堡
Barrel House,
列星頓

W. Virginia
Distilling,
摩根鎮

Pinchgut Hollow,
費爾蒙特

華盛頓特區

密蘇里州

肯塔基州

John McCulloch,
馬丁斯維
Alltech

Copper Fox,斯佩里維

Mount Vernon, Smith Bowman,非德里堡

Copper Run,
沃爾納特雪德

俄亥俄河

Isaiah
Morgan,
桑墨塞維

Smooth
Ambler,
麥克斯威爾頓

維吉尼亞州

Belmont Farms, Stillhouse,克佩伯
Reservoir,里奇蒙

馬州
市

阿肯色州

納士維

Virginia Distillery,
伊茲哈洛

Piedmont,麥迪孫

阿貢色河

田納西州

孟斐斯

Prichard's
Distillery Inc.
克爾索

Blue Ridge,
波斯提克

北卡羅來納州

大

D Witherspoon

岩鎮,
小岩城

Dark Corner,格林維

vy Mountain,
芒特艾里

as Distilleries,

亞特蘭大

南卡羅來納州

西

& Robertson,

Cathead,
麥迪孫

傑克森

密西西比州

阿拉巴馬州

喬治亞州
Georgia Distilling
米勒吉維爾

Thirteenth Colony,
亞美利卡斯

洋

路易斯安納州
Yellow Rose,派恩赫斯特
休士頓

紐奧良

弗羅里達州

坦帕

墨西哥灣

邁阿密

在記錄蓬勃發展的美國精釀蒸餾廠時，你得接受自己永遠無法涵蓋到最新資料的這件事。這張變幻莫測、無限延伸的蒸餾廠地圖實在變得太快了。在寫下這個句子的同時，說不定又開了兩間新蒸餾廠。理解這些動機背後的 想法，比單純地紀錄現況要來得重要。

　　隨著這些新蒸餾廠的經營理念浮上檯面，你看到的不只是 21 世紀為了探詢可能性的創舉，更是要重寫美國威士忌歷史，將失衡的業界扶正。精釀蒸餾藉著重新找回失去的東西來開發新的領域，重塑美國威士忌產業如果沒有經歷禁酒時期、大蕭條和戰爭，可能會有的樣貌。

　　這個將「品牌」概念發揮到極致的國家，如今見證了小規模的革命。蒸餾師要和農夫建立新的連結，這些農夫不在農工聯合體系之內，他們保存了代代相傳的穀物，也和大地相依相存。精釀蒸餾是美國對自己提出的問題，你可以將它貶為一種懷舊行為，不過是透過墨鏡回顧過去罷了；但如果它能堅守原則，精釀蒸餾將會徹底測試威士忌的各種可能性。

　　我們已經見識過未陳年威士忌的現象了（雖然我是「烈酒陳年後才叫威士忌」那一派的）──新型的裸麥、波本，以及單一麥芽威士忌製造法。此外還有混合不同酒渣、使用新品種穀物、新的煙燻技術和木桶的大小；以釀造啤酒的技術製造威士忌、不同的酵母、高度帶來的影響，以及索雷拉陳釀法的效果。

　　手工製作威士忌和手工釀造啤酒很像，只有一個地方明顯不同。「手工釀造啤酒是對無味啤酒的反動，」「新荷蘭」的里奇・布萊爾（Rich Blair）解釋說，「但在蒸餾界，我們要對抗的不是次級的產品。」

　　思維上的立場和規模都定義了精釀蒸餾。「精釀蒸餾師得了解自己的技術，」「貝爾康斯」的奇普・泰特（Chip Tate）說，「也就是說，你得知道前人做了些什麼，不只是抄襲他們，還得自己加

上新東西。你要遵照一定的流程，向大師學習，從學徒開始做起，漸漸熟悉這個技術。唯有如此，你最後才能成為精釀蒸餾師。這是自我紀律的問題。」

　　但無可避免地，「精釀」也可能是隨意（甚至不老實）貼上的標章。大蒸餾廠留意著這些小廠房的一舉一動，套用一些技術後創造出自己的副品牌。有些精釀蒸餾公司還會被大公司買下──精釀釀造啤酒業就發生過這種事。另一方面，市場上一些小廠仍然繼續自封為蒸餾廠，但他們不過就是裝瓶廠罷了。換句話說，什麼是精釀蒸餾，什麼又不是，這個問題將持續讓人產生混亂。

　　最終成功的都是那些懂一些威士忌基礎的人。手工蒸餾是一種技術，也是一門生意。就像「西部高地」的大衛・柏金斯（David Perkins）所說：「你總得付得出薪水。」──威士忌是需要時間的。

　　另一個障礙是銷售的問題。「一般人不了解美國銷售系統有多複雜，」「鐵錨」的大衛・金（David King）說，「你不可能光是在──譬如說科羅拉多好了，發明了一種威士忌，就能夠銷售到全國。賣酒這一行很重利潤，很多問題都來自生意上的考量，反而不在於酒的品質。」

　　精釀蒸餾業則完全相反。它挑戰傳統──本來就該有人這麼做了──結果製造出了世界頂級的威士忌。接下來要介紹的蒸餾公司都是隨機選出來的，它們代表了全國各地現階段的情況。它們在熱烈歡迎下加入了威士忌的大家族，和所有偉大的蒸餾廠一樣，它們也提出了難以回答的問題。

挑戰傳統是精釀蒸餾者的特權。

圖西爾鎮 Tuthilltown

圖西爾鎮 • 加德納 • WWW.TUTHILLTOWN.COM • 全年開放，確切日期與細節請參閱網站

格蘭父子公司（他們目前擁有並銷售這個品牌）和製造這支威士忌的圖西爾鎮蒸餾廠在 2010 年的合夥，讓哈德孫的掌心瓶漸漸在國際間打出了知名度。這種結合模式不太可能是最後一次出現，它還解決了精釀蒸餾廠的一大困境：銷售。

拉夫 • 厄倫佐（Ralph Erenzo）在 2003 年拿到執照後，成為紐約州自禁酒時期以來第一家（合法）蒸餾廠。因此他也是第一個問「我應該塑造怎麼樣的威士忌風格」的人。

「如果你問爸跟布萊恩〔李〕這個問題，他們會說以前都不知道自己在做什麼，所以他們創造了一種新的作法，」拉夫的兒子，同時也是圖西爾鎮的蒸餾師和品牌大使的蓋博說。他們以前──甚至到現在──的作法是對產地保持忠誠。「我們一直都有跟當地農夫合作，讓他們種植各種祖傳的玉米，」他補充說，「這個成分至今仍是主要的風味來源。」

另一個打破美國威士忌生產常規的，是小型木桶的使用。一開始都是用 2 到 5 加侖的酒桶，產量增加時，酒桶的大小也會隨之提升。「目前大多介於 15 到 26 加侖之間，」厄倫佐說，「我們還準備了一些 53 加侖的酒桶。這些酒桶能帶來寬廣的風味變化，但哈德孫威士忌的風味不一定適合只使用大型酒桶，所以我們同時也藉由調和在不同大小的木桶中熟成的威士忌來創造出一致性。」

這裡不斷地在創新。他們會跟當地的楓糖漿生產者合作，也推出一支煙燻裸麥威士忌（以不熟成的方式出售），就連可能釀成大禍的事件都能被他們化為轉機。「2012 年蒸餾廠發生火災時，我們才剛裝滿幾個酒桶而已。那些沒有被燒掉的酒，我們將以雙倍焦炭風味威士忌的方式推出，」厄倫佐笑著說。他現在也在「美國蒸餾協會」教導蒸餾廠安全須知。

厄倫佐不認為跟格蘭父子合作，會讓圖西爾鎮變得不再是精釀威士忌的這種說法。「只要我們還在生產哈德孫，我們就是精釀威士忌，」他這樣回答，「就算擴廠，我們還是只會製造 6 萬加侖（精釀威士忌限制每年最多只能生產 10 萬加侖）。跟格蘭父子合作改善了我們的生活，我們得到了更多知識、拓展銷售，以及百年以上的蒸餾經驗。」他對新入行的蒸餾廠有什麼建議嗎？「好好善用當地資源，別妄想成為下一個美格或是國際大品牌。」

換句話說，小規模蒸餾廠也有它的樂趣在。

圖西爾鎮品飲筆記

哈德孫寶貝波本威士忌 Hudson Baby Bourbon 46%

氣味：干澀，有點粉末味，轉為玉米殼味，然後是甜爆米花味。

口味：最初甜美成熟，凸顯出堅實的果園水果味；中段的木頭味帶來了結構感。

尾韻：再次出現淡淡的粉塵味。

結論：意外嚴肅的一支寶貝系列產品。

風味陣營：柔順玉米型
延伸品飲：Canadian Mist

哈德孫單一麥芽威士忌 Hudson 46%

氣味：穀物的甜味，穀物粉；新鮮橡木；加了果乾的全麥麵包；淡淡的柑橘；一絲酵母味。加水後出現更多糖化槽和麻布味。

口味：浮現橡木味；粉塵；麥芽穀倉味；藏有些許甜味。

尾韻：短促而清爽。

結論：清新的美式單一麥芽威士忌。

風味陣營：麥芽不甜型
延伸品飲：Auchentoshan 12 年

哈德孫曼哈頓裸麥威士忌 46%

氣味：紫杉；底層長滿莓果的松木林味；甜美；淡淡的草藥味；接著出現黑葡萄和淡淡的苦味。

口味：有點油脂感；澎派成熟，舌頭兩側的有平衡的苦味。

尾韻：餡餅味。

結論：有個性。

風味陣營：辛辣裸麥型
延伸品飲：Millstone 5 年

哈德孫紐約玉米威士忌 46%

氣味：清澈──玉米威士忌不須熟成；甜味，有爆米花和來自玉米的野花香味。濃厚的的玫瑰／百合花香，接著湧現莓果味。

口味：搗碎粉末感，但咬口又有勁。口中感受到的油脂感來自玉米，又被綠色玉米葉味給中斷。

尾韻：堅果、粉末味。

結論：新鮮、有個性。

風味陣營：柔順玉米型
延伸品飲：Heaven Hill 芳醇玉米威士忌

哈德孫四穀物波本威士忌 46%

氣味：比寶貝波本威士忌稍微甜一些，甚至多了點青草味；黑奶油；玉米甜味，以及焦糖水果味。

口味：甜美，濃郁的橡木味幾乎被利口酒般的濃度給平衡了；罐裝覆盆子味。中段是裸麥味，還有新鮮的青蘋果元素。

尾韻：淡淡的粉塵味。

結論：一款新鮮、甜美的波本威士忌。

風味陣營：柔順玉米型
延伸品飲：Jameson 黑桶

國王郡 Kings County

國王郡 • 紐約，布魯克林 • WWW.KINGSCOUNTYDISTILLERY.COM • 僅週六開放導覽

幾年前我在布魯克林品飲威士忌時，有人給了我一個小瓶子，裡頭的透明液體是這座城市第一間蒸餾廠的產物。它看起來很刺激——也有點怪。「手工」這個字會讓人想到偏遠的林地，連他們的（男性員工的）制服——格紋襯衫和鬍子——都會讓人有這樣的聯想。你不會想說它可能來自布魯克林。

但給了我那只瓶子的妮可 • 奧斯丁（Nicole Austin）告訴我，紐約市區現在約有 18 間蒸餾廠。她擔任調和師的那間「國王郡」，也不再是「一間怪異的蒸餾廠」，反而變成潮流的一部分。

她有化學工程師的背景，也從沒考慮過投入威士忌產業，但當有人（在酒吧裡）跟她解釋威士忌製程時，她才意識到有這個可能性。她有這個領悟的時機恰好也是「國王郡」2010 年開始營運的時候。

奧斯丁一直都努力推廣小型酒桶，她認為這不僅是經濟上的明智選擇，對風味也有實際的效用。「大家都說不使用 53 加侖的木桶是錯的，說只有這樣才能製造出成熟的威士忌。我們用的是 5 加侖的木桶，它們也能製造出品質優良的威士忌。」

但是小規模的國王郡讓他們比較沒辦法犯太多錯誤。

「如果你是一家大製造商，你就能隨意選擇自己想用的木桶，」奧斯丁解釋說，「我們不行，所以我通常都將就使用現有的木桶。」

有限的選擇也會造成不便，木桶的個別差異因此被放大。但是這樣密切集中在幾支木桶上，不僅讓她更容易觀察熟成過程，也有助於控制國王郡威士忌的風格。

「沒有人教我們怎麼做，」她接著說，「所以我們只能盡力去試。我們花了些時間才抓到訣竅，但不管我們有甚麼樣的願景，我們都被迫要在現實的市場上生存。」

一不小心就會忘記奧斯丁所謂的「一些時間」是四年——不過就是威士忌歷史中的一剎那。「我一開始很怕會發生他們所謂過度萃取的情況，也許我們不用這麼擔心。我們得在過程中培養自信，相信自己的判斷。我只希望能做出一支頂級的威士忌。」

這間蒸餾廠買下兩座新蒸餾器（購自蘇格蘭銅器製造商 Forsyths of Rothes）進行擴建，顯然已經上了正確的軌道。除了原本的波本威士忌，他們又推出了一支使用當地穀物、風格類似的裸麥威士忌，目前也有在使用較大的酒桶。

國王郡很快地適應了這個產業。

快速成長中的國王郡蒸餾廠將蒸餾潮流帶回了布魯克林。

國王郡品飲筆記

波本 桶陳樣品 45%

氣味：淡酵母；多汁的水果；一些柑橘（甌柑）味，變為薄荷／樟腦巧克力；淡淡的雪松；拋光的木頭，以及撒了胡椒的玉米味。加水後香氣提升，口感更滑順。

口味：最初很柔和，隨後出現酥脆的裸麥味，增添了活力和酸味抵銷了原本的甜味；繚繞而悠長，有點萊姆皮味。

尾韻：芳香的苦味。

結論：年輕但非常值得期待。

海盜 Corsair

海盜 ・ 田納西州的納士維與肯塔基州的波林格陵 ・ WWW.CORSAIRARTISAN.COM ・ 全年開放，確切日期與細節請參閱網站

難以想像在威士忌世界裡最有創意、追求創新的海盜蒸餾廠，居然是蒸餾師德瑞克 ・ 貝爾（Darek Bell）跟他的朋友安德魯 ・ 韋伯（Andrew Webber）從在倉庫中製造生質柴油起家的。「當時我們忙著趕出一批生質柴油，安德魯隨口說，要是我們製造的是威士忌就好了，」貝爾回想當時的情況，「我們很快就開始自己研究蒸餾廠和蒸餾技術，也自己建造蒸餾器來製酒。」不久後，海盜蒸餾廠就成立了。他們目前有兩間廠房：一間在肯塔基州，另一間在田納西州。

創新可以是與眾不同，又或是對「如果這樣做會發生甚麼事？」這個問題的實驗探索。沒有人的探索過程——至少在威士忌界裡——能走得像德瑞克 ・ 貝爾這麼遠。

一開始要先研究穀物。從大麥到鵝腳藜、蕎麥到莧菜、裸麥到畫眉草，每一種穀類都經過了測試。接著得研究不同的烘烤方式、各種蒸餾啤酒，然後才是發麥芽和煙燻的過程。

「為了提升我們製造煙燻威士忌的能力，除了建造自己的發麥芽設備之外沒有別的辦法了，」貝爾說，「我們做出了80款煙燻威士忌，使用了我們找到的每一種煙：從赤楊木到白橡木之間的每一種樹。」

接下來這個詞不常與美國威士忌產生關連：調和。「有些煙燻味會影響威士忌的氣味，有些則會影響口感，其他的會影響尾韻，但很少能做得到三個兼顧，」貝爾解釋說，「白橡木煙燻過的麥芽會帶出濃烈的基底煙燻味，衝擊了口感。果樹的木頭煙燻味會影響氣味，一開始就有股舒服的甜味。楓木則會添加強烈的尾韻。調和

這三款風味，你就能創造出一支有深度和層次的威士忌。」

「然後我們還調和了莧菜威士忌和以山核桃木煙燻過的麥芽威士忌，製造一款煙燻味絕佳的威士忌。現在我們建立了香氣資料庫，就可以更快地研發出新的調和威士忌，提供我們更多發揮創意的空間、創造和改善某些口味。每一款威士忌都是全新的顏色跟筆刷，調和威士忌是一張畫布。」

有時候，你的確會懷疑海盜究竟是一間實驗室還是一間蒸餾廠。

「我們有嚴重的注意力不足過動症，」貝爾坦承，「雖然我們每年大約有100款新配方，但我們也想創造新風格：勇敢地邁入其他的威士忌癡不曾造訪過的領域！從第一天開始，我們就決定要尊重傳統，不過做出來的威士忌可絕不能老調重彈。」

這又是另一個微妙的平衡。

「我情願創造出一種新的類別，並被視為異類，」他總結說，「現在有多少鵝腳藜威士忌在和我們競爭？半支也沒有。」

海盜品飲筆記

火鷹（橡木／椵椵木／楓樹）桶陳樣品 Firehawk 50%

氣味：甜美；輕微的煙燻皮革味；有些植物／綠葉的味道，伴隨著胡椒子味；後面有淡淡的蜂蜜與柑橘味；覆盆子跟線香味。加水後有更多餘燼味。

口味：最初豐裕、干澀、有煙燻室的味道，然後轉成鞣製皮革味。味道擴散得很好；甜度平衡了一陣陣的煙燻味。

尾韻：中等長度。

結論：平衡而迷人。

巨蛇那伽（小檗／丁香）桶陳樣品 Naga 50%

氣味：芳香，紫色水果的根莖帶出了甘草及深色水果的土壤味；更多灰燼味，像熄滅的營火，仍一些樹葉在悶燒；干澀的根莖及辛香味。

口味：非常干澀；煙燻灰燼味讓菖蒲根味湧現；稍微咬口。

尾韻：干澀。

結論：同樣的威士忌，不同的煙燻味，就有了截然不同的結果。

黑胡桃 桶陳樣品 50%

氣味：香氣昇華，桑葚果醬味；豐富的煙燻味和淡淡的果味；少許雪茄灰味。澎派有力。

口味：具濃厚的蒸餾廠特色，但又有點傳統；最初甜美，中段柔和。

尾韻：有點短促；帶煙燻味。

結論：具豐富、深沉、黑暗的濃郁感。

九頭蛇（煙燻調和威士忌）桶陳樣品 Hydra 50%

氣味：甜美，有如利口酒；厚重的蜂蜜，一些糖漿味；煙燻味節制；果味豐富；菸葉味；加水後變得干澀。

口味：干澀與甜美的元素交互作用。一絲羊毛脂味；中段口感豐富；最後出現芳香的煙燻木頭味。

尾韻：具煙燻味，有點干澀。

結論：一支極好的實驗成品。

貝爾康斯 Balcones

威科，德州 · WWW.BALCONESDISTILLING.COM · 開放參觀，導覽需預約

幾年前，留了把大鬍子的奇普 · 泰特（Chip Tate）曾說：「我們不是在德州製造威士忌；我們是在製造德州威士忌。」世界上深思熟慮的蒸餾師都會和這種態度產生共鳴：就地取材，了解自己的特色，並從周遭尋找靈感。

泰特設計並建造了他的第一間蒸餾廠，在本書寫作時，正在蓋一間新廠房。「這個過程很有趣，因為這是我第一次將想法寫在紙上，交給工程師執行。其實我們這次是要蓋兩間新蒸餾廠，」他補充說，「我趁機重建了原本那間。我已經厭倦了蒸餾器產量不足這件事。現在我們不僅可以滿足市場的需求，還能做我一直想做，但在舊廠做很不切實際的事情。我本來只想投注部分心力在貝爾康斯上，結果搞得我現在做得滿腔熱血。」

他的威士忌（貝爾康斯是少數使用「whisky」拼法的美國蒸餾廠）複雜、強而有力，但也有細緻的層次感，清楚地表現出泰特的產地特色。「貝爾康斯藍玉米」以西南部原住民霍比族的玉米漿煮成糊後製作而成，聞起來像烤玉米片；帶點硫磺氣味——來自矮橡樹——讓人聯想到樹脂；繚繞的營火煙燻味。德州被裝進了這瓶酒中。

「德州的調查進展良好，」泰特說，「我們使用一種不常見（祖傳）的玉米。一開始因為農夫種植這種作物的話，會沒有辦法保險理賠，因此給他們帶來了一些麻煩。但我們現在正在和一名當過律師、熟悉環境法的農夫合作。」

「採用玉米漿或德州矮灌木的做法聽起來不錯，」他補充說。「你得對周遭的口味及氣味保持開放的心態；我可以用那些原生的德州大橡木嗎？德州的氣候跟肯塔基哪裡不一樣？這種差異會不會影響熟成？沒錯，就是用科學方法親自實驗，踏出傳統的熟悉領域。但別忘了，搽了口紅的豬還是豬。」

只要跟泰特在一起，對話就會逐漸導向目的論、手藝，以及技術相關的哲學思想，他的家族也認為當一名學徒是一條蒸餾師必經的過程。

「這就像是爵士理論，」他說，「一開始你得先學會枯燥的技術，然後你會遇見那些靠直覺在玩的人。你品飲、說話、聆聽、感受、學習。你可以學會理論，但唯有明白這些理論的源頭，它們才派得上用場，成為你直覺甚至是美感的一部分。這都需要時間，只有瞭解了這一切，手工蒸餾才會進步。」

貝爾康斯品飲筆記

淡藍 Baby Blue 46%

氣味：魅惑而甜美，有柔和的橡木氣息和蜂蜜／金黃色糖漿味。玉米殼／玉米粉的味道久久不散，加水後變得更濃；干澀味平衡了味道。

口味：寬廣而澎湃，但也甜美、新鮮；達到一種微妙的平衡。口感豐盈，湧出更多玉米味。

尾韻：細緻的果味。

結論：貝爾康斯威士忌（相較）優雅的入門款。

風味陣營：柔順玉米型
延伸品飲：Wiser's 18 年

純麥芽威士忌五號 57.5%

氣味：帶來感官刺激的木桶味。過熟的野生莓果；些微的檀木味帶出果醬感；新刨的木頭；紅衫；以及土壤上的植被；桑葚味中帶些雅瑪邑般的層次。

口味：圓潤、豐富、順口；濃郁又強烈，但有只天鵝絨手套調和了它。加水後芳香；帶淡木炭味；還有一點穀物的味道。

尾韻：悠長具果味。

結論：強勁。德州麥芽威士忌的新風格。

風味陣營：豐富圓潤型
延伸品飲：Redbreast 12 年、Canadian Club 30 年

純波本威士忌二號 65.7%

氣味：開瓶就聞到櫻桃白蘭地味；龐大圓潤；酒精濃度高，卻不會太刺激；有許多紅色跟黑色的水果味。複雜，一絲乾燥的樹根味添加了干澀的口感，伴隨著可可的苦味。加水後出現更多木頭香氣。

口味：大量的果味在口中爆發；貝爾康斯雖然豐裕，卻不會重到要你的命；有層次；複雜。

尾韻：悠長具果味。

結論：是波本威士忌沒錯，但不是你以前嘗過的那種。

風味陣營：濃郁橡木型
延伸品飲：Dark Horse

布里斯東復甦五號 Brimstone Resurrection V 60.5%

氣味：豐裕具煙燻味，但後頭有貝爾康斯大量的深色果味；焦油與樹脂味；瀝青；橡木的熱火朝你吐著火舌；繚繞；油性；滑膩；煙燻肉跟起司味。

口味：突如其來的灼熱感，但接著厚重口感跟甜味拖住了火燒感。

尾韻：龍膽跟淡淡的澀味。

結論：澎派大膽。

風味陣營：煙燻泥煤型
延伸品飲：輕井澤，Saentis 版本

新荷蘭 New Holland

新荷蘭 • 密西根州，荷蘭 • WWW.NEWHOLLANDBREW.COM • 全年開放，僅週六提供導覽

1996 年開始營業時，這裡本來是密西根州荷蘭市的一間手工啤酒釀造廠。2005 年，蒸餾廠老闆布萊特 • 凡德坎普（Brett VanderKamp）對衝浪的熱愛讓他不禁想到，有沒有辦法在美國製造「真正的」蘭姆酒，因此啤酒廠就進化成蒸餾廠了。要實現這個夢想，他得先說服密西根州的立法機關修改法條，因為當時禁止使用水果以外的原料蒸餾製酒。

雖然新荷蘭蒸餾廠現在仍有生產蘭姆酒，但在經營團隊發現沒有多少顧客和他們一樣熱愛蘭姆酒後，便將主力放在威士忌上。幸好這些新蒸餾師也喜歡威士忌。

「有人認為釀造廠跨足蒸餾製酒只是為了好玩，」新荷蘭的全國專案經理里奇 • 布萊爾（Rich Blair）說，「但我們在財務上才真的有優勢，我們不需要創造利潤，啤酒釀造廠允許我們提出自己想要的價位來生產威士忌。」

有了釀造啤酒的經驗，他們早就知道可以用哪些方式處理麥芽。「我們選擇自家的啤酒酵母，在封閉、具溫控功能的發酵器裡長時間發酵。」布萊爾解釋說，「我們把細緻的蒸餾液放進木桶熟成是為了增添風味——不是要減緩它的刺激性。也就是說，我們發現只要熟成三年就大功告成了。」

新荷蘭蒸餾廠的裸麥和波本威士忌品牌使用的酒水，有部分是購自印第安納州羅倫斯堡的 MPG 蒸餾廠的成熟庫存。但這裡已經逐漸能夠自給自足了，還有推出自製品牌，例如以 100% 的發芽大麥為基底，花費 10 到 14 天的「深沉發酵期」（布萊爾的說

當年的蘭姆酒蒸餾廠，如今成為新的威士忌專家。

法）製成的「飛船結威士忌」；以及當地農夫種植、以地板發芽的穀物製成的「比爾密西根小麥」。

蒸餾的版圖持續擴張。新荷蘭在 2011 年買了一台老舊的蘋果白蘭地蒸餾器，它從 1930 年代起就被放在新澤西州的穀倉中，後來凡德坎普買下了它，請肯塔基州路易斯維的「凡東銅與黃銅工作室」將它修復。

「創新非常重要，」布萊爾說，「這點跟手工釀造啤酒很像，不只是因為產品不夠好才去創新。我們有一間生意興隆的酒吧，讓我們在那裡試水溫，偶而有哪個產品賣不好，我們就不會推出它。」

採取這種做法表示他們正在深入調查啤酒／蒸餾酒之間的關係。

「我們大量製造麥芽威士忌，」布萊爾解釋說，「美國的麥芽威士忌市場還未被開發，我們相信適度陳年的麥芽威士忌會是下一波熱門商品，」他又加了一句但書，「不過研發也很耗時。」

他們果然很深思熟慮。

新荷蘭品飲筆記

飛船結純麥威士忌 Zeppelin Blend Straight Malt 45%

氣味：乾淨；有蘋果酒的元素；鋸木廠；冷杉；溫和的太妃糖，以及白胡椒味；氣味開展成煮過的阿薩姆茶味。加水會帶出乾淨的穀物、薑黃，以及香草味。

口味：甘甜，明顯的萊姆酒元素：深色水果；糖蜜；烤過的柑橘和覆盆子味。

尾韻：一絲緊實的橡木味，但口感依然均衡。

結論：令人驚豔的新麥芽威士忌風格。

風味陣營：水果香料型

延伸品飲：Brenne

比爾密西根小麥威士忌 90 proof / 45%

氣味：亮橘色。香氣馥郁，有乾燥薰衣草和玫瑰花瓣味；辛香味十足，主要是荳蔻味，接下來黑巧克力味帶來了厚重感。

口味：酒齡感覺很輕；新鮮，有穀物味；緊實，有丙酮的元素；接近尾韻時有糖一般的橡木甜味。加水後整體味道更連貫。

尾韻：嗆辣。

結論：只熟成了 14 個月；口味處理得很好，但需要更多時間來建構複雜度。

風味陣營：芬芳花香型

延伸品飲：Schraml WOAZ

啤酒桶波本威士忌 40%

氣味：相當溫和，慵懶的氣味中帶有芳醇的橡木味；久置的香蕉；棉花糖；糖漿；以及深色水果味。加水後聞起來更像巧克力布朗尼。

口味：豐裕而柔和；雖然展現出酒齡較輕的感覺，酒體已經有辦法配合這樣的風味。

尾韻：辛香味濃厚，些許茴香味。

結論：在黑啤酒桶裡花了三個月過桶——效果非常好。

風味陣營：豐富圓潤型

延伸品飲：Saentis 版本，Spirit of Broadside

西部高地 High West

西部高地 • 猶他州，帕克市 • WWW.HIGHWEST.COM • 週一至週日全年開放，建議事先預約

或許一般不會有人認為猶他州的高原可能會是威士忌歷史的資料庫，但猶他州的西部高地蒸餾廠老闆兼蒸餾師大衛 • 柏金斯（David Perkins）決心改變這一點。「西部的威士忌只是一種讓牛仔喝到眼睛發紅的東西，還是它有其他值得關注的地方呢？」他反問，「摩門教徒曾在這裡製造威士忌，理查 • 波頓爵士（Sir Richard Burton）來鹽湖城說服民眾改信伊斯蘭教時，做了這樣的紀錄。」讀到這裡，我相信你已經明白西部高地的威士忌歷史可以寫成一本書。

柏金斯在成為西部威士忌的推動者以前，從事化學相關的工作，當時他也發現這兩個產業是並行的。如果以生化程序的觀點談論威士忌會讓浪漫的威士忌愛好者打冷顫的話，別怕──這只是故事的一部分而已。

柏金斯熱愛威士忌，同時他也了解這是個耗時的產業。「〔四玫瑰蒸餾廠的〕吉姆 • 拉特利吉跟我說，『當你所有資產都在木桶裡陳年時，你要怎麼付薪水呢？』他建議我去印第安納州生產世界頂級的裸麥威士忌的 MGP 看看。當年我以非常優惠的價格買下了他們的新酒，這年頭可沒辦法用這種價格買到呢。真希望當時能全買下來！」之後西部高地便開始調和裸麥威士忌「約定」、波本「美國大草原」，以及波本和煙燻泥煤蘇格蘭威士忌的搭配「營火」，同時自製的威士忌也在熟成中。

這些品牌出名後，柏金斯開始研究酵母菌，繼續開發蒸餾液。

「我們很重視酵母菌，我不敢相信蘇格蘭人居然不認為它是決定威士忌風味的關鍵，」他若有所思地說，「我們研究了 20 種酵母菌。」其中三種用在裸麥威士忌裡，使用 1840 年的配方，蒸餾成全穀物的酒汁後，以「OMG」（Old Monogahela）推出。他們正在實驗用索雷拉陳釀法製造的裸麥威士忌，還推出了兩支燕麥威士忌（褐色山谷和西部燕麥），同時也在研發一支單一麥芽威士忌。

「我們很認真在研究麥芽威士忌，」柏金斯說，「目前製造了三種不同配方。」和其他威士忌一樣，這幾款麥芽威士忌是以未經萊特糖化槽處理過的酒汁製成。「年輕公司的經營關鍵就是要與眾不同──所以才會選擇裸麥威士忌。我熱愛麥芽威士忌，它還有很多創新的空間呢。」

猶他州總算也加入了威士忌產業。「我們位在 2134 公尺高的地方，蒸餾器會在較低的溫度下沸騰，高緯度和乾燥的氣候則賦予了不同的熟成環境。」

過去從未真的遠離。

「1890 年，美國有 1 萬 4000 家蒸餾廠，」柏金斯補充說，「我們正在恢復以往的盛況。」

西部高地品飲筆記

銀色西部燕麥威士忌 40%

氣味：一款未陳年的橡木威士忌；香氣濃郁，微微的藥味：藥膏碰上剪斷的花朵和鮮奶油味；有點刺鼻的茴香味。

口味：相當清爽甘甜，有糖果般的酯香和順口的橡木味。

尾韻：紅胡椒子味，最後的味道有點短促。

結論：迷人。

風味陣營：芬芳花香型
延伸品飲：White Owl

褐色山谷威士忌（燕麥風味）Valley Tan (Oat) 46%

氣味：大量的酯香，細微橡木味；有正在晾乾的岩石氣味，被香草、香蕉皮、淡淡的松葉，以及煮過的鳳梨味打斷。

口味：甘甜、芳香，又多汁。味道有點嗆人，但花朵味散開在口中；具橡木力道的乳脂感加水後變成香蕉船的味道。

尾韻：甜味有點少。

結論：平衡，非常有趣。

風味陣營：芬芳花香型
延伸品飲：Tullibardine Sovereign、Liebl Coillmor 美國橡木威士忌

OMG 純裸麥威士忌 49.3%

氣味：剛出爐的裸麥酸麵包──還聞得到麵包屑、熱氣、外皮的辛香味；香氣濃郁；乾燥花、玫瑰花瓣，以及黑葡萄皮味。

口味：最初很乾，極為干澀，接著湧出裸麥麵粉味，然後又切回厚重的辛香跟油脂感；味道均衡。

尾韻：香氣濃郁。

結論：純粹而乾淨。

風味陣營：辛辣裸麥型
延伸品飲：Stauning Young 裸麥威士忌

約定裸麥威士忌 Rendevous Rye 46%

氣味：甜美而高雅；圓潤而平衡，發展成玫瑰花瓣、熱金雀花，以及蜜粉強列的香氣。

口味：剛才聞到的優雅氣息被厚重的口感蓋住了，裸麥的辛香在口中達到最高點；荳蔻味湧現，還出現五香粉和芬芳的苦味。

尾韻：綠蘋果和裸麥的粉塵味。

結論：完整的作品。

風味陣營：辛辣裸麥型
延伸品飲：Lot 40

偉士蘭 Westland

偉士蘭 · 華盛頓州，西雅圖 · WWW.WESTLANDDISTILLERY.COM · 週三至週六全年開放

愛默森 · 蘭伯（Emerson Lamb）進入青春期以前，他的父親就會和他坐下來談生意了。蘭伯家族五代都住在太平洋西北地區，在這裡建立了成功的木材事業，但市場發生了變化。「父親說以後再也不會有人買二乘四的紙張了，因此在成長過程中，我知道家裡的公司不能一直做同樣的生意，我們得做些改變。」

於是蘭伯聯繫上高中朋友麥特 · 霍夫曼（Matt Hoffman）。霍夫曼當時在蘇格蘭的赫瑞瓦特大學研究蒸餾，並計畫留在蘇格蘭找工作。「我認為華盛頓州有兩塊世界級的大麥產區、豐沛的水源，以及北美的獨特氣候。這裡備齊了所有的元素，讓我們能夠製造出理想的威士忌風格。」

兩人花了八個月的時間環遊世界，參觀130間蒸餾廠，塑造出一個點子，要融合蘇格蘭的傳統製程、美國的陳年技術，以及日本的威士忌製造哲學。「蘇格蘭人說我們鐵定會搞砸，因為大麥酒體跟複雜度都不足以和濃烈的橡木味抗衡。」於是他們採取了截然不同的解決方法，他們不像蘇格蘭一樣選擇二次填充的酒桶，而是利用烘烤程度不同的麥芽去強化烈酒，使它能夠應付全新橡木桶的強度。目前使用的穀物配方是淺色麥芽、慕尼黑麥芽、特別麥芽、烘烤過的麥芽、淡巧克力麥芽，以及棕色麥芽。最近還增加了一種泥煤燻過的變體。

目前他們也有在使用二次填充酒桶，因為眼光必須放得夠遠才能實現夢想。「威士忌熟成四或五年就差不多了，」蘭伯說，「但不是所有的威士忌都會在酒齡還那麼輕的時候就推出。我們還打算放上 40 年呢。」

位於西雅圖市中心的偉士蘭可不是一間小公司。「我們的目標是讓華盛頓州成為美國單一麥芽威士忌的主要產地。雖然跟蘇格蘭的蒸餾廠相比，我們只有中等大小而已，但我們在美國算是大間的了。要達到這個目標，我們的年產量得有兩萬箱才行。」

家族的木材業背景對他有正面的影響。「要做規模這麼大的事得花不少錢，也需要時間，但我們已經有了等待的經驗，你得要有耐心。」

從培育樹木到製造威士忌，到現在的一門生意，以及之後的——誰知道呢？—— 一系列的事業。種子已經播下了。

偉士蘭品飲筆記

狄肯寶座 Deacon Seat 46%

氣味：香氣馥郁；龍膽跟巧克力，以及甜美、拋光的橡木味；淡淡的松木和櫻桃味；一會出現烘烤過的椰子跟黑櫻桃味。加水後出現第一層味道，牙買加藍姆酒般的糖蜜味。

口味：乾淨、口感佳，浮現柑橘味。加水後，湧現更多的花香，還多了草莓味；口感豐富。

尾韻：悠長而濃郁。

結論：酒齡只有 27 個月，但已展現成熟風貌。

風味陣營：水果香料型
延伸品飲：秩父 On The Way

旗艦威士忌 Flagship 46%

氣味：輕柔，有杏花味；一些穀類的甜味；打碎的蔓越莓味；氣味擴散，帶有節制的橡木味。

口味：濃縮的水果味，貨真價實的甜味後面有淡淡的烤麥芽味；放置了很久的香蕉和一絲香菸味。

尾韻：淡松木味。

結論：各種元素交相融合。

風味陣營：水果香料型
延伸品飲：Loch Lomond 單一麥芽調和威士忌

29 號桶酒 55%

氣味：法式糕點和甜味，同類中辛香味最濃烈；一些酒椰、酯香的元素；一點點的亮光漆跟些許的檸檬味。

口味：豐盈，有些許的木炭、烘烤過的元素；稍具乳脂感；柑橘味與辛香融合出柔順風味。加水後有橡皮糖的多汁感。

尾韻：悠長而有活力。

結論：更濃的香氣展露出潛力。

風味陣營：水果香料型
延伸品飲：Glenmorangie 15 年

第一泥煤威士忌 46%

氣味：樹林中的營火，後頭有蒸餾廠烘烤麥芽與柑橘的特色；一些燕麥餅乾以和一絲藥用的酚味；有點油脂感。

口味：薄荷般的涼爽，還帶有緩慢湧現的煙燻味；口感良好而平衡。當下沒有甜味，但之後會變甜。

尾韻：燕麥餅乾和煙燻味。

結論：蒸餾廠的特色看來已經定型了。

風味陣營：煙燻泥煤型
延伸品飲：Bunnahahain Toiteach

鐵錨／聖喬治／其他美國精釀威士忌
Anchor／St George／Other US Craft

鐵錨釀造廠 · 加州，舊金山 · WWW.ANCHORBREWING.COM／聖喬治 · 加州，阿拉米達 · WWW.STGEORGESPIRITS.COM · 週三至週日全年開放／清澈溪流蒸餾廠 · 奧勒岡州，波特蘭 · WWW.CLEARCREEKDISTILLERY.COM · 品飲室週一至週六全年開放／斯特納漢 · 科羅拉多州，丹佛 · WWW.STRANAHANS.COM · 全年開放，建議事先預約

手工製造威士忌的產業仍持續在美國西岸蓬勃發展，新一波的蒸餾廠跟隨諸如奧勒岡州「清澈溪流蒸餾廠」的史帝夫 · 麥卡錫，或是華盛頓州史波坎市的「乾蒼蠅蒸餾廠」等先驅的步伐。無可避免地，這些先驅跟其他早期的蒸餾廠如今都被忽視了，全世界都（過於渴望地）把目光望向想法奇特無比的新生代。現在是時候得重新評估這些新蒸餾師的作品了：舊金山「鐵錨蒸餾廠」的弗利茲 · 梅塔（Fritz Maytag），或是加州阿拉米達市「聖喬治蒸餾廠」的蘭斯 · 溫特斯（Lance Winters）。

「弗利茲想證明一個論點，」鐵錨蒸餾廠的總裁大衛 · 金（David King）說，「他是從歷史學家的角度在看威士忌，他很想知道喬治 · 華盛頓那個年代，威士忌是什麼模樣。當時使用的應該是自己種的穀物——很可能是 100% 的發芽裸麥——賣出的酒濃度很高，因為不會有人想要載水到市場去賣。那個年代的酒桶不過是裝酒的容器，只會拿來稍微烘烤而不會以焦炭重度燻烤。當時沒有人會想創造出當代經典威士忌，他們不過就是依循傳統作法而已。」

因此「老波翠洛威士忌」在 1996 年誕生了。這支單一麥芽威士忌走的是「18 世紀」的風格，熟成一年，裝瓶時濃度是 63.75%。油脂感、辛香的「純裸麥風味」在酒桶中熟成三年，是一款向 19 世紀威士忌致敬的產品。兩支都是不肯輕易妥協的威士忌，這可是個大問題。「要用原味的老波翠洛威士忌調製一杯曼哈頓雞尾酒，味道還要均勻，幾乎是件不可能的事情，」金說，「所以我把這支酒的濃度降到 51%，讓它變得『更人性化』。」

兩支酒都放在內部燒烤橡木桶裡陳年，但仍維持它們大膽的風格。金形容 18 世紀「就像一份魯賓三明治」，如今酒精度 45% 的純裸麥展現出一種更甜、被木頭影響的面貌。每個年份的木桶都擺位在加州的聖喬治蒸餾廠的實用性大於浪漫——廠內還有許多空間能再進行擴建。

在一邊，等到熟成進入第 20 年時再裝瓶，作為「哈特林」推出。

「我認為比起追求成功，弗利茲更想當一名拓荒者，」金說，「手工啤酒開始流行時他也在場，但光是能製造 8 萬桶啤酒他就很開心了，要不要塑造大品牌反而是其次。他很重視品質跟歷史：第一支添加了啤酒花的印度淡艾爾啤酒、第一支倫敦乾琴酒、第一支 100% 發芽裸麥威士忌。」

梅塔在 2010 年退休，鐵錨蒸餾公司目前的合作夥伴有鐵錨、普雷司進口公司，以及貝里兄弟與拉德。他們正在規畫一間更大型的蒸餾廠，要裝更多座蒸餾器、生產更多種烈酒。「這樣我們便能擴大生產類型，讓我們有辦法問說，威士忌（以及其他烈酒）是什麼，它的未來又在哪裡。」

這些問題一直都在聖喬治蒸餾廠的蘭斯 · 溫特斯的腦中醞釀著。這間蒸餾廠在 1982 年由約格 · 羅夫（Jorg Rupf）建造，以荷爾斯坦蒸餾器製造生命之水／白蘭地。蘭斯在 1996 年來到此地，手臂下夾著一瓶自製威士忌，希望能在這裡找一份工作。一年後，聖喬治的第一支威士忌裝桶了，這支酒以現今大為稱頌的各種創新技術製成：使用烘烤程度不同的大麥、用山毛櫸跟赤楊木去煙燻、放在二次填充的波本桶、法國橡木桶、波特桶，以及雪莉桶中陳年。

即便在大眾的認知中，這支酒被「一號停機棚伏特加」（Hangar

One vodka，至今聖喬治蒸餾廠仍在製造）超越了，它仍極具說服力地呈現出美國對大麥為基底的單一麥芽威士忌的觀點。荷爾斯坦蒸餾器賦予它細緻感和花香，不同程度的烘烤增添了甜味及咖啡味，加上以酒齡差異極大的酒去調和，每一批威士忌都呈現高度複雜的層次。

我很好奇溫特斯是在加州製造威士忌——還是在製造加州威士忌。「加州以創新與改造而聞名，」他說，「製造一支加州式單一麥芽威士忌，事實上就是將這種改造的思維運用在整個過程中。『嘿，我要怎麼製造出真正帶有加州風格的單一麥芽威士忌啊？』我從來沒有這麼想過。我很確定就算我們開始在其他地方蒸餾威士忌，它仍然會是同一支我們在這裡製造了 17 年的威士忌。」

「加州的好處，是我們接觸到的觀眾比較願意接受更創新的威士忌，」他承認，「但我不覺得這有影響到我們想製造的產品。」

一切就從西岸開始。

聖喬治品飲筆記

聖喬治加州單一麥芽威士忌 St. George Californian Single Malt 43%

氣味：香氣氤氳，果味濃厚；純粹的芒果跟杏桃；香氣四溢、甜美而乾淨，底層有一絲煙燻味。

口味：成熟多汁的濃烈香氣又回來了，變得比較干澀，帶出更多穀物質地；然後中心部位變得柔和，有美式冰淇淋汽水味。

尾韻：堅實但多汁。

結論：一款讓人大開眼界的單一麥芽威士忌，展現出多種現存可能性。

風味陣營：水果香料型

延伸品飲：Glenmorangie、Imperial

LOT 13 43%

氣味：聖喬治系列的經典花香，冰鎮的熱帶水果混合了細緻的花香。微量的麝香葡萄；花粉；剪下的花朵；香瓜，以及綠香蕉味。

口味：柔和的蜂蜜味，層次佳；些許美式冰淇淋汽水味；不需要加水喝。春天的花香味，但中段味道明顯；小麥啤酒味。

尾韻：淡淡的巧克力味。

結論：均衡而高雅。

風味陣營：芬芳花香型

延伸品飲：Compass Box Asyla

鐵錨品飲筆記

老波翠洛裸麥威士忌 Old Potrero Rye 48.5%

氣味：果香味十足的裸麥味，還有熱氣蒸騰的麵包店味和堅實的橡木味；混合了甜味與辛香，幾乎有點煙燻味；裸麥麵粉；焦糖；冬青，以及橡木味。

口味：滑順、純淨；裸麥中途帶出煙火般的粉塵感和既苦又甜的辛香味；厚實但直接。

尾韻：濃郁辛香。

結論：一種十分古老（但又矛盾的新穎）的風格。

風味陣營：辛辣裸麥型

延伸品飲：Millstone 100 度

其他美國精釀威士忌蒸餾廠品飲筆記

清澈溪流，麥卡錫俄勒岡單一麥芽第 W09 ／ 01 批次 Clear Creek 42.5%

氣味：最初是青草及煙燻味；林中的營火；一些山核桃和樺木的煙燻味；藏著優雅而甜美的味道；感覺年輕又新鮮，香氣十足。

口味：立刻又出現煙燻味，但跟蘇格蘭威士忌之間的不同的地方，是它明顯的香氣；正山小種紅茶味。

尾韻：煙燻腰果味。

結論：顛覆傳統。

風味陣營：煙燻泥煤型

延伸品飲：秩父新生，Kilchoman

斯特納漢科羅拉多純麥第 52 批次 Stranahan's 47%

氣味：起初清爽而不會太甜，有烘烤的氣味；相當低調，接著是橘子、豐富的麥芽、肉桂，以及芬芳的粉塵味；一樣香氣濃郁。加水後則出現天竺葵、太妃糖，以及烘焙咖啡味。

口味：焦化橡木桶賦予淡淡的煤煙味；具水果、太妃糖，以及大量辛香甜味。味道轉成黑醋栗酒／黑莓味，但總會被堅實的橡木味打斷。

尾韻：有活力。

結論：均衡而乾淨，另一種嶄新而宜人的威士忌定義。

風味陣營：水果香料型

延伸品飲：Arran 10 年

加拿大

加拿大是威士忌世界裡沉睡的巨人。雖然它的產量僅次於蘇格蘭，但奇怪的是，它常常會被人忽略。
為什麼一個有這種產能、傳統和製酒能力，在商業上也獲利的國家會被忽視，事後才想到它呢？

是因為加拿大住著世界上最善良的人嗎？他們不喜歡大吼大叫，也不會小題大作，有禮、風趣、圓滑……他們的威士忌也是如此。在一個——錯誤地——推崇重口味的世界裡，這樣的威士忌很容易會被忽略。

可以想見，這種溫和的特質也讓加拿大威士忌經常被誤解——完全以裸麥製成、所有威士忌都經過調和，或是使用了不一樣的配方。這些說法都不是真的。

大多數的蒸餾師都認同，加拿大蒸餾的經典模範是單一蒸餾廠調和威士忌。做為基底的威士忌（不一定，但通常都是玉米蒸餾製成）會加上調味用的威士忌（通常是裸麥，但也會用小麥、玉米或大麥），這些威士忌通常會先各自陳年，再進行調和。

因此每間蒸餾廠都有自己的個性，這也是加拿大威士忌的樂趣所在：看蒸餾師和調和師如何增加更多元素，製造出複雜的威士忌。這裡的威士忌多樣性跟品質可以和世界上其他地方匹敵。

現在是威士忌發展的大好時機，加拿大可禁不起繼續被當作局外人。為了避免這種情形發生，他們得研發一個風格獨特的全新領域。加拿大威士忌一直以來都賣得太便宜了，就連全新的頂級威士忌都像免費的一樣低價。也許持續至今的威士忌商品化現象的結果，就是蒸餾廠已經很難相信大眾會認真看待這些威士忌了。但「物超所值」跟「因售價過於低廉，消費者不相信它的品質能有多好」之間是不一樣的。

但他們仍看到了一些好徵兆。「最帶來希望的改變，是國內的加拿大威士忌市場的轉變，」「四十溪蒸餾廠」的約翰．K．霍爾（John K. Hall）說，「表示加拿大人正在探求和追求品質更好的威士忌。市場上出現了更多新產品和更多選擇，同時也刺激了風格裡的創新。我們期待已久，希望在年輕的消費者口味變成熟、不再只喝調味伏特加時，可能會發生的威士忌復興已經開始了。」

即使加拿大國內與禁酒主義團體相似的「酒精飲料委員會」（Liquor Boards）允許，加國也沒辦法喝光所有國內產的威士忌。他們向來仰賴鄰國來消化掉大部分的產量，不過我總覺得，將各種品牌的威士忌全數出口到美國的外銷策略，並不是對他們最有利的作法。世界上還有其他地方缺乏威士忌的滋潤。

然而，各種跡象明顯指出他們正在轉移重心。八間大型蒸餾廠都各自在研發頂級威士忌，調和跟蒸餾技術也都有了驚人的創新。雖然普遍來說有在研究木材的蒸餾廠依然不多，但這只是時間的問題而已。漸漸興起的手工蒸餾潮流也蓄勢待發。

戴文．杜．凱格姆（Davin de Kergommeaux）是一名加拿大威士忌作家和評論家，他協助我深入了解他們國家的威士忌［並提供一些背景資料］。對他來說，未來會是「……多元、口味大膽而豐富的頂級威士忌持續擴張的外銷市場。在消費者對品質絕佳的加拿大威士忌有更深的認識後，有才華的威士忌製造者會探索木料管理法、不同穀類，以及不同風味的威士忌。要注意那些以創新為核心的新品牌和單次銷售的威士忌。」

藉由定義蒸餾廠的風格，這些威士忌製造商——加拿大人和其他地方的人——都在問「什麼是加拿大威士忌」。愈深入探討這個問題，就出現愈多種答案。別走開，這裡有好幾支世界頂級威士忌。把它們找出來吧。

前頁：曼尼托巴省的小麥田——這就是加拿大威士忌的原料之一。

拉布拉多海

巴芬島
伊魁特

哈得遜海峽

奴納武特行政區

拉布拉多

紐芬蘭
拉布拉多省

哈得遜灣

紐芬蘭

魁北克省

邱吉爾
邱吉爾河
內爾孫河

聖羅倫斯灣
Prince Edward,
赫曼維 Glenora,
格蘭維市
Myriad,
羅洛灣
沙洛鎮

曼尼托巴省

溫尼伯湖

安大略省

新布藍茲維省
新斯科細亞省

非德里頓
聖約翰
哈利法克斯

魁北克

內徹溫河

溫尼伯湖

金利
溫尼伯

桑德灣

蘇必略湖

聖勞倫斯河

Les Distilleurs Subversives,
蒙特婁 朗基爾市
渥太華河 維利非
渥太華

國

蘇聖馬利

休倫湖

普雷斯科特
京斯頓

66Gilead,
布隆非市

加拿大之霧,科林塢鎮
多倫多蒸餾廠
靜水,康科德

多倫多

安大略湖
尼加拉瀑布

密西根湖

四十溪,
格林斯必

倫敦

底特律

伊利湖

海勒姆沃克,
溫莎市

芝加哥

大

西

洋

加拿大
▼ 蒸餾廠

0   英里   400
0   公里   400

N

亞伯達蒸餾廠 Alberta Distillers

亞伯達蒸餾者有限公司 · 卡拉立

亞伯達蒸餾者有限公司（Alberta Distillers Limited，簡稱 ADL）決定把重心放在裸麥威士忌上，完全是出於實際的考量。因應沒落的農村經濟發展計畫，這間蒸餾廠在 1946 年建於卡拉立附近，當地的主要作物是裸麥。即使它四周的田野現在變成了房舍，ADL 的依然秉持當初的原則。亞伯達是世界最頂尖的裸麥威士忌專家，他們的產量是美國的純裸麥威士忌產量的三倍以上。

既然加拿大威士忌通常以玉米做為基底，為什麼還要叫他們「裸麥威士忌」呢？雖然這種威士忌的穀物配方中沒有加入裸麥，但在調和時卻用到了少許裸麥威士忌，帶出的裸麥特質比你預期的還多。這是加拿大威士忌的特色，以裸麥威士忌提味，但又不是 100% 的裸麥威士忌。等你來這裡品嘗看看就知道了。

每位接觸過裸麥的蒸餾師都知道它有多變化莫測，幾乎難以駕馭。裸麥不好發芽，會黏在糖化槽裡，還會在發酵桶裡瘋狂起泡，就像裸麥棘手、半馴養的風味在製造過程中就展現了出來一樣。但總經理羅伯‧涂爾（Rob Tuer）藉由隔絕一種天然酵素，阻斷了裸麥的發泡特性和黏著力。

雖然這裡製造的多半是 100% 純裸麥威士忌，考量到基底跟調味，ADL 還是有買進玉米、小麥、大麥跟黑小麥。

蒸餾過程在一套加拿大標準設備中進行：用一台能提煉出啤酒的柱式蒸餾器去蒸餾，再放入萃取用的柱式蒸餾器，讓水跟酒精混合，將不會溶解（也不需要）的雜醇油跟要保留的成分區隔開來；清理乾淨的混合物接著會經過精餾用的柱式蒸餾器處理，在酒精濃度 93.5% 時，收集起來當作基底烈酒。調味用的威士忌則是通過罐式蒸餾器，在酒精濃度 77% 時被收集起來。

裸麥威士忌，尤其是酒齡比較大的裸麥威士忌，長期以來都是 ADL 調和威士忌中的關鍵。但直到了 2007 年，這個祕密成分才首度被完整公開，接著在 2011 年又推出了 100% 裸麥的「麥斯特森 25 年」及「亞伯達特選 30 年」。複雜、辛香、完整，這些威士忌展現出純粹、成熟的裸麥特質，沒有半點常見於美國裸麥威士忌的粉塵感。

裸麥威士忌也代表了未來，以「黑馬」之姿現身：融合了基底和調味用的裸麥威士忌，以及一些用來柔化口感的陳年玉米威士忌。

「裸麥賦予我們創新的能力，」生產部經理瑞克‧墨菲（Rick Murphy）說，「這間蒸餾廠具備了其他蒸餾廠所沒有的選擇。」

亞伯達蒸餾廠品飲筆記

亞伯達之泉 10 年威士忌 40%
氣味：火橙色。木頭味；乾穀物；烘焙用的香料；雪松和一絲嗆辣的黃芥末味。
口味：豐裕具乳脂感；很快就變嗆辣；清新的檸檬苦味抑制了太妃糖味；剛鋸好的木頭和未發芽的裸麥味綜合之胡椒味。
尾韻：嗆辣薄荷味；少許木頭及柑橘皮味。
結論：亞伯達 25 年特級威士忌引人注目，但蒸餾廠裡的人喝的是 10 年威士忌。

> **風味陣營**：**辛辣裸麥型**
> **延伸品飲**：Kittling Ridge、Canadian Mountain Rock

黑馬威士忌 Dark Horse 40%
氣味：黑櫻桃／櫻桃酒、苦艾酒香，有些太妃糖味。加水後出現未熟的綠裸麥／女貞花香。
口味：豐裕、更強勁，輕微的焦糖感；有一點木桶的酚味。加水後多汁，帶一莫利洛黑櫻桃味。
尾韻：果味和稍微咬口的橡木味。
結論：一款澎派剛勁的裸麥威士忌。

> **風味陣營**：**辛辣裸麥型**
> **延伸品飲**：Millstone 100 度

亞伯達 25 年特級威士忌 40%
氣味：柑橘果醬和烤過的香草味；新鮮的裸麥氣息中多了一股熟成帶出的高雅感。一些紅色及黑色的水果味；甜香料；淡焦糖太妃糖味；還是有新鮮感。
口味：滑順、柔和、高雅；悠長多汁，幾乎有點濃稠；中段口感濃郁。
尾韻：辛辣裸麥型。
結論：成熟高雅。

> **風味陣營**：**辛辣裸麥型**
> **延伸品飲**：Jameson 蒸餾師珍藏

亞伯達 30 年特級威士忌 40%
氣味：更多檀木和橡木味；也更辛香，味道比較濃烈；淡淡的油脂感讓酒體更重。
口味：優雅甘甜，許多眾香子味；後段口感變纖弱；帶橡木味。
尾韻：爽脆、不甜。
結論：酒齡有點大。

> **風味陣營**：**濃郁橡木型**
> **延伸品飲**：Sazerac 裸麥威士忌

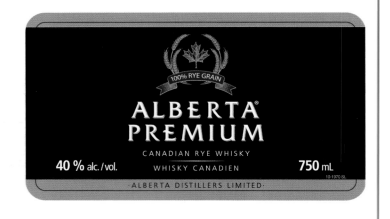

高樹 Highwood

高樹・高河・WWW.HIGHWOOD-DISTILLERS.COM

開車經過亞伯達省的高河小鎮時，一不小心你就會錯過高樹蒸餾廠，但這樣你就錯過了加拿大八大威士忌製造商裡的奇葩。雖然高樹的規模沒有海勒姆沃克大，不過它是發現市場缺口的專家，還會立刻將這些缺口補起來。不知道怎麼辦到的，這裡竟然有 350 個威士忌系列，雖然我們也許會想避開「豔星子彈」系列不談。這裡是威士忌的大本營。

每一間加拿大蒸餾廠都有自己獨門的威士忌製造方法，高樹就是一個最佳範例。它是小麥威士忌專家，只用小麥製作基底和調味。這樣做不只用到了當地的農產品，更接觸了加拿大威士忌的起源，19 世紀加拿大蒸餾廠最初使用的穀物就是小麥。

要釋放小麥澱粉可以採取一個有點怪的方法：首先加壓烹煮，然後用這些泥漿去射一塊金屬板，這樣可以震碎任何全穀穀類；接著發酵 60 小時，再用一台混合啤酒柱式蒸餾器跟銅製罐式蒸餾器的設備進行蒸餾。「這台蒸餾器很老了，」蒸餾師麥可・尼切克（Michael Nychyk）說，「它運作的原理跟舊型的鑄鐵煎鍋一樣，它會製造出我們想要的風味跟特性。」

高樹所有的產品中，威士忌漸漸變成主力。賣得最好的，是經炭過濾製成、具乳脂感的「白色貓頭鷹」。其餘都是調和威士忌，混和任一支購自 ADL（請參閱第 272 頁）的裸麥威士忌，以及高樹在 2004 年買進的「波特」庫存玉米威士忌（「波特」是一家位在卑詩省的裝瓶廠，他們購入玉米威士忌進行陳年）。

高樹的成功歸功於它對市場變化的反應速度。然而，投入威士忌製造需要長期的計畫——以及橡木桶。就像許多加拿大威士忌一樣，高樹也會用到波本酒桶，儲藏酒桶的倉庫裡，充滿酒精的煙氣，吸到就會頭暈。

倉庫裡還可以找到一些好東西，例如一支購自波特庫存的 33 年玉米威士忌，口感深邃，帶有焦糖化的水蜜桃、果醬，以及檀木味；還有一支同樣美味的 20 年小麥威士忌，夾雜了花香、椰子跟香草味。

「我們其實和約翰・K・霍爾（請參閱第 279 頁）很像，」銷售經理薛爾頓・海拉（Sheldon Hyra）說，「加拿大需要把心力集中在特級威士忌上，人們至今都低估了它的價值。」

高樹品飲筆記

白色貓頭鷹 White Owl 40%

氣味：非常優雅甘甜，柔軟的水果與鮮奶油拌在一起的味道。

口味：清爽有質感，讓細緻的果味得以留在舌頭上；口感滑順。

尾韻：清爽，短促。

結論：這支 5 年白威士忌是高樹最暢銷的產品。

風味陣營：**甘甜小麥型**

延伸品飲：Schraml WOAZ

世紀 10 年威士忌 Centennial 40%

氣味：淡琥珀色。味道很特別；丁香；一絲打火石；乾穀物；非常成熟的黑色水果，以及煮過的綠色蔬菜味。

口味：口感厚重；太妃糖；胡椒；木屑和一些烘烤用的香料味，之後是檸檬汁的甜味跟淡淡的咬口感。

尾韻：悠長但節制；太妃糖味淡去；有香料的甜味和胡椒味。

結論：小麥威士忌的柔和調性中帶咬口感。

風味陣營：**甘甜小麥型**

延伸品飲：Maker's Mark、Bruichladdich 波本桶、Littlemill

九零 20 年威士忌 Ninety 45%

氣味：優雅，濃郁的蜂蜜／糖漿味；紅色水果；綠蘋果；（來自長久熟成的）些微雪松和綠胡椒子味。

口味：豐盈柔和，橡木的甜味帶來輕微的咬口感；黑奶油；一小枝薄荷；草莓和水蜜桃味。

尾韻：裸麥的辛香突然竄入；濃郁的眾香子和薑味。

結論：裸麥調性濃厚的一款威士忌。

風味陣營：**辛辣裸麥型**

延伸品飲：Four Roses 單一桶裝

世紀珍藏 21 年威士忌 40%

氣味：剛開始有烤過的橡木味，開展後展現柔和的甜玉米；乾草和烤過的乾燥香料味；一絲蘋果薄荷味，然後是血橙跟焦糖味。

口味：入口滋味迷人；圓潤的乳脂感；太妃糖糖漿，帶有檸檬調性的柑橘味乍現；成熟豐盈；舌頭上有更多柑橘味。

尾韻：淡淡的胡椒味，還有些微的橡木味和烤過的可可味。

結論：長度跟深度都是一支純粹的玉米威士忌。

風味陣營：**柔順玉米型**

延伸品飲：Girvan 穀物威士

黑美人 Black Velvet

黑美人・列斯布里治・WWW.BLACKVELVETWHISKY.COM

位在亞伯達省的三間蒸餾廠各自專攻不同的穀類，那麼叫做「黑美人」的蒸餾廠專精的穀類想必是裡面最柔和的一種：玉米。畢竟玉米威士忌是許多加拿大威士忌的基底，這也許不怎麼令人意外，但在亞伯達省這可相當驚人。這裡是小型穀物的國度。

那為什麼還要在這裡蓋玉米威士忌蒸餾廠呢？1970 年代，加拿大威士忌在美國蓬勃發展。總部在英國的 IDV 當時擁有黑美人這個品牌，並在多倫多的吉貝蒸餾廠製造黑美人威士忌和思美洛伏特加。基於物流的想法，IDV 在亞伯達省的列斯布里治蓋了一座蒸餾廠，以供給加拿大西部威士忌、琴酒和伏特加。

物價在 1980 年代暴跌，列斯布里治的蒸餾廠幾乎就要關閉了，但他們說服鎮長向位於倫敦的 IDV 董事會求情，於是在多倫多廠被關閉後，這間蒸餾廠還是能繼續營運。

經理詹姆斯・恩班多（James Mmbando）帶著我參觀廠房，充滿活力的故事就在眼前上演：高壓、真空、注入酶、澱粉爆炸、玉米泥倒流，即便糖化程序已經完成，猛烈的發酵過程仍持續進行。四柱式蒸餾器組製造出酒精度 96%、以玉米為基底的威士忌；而玉米和裸麥風味的威士忌則是以啤酒柱式蒸餾器製成，取出時酒精度分別為 67% 和 56%。

最後完成的基底威士忌乾淨、甜美；裸麥威士忌濃烈，帶柑橘味和裸麥麵包皮特質；玉米威士忌則強勁、精瘦、有薄荷腦的調性。

薇琪・米勒（Vicky Miller）管理的調和過程相當複雜。調味用的威士忌都各自熟成二到六年，它們用來為裸麥威士忌增添奶油般的辛香，讓玉米威士忌帶有花香與椰子混合的味道。隨後這些威士忌會跟未熟成的基底威士忌調和，再陳年至少三年。藉著調和不同比例的基底威士忌和調味威士忌，就可以創造出各種風味。

這些酒汁最後會加入 OFC 跟黃金婚禮（請參閱第 278 頁）等前辛雷企業品牌，以及幾支其他品牌的調和威士忌中。可別錯過黑美人這支經典、豐富的加拿大調和威士忌，和薑汁汽水一起喝風味絕佳。

黑美人蒸餾廠也將觸角伸向特級威士忌，推出了經過熟成的「丹菲爾德威士忌」品牌。這款威士忌既複雜又有活力：這間偏遠的玉米威士忌蒸餾廠的製酒能力因此得到了應證。

一台裝有兩個漏斗的穀物載貨卡車，將玉米運到亞伯達省列斯布里治的黑美人蒸餾廠。

黑美人品飲筆記

黑美人 40%

氣味：豐裕；柔和玉米味；焦糖蘋果、萊姆、覆盆子和焦糖太妃糖味，含蓄的裸麥味忽然湧現。

口味：優雅，相當甘甜；一絲粉塵味味，最後有點緊實感。

尾韻：清爽柔和。

結論：非常順口，相當適合製成調和威士忌。

風味陣營：柔順玉米型
延伸品飲：Cameron Brig

丹菲爾德 10 年威士忌 Danfield's 40%

氣味：成熟而複雜，深度佳；淡淡的橡木味；很像酚的味道，但仍相當柔和；淡柑橘味、烤過的水果和奶油玉米味。

口味：柔和乾淨；中段有淡淡的辛香味；香草豆莢味；複雜但節制。

尾韻：轉為帶粉塵感的辛香。

結論：平衡、經典。

風味陣營：柔順玉米型
延伸品飲：Johnnie Walker 金牌珍藏

丹菲爾德 21 年威士忌 40%

氣味：複雜，但有典型的節制感；比 10 年酒威士忌具更多橡木、夏威夷豆和奶油調性；焦糖水果；薄荷；榛果，以及可可／熱巧克力味。

口味：一開始是柑橘味；厚實；甜美；有焦糖布丁和乾燥橡木味。

尾韻：烤過的乾燥香料味；乾淨。

結論：複雜而高雅。

風味陣營：柔順玉米型
延伸品飲：Glenmorangie 18 年

金利 Gimli

金利 ‧ 曼尼托巴 ‧ WWW.CROWNROYAL.COM

蒸餾廠經常會聚集在同一個地方，不是打算互相幫忙，而是為了靠近市場或銷售網絡。因此，許多加拿大蒸餾廠都集中在大城市，金利卻偏不這樣做。位在曼尼托巴的金利蒸餾廠將自己完全孤立，與同業相隔遙遠，距卡加立 1500 公里遠，離溫莎 2000 公里遠。另一個選擇蒸餾廠位址的因素是要能容易取得原料，這正是金利的目的。它至今仍使用當地種植的玉米和裸麥。

金利本身就像是威士忌曾經在 1960 年代興盛一時的證據。當時的供給完全應付不了市場需求，雖然金利的母公司施格蘭在加拿大已經有四間蒸餾廠了；多蓋一間又有什麼損失？

施格蘭家族早從 1878 年開始，就在安大略省的滑鐵盧經營蒸餾生意。1928 年，他們和蒙特婁的布朗夫曼（Bronfman）家族事業合併。布朗夫曼不僅懂蒸餾，更是成功的經銷商。在當年，經銷其實就等於跨越國界將貨品送到喉嚨乾渴的美國人手中。

富有冒險精神的山姆 ‧ 布朗夫曼也追求名望。他的威士忌名都展現了這個特質：起瓦士（Chivas Regal，王者般的）、皇家禮炮，以及他進奉給國王的第一支威士忌「加拿大皇冠」。這支酒在 1939 年誕生，為了紀念皇室成員的參訪而製造。

1980 年代物價暴跌，重創施格蘭旗下的產業。到了 1990 年代，他們只剩一間金利蒸餾廠。如今連施格蘭這間公司也沒了，金利歸帝亞吉歐所有。金利蒸餾廠只有一個品牌，但它可是賣得最好的加拿大威士忌：加拿大皇冠（Crown Royal）。

要研究加拿大單一蒸餾廠調和威士忌現象，金利是一個絕佳案例。它的原則是盡可能創造出多種不同風味，加拿大皇冠就是以兩種玉米威士忌作為基底製成。

其中一種基底威士忌的作法，是將啤酒蒸餾器製造的濃縮烈酒於鍋中再次蒸餾，蒸氣便會直接進入精餾用的柱式蒸餾器；波本和裸麥威士忌的作法，是以啤酒柱式蒸餾器進行一次蒸餾；優質的「古菲裸麥威士忌」則由古菲蒸餾器製成。

這些酒液接著會經過熟成，放在全新的橡木桶、二次填充桶或是干邑白蘭地桶中調味。酵母菌、穀物、蒸餾程序、不同的木頭，最後再加上時間。這裡是調和師的天堂，極大化風味的選擇，藉此打造出極為豐富、柔和、帶蜂蜜味的加拿大皇冠威士忌變體。

金利品飲筆記

加拿大皇冠 40%

氣味：澎派；甘甜；法式烤布蕾味；令人陶醉；濃稠；紅色和黑色的水果味，接著出現全新的木頭、辛香和柑橘味。

口味：甜美誘人；新鮮草莓味和一絲裸麥的辛香。

尾韻：裸麥和橡木味帶來淡淡的咬口感。

結論：柔和、優雅，順服；不可能不喜歡它。

> **風味陣營：柔順玉米型**
> **延伸品飲**：Glenmorangie 10 年、Nikka Coffey 穀物威士忌

加拿大皇冠珍藏威士忌 40%

氣味：木頭味，陳年的成熟風味：法式烤布蕾；雪莉；肉桂皮和覆盆子味，頂層多了一小枝薄荷味。

口味：濃郁；過熟芒果味；甜美；蜂蜜味，接著是檸檬風味的裸麥及烤過的橡木味，帶來了酸度和咬口感。

尾韻：淡淡的裸麥味。

結論：帶有甜美柔順的蒸餾廠風格，但另外有點咬口感。

> **風味陣營：柔順玉米型**
> **延伸品飲**：Tullamore D.E.W. 12 年、George Dickel 裸麥威士忌

加拿大皇冠限量威士忌 40%

氣味：琥珀色。氣味慢慢開展後，出現肉豆蔻、肉桂、蘋果汁、太妃糖，以及隱約的香草味；嚴謹。

口味：複雜地混合了麥芽糖、裸麥辛香、嗆辣胡椒和葡萄皮味；酒體重量佳；乳脂般的果味；辛香；些許薄荷味。

尾韻：中等的乳脂感淡去，讓位給胡椒、木頭和柑橘味。

結論：加拿大皇冠系列的極品。

> **風味陣營：辛辣裸麥型**
> **延伸品飲**：加拿大皇冠黑牌

海勒姆沃克 Hiram Walker

海勒姆沃克 • 溫莎，文化中心 • WWW.CANADIANCLUBWHISKY.COM • 全年開放，確切日期與細節請參閱網站

底特律河岸上的 33 座穀倉，透露出沃克維的海勒姆沃克蒸餾廠可不是甚麼小角色。海勒姆沃克是加拿大——說不定也是北美——最大的蒸餾廠，一年有 5500 萬公升的威士忌產量。換句話說，加拿大國內 70% 的威士忌都是它生產的。「加拿大俱樂部」跟「吉卜生精選」的蒸餾液也是這裡製造的，但智者系列、Lot 40 跟長矛溪等它的自有品牌，才是這間蒸餾廠真正的祕密所在。

海勒姆沃克的規模雖然龐大，但看起來不像一座工廠。好奇心旺盛的唐・立弗摩博士（Dr. Don Livermore）負責管理這間蒸餾廠，他象徵了加拿大威士忌產業裡正在進行的世代更替。加拿大的新蒸餾師和調和師雖然對傳統抱持開放心態，但他們同時也在問，自己應該怎麼做，才能引起人們對威士忌的興趣。

這裡的蒸餾液種類繁多。蒸餾師不只買進玉米，還會購入裸麥、發芽裸麥、大麥、發芽大麥，以及小麥。蒸餾程序在巨大的蒸餾室進行，在發酵槽裡添加氮氣的技術，讓玉米威士忌的酒精濃度提升 15%，裸麥威士忌濃度上升 8%。三柱式蒸餾器製造出的蒸餾液就是玉米威士忌的基底。調味用的威士忌會被評等為「優等」或是「特級」，前者是以有 72 塊金屬板的啤酒蒸餾器去蒸餾，後者則用罐式蒸餾器重新蒸餾製成。

正如立弗摩所說，「罐式蒸餾裸麥威士忌味道像是加了胡椒的玉米。」有了這兩種小型穀物分別製成的烈酒，潛在成分的深度在調和時就變大了。

立弗摩若最常掛在嘴邊的詞就是「創新」。生產過程的每一個面向都會被仔細檢視，「酵母菌株可能帶來的效果」的研究追溯至 1930 年代，他目前對小型穀物的研究則包括檢驗紅冬麥可能有的各種潛在風味。既然立弗摩是一名林學博士，這間加拿大蒸餾廠的木材管理計畫也不怎麼令人意外。「這樣的彈性讓我們能在大型蒸餾廠裡做出手工蒸餾的風格，」他說。

雖然這句話聽起來不過是空談，但只要跟他在品飲室待一天，就知道他說的是千真萬確的。大廠房也能有開拓的能力。

海勒姆沃克品飲筆記

智者特選威士忌 Wiser's 40%

氣味：首先冒出裸麥味，後頭有蜂蜜味和優雅的氣息；淡淡的檀木、金黃蒿草和茴香味。

口味：楓糖漿味展開，接著是豆蔻、紅蘋果，以及藏在後頭的淡淡橡木味。

尾韻：果乾的甜味。

結論：順口舒適。

風味陣營：柔順玉米型
延伸品飲：Wild Turkey 81 度

智者之禮 Wiser's Legacy 40%

氣味：智者系列風味，裸麥香被滑順的太妃糖／香草味框住；一段時間後出現花粉、丁香，以及悠長的胡椒味，然後是覆盆子果醬跟淡淡的橡木味。

口味：嗆辣裸麥味開展，接著是水蜜桃、杏桃乾、淡淡的薄荷腦，以及柑橘味。

尾韻：乾淨、辛香的裸麥味。

結論：更澎派，橡木味更強勁，但仍是智者的風格。

風味陣營：辛辣裸麥型
延伸品飲：Green Spot

智者 18 年威士忌 40%

氣味：橘金色。剛鋸下的木頭、辛香裸麥；酸麵包、乾燥的穀物；雪茄盒，以及口紅膠味。

口味：複雜而豐富的風味；焦糖；鋸木廠；白胡椒；香氣馥郁，有粉塵感的裸麥；深色水果；烘焙用的香料味；和橡木單寧的勁味。

尾韻：悠長、胡椒味；水果的甜味淡去，讓位給橡木的單寧味跟滌淨口腔的檸檬苦味。

結論：雪松木盒裡裝滿了甘甜和辛香的美味。

風味陣營：濃郁橡木型
延伸品飲：Gibson's 18 年特選、Alberta 25 年特級

長矛溪 10 年威士忌 Pike Creek 40%

氣味：紅色水果；杏仁膏；少許果醬；覆盆子醬；些微肉桂跟甜荳蔻味。

口味：更甘甜，多一點香草的調性；香料味變苦，還帶有柑橘味；特別是芫荽子味。

尾韻：優雅，檸檬的咬口感，接著紅色水果味再度湧現。

結論：記住這是加拿大國內販售的威士忌；酒齡比用來出口的威士忌更大，還使用波特過桶。

風味陣營：柔順玉米型
延伸品飲：秩父波特桶

LOT 40 43%

氣味：迎面襲來的裸麥香；淡淡的葉片味，然後是裸麥麵粉、剛烤好的酸麵團味；味道變甜；海邊的岩石、草莓、青蘋果／茴香籽味；豐裕。

口味：辛香，些許綠橄欖果核、眾香子；芫荽；淡淡的丁香味；橡木的甜味在加水後開始湧現。

尾韻：酥脆，丁香般的風味。

結論：以 10% 的裸麥製成。

風味陣營：辛辣裸麥型
延伸品飲：JH 特選牛軋糖威士忌、Forty Creek 精選桶酒

加拿大俱樂部 Canadian Club

加拿大俱樂部・溫莎・WWW.CANADIANCLUBWHISKY.COM・全年開放，確切日期與細節請參閱網站

21 世紀，加拿大威士忌產業中不斷發生合併、併購和接管，使大威士忌的品牌故事變得錯綜複雜。以加拿大俱樂部（Canadian Club，簡稱 CC）來說，品牌擁有者「聯合蒸餾者」在 2006 年解散重整，於是便由金賓接管這個品牌，蒸餾廠則納入保樂力加旗下。CC 的創辦人海勒姆・沃克留下的，是他在 19 世紀為自己蓋的豪華辦公室，如今成為品牌文化中心。

海勒姆・沃克是威士忌界的查爾斯・佛斯特・肯恩（Charles Foster Kane，美國電影《大國民》的主角）。愛上了弗羅倫斯的潘道菲尼宮？那就打造一間一模一樣的辦公室吧。得回底特律的家，但又不想等渡輪？建一座私人碼頭，享受專屬服務吧。有一間位在上游 72 公里處的鄉間別墅？蓋一條鐵路載你過去吧。有個叫做亨利・福特（Henry Ford）的朋友想要投入汽車製造業？蓋一間工廠給他，換取 30% 的公司所有權吧。有一間生意愈來愈好的蒸餾廠？為工人們建一座小鎮，用自己的名字為它命名吧。

沃克一開始到底特律從事毛皮貿易，在 1854 年，他成為一名精餾師，開始向當地蒸餾廠買新酒自己過濾、調和和裝瓶。1858 年，他搬到河的對岸，蓋了自己的蒸餾廠，在國內販賣自製的加拿大威士忌。到了 19 世紀末，他的品牌在紳士俱樂部裡甚至賣得比波本威士忌還要好。1882 年，加拿大俱樂部便誕生了。若有任何一間美國蒸餾廠，以為揭穿這個外國品牌的產地會引起愛國的品飲者反感，他們可想錯了。海勒姆沃克的調和威士忌風格——優雅、清爽、甜美——正好符合消費者的口味。

由於鄰近底特律，蒸餾廠在禁酒時期首當其衝受害。公司在 1926 年被哈利・哈奇（Harry Hatch）買下，那時他是多倫多「古德罕酒汁」蒸餾廠的所有者（後來又接管了「克比蒸餾廠」），他是「哈奇的海軍」的指揮官。當時哈奇的海軍勇猛地橫渡五大湖，提供蘇格蘭威士忌、蘭姆酒，以及加拿大威士忌給口乾舌燥的美國人。他多次用小船載著貨物和假扮成修女的船員渡河——也可能使用了海勒姆的舊隧道。

但 CC 可不是一支傳統調和威士忌。它太溫和、太像加拿大人了，不會擺架子。這款調和威士忌的品質，尤其是頂級的那幾支，就像一抹心照不宣的微笑，暗示你海勒姆的理想就裝在瓶中。

加拿大俱樂部品飲筆記

加拿大俱樂部 1858 40%

氣味：相當柔和、具柑橘味：橙皮、橙花蜂蜜、麥芽糖果、杏桃果醬和優雅的玉米味，以及一陣裸麥味。

口味：中等酒體；開始是柔和的玉米味，然後出現可可奶油跟白巧克力；多汁的果味。

尾韻：淡淡的裸麥味；平衡。

結論：也稱為「特級威士忌」，一支絕佳的入門款。

風味陣營：柔順玉米型
延伸品飲：George Dickel

加拿大俱樂部 10 年珍藏威士忌 40%

氣味：聞到更多裸麥味，混合了芫荽和長番椒香氣，後頭有微微的甜味；淡淡的太妃糖及些許的穀物甜味。加水後會帶出獨特的果味。

口味：最初口感優雅，有濃郁的奶油太妃糖味，然後茴香籽般的裸麥味乍現；加水後出現淡淡的西洋梨、烹煮過的蘋果，以及肉桂香料之間的平衡風味。

尾韻：原本含蓄的苦甜味湧現。

結論：裸麥調性，相當強勁。

風味陣營：辛辣裸麥型
延伸品飲：Tullamore D.E.W.

加拿大俱樂部 20 年威士忌 40%

氣味：悠長、複雜而成熟；果肉豐富的水果、蘋果糖漿；剛鋸好的木頭味；清爽；裸麥的辛香為具成熟深度的酒體增添了活力。

口味：一開始是橡木味，然後有些成熟的莓果味，裸麥帶來的刺激檸檬味和眾香子味不斷湧現。加水會釋出辛香和罐裝的棗子味。

尾韻：淡淡的苦味、丁香和棕梠毯子的纖維味。

結論：成熟而複雜。

風味陣營：濃郁橡木型
延伸品飲：Powers' Johnr's Lane

加拿大俱樂部 30 年威士忌 40%

氣味：豐盈而具獨特香氣：混合了橡木、裸麥辛香，以及難免會有的氧化氣味；摩洛哥綜合香料／印度綜合香料味；皮革、雪茄外包覆的菸葉和黑色水果位；深度幾近雅瑪邑。

口味：柔和，具果味；木頭味被抑制住；太妃糖、成熟風味，接著混合香料味忽然湧現。

尾韻：柑橘和綠胡椒子味。

結論：高雅豐裕。

風味陣營：濃郁橡木型
延伸品飲：Redbreast 15 年

維利非／加拿大之霧 Valleyfield／Canadian Mist

維利非 • 蒙特婁
加拿大之霧 • 科林塢 • WWW.CANADIANMIST.COM

維利非小鎮的名字和一個美麗的協定息息相關，那就是魁北克人和說英文的加拿大同胞簽訂的「摯誠協定」（entente cordiale）。維利非製造的威士忌有沒有法裔加拿大人的姿態這點很難說，不過它倒是挺有美國人的樣子。辛雷集團在1945年建立維利非蒸餾廠，有段時間都在製造「老烏鴉威士忌」跟「古老時代波本威士忌」，以及「吉卜生威士忌」、「黃金婚禮威士忌」和OFC威士忌（Old Fine/Fire Copper，兩種名稱都有被使用）等國內品牌。如今它由帝亞吉歐公司接管，生產「施格蘭83」與「施格蘭VO」，後者是為了慶祝湯瑪斯 • 施格蘭（Thomas Seagram）的婚禮，1913年由安大略省的滑鐵盧蒸餾廠製成的。有幾支加拿大皇冠的基底威士忌也來自維利非。

如今，這間蒸餾廠製造的兩支基底威士忌都使用玉米。其中比較清爽的一款是以標準的多重柱式蒸餾器組製成；較豐富、具更多玉米油味的一款是由鍋爐與柱式蒸餾器系統（請參閱第275頁）製成。它的調味用威士忌則購自帝亞吉歐在金利的蒸餾廠。

位於安大略省科林塢的「加拿大之霧」，是一間相對現代化的廠房。巴頓品牌在1967年蓋了這間蒸餾廠，以製造加拿大之霧威士忌銷往美國。現在的擁有者是布朗─佛曼［傑克丹尼爾的老闆］，當初這似乎是個極為明顯的組合：一個製造玉米威士忌、另一個以裸麥含量較高的穀物配方製造調味威士忌。後者使用蒸餾廠自己的酵母菌，藉由長時間的發酵來產生最多酯香。

兩者都以柱式蒸餾器去蒸餾，跟傳言所說的相反，這個柱式蒸餾器外其實覆蓋了一層經常被耗損的銅材，。

加拿大之霧品牌是加國另一支口感柔順得難以置信的威士忌。有時你會懷疑，是否就是（尤其是加水稀釋後）這種完全放鬆的品飲經驗，讓它被那些「嚴肅的」品飲者給忽略了。這正是群眾訴求的可怕之處。布朗─佛曼想要透過推出「科林塢」來解決這個問題，這支威士忌使用和加拿大之霧不一樣的調和方法，然後放進裝有烘烤過的楓木棍的大桶裡，讓味道相互結合。你找不到比它更「加拿大」的威士忌了。

加拿大之霧品飲筆記

加拿大之霧威士忌 40%

氣味：清爽、新鮮，有淡淡的粉塵感；未熟的香蕉；金黃蒸草味；細緻；典型的加拿大威士忌甜味。

口味：爆米花；淡淡的糖漿和綠色水果味，然後是檸檬和植物，以及些許薑味。

尾韻：淡胡椒味。

結論：所有味道都相當細緻，很適合調和用。

風味陣營：**柔順玉米型**
延伸品飲：Black Velvet、Canadian Club 1858

施格蘭特釀威士忌 40%

氣味：少許水果的酯香、搗碎的香蕉，以及強勁的裸麥味。

口味：剛開始非常堅實，但加水（最好是加薑汁汽水）後柔和的口感湧現。

尾韻：清爽而辛香。

結論：適合調和。

風味陣營：**辛辣裸麥型**
延伸品飲：JH 裸麥威士忌

科林塢 Collingwood 40%

氣味：具酯香，香氣氤氳；清爽；綠茴香籽、中式綠茶、葉綠素，以及細緻的花香；新鮮。

口味：綠茶的甜味填滿口中每一個角落；淡淡的茉莉、大黃、杏桃乾；纖細的蜂蜜味。

尾韻：花香；甜味變淡；糖薑味。

結論：這款威士忌在中國會熱賣。

風味陣營：**芬芳花香型**
延伸品飲：Dewar's 12 年

科林塢 21 年威士忌 40%

氣味：成熟；立刻聞到柔和的裸麥味、濃濃的碎胡椒和荳蔻味；野生的草藥及大茴香味，接著轉甜，化為橙味利口酒、人參、巧克力，以及芒果味。

口味：多汁；花香；許多梔子花跟玫瑰；一絲土耳其軟糖味；淡淡的粉末感，接著再度轉為厚實的甜味。

尾韻：些微的肉桂粉塵味。

結論：絕無僅有的的非凡品飲經驗。請多生產這種威士忌！

風味陣營：**辛辣裸麥型**
延伸品飲：Powers' Johnr's Lane

四十溪 Forty Creek

四十溪蒸餾廠 • 格林斯必 • 安大略 • WWW.FORTYCREEKWHISKY.COM • 全年開放，確切日期與細節請參閱網站

「約翰 • K • 霍爾之歌」是一個有趣——也滿恰當——的故事，創立四十溪蒸餾廠的男人可不是一名音樂家。歌詞一開始講到一個男人在 1993 年，在靠近尼加拉河的地方買下了一間釀酒廠，後來 15 台蒸餾器都壞掉了，他還決定製造威士忌。當其他廠房都愈建愈大時，他的蒸餾廠卻只有小小一間。但他隻身對抗巨人，勇敢的約翰 • K • 霍爾一路奮戰，在國際上打出了知名度，被視為加拿大精釀蒸餾威士忌之父。這個男人總想著「如果這樣做的話呢？」這首詩歌有個快樂的結局，他在 2014 年成功以 1 億 8500 萬加幣，將蒸餾廠賣給了金巴利公司。

他透過質疑加拿大威士忌的本質，開拓了加拿大威士忌的可能性。「我剛進入這個產業的那時候，原本充滿傳統、創意和驚喜的加拿大威士忌，變得老套又疲乏，」霍爾說，「被人丟在一邊。」

他當下的反應就是將葡萄酒的釀造原理套用到威士忌上——選擇酵母菌、將穀物視為葡萄、從不同的炭燒、烘烤和橡木桶去了解風味的產生。

四十溪這裡沒有基底威士忌，只有三種蒸餾液：以柱式蒸餾器蒸餾出的玉米蒸餾液，通常會被放在重燒烤木桶裡陳年；單一品種的大麥，流經兩座裝了精餾板的罐式蒸餾器，再裝入中度烘烤過的木桶中陳年；裸麥威士忌採用同樣的罐式蒸餾器製成，裝進輕度烘烤的酒桶中陳年。每一支都各自熟成、調和，再相互混合。

作為一名新成員，霍爾會不會被迫要開創新局？

「創新不是以數量取勝，是以熱情取勝，」他說，「對你的產品、你的客戶，還有你的工作夥伴有熱情，創新的背後是耐心。對威士忌沒有耐心，你就不會從創新中獲益。」

他將不停擴張的四十溪旗下的威士忌當作音樂看待。

「寫歌的人，在構思的階段多半是獨立進行，就像一桶桶獨自陳年的威士忌一樣，需要長時間的等候。歌曲的開頭必須引人入勝，才能留住聽眾。這首歌還要有靈魂、節奏和反拍，結尾也得令人滿意。偉大的威士忌也是如此，那正是我想要達到的目標。」

四十溪威士忌持續展示如何以這種方法創造出的新風味打破某些觀念，在這個情況下，就是「加拿大威士忌只能是這樣」。如果加拿大威士忌產業開始進行創新，絕大部分得歸功於約翰 • K • 霍爾，這位說了「如果這麼做的話呢？」的男人。

四十溪品飲筆記

精選桶酒 40%

氣味：優雅，果味十足；烤箱烤過的水蜜桃、杏桃味；含蓄的裸麥甜味悄悄滲入；氣味緩慢開展。加水後有麥蘆卡蜂蜜與辛香味。

口味：優雅，中等酒體；玉米味滑順而厚實；良好的均衡口感；混合太妃糖、焦糖和烤香蕉味。

尾韻：更加清脆，有肉豆蔻味跟裸麥的緊實感。

結論：平衡、放鬆。

| 風味陣營：**柔順玉米型** |
| 延伸品飲：Chita Single Grain |

銅壺珍藏 Copper Pot Reserve 40%

氣味：豐富，更多的黑色水果、煮成焦糖的果糖、包覆一層巧克力的夏威夷豆，以及楓糖漿味。厚實、澎派、甘甜。加水會帶出紅色水果味。

口味：桶酒威士忌的黏稠版；更多的焦糖、甜果仁和刺激性的甜香料味。

尾韻：悠長而甜美。

結論：強勁、廣闊、飽滿。

| 風味陣營：**柔順玉米型** |
| 延伸品飲：George Dickel Barrel Reserve |

同盟珍藏威士忌 Confederation 40%

氣味：清爽，綠蘋果及橡木屬樹種的味道。苦甜味中帶亮光漆味和油脂感；具蒸餾廠放鬆又甜美的風格，但還有更多丙酮和少許紅色水果塔味。

口味：領頭的玉米味厚實而緩慢地開展；口感比氣味更咬牙；有活力。

尾韻：青蘋果味。

結論：稍微比較清淡的一款，但穀物味更明顯。

| 風味陣營：**辛辣裸麥型** |
| 延伸品飲：Green Spot |

雙桶熟成珍藏威士忌 40%

氣味：橡木味主導；一絲橡木汁液味；鋸好的木頭味，混合了蜂蜜及堅果味；需要更多時間讓味道開展；紅色及黑色的水果；黑醋栗酒味。

口味：複雜，從煮過的柑橘味變成新鮮的果皮味，轉為硬糖味，又轉為橡木味，之後化成蜂蜜味；結構佳。

尾韻：綠茴香籽味；清脆。

結論：有層次；橡木味；甘甜。

| 風味陣營：**濃郁橡木型** |
| 延伸品飲：The Balvenie 雙桶熟成 17 年 |

加拿大精釀蒸餾廠 Canadian Craft Distilleries

靜水 • 安大略，康科德 • WWW.STILLWATERSDISTILLERY.COM • 全年開放，導覽需事先預約
彭柏頓蒸餾廠 • 卑詩省，彭柏頓 • WWW.PEMBERTONDISTILLERY.CA • 全年開放，僅週六提供導覽
最後之山蒸餾廠 • 薩斯喀徹溫省，倫斯登 • WWW.LASTMOUNTAINDISTILLERY.COM

如果有任何美國的精釀蒸餾師向國境以北望去時會想說，為什麼相較之下只有這麼少的人在跟隨他們的腳步的話，他們可得好好了解加拿大蒸餾者的處境。正如加拿大威士忌作家和評論家戴文 • 杜 • 凱格姆所說，「各種政府規章限制了酒精飲料的生產和銷售，潛在的未來蒸餾師因此卻步，加拿大甚至沒有一個統一的相關規定。陳年也是一大問題。在加拿大，穀類烈酒要熟成三年才能叫做威士忌。但是小蒸餾廠的烈酒剛蒸餾出來就會被課稅，而不是等到酒賣出去才需要付稅。」

「現在〔2014 年〕還在營運的精釀蒸餾廠剩下 30 幾間，八間在製造威士忌烈酒，只有三間固定會將自己蒸餾的酒液裝瓶，」杜 • 凱格姆說，「不過這還只是加拿大的精釀蒸餾運動的初期，它還進行不到五年呢。」

康科德的靜水蒸餾廠（Still Waters）是其中一間撐過了白狗烈酒時期的蒸餾廠，他們從 2009 年 3 月開始營運。身為安大略省的第一間精釀蒸餾廠，他們得負起開拓者的責任，讓「酒精飲料控制委員會」了解什麼是精釀蒸餾。「我很快就明白這不只跟威士忌的製造有關，根本就是在搞政治，」蒸餾師貝里 • 伯恩斯坦（Barry Bernstein）遺憾地笑了笑。

這間小巧的蒸餾廠目前製造裸麥、單一麥芽和玉米威士忌，其中裸麥威士忌最具挑戰性。「裸麥會在發酵槽裡瘋狂起泡，」伯恩斯坦說，「有一天我們一走進廠房，就被裸麥淹沒了腳踝。整個地方一團亂，但聞起來還滿香的！」現在情況已經控制住了，他們那台裝了可移動式精餾板的克里斯汀卡爾蒸餾器，讓他們能夠製造出不同特質和酒體重量的烈酒。

裸麥威士忌香氣濃郁——幾乎就像琴酒——閃現冬青的味道。這裡推出的「根莖與酒桶威士忌」（Stalk and Barrel）是一款單一麥芽威士忌，有天竺葵和一點奶油味。誠如伯恩斯坦所說，「現在我們的挑戰是要怎麼賺錢！」

在卑詩省的彭伯頓蒸餾廠（Pemberton）中，泰勒 • 施拉姆（Tyler Schramm）用了更傳統的方法製造威士忌。他曾到愛丁堡的赫瑞瓦特大學進修，希望回來後能製造出馬鈴薯伏特加，但他說：「我在那裡的第一個禮拜內，就將計畫擴大到製造威士忌了。蘇格蘭單一麥芽威士忌裡頭的熱情和傳統鉤起了我的興趣。」

作為一間經過認證的有機蒸餾廠，彭伯頓的外型卻非常傳統。「我把自己歸類為傳統派，我想依照蘇格蘭的傳統方法來製造我們的烈酒，」他說，「說是這樣說啦，我們還是可以給自己找點樂趣，每年稍微改一下配方。我認為將我們的地點、我們的水、當地的大麥，以及我們的蒸餾器合在一起，就能製造出我們獨有的威士忌。」

同時，薩斯喀徹溫的「最後之山蒸餾廠」（Last Mountain）也在當地尋找資源。當你就位在牧場上時，不用想都知道可以用小麥。

靜水蒸餾廠是加拿大精釀威士忌的先鋒之一。

「薩斯喀徹溫是幾種世界上最棒的小麥的產地，」蒸餾師柯林・施密特（Colin Schmidt）說，「所以我們現在把重心都放在小麥上。」

在威士忌熟成的這段時間，他也進行採購、熟成和調和買來的小麥威士忌。「我們慢慢了解到調和真的是一門藝術，我們可以在六個月之內徹底改變一支酒齡三年的威士忌的風味。我們把這些技術用在蒸餾液上，用全新的 10 加侖酒桶熟成，然後在波本木桶中調和。我認為尤其在買不到二度填充波本桶的情況下，小蒸餾廠更需要想出有創意的方式來製造新的威士忌。」

這是新型的加拿大威士忌的開端嗎？對施密特來說，肯定是。「約翰・霍爾（請參閱第 279 頁）在前方帶路，他正全心全力製造忠於加拿大威士忌本色的複雜威士忌。」泰勒・施拉姆可不會不同意，「隨著微型蒸餾廠數量的增加，特別是在西岸一帶，我們看到有人使用不同的穀類。我認為這會改變人們對加拿大威士忌的想法。許多人以為加拿大威士忌裡面一定要有裸麥，才沒有這種事。」

那他對約翰・K・霍爾的精釀威士忌之父這個形象有什麼想法？施密特繼續說：「我覺得這對業界來說是件好事。在我的職業生涯中，我見證了精釀葡萄酒廠和精釀啤酒廠的興起；兩者都對各自的業界帶來正面影響，但我也見過蒸餾業的合理化改革。如今，威士忌的品牌、新的調味用威士忌類別，以及新開的精釀蒸餾廠都引起了顧客的興趣和興奮感，提供他們一種不同的經驗。而這種經驗直到最近，都是我們加拿大威士忌所欠缺的。」

一條五彩繽紛的毯子正要被織成。巨人已不再沉睡。

奧卡納干蒸餾廠（Okan-agan）外型別緻的蒸餾器象徵加拿大威士忌的新世界已經變得多麼不一樣了。

加拿大精釀蒸餾廠品飲筆記

最後之山威士忌 桶陳樣品 40%

氣味：淡淡的綠意，帶有芹菜及青草味；後頭是溫暖的麥芽糊甜味。加水後有花香和萊姆味；年輕而乾淨。

口味：甜美、優雅，具蜂蜜味，還有一點羅勒、糖漿，跟一些杏仁味。

尾韻：優雅、短促。

結論：乾淨而精緻。

最後之山私藏珍選威士忌 45%

氣味：顏色較深，酒精濃郁；花瓣及濃縮水果；少許的蕁麻味。加水後表現出它的年輕，但背後仍具質感。

口味：嘗得到香氣／花香的特質（木槿、草原上的花）；清爽；不甜；結尾有些麵粉味。

尾韻：乾淨而短促。

結論：味道發展得很好。

風味陣營：甘甜小麥型

延伸品飲：最後之山 45%

靜水根莖與桶酒威士忌，二號酒桶 61.3%

氣味：新鮮麵包；杏仁膏、蔓越莓、餅乾麵團，以及些許茉莉味。加水後呈現新鮮無花果味和木桶的淡淡奶油味。

口味：乾淨；新鮮的木桶味；稍微咬口；乾草味；漸濃的酯香。

尾韻：乾淨，略緊實；悠長；以辛香味作結。

結論：精緻，酒齡雖然低，但令人非常期待再陳年後的口感。

風味陣營：芬芳花香型

延伸品飲：Spirit of Hven

世界其他地區

雖然傳統的威士忌產區都在進行創新，但是威士忌愛好者必須看看世界其他地方，才能看到全貌，知道這景象是如何快速改變，也知道新的威士忌業者自問「威士忌是什麼」這個問題問得有多麼深切。

前頁：現在整個歐洲都開始有人在生產威士忌，從庇里牛斯山到多瑙河，從南歐到北歐。

尤其有意思的是看他們如何在不同的基礎下生產。中歐許多威士忌是來自世世代代專精於水果酒蒸餾的技術。大麥（或任何採用的穀類）只是另一項選擇。即使這些酒有時候會少了中段的酒體，卻也開啟一種對大麥（或燕麥、裸麥，或斯佩特小麥）的新的欣賞體會。

在荷蘭，派崔克・瑞丹（Patrick Zuidam）的家傳琴酒知識使得他對於威士忌的處理既古老又特別現代。在製造過程中，他使用別人蒸餾過的回收裸麥。此外，他也試過歐洲各地使用的煙燻法，因為這種方法用在食物上已經有數百年之久：不論是丹麥人用蕁麻、德國和阿爾卑斯山的栗樹、瑞典的杜松，或冰島的樺樹和羊糞。這些變體很重要，不只是因為它們能激起你我之類的異類的興趣，而是因為它們是在挑戰正統。

正如奧地利的雅思敏・海德（Jasmin Haider）所說，「走出自己的路很重要。威士忌有千百種，正如同人的喜好也各自不同。創新也是重要的。首先，一個創新的構想可以產生出偉大的事物，而等到我們已經成熟了，也會需要創新的驅策力，確保我們一直在往前邁進。如果你把新的構想往前推進，這表示你夠勇敢，也有守成的能力。稍微有點瘋狂不會怎麼樣！」

創新是有必要的，因為這些威士忌不能和蘇格蘭威士忌競爭，也不應該去比較。品飲這些威士忌的樂趣在於，它們真正展現出威士忌的新做法，無懼於嘗試新的事物——不是把蘇格蘭威士忌當成敵人，而是了解到在它的霸權之下，不得不追求其他選擇。

同時，這些新威士忌要能賣得出去，因此必須有最高品質，也必須有最高的一致性。當然，我們應該給早期的產品一些寬容，但終究一個蒸餾師必須讓他的酒配得上他要的價位。蒸餾商得到的評價不是奠基在你買的第一瓶酒，而是要看你會不會一而再再而三地回來買它的酒。

這就表示它的酒不能只是「有趣」而已，還要讓人欲罷不能，它必須能說出一個和它的鄰居不一樣的故事。這個故事不能靠編造，而必須是誠實、坦白、能讓人思考的。這是更困難的事，因為它們沒有製造威士忌的傳統——背後沒有東西可以支撐它。新的蒸餾者都是開拓者，都是赤手空拳面對一切。

新的蒸餾者用每一桶酒來學習，這也表示當他們出錯時只能坦然接受錯誤，而且最好從頭再來一遍，而不是打著創新的大旗當做失敗的藉口。他們永遠在尋求一致性（這在單桶的情況下很難做到）、個性，以及如何提高價位又能讓消費者買單。正如一位蒸餾師告訴我的：「有些大牌子可以賣到 50 歐元，如果你想賣到 100 歐元，品質一定要更好！」

幸好，繼起的威士忌當中的佼佼者的確就是這樣。它們不是蘇格蘭威士忌、或波本、或愛爾蘭威士忌。不應該拿來跟這些酒比較。它們是新的，令人激賞。而且沒錯，有時候也有點瘋狂。請務必試試看。

布雷康山脈的壯闊景致庇護著威爾斯唯一一家威士忌蒸餾廠：潘德林（Penderyn）。

歐 洲

歐洲

▼ 蒸餾廠

N

| 0 | 英里 | 400 |
| 0 | 公里 | 400 |

法羅群島

雪特蘭群島

挪 威 海

瑞 典

挪 威

奧斯陸

維納恩湖

斯德哥爾摩

韋特恩湖

北 海

丹 麥

厄蘭島

波羅的海

哥本哈根

漢堡

易北河

柏林

波 蘭

德 國

布拉格

捷克共和國

大 西 洋

愛爾蘭

都柏林

Lakes

英 國

St. George's

見小圖

荷蘭

阿姆斯特丹

Penderyn

Cotswolds

Adnams

倫敦蒸餾廠
東倫敦酒業公司

Hicks & Healey's

Claeyssens

布魯塞爾

比利時

盧森堡

法蘭克福

萊茵河

Northmaen

巴黎

Warenghem

Glann ar Mor

Menhirs

Kaerillis

羅亞爾河

Pays d'Othe

Grallet
Dupic

Hepp, Bertrand

Elsasser
Meyer

Holl

Revermont

Rouget
de Lisle

伯恩

瑞 士

列支敦斯登

維也納

奧地利

布拉提斯拉

斯洛

Balthazar

Brunet

Michard

法 國

波爾多

加倫河

Castan

土魯斯

庇里牛斯山

安道爾

摩納哥

科西嘉

Mavela

阿爾卑斯山

Domaine des
Hautes Glaces

埃布羅河

羅馬

義
大
利

聖馬力諾

布達佩斯

匈牙利

盧比安納

斯洛維尼亞

札格雷布

克羅埃西亞

貝爾格勒

波赫

塞拉耶佛

蒙特內哥羅

波德里查

科索沃

地拉納

阿爾巴尼

斯洛

比斯開灣

斗羅河

Distilerias
Y Crianzas
del Whisky

塞戈維亞

葡萄牙

里斯本

馬德里

西班牙

巴塞隆納

瓜達基維河

格拉納達
Liber

巴雷亞利群島

薩丁尼亞

地

中

海

西西里

馬爾他

芬 蘭

奧涅加湖

拉多加湖

俄 羅 斯

赫爾辛基

塔林

愛沙尼亞

里加
拉脫維亞

立陶宛
紐斯

明斯克

白俄羅斯

莫斯科

基輔

聶伯河

烏 克 蘭

摩爾多瓦

爾巴仟山脈

基希涅夫

羅馬尼亞

布加勒斯特

多瑙河

保加利亞

索菲亞

比耶
頓

雅典

克里特島

伏爾加格勒

羅斯托夫市

Praskoveyskoye

克拉斯諾達爾

黑 海

喬治亞

亞塞拜然

亞美尼亞

哈 薩 克

裏 海

伊 朗

伊斯坦堡

安卡拉

土 耳 其

尼科西亞

塞浦路斯

貝魯特

大馬士革

巴格達

敘利亞

伊拉克

奶與蜜

安曼

耶路薩冷

以色列

約旦

北 海

Leeuwarden

Den Helder

Groningen

Us Heit

荷 蘭

阿姆斯特丹

海牙

Vallei, 魯伊斯丹

Gorter, 席丹

Ultrecht

德 國

Kampen

布拉尼森

鹿特丹

恩荷芬

萊因河

安特衛普

根特

瑞丹

巴勒納紹

Filliers

Het Anker, 梅赫倫

Rademacher, 拉倫

戴因澤

布魯塞爾

貓頭鷹
奧洛涅

列日

里爾

格拉斯

比利時

法 國

盧森堡

Diedenacher, 耐德道文

盧森堡

英里

公里

英格蘭

聖喬治蒸餾廠 • 諾福克，東哈林 • www.englishwhisky.co.uk • 全年開放／艾德南斯銅屋蒸餾廠 • 紹斯沃德 • www.adnams.co.uk • 開放日及詳情請見網站／倫敦蒸餾廠公司 • 倫敦西南 11 區 • www.londondistillery.com ／湖區蒸餾廠 • 坎布里亞，巴森斯威特湖 • www.lakesdistillery.com

在肥沃的東英吉利平原上有兩家蒸餾廠不該是什麼驚人的事。但比較有意思的是，兩家蒸餾廠都是新的。事實上，英格蘭從來不是很熱衷製造威士忌，雖然倫敦、利物浦和布里斯托在 19 世紀就有大型蒸餾廠營運，英格蘭的國民烈酒一直都是琴酒。

2006 年，約翰和安德魯 • 內爾斯特洛普（Andrew Nelstrop）兩位農夫在諾福克創立聖喬治蒸餾廠（St George's），情況開始改觀。英格蘭威士忌是什麼，這個問題是蒸餾師大衛 • 菲特（David Fitt）從 2007 年起就一直設法界定的。

這個廠很袖珍：一座 1 噸重的糖化槽、三個發酵槽和兩座佛賽蒸餾器（Forsyth still）。發酵時間長而且是低溫，以積聚酯類。蒸餾器有下斜的林恩臂，蒸餾出涓滴細流，製造出甜而有輕柔果味、層次美妙的新酒。

這一切看起來似乎很正統，直到菲特打開倉庫，拿出樣品，這時他作為啤酒釀造師的訓練就派上用場了。這裡有一款「穀類威士忌」，是由發芽大麥、焦糖麥芽（crystal malt）、巧克力麥芽、燕麥、小麥和裸麥製成，在全新橡木桶裡熟成；一款三次蒸餾的泥煤麥芽威士忌；還有馬德拉和蘭姆酒桶。「我們可以做跟蘇格蘭不同的事，」他說。「這裡沒有限制。就算他們要我做很瘋狂的成品，我也可以做！」

往東 72 公里的紹斯沃德（Southwold）也是同樣的心態，當地的啤酒廠艾德南斯（Adnams）也加入英格蘭的威士忌聯盟。在這裡，啤酒釀造的專技運用在威士忌酒的製造上。他們用他們自己的酵母、做出清澈的麥汁、在溫控的發酵器皿裡發酵三天，得到 52% 的酒精度。兩種威士忌配方——百分之百的發芽大麥和大麥／小麥——通過一個麥汁分離塔，再注入有固定隔板的罐式蒸餾器中。新酒酒精度最近才被降到 85%。「88% 的太乾淨了，」蒸餾酒師約翰 • 麥卡錫（John McCarthy）說。「只要把那些強度下降，就可以得到更多的同源物。」

那種「有什麼不可以？」的態度也出現在這裡。以美國和法國橡木做的哈度（Radoux）葡萄酒桶盛放了兩種穀物配方，啤酒被蒸餾成 Broadside 烈酒，而一種裸麥威士忌正在陳年。英格蘭裸麥威士忌？「當然！」麥卡錫說。「我們可以做任何想做的事！」

英格蘭起步晚的威士忌產業並不限東部。2014 年，經過一百年的空白之後，倫敦再度有了一座威士忌蒸餾廠，位於泰晤士河岸一處碼頭邊的新開發區中。「我們的計畫是回到 1903 年，看看單一麥芽烈酒在倫敦製造烈酒的時期是什麼樣子，」倫敦蒸餾廠公司（The London Distillery Company）總裁／蒸餾師達倫 • 魯克（Darren Rook）說，「我們先從最古老的大麥和酵母種類開始，然後十年十年地往前推進。在這過程結束時，我們會仔細調整，找出哪種組合可以給我們最能反映倫敦特色的單一麥芽烈酒。我們要製造出倫敦威士忌。」這個地點很重要。「這裡有豐富的傳統，」魯克說。「喬叟在 1390 年代就寫過『蒸餾麥汁』，可是一般人仍然認為威士忌是出自蘇格蘭。我們這裡有蒸餾廠，生產各種酒。我們正在復興一項古老的傳統。」

回到東英吉利，聖喬治創立時是沒有窗戶的，因為內爾斯特洛普聽說湖區正在建一座蒸餾廠。那個計畫後來無疾而終，但是在本書寫作的同時，另一個坎布里亞的夢想已即將成真。在顧問艾倫 • 路德佛（Alan Rutherford）的建議下，湖區蒸餾廠（Lakes Distillery）正在嘗試用像茹瑟勒蒸餾廠那樣的可交換式鋼銅冷凝器製造出不同的個性。「能夠做蘇格蘭人不能做的事」這句話再次從老闆保羅 • 克里（Paul Currie）口中說出。「不過呢，我們也不想實驗過了頭，」他加上一句。「因為那會讓人弄糊塗了。也許我們每年會有個『瘋狂 3 月』，看看我們能做什麼。」

這是很普遍的想法。菲特說：「英格蘭威士忌是任何人所希望的樣子。我不想要英格蘭威士忌只有單一的特色，我希望每座蒸餾廠都有一種特色。」對魯克而言，他所擁有的不只是製酒的許可，還有發問的許可。再加上西部蒸餾廠 Healy & Hicks 的康瓦爾威士忌（見下方 H&H）目前也正在靜靜熟成當中，看來英國終於漸漸成為一個威士忌國家了。

英格蘭品飲筆記

H&H 05/11 桶陳樣品 59.11%

氣味：清淡，烘烤橡木味，有淡淡的堅果味，背景有一絲香甜的蘋果白蘭地酒味。清新，但有深度，還有像蜂蜜酒的蜂蜜香味。

口感：溫柔的蜂蜜味，帶有加熱水果、漿果和蘋果味。平衡頗佳。很有利口酒的感覺，帶有一種幾乎是像班尼迪克丁（Benedictine）香甜酒般的藥草感。

尾韻：梨與香料。

結論：味道很快聚攏。

EWC 多穀物 桶陳樣品（強度不明）

氣味：甜且濃郁，有護木油混合奶味太妃糖和淡巧克力的氣味。

口感：先是以巧克力為主，之後是檀香木、鮮奶燕麥、雲杉芽和淡淡油味。

尾韻：長而輕柔。

結論：輕重不一的烘烤味、燕麥、小麥和裸麥的混合。絕不是蘇格蘭威士忌！

愛德南斯，Spirit of Broadside 43%

氣味：芳香，帶有深色水果、泡軟的葡萄乾、燉煮西洋李的氣味。加檸檬的烘焙茶。麥芽味。

口感：厚實、水果味的衝擊，並有櫻桃口味的 Tunes 喉糖、西洋李及黑醋栗。有重量，中間展現些許肥厚感。

尾韻：帶有淡淡橡木味的甜。

結論：份量足。是一個有趣的可能方向。

風味陣營：水果香料型

延伸品飲：Armarik 二次熟成、Old Bear

威爾斯

潘德林 • www.welsh-whisky.co.uk • 全年週一至週日皆開放

對於一間新的蒸餾廠來說，找出自己的風格一向是一件有趣的哲學探險。你的參考點是什麼？你是遵循前人走過的路，還是拒絕採用鄰居的做法，自己開一條新的路？當你已經有這些指標，要找到自己的聲音都還這麼困難……那麼當你真正得靠自己的時候該怎麼辦？十年前，威爾斯威士忌公司（The Welsh Whisky Company，WWC）在布雷康山脈國家公園建立潘德林蒸餾廠（Penderyn Distillery）時，面對的正是這個問題。你可以想像得到，沒有其他的威爾斯威士忌與之比較，這既是可怕的挑戰，卻也是一種自由。威爾斯威士忌是什麼，他們說了算。

比方說，明明附近就有 Brains 啤酒廠，可以根據他們的特別要求提供麥芽汁，他們為什麼還要就地去磨碎、糖化和發酵？他們會說，好處是啤酒廠是酵母專家，而 Brains 的酵母給啤酒增添了它自己的充滿果味的性格。

他們也不用裝設像蘇格蘭那樣的罐式蒸餾器。公司轉而採用大衛 • 法拉第博士的設計，那是一個大罐子，連著一座精餾柱（rectifying column），讓酒液可以通過一次就製成。精餾柱分成兩個部分，因為以它的原本高度，若是建造一座蒸餾室，那麼這房間的高度會違反建築法規。

第一座精餾柱有 6 個隔板，第二座有 18 個。烈酒是在第七面隔板收集，任何升到這裡以上的蒸汽就會回流到第一座精餾柱和罐中。一方面，它是一次蒸餾；另一方面，又有多重蒸餾在進行。2500 公升的酒汁，可以蒸餾出 200 公升風味集中、有佛手柑和苔癬香味的花香型新酒，酒精度介於 92% 和 86% 之間。

2013 年，酒廠又設置了一座新的法拉第蒸餾器和兩座新的罐式蒸餾器，這不僅能增加產量，更擴大了生產出來的酒液風格。還有一個糖化槽的計畫也正在進行中。生產是由勞拉 • 戴維斯（Laura Davies）和艾斯塔 • 尤克尼維西修（Aista Juknevicicute）兩人負責，而熟成是由 WWC 的顧問吉姆 • 史旺博士（Dr. Jim Swan）策畫，他是木桶管理大師。傳統再次在這裡不當一回事。標準的潘德林威士忌（這些品牌沒有一個標示年份，也沒有人抱怨）是盛裝在波本桶中陳年，最後用馬德拉桶過桶。雪莉桶款是 70% 的波本桶和 30% 的雪莉桶，另外還有泥煤款，它的出現很偶然。

原本用意是絕對不要讓煙燻味進入威士忌酒中，而對二次充填桶（從蘇格蘭進口）的規格要求就是這些木桶之前不能盛裝有泥煤味的麥芽。不過有些這種木桶卻偷偷混進來了。這批威士忌以一次性產品裝瓶出售，卻全數賣光，這款酒自然成為正式產品之一。

本書寫作時，潘德林仍是威爾斯唯一的蒸餾廠，不過這裡遲早一定會被威士忌業者看上。

威爾斯品飲筆記

潘德林，新酒
- **氣味：** 濃郁香甜。有 Chypre 香水（佛手柑和柑橘水果氣味）的香氣。薄荷和樅樹味，並帶有茉香的主要氣味。
- **口味：** 純酒喝來辛辣，但加水後有花朵的韻味，玫瑰、新鮮柑橘類水果、綠色水果，之後有一點穀物的脆度。
- **尾韻：** 豐腴但乾淨。

潘德林，馬德拉桶 46%
- **氣味：** 乾淨香甜的橡木、松樹和香草味。春天的樹葉／綠色樹皮。後方有淡淡李子味。
- **口味：** 多汁而乾淨，有大量的杏桃和辛辣橡木味，漸漸緩和成為「仕女伯爵茶」味。
- **尾韻：** 乾淨且有薄荷味。
- **結論：** 新酒的青澀感化為柔和，帶著平衡的橡木味持續。

  風味陣營：芬芳花香型
  延伸品飲： Glenmorangie The Original 10 年

潘德林，雪莉桶 46%
- **氣味：** 金色。和標準款有清楚的區別。這次有麥麩、還有柑橘水果果皮、淡淡堅果和香甜的乾果（椰棗／無花果）味。加水後有些蔓藤花朵味。
- **口味：** 有新酒的花朵韻味，並且加深。和標準款比起來同樣多汁，不過水果味比較像燉煮過。
- **尾韻：** 無花果味，香甜。
- **結論：** 輕盈的酒液，但和一種複雜的橡木主導的風味得到一種平衡。是新酒個性的另一種嘗試。

  風味陣營：豐富圓潤型
  延伸品飲： The Singleton of Glendullar 12 年

法國

格蘭阿默 • 拉摩－普勒比昂 • www.glannarmor.com ／瓦倫海姆 • 拉尼翁 • www.distillerie-warenghem.com ／ Distillerie des Menhirs • 普洛默蘭 • www.distillerie.fr/en/distillerie ／ meyer 歐瓦茲 • www.distilleriemeyer.fr ／ Elsaaa • 奧貝奈 • www.distillerielehmann.com ／ Domaine des hautes glaces • 隆河阿爾卑斯 • www.hautesglaces.com ／ Brenne • 干邑區 • www.drinjbrenne.com

任何對法國新一代威士忌廠（現在已經有 22 家）的討論，或早或晚都會提到這個國家的蒸餾酒傳統。法國專精於葡萄類烈酒（干邑、雅瑪邑）、水果酒（蘋果白蘭地）、源自古老藥水的藥草蒸餾酒（蕁麻酒、苦艾酒）、給工人解渴的烈酒（茴香酒）、餐後的利口酒等。

　　我們可以合理地感到疑惑，有這麼豐富的酒種，為什麼還要考慮生產威士忌？而另一方面，我們也可以同樣合理地這樣問：為什麼不行？只要再加上一種穀物烈酒，就全部都有了。不管怎麼說，法國是一個喝威士忌的國家。法國人喝掉的蘇格蘭威士忌比干邑白蘭地多。

　　在這裡，你會比在任何地方都要深入地探索風土的概念，也就是產物和地方在哲學上的關聯，但是若認定有一種統一的法國威士忌風格，卻又太危險了。「說這種話就像是說有一種東西叫做『法國葡萄酒』一樣，」格蘭阿默（Glann ar Mor）的尚·東奈（Jean Donnay）說，「而實際上有的卻是波爾多、布根第和隆河，還有亞爾薩斯的葡萄酒和香檳。」

　　如果沒有共同的方法，那麼可不可能有一種地區性的風格，能夠幫助定義──比方說──布列塔尼威士忌有別於亞爾薩斯的威士忌呢？「沒有，」他說。「布列塔尼有四家酒廠，生產出四種非常不同的威士忌。」

　　東奈的酒廠在北布列塔尼海岸的普勒比昂（Pleubian），離海 120 公尺，酒廠或許很新，但是它卻把古老的製造威士忌技術用在現代的熟成製程中。直火、慢速蒸餾的蟲桶，給予新酒質地和味覺重量，酒液在一次裝的波本桶和舊梭甸白酒桶中陳年（東奈是全球第一個運用後者的人）。

　　他現在正在探究溫和的海洋性氣候對大麥的影響，而已經把酒廠前方麥田採收的兩季大麥就地進行地板發芽。「如果你問大麥的地點有沒有關係，那麼答案是有，有關係！」他說。「新酒有更多的泥土和穀物的個性。」

　　他的兩款威士忌 ── 無泥煤的格蘭阿默和煙燻味的 Kornog ──繼續在微妙的變化，兩者都結合了飽滿的口感和激爽的清新及分明的鹹味。

　　東奈的目標是製造凱爾特（Celtic）威士忌，因為有了格蘭阿默，現在已經可以串成蘇格蘭、愛爾蘭、威爾斯──和康瓦爾（加里西亞的蒸餾廠在哪裡？）──這條威士忌鍊；他目前正在艾雷島上建造葛特布雷克（Gartbreck），進一步鞏固他這項個人計畫。

　　位在拉尼翁（Lannion）的瓦倫海姆（Warenghem），是他最近的鄰居，也是布列塔尼最古老的蒸餾廠，它的 WB（Whisky Breton，意思是「布列塔尼威士忌」）調和威士忌是 1987 年上市，一年後法國第一款單一麥芽威士忌 Amorik 跟進。近年來由於對橡木的投資，品牌配方更新重新，有了極大的改進。

　　如果這兩者都以蘇格蘭為典範，那麼曾經當過數學老師的吉勒拉（Guy le Lat）在普洛梅林（Plomelin）創立 Distillerie des

Menhirs 時，就是深深以布列塔尼的在地穀物為本。他選中的穀物（其實是一種草）是蕎麥。蕎麥在布列塔尼的平民菜餚之一的鹹可麗餅（galettes）中最常見到。勒拉很快就發現，和蕎麥比起來，連裸麥都算容易的了，因為蕎麥會在糖化槽裡變硬。不過他不屈不撓持續堅下去，因而造就出辛辣、鮮活、複雜的成果。在南邊貝勒島（Belle-Île）上的 Kaerlis，則和這三間蒸餾廠共組成布列塔尼的蒸餾廠四重奏。

　　亞爾薩斯的五座蒸餾廠中，倒是沒有凱爾特風格的產品。這一帶有悠久的蒸餾水果酒傳統，因此，它們和東邊內地生產的威士忌在純淨的個性上更相似：較輕盈、略帶水果味、樸素。這裡的焦點是在穀物，木質則扮演一個背景角色。

　　位在歐瓦茲（Hohwarth）的 Meyer 是最大的生產者，從 2007 年開始生產威士忌，如今包含調和威士忌和麥芽威士忌；而 Elsass

品牌則是從 2008 年便由奧貝爾奈（Obernai）的雷曼（Lehmann）家族生產，這個家族從 19 世紀中期就在生產蒸餾水果酒了。他們的方法現今延伸到熟成也只用法國白酒木桶（波爾多、梭甸和萊陽丘）。要知道當地葡萄酒桶的效果，可以去找余柏拉克的 Hepp 出產的蒸餾酒，由丹尼斯・漢斯（Dennis Hans）裝瓶，掛著 AWA 牌子的酒。

任何對法國威士忌的概述，都會說到許多的手法和風味。在科西嘉，Pietra 啤酒廠和 Domaine Mavela 的葡萄酒莊／蒸餾廠合力生產了幾款全球絕佳的香味威士忌（scented whiskies），這些威士忌讓人感覺像是一種以大麥為基底的蕁麻酒，先放在之前陳放過瑪姆西（Malmsey）酒和帕特里莫尼歐（Patrimonies）的小粒白麝香葡萄酒的兩種木桶裡熟成，再倒入「生命之水」白蘭地桶中熟成。

Michard 也生產類似的高度芳香口味，這主要是因為使用了一種獨特的釀酒酵母。而陳年的程序，可想而知，是在取自酒廠四周的利穆贊森林裡的橡木製造的木桶中進行。

在佛瑞德・賀沃（Fred Revol）和傑瑞米・布利登（Jeremy Briden）的想法中，風土是最重要的，他們的 Domaine des Hautes Glaces 位於隆河 – 阿爾卑斯山區的 900 公尺高處。酒廠成立於 2009 年，使用當地種植的有機穀物、法國橡木桶和當地用栗樹木材煙燻的傳統。

「我們的方法是納入法國人天生對發麥芽、發酵、蒸餾和箍桶的了解，重新詮釋在威士忌上。」賀沃說，「我們盡一切努力將酒液和土壤相連。我們位在高處，氣候也不同，穀物在火山土混雜石灰岩的地方生長。如果我們在海邊，用完全相同的方式，製造出來的酒也不會相同。」

我試探性地提到把大麥當成水果的理論，卻引來熱切的同意。「我們把穀物當成乾燥水果，」賀沃說，「所以我們的烈酒有明顯的花香和水果味。」這也是不要過度在意產量才能達到的結果。「如果我們酒汁裡沒有酒精，我們還有更多的酯，能幫助展現穀物的特色。」一款在恭得里奧（Condrieu）桶裡陳年的精采裸麥酒，顯示這種方法的極致成果。

如果說法國蒸餾酒之間有哪個一貫的特點，那就是他們對木頭的運用都很溫和，就像在釀造葡萄酒時，橡木的作用是支持酒體結構，而不是作為風味的主要來源。「如果我們每樣東西都是從土壤而來，我們就不用再煮香草了。」賀沃說。

在干邑製造威士忌，或許像是異端的行為，不過布魯內（Brunet）家族從 2005 年起就在干邑生產的停工期蒸餾穀物，並且用來招待親朋好友。若不是來自紐約的威士忌推動者愛麗森・帕陶（Allison Patel），這裡的威士忌不會受到注意。用愛麗森自己的話說，她是「對非傳統國家生產的威士忌愈來愈狂熱。」

在成立自己的公司將這些酒進口到美國後不久，她得知布魯內家族威士忌的事。「我覺得很訝異，」她說，「蒸餾器（布魯內家

凱爾特精神上的兄弟：布列塔尼海岸線上蒸餾廠愈來愈多。

族用的是「夏朗德蒸餾器」，alembic Charentais）和酵母（一種葡萄酒酵母）有助於把水果味往前帶。」她唯一更動是熟成方式。「他只把酒放在利穆贊的新桶中陳年，而我在想，如果把酒拿出來，放在很老的木桶裡熟成，不曉得會是什麼樣子？」（這是標準的干邑熟成方式）。如今 Brenne 品牌就是遵照這個模式。

「也許法國風格是一種兼容並蓄的風格，」佛瑞德・賀沃說，「或許就是因為沒有傳統。」

法國品飲筆記

Brenne 40%

氣味：輕盈，有甘甜水果味、一點優質的蘋果醋、糖煮李子蜜餞和些微法國糕點味。干邑般的花果鮮味，還帶有成熟梨、葡萄皮味，加水後還有芹菜氣味。

口味：立即能感受到椰子和融化的白巧克力味道。香甜，之後是香蕉船味道。會愈來愈香甜。加水後能讓香甜水果和一些甘草味出現。

尾韻：溫和而甘甜。

結論：能讓人感覺到新橡木味道，不過這明顯是一種干邑吸收了威士忌的結果。

> **風味陣營：水果香料型**
> 延伸品飲：Hicks & Healey

Meyer's, Blend 40%

氣味：香氣提升。濃濃葡萄味，也讓人聯想到麝香葡萄酒。蜂蜜味。聞起來幾乎是黏膩的，有十足的水果香。

口味：濃濃的香草醛味。到後面有一點干澀。合宜的長度。

尾韻：短。

結論：香甜但有趣。

> **風味陣營：水果香料型**

Meyer's Pur Malt 40%

氣味：清淡，最先引出穀物味。麥芽穀倉味和些許接近打火機味的酚味。加水後有花園薔薇味。

口味：甜而收斂，有長度和意想不到的深度。到最後，當穀物味道退去後，會有微微的艱澀。

尾韻：烘烤穀物。

結論：較有中歐風味，還有輕盈的穀物味顯出。

> **風味陣營：麥芽不甜型**
> 延伸品飲：JH 單一麥芽

Lehmann Elsass，單一麥芽 40%

氣味：乾淨，有一些穀類氣味。含蓄，有微微的自行車內胎味，然後是蜂蜜味。甜，有水果味，但主要是穀類味。

口味：甜味持續，有一些糖漿和黃色水果味。乾淨，有很淡的橡木味。

尾韻：龍蒿和杏仁軟糖

結論：這種風格的輕盈需要口感的重量和橡木幫助。

> **風味陣營：麥芽不甜型**
> 延伸品飲：Liebl, Coillmor 美國橡木

Lehmann Elsass，單一麥芽 50%

氣味：龐大也較飽滿，些許乾果、黑櫻桃。有更多橡木味和物質，較干澀。仍然是有堅果味的結構。

口味：淡淡芳香，些許酒漬櫻桃、杏仁軟糖；有揮發性。感覺很年輕。回復到蜜思嘉葡萄酒的香甜。加水後帶出更多巧克力味。

尾韻：果香

結論：展現更多甜味，但風味和威士忌酒仍然在熟成當中。

> **風味陣營：水果香料型**
> 延伸品飲：Aberlour 12 年、Teerenpeli Kaski

Domaine des Hautes Glaces S11 #01 46%

氣味：濃郁的花香和幽微的果香。白色水果和乾爽的亞麻布──微微的澱粉漿味。一段時間後，有乾草和草地花朵氣味。

口味：柔和的威廉斯梨（Williams pear）和蘋果。集中，但仍然有年輕時的酸爽架構，然後是花朵和香甜的草味、淡淡礦物味。

尾韻：乾淨、甜美，淡淡茴香和異國香料味。

結論：有形體。中間會變得飽滿。有很好的潛力。

> **風味陣營：芬芳花香型**
> 延伸品飲：Kininvie 新酒、Teslington VI 5 年

Domain des Hautes Glaces L10 #3 46%

氣味：似青草及乾草味。內斂及涼爽。比 S11 稍平實些，而有更多的穀物、岩石和泥土味。

口味：清淡而細緻，些許花香再次顯出。苦艾和白芷，甚至還有一絲薰衣草味。

尾韻：緊實。

結論：年輕，但有潛力。

> **風味陣營：芬芳花香型**
> 延伸品飲：Mackmyro Brukswhisky

Domaine des Hautes Glaces Secale 裸麥威士忌，在恭時里奧桶中陳年 56%

氣味：異國味、香水味，有來自維歐尼白酒（Viognier）木桶的豐腴，而被來自裸麥的香料味所打斷。烘焙的楹梓。細緻，微微帶有酚味。

口味：甜而像花園一樣，但更有濃濃香料味，有極微的焦油和胡椒味，然後是薄荷。有柔滑長度，一點點茴香，接著透出葡萄酒桶的厚實味。

尾韻：悠長，有果香

結論：已經達到平衡

> **風味陣營：辛辣裸麥型**
> 延伸品飲：Yellow Spot

Warenghem Armorik 二次熟成 46%

氣味：濃厚，有些煮水果的味道。淡淡酚味，還有些濃縮咖啡、西洋李、一點穀物味。

口味：滑潤順口，有很好的深度。獨特，有李子、煮蘋果和協調的橡木味。

尾韻：中等長度及果香

結論：比輕盈、大麥突顯的標準款酒液更為濃郁。更豐腴，更多重量，是往前邁進的一大步。

> **風味陣營：豐富圓潤型**
> 延伸品飲：Bunnahabhain 12 年

格蘭阿默 Taol Esa 2 Gwech 2013 46%

氣味：柔和、年輕、乾淨、有酵母味和酯味。鮮味瀰漫。

口味：濃郁，十分厚實。黏膩，展現「蟲桶」和直火的作用結果。白色果園的水果香，淡淡鹹味。

尾韻：新鮮，柔和。

結論：是此系列中無泥煤的變體。年輕，但令人印象深刻。

> **風味陣營：芬芳花香型**
> 延伸品飲：Benromach

Kornog, Taouarc'h 48.5%

氣味：非常輕柔的煙燻味，有明確的海洋氣息。糖杏仁、蘋果。威廉斯梨。

口味：有鹹味，細葉芹和龍蒿；芳香的煙燻味，不錯的中間重量，肉桂，甜餅。

尾韻：樸素的煙燻味

結論：單桶舊波本桶裝瓶。Taouarcôh 是布列塔尼的泥煤。

> **風味陣營：煙燻泥煤型**
> 延伸品飲：Kilchoman Machir Bay, Inchgower

Kornog, Sant Ivy 58.6%

氣味：龐大醇厚，有更多的護木油和一種含臭氧的新鮮味，被葡萄柚味打斷。煙燻味像遠處燃燒的石南，伴隨真正的甜味，而只有隱約的焦油味。

口味：些許麥芽糊味，有活力和勁道。柑橘味，飽滿。油性。

尾韻：悠長，謹慎的煙燻味。

結論：單桶

> **風味陣營：煙燻泥煤型**
> 延伸品飲：Chichibu The Peated

荷蘭

瑞丹 ・ 巴勒─拿紹 ・ www.zuidam.eu ・ 團體參訪請事先預約

荷蘭威士忌可以說新，也可以說有數百年歷史，要看你從哪個角度看。不妨想一想：威士忌是什麼？是一種以穀物為基底、以木桶熟成的蒸餾液。荷蘭琴酒（genever）的基底是什麼？是大麥基酒（moutwijn），它是用發芽大麥、玉米和裸麥發酵成麥芽漿，在罐式蒸餾器中蒸餾，之後加入植物成分再蒸餾、混合、熟成的。老式的荷蘭琴酒和最早（加味）的愛爾蘭與蘇格蘭威士忌（蓋爾語稱usquebaugh）是出自同一個家族。

荷蘭現今有三家威士忌蒸餾廠：勒斯登的 Vallei 小酒廠、菲士蘭的 Us Heit 酒廠，以及最具國際知名度的 Millstone 酒廠。後者和荷蘭琴酒的關聯最密切，它是由荷蘭琴酒的釀酒師佛列德 ・ 范 ・ 瑞丹（Fred van Zuidam）在 2002 年創建，座落在巴勒─拿紹村。如今掌理公司的是他的兒子派崔克，產能在過去五年裡已經增為兩倍。

瑞丹是極有天分的釀酒師（他也製造荷蘭琴酒、琴酒、伏特加和水果利口酒），他的方法是先用風車把穀物碾磨，糖化成濃粥狀的麥糊，再送進溫控的發酵器，以不同的酵母菌株給予延長時間的發酵。蒸餾過程也同樣緩慢，是在有雙層鍋和大量黃銅材質的豪斯坦蒸餾器中進行的。

瑞丹的產品線一直在擴大。他也有一款單一麥芽威士忌（帶有泥煤味的變體，雖然他個人不喜歡煙燻味），但他最初引起矚目的產品是口感複雜、辛香味十足的裸麥威士忌。「這是我的得意作品，因為太難做了。」他笑道，「它會起泡──我曾經站在淹到膝蓋這麼高的裸麥漿裡，黏得很。做這種威士忌是在挑戰極限。」

不過還有一項產品令他同樣自豪，混合了五種穀類（小麥、玉米、裸麥、發芽大麥和斯佩爾特小麥）的麥芽漿、發酵十天，在新的橡木桶中熟成。「斯佩爾特小麥賦予威士忌一股嬰兒油的味道，還有小麥的堅果味、玉米的甜味、裸麥的辛香味。混合在一起，到三年的時候剛好是一首最和諧的交響樂。」

在這裡年份這麼低的酒並不常見。他的威士忌通常是先在新的橡木桶裡熟成，之後才轉放進舊木桶，進行和緩的氧化作用，因為

Millstone 酒廠的風車碾磨出成袋的穀粉。

他的烈酒一般內容都很豐富，比較會需要更久的熟成時間，不過每一種還是要依各自的優點來考慮。

「我們有實驗的自由和意願，」他說。「在蘇格蘭，他們每噸原料如果生產不出 410 公升的酒，就會倒大楣。對我來說只要酒好，產量低無所謂。總而言之，要製造出優質的威士忌，一定要能自由去做。」

荷蘭品飲筆記

Millstone 10 年 American Oak 40%

氣味：濃濃的加熱香料味，帶有乾橙皮、白芷、松木樹脂和一些花香。氧化的堅果味、耶誕節的濃郁氣味。

口味：厚實、富嚼感，轉為燒焦的橙皮味，然後是純水果味。

尾韻：微苦，增添一種更複雜的元素。

結論：在內斂感和芳香的透明度上幾乎有日本酒的感覺。

風味陣營：水果香料型

延伸品飲：山崎 18 年、響 12 年

Millstone 1999, px Cask 46%

氣味：乾燥的柑橘類果皮味再次展現，氣味混合了葡萄乾、老式的英國橘子果醬、佛手柑／伯爵茶氣味，之後石南般的水果味增添一種柔順的甜度。

口味：厚實而有層次，再深入而成為漿果、乾而飽滿的葡萄乾味，還有一些黑醋栗和櫻桃味。

尾韻：菸草。

結論：極為成熟而內斂。

風味陣營：豐富圓潤型

延伸品飲：Alberta Premium 25 年、Cragganmore 蒸餾廠版

Millstone Rye 100 50%

氣味：在裸麥的生猛鮮活上，有層層華麗的紅絲絨，但仍帶有少不了的香料味，尤其是多香果，蓽澄茄和玫瑰香氣隱約可聞，接著出現鼠李和濃厚的果醬味，之後被薄荷味沖淡。

口味：一開始是辛辣，像是玻璃杯中的賽澤瑞克雞尾酒，之後是清淡的黑櫻桃酒（Maraschino）的櫻桃味、些許緊澀的橡木味，接著是一種柔順的甜水果味，而被乾燥香草和蘋果與漿果味沖淡。

尾韻：有香料味及甜味。

結論：全世界數一數二的裸麥威士忌。

風味陣營：辛香的裸麥味

延伸品飲：Old Potrero、Dark Horse

比利時

貓頭鷹蒸餾廠 • 格拉斯 — 奧洛涅 • www.belgianwhisky.com ／ Radermacher • 拉朗 • www.distillerie.biz

比利時有最多種類的頂級啤酒，也是淵博的釀酒知識寶庫，但是為什麼它卻不能成為威士忌酒家族的一分子呢？它寥寥無幾的蒸餾廠之一：Het Anker，在幾年前就跨出這合理的一步，把它的 Gouden Carols Tripel 啤酒蒸餾成一款威士忌，取了差不多的名稱，陳放四年。這家公司如今已經搬到近安特衛普的布拉斯維德（Blaasveld）一處專門為生產威士忌而建造的地點。

在東邊的拉朗（Raeren），Radermacher 採取不同的方法。這家蒸餾廠已經生產荷蘭琴酒和其他蒸餾酒有 175 年之久，而在十多年前開始生產威士忌酒。它最古老的產品是一款 10 年的穀物威士忌。不過產量最大的是貓頭鷹（The Owl）。從本書上一版發行後，蒸餾師艾第耶 • 布意翁（Etienne Bouillion）已經從格拉斯–奧洛涅中部遷往村莊外的一座大農場。他的舊水果蒸餾器已經半退休，所以他裝設了從羅斯鎮的卡波多拿克蒸餾廠（Caperdonich，見 78 頁）運來的兩座蒸餾器。

地點和設備的改變，並不代表布意翁的製造方法有所改變，如果有什麼的話，也只是使他更貼近在地風土，而這一點對於他的威士忌製作哲學是非常重要的。「部分土地會給予蒸餾時的風味和香氣，」他說，「穀物、礦物都能賦予新而獨特的風味。我收集和泥土相連接的酒精和風味。」他唯一使用的大麥來自酒廠四周一片在地質上具有特殊性的地區。酒廠搬到了產品的源頭。

不過，這些蒸餾器的大小與形狀，和原版的天差地別。「我知道這可以有很大的影響，不過在蒸餾器之後，還有蒸餾師。」布意翁說，「我一向都是用我的鼻子和嘴來決定切取點，而不是用溫度和時間。我花了兩星期時間才把握了各種因素，不過現在酒液沒有多大不同——只是多一點點大麥，不過我讓它有果味和花味。」

放在首次盛裝的美國橡木桶中陳年，是考慮到有必要保留風土的味道，而不要用香草醛（vanillin）的濃香把它掩蓋住。他唯一的問題是要保留得夠久。「我是為了比利時人生產這款『比利時貓頭鷹』，可是我們總是賣到缺貨，所以我還沒有機會陳年夠久。如今有了更大的產能，我就有足夠的產品能滿足需求了。」

也許現在世界其他地方也有機會品嘗到這瓶比利時的蒸餾液了。

列日（Liege）附近的起伏山丘逐漸成為蒸餾活動的中心。

比利時品飲筆記

新酒，Caperdonich 蒸餾器生產

氣味：非常（瘋狂地）富有果香及揮發性。濃郁的花朵味。水蜜桃和燉煮大黃。乾淨但有重量。富含穀物油。

口味：甜，均衡，入口細緻。具成熟、長度和飽滿、豐腴感。

尾韻：溫和。

比利時貓頭鷹，未陳年烈酒 46%

氣味：甜，有些許蜂蜜味，還有水蜜桃核、綠杏桃、水蜜桃花和大麥。

口味：乾淨而輕盈，還有蜂蜜的感覺貫穿。再來是水蜜桃皮。

尾韻：多種花朵和穀物混合。

結論：已經柔順且平衡良好。

比利時貓頭鷹 46%

氣味：輕盈而清新，些微乾草棚味，支撐著鬆軟海綿蛋糕、香草奶油和野花的混和氣味。加水後有一陣杏桃味出現。成熟。

口味：非常滑順而且如絲綢般。有一點辣和薄荷的清涼，轉為甜甜的穀類和含蓄的橡木味。多肉水果。

尾韻：輕柔而有層次

結論：複雜且柔順

> **風味陣營：水果香料型**
> 延伸品飲：Glen Keith 17 年

比利時貓頭鷹，單一桶，#4275922 73.7%

氣味：一開始是重的太妃糖、焦糖和巧克力牛奶軟糖。酒廠個性的成熟減輕了辣度，讓果園水果味散發出來。王李（Victoria plum）果醬。加水後有一些焦糖化的味道，還有隱約的木槿花味。

口味：風味龐大、甜的風格表現。辛辣，有微微的香料味。柔和而豐富的口感，有成熟的香甜水果味。

尾韻：有穀類的韻味

結論：平衡而風味強烈。

> **風味陣營：水果香料型**
> 延伸品飲：Glen Elgin 14 年

Radermacher，Lambertus 10 年 穀物威士忌
40%

氣味：地板蠟和香蕉。酯味，結實，帶一點（粉紅色）棉花糖味。

口味：非常香甜。水果露酒（fruit cordial）、草莓和香蕉。

尾韻：甜。

結論：單純的穀物威士忌。

> **風味陣營：芬芳花香型**
> 延伸品飲：Elsass

西班牙

自由（Liber）• 格拉納達 • www.distilleriasliber.com • 全年週一至週五皆開放

過去許多年來，西班牙都是蘇格蘭威士忌的黃金市場，這個國家向懷疑者證明了年輕人也可以享受威士忌。這個時代，像 J&B、百齡罈和順風這樣的品牌充斥市場，消費者將它們大量倒進裝冰塊的玻璃杯，再加上可樂，似乎提供了一種談論和暢飲蘇格蘭威士忌的新方式。西班牙把這種酒從它那擺滿書籍的書房中解放出來，使得調和威士忌再次變得重要。導致這種西班牙威士忌市場大爆發的因素既多又複雜，不僅不只是時尚，甚至也不只是風味。調和威士忌是新的後法朗哥時代西班牙的一種象徵：這是一種酒，它說的是：「我們是民主的，我們是歐洲的，我們不要老規矩。」

在法朗哥執政的保護主義年代，進口威士忌十分昂貴（據說法朗哥本人非常喜愛約翰走路），一般西班牙百姓可望而不可及。尼可米底斯・加西亞・戈梅茲（Nicomedes Garcia Gómez）就想到，如果喝不到蘇格蘭威士忌，那麼何不就在這裡生產？加西亞早就在經營茴香酒（一種有茴香口味的利口酒）生意，於是在 1958-1959 年間，他就朝著他的願景行動，在塞戈維亞（Segovia）的帕拉瑞羅斯德艾瑞斯瑪（Palazuelos de Eresma）建造一座巨大的多功能蒸餾廠，包含了發麥廠、一座穀物廠和一座六個蒸餾器的蒸餾廠。1963 年，Destilerias y Crianza（DYC）開始營運。由於需求殷切，1973 年，公司買下位於蘇格蘭蒙特羅斯（Montrose）的 Lochside 蒸餾廠，供應所需的調和基底，不過這家蘇格蘭威士忌廠關門後，投資也在 1992 年結束。

DYC（如今隸屬於 Beam Global 集團）仍然是西班牙和「歐洲」（即蘇格蘭）威士忌的一個多國中繼站，雖然去年——第一批烈酒從它的罐式蒸餾器流出後的 50 年——已經生產出一款百分之百的西班牙單一麥芽威士忌了。

不過它並不是西班牙最早的單一麥芽威士忌，第一名是 Embrujo，由位於格拉納達附近的帕杜爾的 Destilerias Liber 蒸餾廠出品。運用內華達山脈溶雪的水，蒸餾是在兩座罕見的平底銅質蒸餾器中進行，而陳年則很合理地用了美國橡木做的舊雪莉桶。這款威士忌的構想出自弗朗・裴瑞格林諾（Fran Peregrino），融合了蘇格蘭的技術和西班牙的影響。「我作出會影響威士忌風格的決定：蒸餾器的設計、陳年木桶的選擇，」裴瑞格林諾說，「但是這當中還有其他元素，是你不能處理的，例如水和氣候。在這裡，寒冬和酷夏輪流交替，這給了我們的威士忌特色和個性。」

由於新世代愛好轉向蘭姆酒，西班牙的調和威士忌市場大幅衰退，但單一麥芽的銷售卻在增加。也許西班牙的蒸餾業者再一次在正確的時間走到正確的地方了。

西班牙最新的威士忌蒸餾廠 Liber，背景是內華達山脈。

西班牙品飲筆記

Liber, Embrujo 40%

氣味：年輕而幾乎有青草的清新，配上豐富、堅果味的淡淡雪莉酒味。Amontillado 雪莉酒式風格。綠胡桃、楊梅（芳香水果，和山竹同種），然後是穀物。加水後有一些麥芽牛奶和太妃糖味。

口味：淡淡烘焙的麥芽味給乾果和堅果味增加了趣味，結果是各種元素融合。乾淨的酒液。

尾韻：清淡，然後是擠出葡萄乾汁液的味道。

結論：仍然年輕，但有長期發展出風味的大膽氣勢。

風味陣營：豐富圓潤型
延伸品飲：Macallan 10 年 雪莉桶

中歐

製造威士忌不是把穀物拿來蒸餾一下這麼簡單。如果要在程序上獲得成功，你必須對於正在製作的產品採取有自覺的決定，方法是運用影響力、經驗、強大的意願，以及——也同樣重要的——必須決定什麼是不需要的。這些過程絕對無法複製，但是它可以接受啟發，而且希望也能對別人產生啟發。

在任何國家，製酒的方式總會被酒精背後的故事渲染，這一點從現在德國、奧地利、瑞士、列支敦斯登和義大利開始嶄露頭角的威士忌中，或許可以看得最清楚。蒸餾廠過去在這些地方很容易被看成一種有趣的怪東西，而今已經超過了 150 家。

那麼，這些威士忌的根源是什麼？最明顯的就是蒸餾水果酒的影響。許多蒸餾廠都是家族公司，在這個領域已經有好幾代的經驗。他們使用的蒸餾器——用隔水燉鍋溫火加熱免得燒焦了濃稠的水果漿——有時候還在頸部裝精餾隔板，生產出一種酒體輕、質地清澈的蒸餾液。

這樣的背景也形成了一套風格上的哲學。原料不只是每公升能產出多少酒精的穀物，而是水果。因此在這種情況下，蒸餾的目標——通常都會有濃稠的果漿——就是設法捕捉到該種水果的精髓。這也讓蒸餾師能夠用更寬廣的眼界看待各種原料：不只是大麥，還有小麥、二粒小麥（emmer）、裸麥、燕麥、玉米和斯佩爾特小麥以及其他。

啤酒文化也扮演了一定的角色，尤其是在德國威士忌上。啤酒釀造師了解不同的燻窯技術、酵母的重要、溫控發酵的效果。葡萄酒產業給了他們最高品質的木桶，還有當地葡萄品種的風味。煙燻

大多是用木料——橡木、接骨木、山毛櫸、樺樹——而不是泥煤。這些是完全不同的條件，因此它的威士忌各不相同也就不足為奇了。

那麼，歐洲的蒸餾酒師更能接受新的觀念嗎？「當然，」義大利的喬納斯・埃本史帕傑（Jonas Ebensperger）說，「即使目標方向是蘇格蘭——和日本一樣——但因為在地條件的關係，你必須去調適、製造出不種口味的產品。」

這種個人化的多樣性，正是奧地利的雅思敏・海德（Jasmin Haider）的中心思想。「我們在 1995 年開始蒸餾時，」她說，「怎麼也無法想像連二十年都不到，威士忌產業就會發展成今天這麼活潑的面貌。多樣性是關鍵字。走你自己的路，永遠是重要的。威士忌的種類，就像人的喜好一樣多。」

不要不耐煩，這一點也很重要。這一點對飲酒者和製酒者都適用。風格是需要時間去醞釀的。而國家風格——如果有這種東西的話——要花的時間還更久。雖然現在旅程才剛出發，但已經很令人興奮了。

德國薩爾邦的裸麥和大麥田。

德國

Schraml • 埃本多夫 • www.brennerei-schraml.de • 預約參訪／Blaue Maus • 艾古思漢 • www.fleischmann-whisky.dev 全年開放／slyrs • 施利爾西 • www.slyrs.de • 全年無休／Finch • 內林根 • www.finch-whisky.de ／ Liebl • 巴克茲廷 www.brennerei-liebl.dev 全年開放，詳見網站／Telser • 列支敦斯登，福斯登圖，特里森 vww.brennerei-telser.com

德國的威士忌歷史沒有一般人以為的那麼晚。Schraml 家族從 1818 年起，就在巴伐利亞城鎮埃本多夫（Erbendorf）製造以橡木陳年的穀物蒸餾酒了，他們是用多種穀類混合的穀物漿加以蒸餾、陳放，再當成一種「白蘭地」（當時用這個詞稱呼任何一種棕色烈酒是很平常的事）來販售。「這種『棕色玉米酒』的出現有可能是為了因應緊急狀況，」第六代蒸餾酒師葛瑞格 • 施拉姆（Gregor Schraml）說，「那個時代，像小麥這種穀物不是隨時都有的，於是蒸餾酒就先存放起來，留待缺貨的時候用。我們不能認定木桶對蒸餾液的改造效果是有意造成的。」

1950 年代，他的父親艾洛伊斯（Alois）想要以 Steinwald Whisky 之名把這種「棕色白蘭地」推到市場上，卻失敗了。「……有可能是因為過於強大的地區性觀念，和市場對德國威士忌少之又少的興趣。」這種酒仍然在蒸餾，但卻是以「農夫烈酒」之名販售。葛瑞格在 2004 年進入公司時，威士忌計畫從頭開始，於是 Stonewood 1818 巴伐利亞單一穀物威士忌上市了，這款酒以舊的利慕贊橡木白蘭地桶陳放十年，這是向過去致意。

此後品項也擴大了，包含一款小麥製、靈感得自啤酒的 WOAZ，它是用 60% 的發芽小麥、40% 的大麥芽，以小麥－啤酒酵母發酵；還有一款「純」單一麥芽，叫做 Stonewood Dra，是在白橡木木桶中陳放三年而成。

巴伐利亞有三百家以上的啤酒廠，釀造上的專長是絕不會少的，因此一位海關官員對羅伯 • 佛萊希曼（Robert Fleischmann）提出一個非常合邏輯的建議，請他試試看拿啤酒麥芽漿來蒸餾。佛萊希曼的 Blaue Maus 蒸餾廠從 1983 年開始營運，使用數種麥芽，先是在原有的專利蒸餾器中蒸餾，自 2013 年起，改在一座使用罐式蒸餾器的新廠進行。

史泰特（Stetter）家族從 1928 年起就在他們的 Lantenhammer 酒廠製造水果烈酒，但是佛洛瑞安 • 史泰特（Florian Stetter）在 1995 年接管酒廠生意後，他前往蘇格蘭一趟，因為按酒廠行銷負責人安雅 • 桑默斯（Anja Summers）的說法，「他發現蘇格蘭和巴伐利亞有數不清的相似處——地景、方言、獨立性。然後他和朋友打賭，說他也可以在家鄉蒸餾出好的威士忌。」

今天他的 Slyrs 威士忌蒸餾廠每年生產 20000 瓶巴伐利亞威士忌。「Slyrs 的一切都是巴伐利亞的，」桑默斯加上一句。「大麥是巴伐利亞的，我們用山毛櫸木去煙燻；我們的水來自山區泉水。」從它所採取的控溫長時間發酵，也可以看出它和啤酒的關聯。

務農的漢斯－葛哈 • 芬克（Hans-Gerhard Fink）在斯瓦比亞（Swabia）的內林根（Nellingen）設立他的 Finch 蒸餾廠，和 Slyrs 同一年。「我是種穀物的，所以特別著迷於穀物蒸餾酒的熟成。」他說。由於只使用他自己的穀物（發芽大麥、小麥、斯佩爾特小麥、玉米，以及古老的小麥變種：二粒小麥），使他得以「讓全部的生產鏈在我的掌控中。」他的經典威士忌是用斯佩爾特小麥製造，以紅酒桶熟成。蒸餾廠版則是六年的小麥威士忌，在白酒桶中陳放，而 Dinkel Port 款也是用斯佩爾特小麥製造。

在捷克共和國邊界附近的巴特克茨廷（Bad Kotzting），葛哈 • 利柏（Gerhard Liebl）的父親是另一個從水果烈酒蒸餾師出發的例子。他的兒子（也叫葛哈）在 2006 年另外開了分公司製造威士忌。雖然乍看之下像是在製造單一麥芽威士忌，但因為它用的是全穀物，以及水果蒸餾器和隔水燉鍋加熱法，所以歸到了巴伐利亞風味陣營。「這種蒸餾設備就是我們有別於其他酒廠的特色之一，」小葛哈說。「以這種方法，我們的目標是在新鮮的穀物蒸餾酒中達到非常高的純淨效果。」

Blaue Maus 蒸餾廠的 Holstein 蒸餾器。

列支敦斯登

列支敦斯登的蒸餾師馬賽爾 • 泰爾瑟（Marcel Telser）因為喜愛蘇格蘭，從水果蒸餾酒的生產者（他的家族事業從 1888 年就開始了）轉為威士忌製造商。他等了八年才開始進入蒸餾作業，因為列支敦斯登 1999 年之前是禁止生產穀類蒸餾酒的。

他在 2006 年開始生產。蘇格蘭也許是他迷戀的地方，但是他的威士忌絕對在他的家鄉土生土長的。「以商業的角度來說，要仿造蘇格蘭威士忌比較容易，但是威士忌明顯是和產區以及它的特點相連的，」泰爾瑟說。因此他採用一些特殊技術，例如使用三種不同的發芽大麥（先分別蒸餾，再混合並陳放）、全穀物發酵，以及在燒木柴的水果蒸餾器中蒸餾，目的是要得到清澈的蒸餾液。「我可不希望喝了兩杯威士忌就頭痛。」他笑道，「我用小心謹慎的方法，製造健康的威士忌！」

這種想法也延伸到熟成，所以他也使用當地的黑皮諾葡萄酒桶，還有瑞士橡木。「這是橡木的一個失落的環節，因為『風土』給予它不同的風味，」他熱切地說起來。「它有一種細微的、礦物質的、幾乎是鹹的特質。」

列支敦斯登面積只有 160 平方公里，它或許是全世界最小的威士忌生產國，但是現在，有了一座年生產量可高達 10 萬公升的威士忌蒸餾廠，它的志氣可不小。

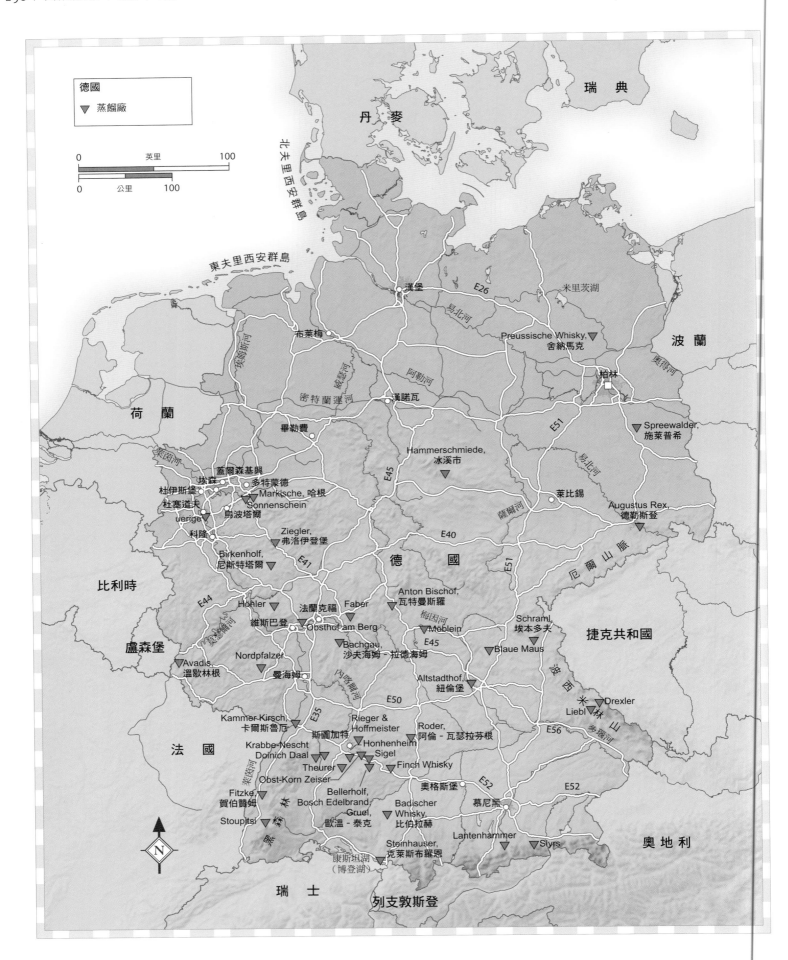

德國
▼ 蒸餾廠

英里
0   100
公里
0   100

瑞典

丹麥

波蘭

北夫里西安群島

東夫里西安群島

漢堡

E26

米里茨湖

易北河

布萊梅

威悉河

阿勒河

奧得河

柏林

荷蘭

漢諾瓦

密特蘭運河

Preussische Whisky,
舍納馬克

畢勒費

Hammerschmiede,
冰溪市

蓋爾森基興
埃森
多特蒙德
杜伊斯堡
Markische, 哈根
杜塞道夫
Sonnenschein
Uerige   烏波塔爾
科隆

Spreewalder,
施萊普希

E51

易北河

薩爾河

萊比錫

Augustus Rex,
德勒斯登

Ziegler,
弗洛伊登堡

E41

Birkenholf,
尼斯特塔爾

比利時

E40

德 國

E51

厄爾山脈

盧森堡

E44

Hohler

維斯巴登

法蘭克福

Faber

Anton Bischof,
瓦特曼斯羅

Osthof am Berg

梅因河

Moblein

E45

Schraml,
埃本多夫

捷克共和國

Bachgau,
沙夫海姆－拉德海姆

Blaue Maus

Avadis
溫歇林根

Nordpfalzer

曼海姆

Altstadthof,
紐倫堡

內喀爾河

E50

Drexler
Liebl

法 國

Kammer-Kirsch,
卡爾斯魯厄

E35

斯圖加特

Rieger &
Hoffmeister

Roder,
阿倫－瓦瑟拉芬根

E56

Honhenheim
Sigel

Krabbe-Nescht
Doinich Daal

Theurer

Finch Whisky

奧格斯堡

E52

E52

萊因河

Obst-Korn Zeiser

Fitzke
賀伯贊姆

Bellerholf,
Bosch Edelbrand,

慕尼黑

Stoupitsi

黑森林

Gruel,
歐溫－泰克

Badischer
Whisky,
比伯拉赫

奧地利

Lantenhammer

Slyrs

Steinhauser,
克萊斯布羅恩

康斯坦湖
（博登湖）

瑞 士

列支敦斯登

N

德國品飲筆記

Blaue Maus，新酒

氣味：清新，微甜。乾穀物和乾草。淡淡的石墨味和一點焦味。很重的麥芽味。

口味：辣，帶點油灰味。

尾韻：烘烤味，辣。

Blaue Maus Grüner，單桶 40%

氣味：牛軋糖和上了蠟磨亮的木頭味。一些樹脂和木材場的個性，後方有藥草和肉桂味。澀口。加水後有淋溼的狗和皮革味。

口味：酸，香氣與酒精味集中，混合了綠色堅果、栗子粉和淡淡香料味——以肉桂和多香果味最明顯。

尾韻：銳利、乾淨。

結論：香氣與酒精味集中，乾淨。

風味陣營：麥芽不甜型
延伸品飲：Hudson 單一麥芽、Millstone 5 年

Blaue Maus Spinnaker 20 年 40%

氣味：非常香，像波本酒。月桂樹（sweet wood）和焦糖。淋太妃糖漿的蘋果和肉豆蔻。仍有些許葉菜味和一種果仁的堅果味。

口味：清淡，穀物味突顯。干澀，堅實，有穀物和橡木的單寧酸結合的味道。

尾韻：淡淡的香料味

結論：乾淨，輕盈。

風味陣營：麥芽不甜型
延伸品飲：Macduff

Slyrs 2010 43%

氣味：非常芳香，果味明顯，微微帶有榅桲、黃李和梨的氣味。隨著熱鋸木屑而來的，是一絲花香。

口味：開始時些微干澀，有一些辛辣和少量木桶影響。黃色、綠色水果味持續下去。乾淨、輕盈。

尾韻：新鮮，酸。

結論：輕盈且酸。仍在發展中。

風味陣營：芬芳花香型
延伸品飲：Telser、Elsass 單一麥芽

Finch，Emmer（小麥），新酒

氣味：香甜，帶有些許嬰兒油味。淡淡穀物味；純淨，但有點分量。

口味：圓潤；混合了細膩和一種活潑的口感。

尾韻：微微變柔順。

Finch，Dinkel Port 2013 41%

氣味：石竹花，果香，還有來自木桶的濃濃影響。覆盆子和淡淡香甜的櫻桃味。斯佩爾特小麥的芳香特質展現出來。

口味：甜，許多新鮮水果；淡淡的黑刺李味。溫和。

尾韻：柔順，溫和。

結論：這是陳放在波特酒中的威士忌。

風味陣營：水果香料型
延伸品飲：Chichibu Port Pipe

Finch，經典 40%

氣味：很甜的糖果味。農展會場的味道：棉花糖、寶寶 QQ 軟糖、萊姆果凍。淡淡的油味（裡面有斯佩爾特小麥和小麥）。加水後出現小熊軟糖味。

口味：柔軟的口感再次出現。加水後多了些穀物味。

尾韻：淡淡灰塵味，濃縮水果味仍然持續。

結論：芳香，強烈。

風味陣營：水果香料型
延伸品飲：JH Karamell

Shraml，WOAZ 43%

氣味：由小麥製成，所以有小麥的純淨和香甜，微微帶有糖味和蛋糕糖霜味。後方有極淡的柑橘水果味——主要是檸檬——還有一種乾穀物的回甘。

口味：甜而有淡淡奶油味。味道分明，有力量，些許柳橙，細膩的木質味。有勁道。

尾韻：奶油味，圓潤。

結論：穀結構明顯，還有小麥細緻的甜味。

風味陣營：甘甜小麥型
延伸品飲：Higwood 白貓頭鷹

Schraml，DRÀ 50%

氣味：細緻，藥草味。當然很年輕，而且正在吸附橡木味的過程當中。香甜蘋果和一些青草味。加水後有一點散開，但是乾淨的烈酒。

口味：烘烤味。回到許多這類酒都有的堅實的穀物支撐。加水後隱含的紅色水果味指出了它大有可為。

尾韻：淡淡胡椒味

結論：橡木桶中陳放 15 個月的結果。

風味陣營：水果香料型
延伸品飲：Fary Lochan

Liebl，Coillmór，美國橡木 43%

氣味：酸爽，穀物味突顯。什錦果麥和玉米片。清淡，怡人，有大麥的甜味。加水後干澀，有乾草堆／穀殼味。有幾分甜度。

口味：奶油味。像撒上巧克力粉的燕麥粥。輕盈的中間口感。綠色蕨類。

尾韻：緊實

結論：相當確定了的風格。

風味陣營：麥芽不甜型
延伸品飲：High West Valley Tan

Liebl，Coillmór，波特桶 46%

氣味：淡粉紅色。果香，還有枸杞果凍、覆盆子味，加水後，些許茴香粉和藥草。一段時間內有香氣。接骨木果。

口味：有土耳其軟糖的甜味。酒精微辣。加水後口感沖淡些，增加一些野生水果味道。

尾韻：乾淨，有淡淡灰塵味。

結論：誘人，開放。

風味陣營：水果香料型
延伸品飲：Finch Dinkel Port

列支敦斯登品飲筆記

Telser，Telsington VI，5 年 單一麥芽 43.5%

氣味：有奶油味的麥芽味，且柔和，還有淡淡的木桶影響的氣味。牛油味十足，但保留了強度。乾蘋果和香甜水蜜桃，綠香蕉。

口味：舌頭有礦物感。使人分泌唾液且強烈；辣。優質的香料和一些柔軟、香甜的水果。

尾韻：淡淡藥草香

結論：均衡，含蓄。

風味陣營：水果香料型
延伸品飲：Spirit of Hven

Telser，Telsington Black Edition，5 年 43.5%

氣味：柔軟，甜，有核果味，幾乎是鹹的。淡淡的有灰塵味的穀物和低量煙燻味。礦物和野生水果。

口味：辣，還有香料、咖哩葉和薑黃味。堅實，醇厚，還有礦物味冒出來。

尾韻：緊實，新鮮

結論：波特酒桶和法國橡木有助於增添一種水果和香料的元素。

風味陣營：水果香料型
延伸品飲：Green Spot, Domaine des Hautes Glaces

Telser Rye，單一桶，2 年 42%

氣味：強烈，有揮發性，帶有一些礦物味。將裸麥較甜、較有香料味的一面純淨的表現出來。淡淡薄荷味。

口味：圓潤，展現幾分柔順的重量。調配得當。樟腦、多香果和粉末。

尾韻：乾淨，緊實。

結論：十分融合。

風味陣營：辛辣裸麥型
延伸品飲：Rendezvous Rye

奧地利／瑞士／義大利

Haider・奧地利，羅根瑞斯・www.roggenhof.at・全年開放，開放日及詳情請見網站／Santis・瑞士，亞本塞・www.saentismalt.com／Langatun・瑞士，朗根塔爾・www.langatun.ch／Puni Destillerie・義大利，格洛倫札・www.puni.com

奧地利製造威士忌的方法，可以由 Reisetbauer 蒸餾廠的伊娃・霍夫曼（Eva Hoffman）一句話道盡，這家蒸餾廠是在 1995 年「為了好好利用自己種的大麥，同時想要做出不一樣的東西」的動機下成立——以他們的情況來說，就是要使用當地的葡萄酒橡木桶，例如夏多內和貴腐甜白酒桶。

來到別的地方，在維也納南方一幢古老的海關建築裡，Rabenbräu 酒廠販售兩款三次蒸餾的麥芽威士忌：老渡鴉（Old Raven）和老渡鴉煙燻（Old Raven Smoky）；而位在紹薩爾區聖尼古拉（St Nikolai im Sausel）的 Weutz 則有許多品項，包括把南瓜子加進麥芽漿裡的「綠豹」（Green Panther）。拉波騰斯坦（Rappottenstein）的 Rogner 蒸餾廠使用的是小麥、裸麥，和烘烤程度不一的大麥；瓦爾德維特（Waldviertel）區東北部的 Granit，則採用煙燻的裸麥、斯佩爾特小麥和大麥。

這些實驗的先驅是約翰・海德（Johann Haider）。他 1995 年開始在羅根瑞斯製作蒸餾酒。第一款「J.H.」裸麥威士忌在 1999 年問市。今天，酒廠和它的「威士忌世界」（Whisky World）每年吸引 8 萬名遊客造訪。2011 年約翰的女兒雅思敏以蒸餾師身分接掌酒廠，她說：「我們是奧地利第一家威士忌蒸餾廠。本地沒有人可以讓我們比較，所以我父親是靠自己動手學會蒸餾技術的。我們想要走自己的路。」

目前裸麥仍然是這裡的主要重點，無論是輕烘焙或重烘焙，甚至加上泥煤，各種方式都用過了。他們也有一款裸麥／大麥混合威士忌，和兩款單一麥芽威士忌，其中之一使用的是不同烘焙度的原料。它採用全穀發酵，和這整個地區的風格一樣。海德的下一步是研究熟成：之前的主流是本地產的重炙烤無梗花櫟（Sessile oak）桶。不斷創新是有道理的。

「明亮感」是 Reisetbauer 的伊娃・霍夫曼特別指出的奧地利風格特點。這個詞也可以延伸到這個快速發展而且迷人的威士忌產區。不但風格明亮，業者的頭腦也很靈光。

由於 1999 年以前瑞士禁止製作穀物蒸餾酒，所以它的蒸餾廠相對來說比較新。最出名的品牌是 Säntis，這是 Appenzell 的 Locher

檢查這些木桶可不可以用來做為熟成的容器時，他們除去了瀝青，發現這些木桶在數十年的緩慢滲透之下，擁有非常飽滿的風味。

埃夫林根（Eflingen）的「威士忌城堡」（Whisky Castle）成立於 2002 年，結合了當地傳統（煙燻橡木桶）、釀造技術（用無頂蓋的發酵桶，以激發酯的香氣）、多種木桶的重新混合，包括栗樹、匈牙利和瑞士橡樹，以及多種舊葡萄酒桶。

Langatun 蒸餾廠的威士忌製程也和釀造技術有關，它是由漢斯・包伯格（Hans Baumberger）在 2005 年成立。他在慕尼黑工作一段時間後返回家鄉蘭根塔爾（Langenthal），創立一家微型啤酒廠。「我的夢想是製造出一種獨立的威士忌，不是仿蘇格蘭威士忌。」他說，「而是以它自己的多面向特色使人折服。」要達到這一點，蒸餾液和木桶一樣重要：它的「老鹿」（Old Deer）是在夏多內和雪莉桶中陳放，而有微微煙燻味的「老熊」（Old Bear）則是在「教皇新堡」的木桶中陳放。

像義大利這麼深愛蘇格蘭威士忌的國家，竟然到 2010 年才有第一家專門的威士忌蒸餾廠，實在令人訝異。現今的 Puni 蒸餾廠是在南提洛爾省格洛倫札（Glorenza）一座搶眼的紅陶土立方體建築裡面。它一開始只是埃本史柏格（Ebensperge）家族的私人嗜好，但

酒廠的蒸餾部門。和它的瑞士同業一樣，熟成技術是它的主要焦點。

Säntis 的獨特之處，除了運用當地的穀物和泥煤外，是使用 60 到 120 年之久的啤酒桶，這些木桶原先是用瀝青從內部封住，當瀝青裂開時，啤酒就會滲進桶板，然後木桶被重新封起來。當蒸餾

很快就成長茁壯。由於溫什加烏谷（Vinschgau Valley）是裸麥之鄉，所以它先用裸麥來試驗，不過以義大利人的口味來說它的風味太強，他們喜歡比較輕盈、比較有果香的個性。

結果它在三年內做出 130 批酒，這期間他們檢視穀物、糖化溫度、發酵時間和蒸餾，最後才確定以發芽小麥、裸麥、大麥作為穀物配方，並且利用二次大戰時的碉堡作陳放的地窖。沒有一件事能逃過這個家族的法眼。在蒸餾時，他們用的不是蒸汽，而是熱水圈管。「我們會看在不同溫度時會如何產生特定的味道，以此訂出一套蒸餾計畫。」蒸餾師喬納斯・埃本史柏格（Jonas Ebensperger）說。

「我們可以在某個固定溫度下蒸餾一段固定的時間。這樣做比較慢，比較精確。這是『低溫烹調』（sous vide）式的蒸餾法！」

該公司推出的第一款威士忌 Alba——大多在馬薩拉紅酒桶中陳放——展現出一種特別高昂的香氣，是一次精采的處女秀。

奧地利品飲筆記

Haider, J.H. 單一麥芽 40%
氣味：乾淨，帶有淡淡的香甜乾草棚氣味。一絲灰塵味，有清淡果香、隱約的香水味。天竺葵，有突顯的穀物味。毛氈味。
口味：甘甜，有一點辛香料的震顫：肉桂、肉豆蔻，和一點丁香。旁邊有干澀感。清淡的口感。乾淨，有淡淡水果味。
尾韻：薑，尖銳。
結論：細緻新鮮。

風味陣營：**水果香料型**
延伸品飲：Meyer's Pur Malt，Hellyer's Road

Haider, J.H. 單一麥芽，Karamell 41%
氣味：胡椒味，草味。有春天的感覺。溫潤泥土和新綠嫩芽。穀物味明顯。許多漿果。
口味：有揮發性，香水味，有更多草花味和小蒼蘭，但也有香料味。是另一款有非常提振精神口味的酒。口感讓人聯想到小熊軟糖。淡淡堅果味。
尾韻：酸，淡淡的烘烤香料味。
結論：干澀的大麥主題與芳香水果混合

風味陣營：**水果香料型**
延伸品飲：Finch 經典

Haider, J.H. Special Rye Nougat 41%
氣味：清淡，非常有奶油味。香甜。有一點距離，但其中有一些烹調用辛香料和綠茴香籽、葛縷子。很吸引人，還有淡淡青蘋果和麵包店味道。
口味：甜而圓潤，帶有一種辛香料的力道和平衡的苦味。勻稱的平衡。加水後會醞釀些許茴芹味道。
尾韻：辛香，乾淨。
結論：一款有信心的年輕裸麥威士忌。

風味陣營：**辛辣裸麥型**
延伸品飲：Lot 40

Haider, J.H. Peated Rye Malt 40%
氣味：有酚味，還有許多野草氣息：紫花苜蓿、牧地乾草、微量的花粉味、清淡的煤煙味和木餾油味、古早藥品味。加水後有些橡膠味。
口味：干澀，裸麥香料味和泥煤味均衡展現。長度佳，乾淨，有足夠甜味將中間的味道集合。
尾韻：辛香味及酚味
結論：市面上有泥煤味的裸麥威士忌並不多，但何樂不為？

風味陣營：**辛辣裸麥型／煙燻泥煤型**
延伸品飲：Balcones Brimstone

瑞士品飲筆記

Säntis, Edition Saentis 40%
氣味：有打過蠟的橡木、濃重的麥芽和燉煮水果的香味，再轉為黑刺李和紫羅蘭，之後傳來絲絲天竺葵和香草味。
口味：同樣芳香，帶有一絲帕瑪紫羅蘭（Parma violet）和怡人的灰塵味，之後轉而成為薰衣草。淡淡的咖哩葉。
尾韻：乾淨，有香料味
結論：在舊啤酒桶中陳放，因而展現真正的深度。

風味陣營：**水果香料型**
延伸品飲：Overeem Port Cask, Spirit of Broadside

Säntis, Alpstein VII 48%
氣味：香料味，大量羅望子汁、小豆蔻和 Edition 款中那濃郁的果香味傳出，讓人連結到一些椰棗和無花果味。平衡良好。
口味：香醇且有洋李味，有突出的桑椹果醬味，還有異國風味的餘韻。淡淡的單寧酸。
尾韻：酸度分明且乾淨
結論：5 年啤酒桶的酒液在 11 年的雪莉桶中陳放，是此系列中最為細緻的。

風味陣營：**豐富圓潤型**
延伸品飲：Balcones Straight Malt

Langatun，老鹿 40%
氣味：清淡，新鮮，有勁道，以葡萄柚為核心，還有強烈的甜酸成分，讓人想到熱帶綜合水果。肉豆蔻乾皮和罐頭水梨汁。
口味：微微的蜂蜜味。非常提振精神，而有清新、分明的酸度和年輕葡萄酒的性質；白皮諾葡萄。輕盈的中間味覺。
尾韻：清新，vibrant
結論：橡木味平衡。年輕清新。酸

風味陣營：**水果香料型**
延伸品飲：Telser

Langatun，老熊 40%
氣味：土味，帶有煮熟的李子、成熟的果園水果味。比「老鹿」干澀。
口味：隱約的煙燻味傳來：木柴煙和煙燻乳酪的混合。相當堅實且年輕。紅櫻桃，但中間味覺仍有輕盈的清新感。
尾韻：微微的干澀
結論：內容更多。展現良好的平衡。

風味陣營：**水果香料型**
延伸品飲：Spirit of Broadside

義大利品飲筆記

Puni, Pure 43%
氣味：蔬菜味，少量朝鮮薊和一些櫛瓜花味。溫室，番茄藤蔓。香甜水果。先是幾乎像糖漿的味道，然後是新鮮穀物味。
口味：非常干澀，有粉筆味，接著開展出淡淡花香。輕盈而清爽，有新鮮水果味。
尾韻：干澀持續
結論：芳香，已經達到均衡了。

Puni, Alba 43%
氣味：清爽，輕盈，帶有杏仁和一種漸次建立且最後明顯的玫瑰水味，混合著夜晚發散香氣的植物和茉莉，還灑了肉桂粉。
口味：細緻，甘甜，有揮發性，有香味。非常乾淨，香甜。
尾韻：肉豆蔻和玫瑰果糖漿
結論：年輕，但已經看似完全成形了。

風味陣營：**芬芳花香型**
延伸品飲：Collingwood, Rendezvous Rye

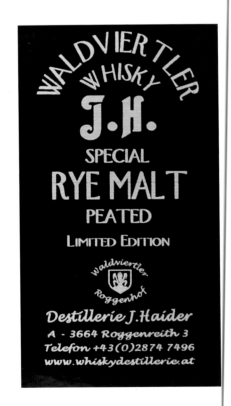

斯堪地那維亞

對於蘇格蘭威士忌的深愛，使瑞典和挪威人成為格拉斯哥威士忌酒館的常客，因為即使加上旅費，在那裡喝威士忌還是比在他們國內喝便宜。蘇格蘭蒸餾廠的商店每年也都會對來訪的北歐遊客表示讚揚。

北歐地區加入日漸興起的威士忌蒸餾業，只是時間早晚的問題。畢竟，這裡是全球威士忌俱樂部和威士忌慶典——包括世界上最大的節慶（斯德哥爾摩盛大的年度啤酒與威士忌節）——最集中的地方。在瑞典、挪威和芬蘭的政府解除對酒類生產的掌控後，威士忌蒸餾廠的出現就是無可避免的趨勢了。本書寫作時，瑞典有 12 家，丹麥有 7 家，挪威和芬蘭各有 3 家、冰島 1 家，還有更多蒸餾廠已經蓄勢待發。

從 18 世紀晚期起，瑞典和挪威就使用馬鈴薯作為烈酒的主要基底（馬鈴薯是「斯堪地那維亞的葡萄」），結果使得用穀物作基底的烈酒變得不常見，而用木桶去陳放的例子又更稀罕。由於在專賣情況下風格變得固定，因此主題的變異就少之又少了——不過這並不是說沒有人試過製造威士忌。

1920 年代，一個名叫班格・托比洋森（Bengt Thorbjørnson）的化學工程師受命要查出瑞典可不可能蒸餾製造威士忌酒，於是像竹鶴政孝（見 212 頁）那樣被派到蘇格蘭。他帶著一份分析書回來，說明有哪些可行的方式和潛在的成本，但是他的報告似乎被束之高閣。1950 年代，終於有些威士忌在瑞典製造出來，Skepets 調和威士忌在 1961 年問市，但即使到了這個地步，1966 年還是停產了。

因此這裡的威士忌產業還很年輕；事實上，似乎不能用「產業」這個詞。要在這麼早期找出一種統一的風格也不恰當。目前，斯堪地那維亞的蒸餾廠正將全部心力用於試驗、發現、製造和深究等工作，以了解如何創造出他們自己獨有的特色。

不過，我們觀察到一件有趣的事，就是他們有一種共同的信念，

雖然這些酒廠大部分是由蘇格蘭威士忌的狂熱愛好者所建立，但他們卻很堅定的企圖要讓自己的北歐威士忌根植在他們的環境之中。

蘇格蘭（和日本）的威士忌也許是靈感之源，但這些酒廠絕大部分都看得出深入解讀當地特色的好處，這其中可能是穀物、泥煤，或是其他很不一樣的傳統煙燻技術，以及氣候、生長在他們森林裡的橡樹，以及他們當地的漿果，或是之前生產過的烈酒和葡萄酒。

在這個地區，尤其是丹麥，所謂的「當地」一詞已經帶有一種近乎謎樣的回音，因為大家開始注意哥本哈根「諾瑪」（Noma）餐廳主廚瑞內・雷塞比（Rene Redzepi）的哲學，以及它對當地、當季的信念，就是「遵循大自然中一年的心情變化……去感受世界」而在新的北歐威士忌當中，也有一些相同的心態。

「我認為北歐風格的問題會在未來幾年中得到答案，」麥克米拉（Mackmyra）的首席調和師安琪拉・杜拉席歐（Angela d'Orazio）說。「會有一種風格，不過也會有很多分支。」

有一句商業箴言也適用在這裡：不要模仿。「別人都想去做蘇格蘭人已經做了幾百年的事。」挪威 Arcus 的蒸餾酒師艾文・阿布拉森（Ivan Abrahamsen）說。「為什麼要用同樣的方法？在未來的幾年中，你會看到一種北歐風格，因為我們無法和蘇格蘭威士忌競爭。你必須在你的威士忌中說一個故事。不管發生什麼事，都會是有趣的。」

瑞典肥沃的南部平原（在馬爾默附近）為正在萌芽的威士忌產業提供原料。

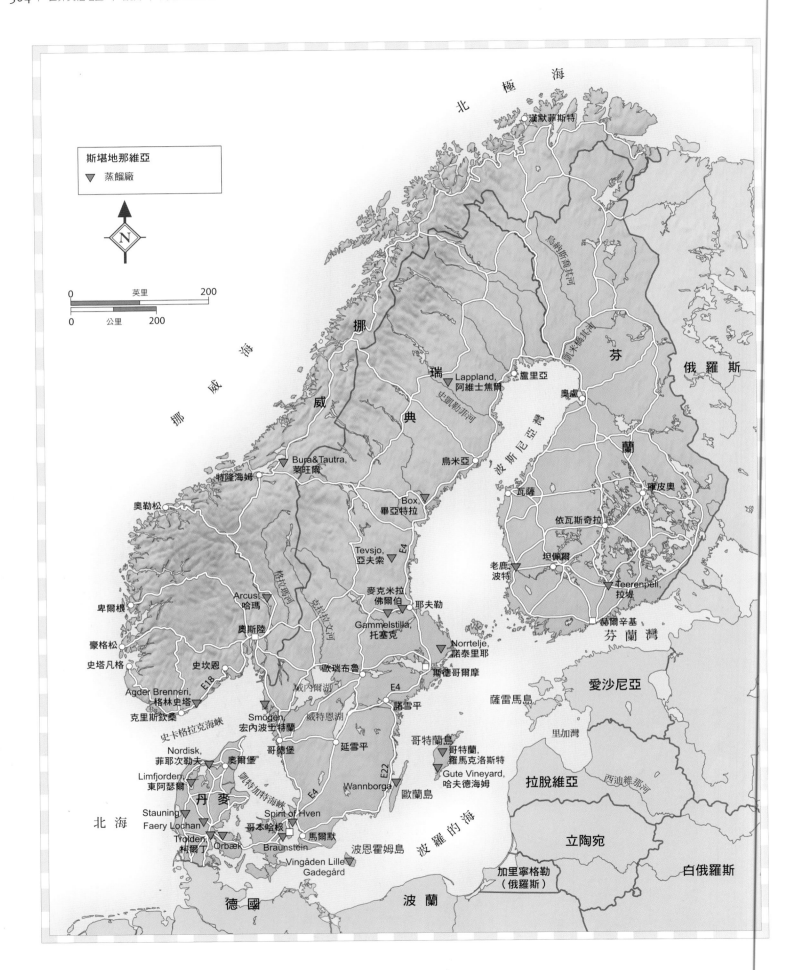

斯堪地那維亞

▽ 蒸餾廠

N

0　　　　英里　　　　200
0　　　　公里　　　　200

北　極　海

漢默菲斯特

挪　威　海

挪

威

瑞

典

芬　羅　斯

烏納斯葡其河

盧里亞

奧盧

特隆海姆

奧勒松

Bura&Tautra,
萊旺爾

烏米亞

波
斯
尼
亞
灣

芬
蘭

摩皮奧

瓦薩

Box,
畢亞特拉

依瓦斯奇拉

卑爾根

Arcus
哈瑪

Tevsjo,
亞夫索

E4

坦佩爾

老鹿
波特

Teerenpeli,
拉堤

豪格松

史塔凡格

Agder Brenneri,
格林史塔

克里斯欽桑

史坎恩

E18

奧斯陸

麥克米拉
佛爾伯

耶夫勒

Gammelstilla,
托塞克

赫爾辛基

芬　蘭　灣

歐瑞布魯

Norrtelje,
諾泰里耶

愛沙尼亞

Smögen,
宏內波士特蘭

威內爾湖

威特恩湖

斯德哥爾摩

E4

諾雪平

薩雷馬島

里加灣

西迪維那河

哥德堡

延雪平

E22

哥特蘭島

哥特蘭,
羅馬克洛斯特

拉脫維亞

史卡格拉克海峽

Nordisk,
菲耶次勒夫

奧爾堡

Gute Vineyard,
哈夫德海姆

歐蘭島

Limfjorden
東阿瑟爾

丹　麥

凱
特
加
特
海
峽

E4

Wannborga

立陶宛

北　海

Stauning
Faery Lochan

Spirit of Hven

哥本哈根

馬爾默

波恩霍姆島

波
羅
的
海

加里寧格勒
（俄羅斯）

白俄羅斯

Trolden
柯爾T

Ørbæk

Braunstein

Vingåden Lille
Gadegård

德　國

波　蘭

瑞典

Box • 畢亞特拉 • www.boxwhisky.se ／ Smögen Whisky • 宏內波士特蘭 • www.smogenwhisky.se • 威士忌學校及參訪請見網站／ Spirit of Hven Backafallsbyn • 赫文島 • www.hven.com • 參訪詳情請見網站

瑞典從威士忌消費者成為威士忌生產者的改變十分驚人，如今這種改變已經遍布全瑞典 1000 公里的國土。目前最北邊的蒸餾廠是 Box，位於畢亞特拉（Bjärtrå）市，它的起源是有些曲折，先是兩兄弟開了間畫廊。「他們很快發現瑞典北部對現代藝術並沒有那麼大的需求。」Box 蒸餾廠大使吉姆 • 葛羅斯（Jim Groth）說。至於製造威士忌為什麼是合理的下一步，原因不明，不過在 2010 年，他們請來過去當過釀酒師的羅傑 • 米蘭德（Roger Melander）擔任蒸餾師，開始製造威士忌。

米蘭德不只關注西邊的蘇格蘭，也關注東邊的日本。「從一開始，我對 Box 的威士忌應該是什麼樣子就有相當清楚的畫面，」他說。「我對新酒所作的選擇對或不對，我大概在 15 年內可以回答。不過我很確定我們走在正確的路上。」

「想製造全世界最好的威士忌是沒有捷徑的，」他加上一句，「選擇最好的原料、最頂級的設備，用愛護、理解的態度使用它，這些都很重要。我們在裝桶前每一個桶子都要聞過，而且能夠挑出不是完美的木桶。大部分木桶只充填一次。」

地點也有影響。「我們的冷卻水可能是最冷的，能賦予烈酒乾淨、純粹的風味；而倉庫裡的溫度在一天或一個季節中變化也很大，迫使烈酒滲進橡木中，發展出驚人的風味。」初期的結果生產出一款口感集中、調性高、帶果味的威士忌。

在哥特堡（Gothenburg）北邊波羅的海岸邊小小的 Smögen 蒸餾廠，帕爾 • 柯登比（Pär Caldenby）則選擇一種比較經典的蘇格蘭威士忌製造法。他說：「Smögen 特色的靈感來源，直接得自不列顛群島和蘇格蘭西岸，」接著補充道：「烈酒製作和熟成的地方，才是定義它國籍的地方。使用蘇格蘭的麥芽，並不會讓我們的威士忌變成蘇格蘭威士忌。」

柯登比是「蘇格蘭式」威士忌製法的堅定擁護者，他認為用非傳統的罐式蒸餾器製造出來的酒根本稱不上威士忌，但他也堅信，「使用基本的標準設備並不代表你是在模仿。這其中仍然有變化的空間，如果你夠聰明，也懂得變通的話。」他的威士忌已經表現出有揮發性果香、淡淡煙燻和巧克力味，以及輕盈的澄澈感，而這確實和許多北歐風格有些隱約的連結了。

Box 蒸餾廠設在一座燃燒木料、用蒸氣驅動的古老發電廠內；電廠已在 1960 年代廢棄不用。

這些蒸餾師可不是玩票的。「我的哲學是，威士忌必須均衡才算好，但是它也必須有個性，」柯登比說，「否則就不是真的好，或者不會有趣，有任何銷售量也只是行銷手法帶出來的而已。我寧願有人說，『我不喜歡這個，味道太強了！』也不希望他說，『啊，這個嘛……還好。』至少基本想法是這樣。」

本書第一版送印時，亨利 • 莫林（Henric Molin）在赫文島（Hven）的蒸餾廠才剛開張，赫文島在瑞典和丹麥之間的厄勒海峽中。當時他說他要製造一種蒸餾酒，有「草地、花朵和大麥田，交織著海灘、核果園和油菜花的柑橘味。」

現在呢？他的實驗室正由其他蒸餾廠使用，他則在世界各地擔任顧問。化學家出身的他，現在和他想用威士忌來展現地方特色的詩意概念漸行漸遠了嗎？「我想要運用化學知識讓產品達到最佳表現，去找出新的路，探索新的方法，」莫林說，「要得到這種知識，你必須允許自己去測試底線在哪裡。」Spirit of Hven 這款威士忌就是他長時間檢視過各種可能性之後的成果。它有昂揚的酯味，還有新鮮、輕盈的感覺，混合了果香、花香和海草的味道。

「任何人都可以在瑞典製造威士忌，」莫林說，「但是要它成為瑞典威士忌，它必須能夠清楚地表現出在地的影響。大麥、水質、酵母……全都會對成品有影響，不論影響有多小。我相信瑞典威士

忌應該是用瑞典的原料製成（這一點柯登比並不同意）。熟成也受地點的影響。不管我們多明理，我們都能在威士忌成品中清楚看到熟成地點的影響。」那麼，你的初衷呢？「是的，答案仍然不變！我不會放棄。」

有一種所謂的瑞典風格開始形成了嗎？現在還言之過早。

「我急著想看到瑞典的每一家蒸餾廠都製造出一款完美的威士忌，」米蘭德說，「我們需要把瑞典威士忌當成一種概念推上全球市場，所以我們正在互相幫忙。我們在 Box 教育其他蒸餾廠的人員。我們是同事，不是競爭者。」

這種同仁的氣氛將成為瑞典威士忌發展的一股力量。也許大家採用的是不同的技術和哲學，但是製造出既是瑞典也是當地產品的這個睿智信念，把他們結合在一起。

瑞典畢亞特拉的 Box 酒廠的銅質蒸餾器。培爾（Per）和麥茲·德瓦爾（Mats de Wahl）兄弟看到這座發電廠生產威士忌的潛力，於是在幾年準備後，Box 的第一批單一麥芽威士忌在 2010 年 12 月 18 日蒸餾出來。

瑞典品飲筆記

Smögen，新酒 70.6%

氣味： 有揮發性且有果香，並有穀物味、重量、香蕉、皮膚和煙燻味。加水後帶出油灰味。

口味： 強烈，辛辣，有良好口感。一些燕麥餅和麥麩味。稀釋後有香甜的蘋果味。

尾韻： 干澀，乾淨。

Smögen, Rimör 63.7%

氣味： 乾淨，淡淡堅果味：巴西堅果和一點藥草味及異國香料。微微的亮光漆和淡淡煙味。燃燒乾草味、青草香。

口味： 立時加入的橡木味，加上椰奶和乾烤的香料味——尤其是黑種草（nigella）。將甘甜和干澀平衡了，還有些許巧克力味。

尾韻： 宜人的酸，仍然緊實，穀物味正在發展。

結論： 質佳、乾淨的烈酒，具有真正的潛力。

> **風味陣營：煙燻泥煤型**
> 延伸品飲：Laphroaig 1/4 桶

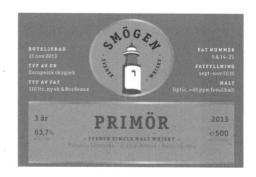

Spirit of Hven, No.1, Dubhe 45%

氣味： 蘭姆酒一般的酯味，還有一點鳳梨和開闊的清新。十分清淡的木頭、柏樹和雲杉芽。淡淡的紅木樹皮味。清新，然後是牛飼料餅（cattle cake）、黑穀味。加水帶出奶油麵包布丁和無籽葡萄味。

口味： 一開始是乾淨、甘甜，帶有酒精的微微尖刺感。木頭味強烈，有更多紅色漿果味。

尾韻： 年輕，清新。

結論： 雖然這些複雜風味堆疊在一起，但仍有一股真正的清新。個性十足。

> **風味陣營：芬芳花香型**
> 延伸品飲：Westland Deacon Seat

Spirit of Hven, No.2, Merak 45%

氣味： 清楚的果香，櫻花。酸中帶有淡淡臭氧、礦物的特性。強烈。一絲絲的洋菇味。青苔和海草。加水後有淡淡油味和蜂蜜味。

口味： 開始時有一點樸素，帶有哈密瓜和洋梨味。泡泡糖和平衡的橡木味。十分提振精神。加水後增加幾分有蜂蜜後的深度。

尾韻： 一點酸度。

結論： 清新甘甜，多汁的感覺正在醞釀。

> **風味陣營：芬芳花香型**
> 延伸品飲：Chichibu Chibidaru

Box 無泥煤 桶陳樣品

氣味： 強烈，集中，調性高，帶有彩色 Q 軟糖和酯味。細緻的酵母味，一點點新鮮法國麵包味。

口味： 乾淨，非常強烈，但中段口味柔滑而有哈密瓜、蔬菜和鳳梨等水果味。

尾韻： 乾淨，短。

結論： 年輕但充滿潛力。

Box 匈牙利橡木 桶陳樣品

氣味： 煙燻味，比微量多一點的燒牧豆樹味道，以及棕色芥末籽和清爽的有酯味的水果。

口味： 仍是乾淨、甘甜，有煙燻味、打過蠟的橡木味和濃縮果汁味。

尾韻： 長而新鮮。

結論： 振奮，強烈。值得觀察。

麥克米拉 Mackmyra

mackmyra · 瑞典,耶夫勒 · www.mackmyra.com · 開放參觀,須預約

你會懷疑若是班格 · 托比洋森(Bengt Thorbjørnson)來做,他會把麥克米拉做成什麼樣子。他當時的目標是把蘇格蘭的原則拿到瑞典來運用。而麥克米拉的這群創辦人——他們在 1999 年將其他人夢想的事付諸實現——腦子裡一直有不同的主意。是的,他們是蘇格蘭威士忌的粉絲,但從一開始,麥克米拉的靈感取之於瑞典的,就和取之於斯佩賽的一樣多。

在能夠對北歐風格進行任何討論之前,必須先找到自我認同,而這是麥克米拉一向都具備的。它這種認同的來源,是因為它的威士忌是在陰涼的廢礦坑中熟成的嗎?是因為用了北歐大麥品種、卡林默森(Karinmossen)的泥煤,還是因為他們把杜松樹枝(看看它的 Svensk Rök 就知道杜松氣味的影響)添加到煙燻用的火裡?是因為瑞典橡木桶嗎?這些都會有影響,不過麥克米拉同樣重視的,是一種威士忌的製造哲學。

即使在初次上市之前已經試過 170 種配方,麥克米拉的威士忌也還是讓習慣蘇格蘭威士忌的人大吃一驚。這些威士忌很輕盈、高昂,但不單薄。它們有一種冷靜的內斂——現在仍然是——而從來不酸澀。

「我們從沒有打算要它和蘇格蘭威士忌相比,」首席調和師安琪拉 · 杜拉席歐(Angela d' Orazio)說。「這款酒第一次出現時,大家最初的反應是,『不!威士忌不該是這個樣子的!』」回想當時,她笑了起來。在今天這瞬息萬變的威士忌世界——新的風味和技術都受到熱烈歡迎——你很容易忘記在上個世紀末、本世紀初,任何敢挑戰蘇格蘭威士忌霸權的東西是如何受到懷疑的。

「蘇格蘭威士忌很重要,」她又說,「那是我們的源頭,但是麥克米拉的風格是很清楚的,即使那些最早的威士忌也一樣。」她用的形容詞是「生動」,這個詞精確地說明了麥克米拉在平靜中散發出來的強度。木頭提供一種具安定作用的支撐。他們謹慎地運用瑞典橡木所帶來的那種很強的草本油潤感:木桶有時候是用 100% 瑞典橡木,不過更常用的是與美國橡木混合製成的木桶。

2011 年開始運轉的一座更大的新蒸餾廠,生產三種「經典」風格的酒:「優雅」和兩種不同的煙燻款(泥煤和杜松)——基本上是相同的烈酒,只是切取點不同。安琪拉不斷往根源探究,嘗試使用漿果酒桶(製成 Skog、Hope、Glöd 等威士忌)、用樺木實驗,並和挪威的精釀啤酒廠先驅依吉(Ægir)進行交換木桶計畫。

「既有傳統的威士忌,又有現代的威士忌,這是很棒的。」安琪拉說,「你不必只守著一種。」

不過,你必須做的是,忠於你的願景。

麥克米拉品飲筆記

麥克米拉 Vithund,新酒 41.4%

氣味:輕盈,幾乎是 緲的,帶有一些碗豆花、甚至是碗豆苗的味道。淡淡的白蘇維儂葡萄酒味,還有蕁麻和細微的水梨味。雪酪般的蜂蜜味。

口味:香甜,有柑橘類水果類的味道。相當有氣泡感和揮發性,花朵味。果香。

尾韻:細緻,甜。

麥克米拉 Brukswhisky 41.4%

氣味:有清楚的進程。樸素,冷靜含蓄,有淡淡果香。加水後香味綻開。濃烈的鈴蘭花香。

口味:比聞到的內容更豐富。淡淡蜂蜜味,背景是細微的香料味。相當細膩。

尾韻:溫和,柔順。

結論:不愧其名的典雅風格。

風味陣營:芬芳花香型
延伸品飲:The Glenlivet 12 年

麥克米拉 Midvinter 41.3%

氣味:香料味十足。瀰漫漿果味。水果——黑刺莓加上大量薄荷和醋栗葉。煮熟的風味,雖然仍保有含蓄的感覺,卻也顯出不少野生水果味。

口味:一開始是甜的,而當漿果味接著而來時,味道也隱隱加厚。

尾韻:淡淡的果香味。灌木叢。

結論:甜,有果香,有趣。

風味陣營:水果香料型
延伸品飲:Bruichladdich Black Art

麥克米拉 Svensk Rök 46.1%

氣味:輕盈,紫色水果(如漿果、葡萄、李子等)味道。淡淡煙燻味。越橘。加水後帶出更多芳香的煙燻味。

口味:成熟且有些微的豐腴,煙燻味全都竄往鼻腔,像是熱熱的餘火。多油脂。

尾韻:芳香,隱約的煙燻味。

結論:不會有爆發的煙燻味,而是含蓄而平靜。

風味陣營:煙燻泥煤型
延伸品飲:Peated Mars

瑞典蒸餾廠先驅麥克米拉的威士忌,現在全球都買得到。

丹麥/挪威

Fary Lochan・丹麥，基弗・www.farylochan.dk/Stauning・丹麥，思凱恩・www.stungingwhisky.dk・預約參訪，詳見網站／Braunstein・丹麥，哥本哈根・www.braunstein.dk・詳見網站／Arcus・挪威，哈根・www.arcus.no・預約參訪，詳見網站

雖然在 1950 年代早期，丹麥曾經短暫生產過威士忌，但是它以威士忌生產國之姿出現，卻是在千禧年之後。現今共有七座蒸餾廠，還有更多在籌備中。

丹麥第一波蒸餾廠之一，來自西邊日德蘭半島的城鎮史陶寧（Stauning）。2006 年，一群蘇格蘭威士忌愛好者共九人聯合起來，想試試看能不能製造威士忌。到 2009 年，他們已經把一座農場改造成蒸餾廠。之後他們一步步回到老派的威士忌製作方法：地板發芽、窯燒泥煤、以直火在蒸餾器下加熱。蒸餾廠老闆艾力克斯・尤拉・蒙克（Alex Hjørup Munch）看重的另一個要點，就是在地原料的重要性。以史陶寧來說，在地原料就是泥煤、大麥和裸麥。

使用泥煤很合理。波利蘇（Bøllig Sø）地區和和日德蘭半島中部的泥炭沼澤，從新石器時代就有人類採挖。著名的石器時代「圖倫男子」（Tollund Man）就是在這裡發現的。今天，克羅斯特蘭（Klosterlund）的泥煤博物館供應 Stauning 所需的泥煤。

「每個人都問在丹麥製造威士忌是不是不可能，」他說，「當然不是。現在丹麥和其他國家的人都想來看看這些瘋狂傢伙，看他們的地板發芽，和他們特別的糖化槽。我們很驕傲有那麼多威士忌愛好者喜歡來這裡。」

他們生產三種風格的酒：一款煙燻、一款無泥煤的單一麥芽，以及一款裸麥威士忌——這也許是最讓非丹麥人感到意外的。裸麥威士忌或雖然和北美洲有關，但日德蘭是肥沃的穀物產地，而一如以往，使用最在地的材料是使自己有別於他人的一個方法。

然而地板發芽的裸麥卻很不尋常。「它通常是很不容易處理的穀物，不過因為我們做的是精釀威士忌，我們為裸麥開發了一種特別的糖化槽，現在用起來就和用其他類型的糖化槽一樣容易，」他說。即使在橡木桶裡只陳放短短 18 個月，Stauning 的年輕裸麥威士忌還是積聚了一種內在的辛辣溫暖，幾乎像蘭姆酒一樣，還帶有一種恰好的輕微苦甜感。這可以說是一款「宣言威士忌」，如果有這種說法的話。

貫穿 Fary Lochan 蒸餾廠的主題是「從愛好威士忌的丹麥人到製造威士忌的丹麥人」。它在 2009 年由簡斯–艾瑞克・約根森（Jens-Erik Jørgensen）創立；這個廠名不是出自詩人葉慈《居爾特的微明》中的精靈巫仙，而是出自蒸餾器所在的日德蘭半島村莊 Ferre 的原名。「我創辦這個廠是因為我愛威士忌，同時也因為我有一個弱點：就喜歡找困難的事做。」約根森說，「這裡沒有真正的威士忌歷史。」

他的靈感來源或許是蘇格蘭威士忌，不過他加入了一項丹麥的手法：縮短蒸餾器頸部，而製造出一種有油感和辛香味的新酒。

Braunstein 酒廠在哥本哈根的喀格港（Køge Harbour），是一座小型釀酒廠和威士忌蒸餾廠。

另一個驚喜是，燻窯時使用的煙是用新鮮苧麻燒出來的。「非英島（Fyn，丹麥中部島嶼）傳統上是用蕁麻的煙來燻乳酪。」約根森解釋，「我想如果我每件事都做得和在蘇格蘭一樣，那就只是模仿了。沒有人喜歡仿冒品，所以就用蕁麻囉！」

雖然初期上市時用的是 1/4 桶，但是大部分的產品還是在標準尺寸的木桶中熟成。從這裡可以看出他們有長期的計劃。

哥本哈根碼頭邊的 Braunstein 酒廠，在 2005-2006 年間創立，是由包爾森（Poulsen）兄弟的小型啤酒廠分拆出來的新創公司。他們的霍爾斯坦蒸餾器生產兩種蒸餾酒：一種濃郁，一種是煙燻味，這裡喜歡選用雪莉桶。「我非常喜歡多樣性。」麥可・包爾森（Michael Poulsen）說，「並且相信每個人都應該做他們自己的事。這是小規模的傳統手工業，現在大家都認真看待我們了。」從這初期的表現，可以證明丹麥的威士忌是值得觀察的。

挪威的烈酒製造有滄桑的歷史：從穀物製酒轉為馬鈴薯製酒、私人蒸餾的熱潮、19 世紀的合併時期、1919-1927 年的禁酒時期、國家控制生產（主要是針對以馬鈴薯為基底的加味烈酒「阿夸維特」），以及 1928 年到 2005 年開放銷售和進口的時期。雖然政府仍然控制酒類的銷售，但進口酒的專賣已經在 1996 年解禁，獨立蒸餾則是到 2005 年才開放。此後威士忌蒸餾廠紛紛出現，例如 2009 年創立的 Agder。

國營蒸餾廠 Arcus 民營化之後，在 2009 年將產品多樣化，在伏特加和阿夸維特等品項外又增加了威士忌。「從研發的角度，我們想看看我們做不做得到，」蒸餾師伊凡・阿布亞韓森（Ivan Abyahamsen）說，「我們對烈酒很熟悉，可是沒做過威士忌，所以有一年多的時間，我們試了不同的麥芽和酵母，用一個有活動隔板的小型罐式蒸餾器蒸餾。」

現在他們使用三種來自德國的麥芽（「挪威的麥芽不夠好」）：淡色大麥、淡色小麥，和用山毛櫸木煙燻的大麥。「剛開始的時候我們想過，是要做蘇格蘭威士忌還是波本？但是這裡是挪威，所以我們必須照我們的方式去做。」這表示要仔細考慮那些不同的麥芽和不同的木桶，包括之前裝過阿夸維特的馬德拉桶。

「我們玩得很開心，」阿布亞韓森說，「如果不這樣亂玩，我們就會失去創意。」

這很可以當作北歐人的座右銘。

丹麥品飲筆記

Fary Lochan，桶號 11/2012 63%

氣味： 輕盈，乾淨。淡淡草香、細微的香根草味發展成古老書店的溫暖意涵，還帶有一種粉筆味的礦物味，增加了一點清新感。加水後草味突顯。

口味： 年輕，清新，馬廄、乾淨木頭、溼灰泥和果香。

尾韻： 乾淨，微微緊實。

結論： 以蕁麻煙燻，或許就是帶有香草味的原因。所有性質都是優點，合而為一。

Fary Lochan, 批號 1 48%

氣味： 上過重蠟的木頭味，逐漸轉為蜂蠟味，後方才有真正的甜味正在堆積。再次有乾草和香草味。加水後有微微的蒲公英和牛蒡、薑汁汽水發酵粉的味道。集中的護木油味道。

口味： 口感飽滿，有淡淡橡木味。平衡，有些許茴芹味。

尾韻： 仍是香草味。

結論： 早熟，有市場潛力。

Stauning, Young Rye 51.2%

氣味： 平衡良好，有明確的裸麥氣息。淡淡香甜味，帶有一絲烘烤、幾乎是蜂蜜的味道。乾淨的香料味，青草味之後有一些葛縷子味。複雜而圓潤，有年輕威必要的活力。

口味： 開始時柔軟。香料餐包上的奶油，然後是肉豆蔻、胡椒和青蘋果。加水後甜度增高。

尾韻： 淡淡香料味。悠長。

結論： 這款將會發展成世界級的裸麥威士忌。

> **風味陣營：辛辣裸麥型**
> **延伸品飲：** Millstone 100°

Stauning, 傳統 Oloroso 桶 52.8%

氣味： 熱消化餅味。甜而有微微的糖味，還有隱約的甘草根味，以及紅色和黑色水果的甜味。濃縮，接著是無籽葡萄。

口味： 溫和，微微干澀。均衡、乾淨的酒液和優質木頭結合。淡淡肉桂味。

尾韻： 短，有果香。

結論： 也展現出很棒且快速的熟成。

> **風味陣營：水果香料型**
> **延伸品飲：** The Macallan Amber

Stauning, 泥煤 Oloroso 49.4%

氣味： 溫和的煙燻味。淡淡柏油味，涼的焦油，些許泥煤窯味。像似 Ardbeg。微微的青草味和香濃奶油味，增加了甜度。隱約的乾果味。十分濃稠。

口味： 成熟水果、黑葡萄，以及葡萄乾和營火的混合味。

尾韻： 有酒味，煙燻味。

結論： 平衡，有濃濃煙燻味。

> **風味陣營：煙燻泥煤型**
> **延伸品飲：** Ardbeg 10 年

Braunstein E：1 單一雪莉桶 62.1%

氣味： 開始時緊實。甜而柔軟。有香氣。栗子粉、藍莓。煮熟的水果。

口味： 濃稠果味內容集中，接著是有灰塵味的穀物和乾果。太妃糖。酸度佳。均衡、打過蠟的橡木。

尾韻： 辛香及芳香。異國元素。

結論： 是一款一模一樣陳放的單桶酒，有更強烈的薄荷味，還帶有一絲開胃的、吸引人的洋艾草味。

> **風味陣營：水果香料型**
> **延伸品飲：** Benromach-style

Arcus, Gjoleid，波本桶 3.5 年 73.5%

氣味： 輕盈，新鮮，乾淨中有股純且甜的力量。微微甜點味。集中且平衡，帶有些許柑橘水果味。一絲美國冰淇淋汽水味。加水後少許雪酪味。

口味： 清爽，檸檬味。相當能維持其高度的力量，表示成分已經結合。幽微，乾淨，帶有春天感覺的水果味。

尾韻： 乾淨，銳利。

結論： 早熟。值得觀察。

> **風味陣營：水果香料型**
> **延伸品飲：** Great King Street、The Belgian Owl

Arcus, Gjoleid，雪莉桶 3.5 年 73.5%

氣味： 木頭煙味和薑味，有一些餅乾味的熱度。香甜熱酒，帶有蜂蜜和肉桂和咖啡的細微味道。加水後是蜂蜜與新鮮蘑菇混合的味道。背景有大麥味。

口味： 甜且圓潤，顯示開始變得豐腴。年輕但乾淨。平衡，溫和的橡木味。

尾韻： 巧克力。

結論： 不同的木桶帶出酒液不同的面向。

> **風味陣營：水果香料型**
> **延伸品飲：** Bunnabhain

芬蘭／冰島

Teerenpeli・芬蘭，依荷提奧歐伊・www.teerenpeli.com
Eimwerk Distillery（Flóki）・冰島，雷克雅維克・www.flokiwhisky.is

在北歐威士忌的發展歷史中，常有政府控制的身影出現。舉例來說，芬蘭在 1904 年以前甚至不准蘇格蘭威士忌進口。whiskyscience 部落格（www.whiskyscience.blogspot.co.uk）發現的一封信展示了一名身為記者的威士忌熱愛者當時寫的話：「改變已經來到。而今威士忌文明的大門也為我們打開了！」

這陣熱切的心情並未持續很久。政府從 1919 年到 1932 年間頒布了禁令，於是，就和挪威在撤銷禁令後一樣，酒的生產落入國家掌控。雖然他們在 1930 年代找過班格・托比洋森，請教製造威士忌的可行性，但他的結論是不可能——這其實是很奇怪的，因為芬蘭的穀物品質很好。

芬蘭的威士忌到了 1950 年代才登場，當時國營酒廠 Alko 製造出一些烈酒，調和成香料威士忌品牌 Tähkäriina，或是一款未經陳年的芬蘭蘇格蘭式調和威士忌，叫做 Lion。一直到 1980 年代，Alko 才推出第一批百分之百的芬蘭威士忌。該廠在 1995 年停止蒸餾，存貨被用於生產更多芬蘭蘇格蘭式調和威士忌上，例如 Viski 88/Double Eight 88，直到 2000 年。

才過兩年，「老鹿」（Old Buck）就前來解救了。老鹿是由位於波里（Pori）的 Beer Hunter 蒸餾場以霍爾斯坦蒸餾器製成，在以雪莉桶和葡萄牙木桶混合製成的木桶中陳年。同一年，坦佩雷（Tampere）的 Teerenpeli 啤酒餐廳也開始做蒸餾酒，如今已成為國際上最重要的芬蘭品牌。和很多酒廠剛創業的情況不同，Teerenpeli 還有自己的啤酒廠和連鎖餐廳，幫助承擔高昂的創業成本。

「我一向覺得芬蘭沒有威士忌廠很奇怪，」Teerenpeli 的總裁恩西・派興（Anssi Pyssing）說，「尤其是因為我們所在的拉提（Lahti）區是以生產啤酒和製作麥芽出名的。從我們在 1995 年開始釀啤酒以後，下一步就很合理了。」

也許合理，但是如何用充滿芬蘭特色的方式去製造威士忌，才是更重要的問題。「這裡任何人都可以製造並且販售威士忌。」他說。

「但是當你在製造芬蘭威士忌時，你會產生更高的期望：品質、品牌、榮譽，以及隨著加上『芬蘭』這個詞而來的責任義務。」

設計他們自己的罐式蒸餾器是一個步驟，但是當你跟派興談話時，可以明顯看出，拉提這個位置才是關鍵：這裡有新鮮流水從蛇丘（Salpausselkä）滲流而出、發芽大麥就出自酒廠方圓 150 公里內，還有本地泥煤，以及——如派興指出的——芬蘭的氣候。

「大麥在芬蘭短而熾烈的夏天生長，夏季白天很長，另外溫度和溼度的季節性變化，也使它的熟成條件有別於蘇格蘭。」

所有的變因都不一樣。這是芬蘭式的。「威士忌文明」終於來了。

談到北歐威士忌時，我心底的問題不是他們為了加強自己產品的在地感能夠做到什麼地步，而是就地理上來說，他們能往北邊走多遠。挪威的 Klostergärten 蒸餾廠位在北緯 63°，但是它才剛被位在冰島城鎮加爾扎拜爾（Garðabær）的 Eimverk 蒸餾廠打敗，這裡是北緯 64°，因此，在寫作本書時，它是世界上最北邊的威士忌蒸餾廠，不過已經有計畫要在挪威北部海岸外的麥肯（Myken）島（北緯 66°）上蓋一座蒸餾廠，利用從維斯特弗由灣（Vestfjord）淡化的海水製酒。

這個情形不只是在較勁爭勝而已。理論上要在北極做蒸餾酒都可以，但是如果你要跟上「運用在地材料」的趨勢，就得面對氣候的限制。冰島位在大麥區的邊緣，也就是威士忌的「極點」（Ultima Thule）。

這個國家之所以從 1915 到 1989 年間禁止釀酒、但准許製作蒸餾酒（想不到吧），卻沒有製作過威士忌，而是專門製造以馬鈴薯為基底的冰島酒（brennivin），這就是原因之一。之後出現了 Eimverk 蒸餾廠和它的威士忌品牌，Floki。

「維京人種大麥釀酒有五個世紀的歷史，」Eimverik 的哈利・托克森（Halli Thorkelsson）說。「在 13 世紀左右，我們進入一段較冷的氣候期，一直持續到 20 世紀，所以不可能種植大麥，也造成相當的經濟困難。不過過去 20 年來我們的收成很穩定。」

適合的條件就帶來了威士忌。「我們開始製造 Floki，是為了對烈酒和傳統的愛，這確實是我們探索對象的很大一部分。我們實驗了五年，用到處蒐集來的廢棄舊酪農設備建造我們的設備。Floki 是這些實驗的結果，根據的是第 164 號配方。」

它也很環保。蒸餾器是用地熱水加溫，大麥種植不用殺蟲劑。「我們不是特意去作出第一批符合環保的威士忌，」托克森說，「只是我們一路利用在地資源，結果就是這樣。」

「我們必須挑選強健而且成長比較慢的品種，結果種出來的大麥，澱粉／糖含量比今天大部分生產者所使用的要低；我們每一瓶所含的大麥比較多！因為油脂含量較高，影響了口味和口感。」

冰島的氣候和傳統也交織表現在使用的煙燻法中。由於這裡沒有泥煤，自古以來就是用羊糞就來製造像燻羊肉（hangikjöt）這樣的特產。「我們領先創造一種單單基於氣候和環境而形成的獨特風格，」托克森說。「我們很樂意看到 Floki 成為冰島真正的威士忌產業和傳統的起點和基石。我們的做法都是根據獨一無二的北歐傳統和風味。」

或許北歐風格終究還是成型了。

芬蘭品飲筆記

Teerenpeli Aës 43%

氣味：清新，年輕，有麥芽的甜味，漸漸成為蘋果和花朵味。非常芳香、乾淨。淡淡的鮮奶油和蘋果派味，被茉莉香打斷。加水後變活潑。

口味：開始時是淡淡大麥味，但並不乾瘦，而是較溫暖甘甜，帶有活潑的花香。

尾韻：茴芹

結論：展現穀物較甜的部分

| 風味陣營：**芳芳花香型** |
| 延伸品飲：The Glenlivet 12 年 |

Teerenpeli 8 年 43%

氣味：龐大，稍稍干澀，結構比 Aës 豐富。淡淡的大麥糖味、牛奶巧克力、堅果。平衡。

口味：烘烤味，更多焦香麥芽味。燉煮過的味道，金屬味，帶點栗子味。柔順，乾淨。

尾韻：微微緊實

結論：漸漸變為得自木桶的風味

| 風味陣營：**麥芽不甜型** |
| 延伸品飲：Auchentoshan 12 年 |

Teerenpeli Kaski 43%

氣味：麥芽麵包，溼潤豐腴，有一些醋栗和煮過的李子和黑櫻桃味。加水後有一點護木油的味道。

口味：滑口、柔軟、順口。平衡，而有蜂窩糖（honeycomb sugar）的甜，和乾橡木／麥芽平衡。李子味再次出現。

尾韻：農場和可可味

結論：三款酒當中結構最豐富、最進階的。

| 風味陣營：**水果香料型** |
| 延伸品飲：Macduff |

Teerenpeli，6 年 43%

氣味：金色。麥麩。焦香味和堅果味。乾淨，淡淡的油味在後，而漸漸成為乾的青草和杏仁片。

口味：榛子的堅果味十足。年輕、有活力，一些風信子味。

尾韻：小麥胚芽

結論：乾淨、清新。平衡，而有堅果味。

| 風味陣營：**麥芽不甜型** |
| 延伸品飲：Auchroisk-style |

冰島品飲筆記

Flóki，5 個月，波本桶 68.5%

氣味：甜、緊實，清新中帶有淡淡甜穀物和一絲野生香草／溼草的味道。粉筆味，強烈，加水後有些愉悅的農莊味，再轉為葫蘆巴和植物味。

口味：甜而有針刺感。乾淨的酒液。清新，帶有酸度。加水後展現微微的年輕樸素感。

尾韻：乾淨，緊實。

結論：製作良好，輕盈，新鮮。值得追蹤。

Flóki 的冰島單一麥芽威士忌是當地自豪的精釀產品，使用酒廠自製的罐式蒸餾器。

南非

James Sedgwick・威靈頓・www.distell.co.za
Drayman's・普里托利亞・www.draymans.com

南非雖然最為人知的是一個生產白蘭地酒的國家，但自 19 世紀晚期開始，威士忌也斷斷續續在製造，只是大多數公司都失敗了，因為國家立法保護固有的白蘭地工業。在 20 世紀某段時間，國內生產以穀物為基底的蒸餾酒（也就是威士忌）的稅要比白蘭地高 200%。

不過威士忌一直有人在喝。從 19 世紀起，南非就是蘇格蘭威士忌的重要出口國，但是它真正的榮景是在後種族隔離時代開始，當時威士忌成為富裕黑人成功的象徵。

南非兩座威士忌廠中較古老的一座，是位在威靈頓的 James Sedgwick 蒸餾廠，它在 1886 年創立時是白蘭地蒸餾廠。剛過一百年後不久，斯泰倫博斯（Stellenbosch）一家小的 R&B 蒸餾廠的蒸餾設備被移到這裡來。

它的品牌 Three Ships 開始時是一款蘇格蘭威士忌和 Sedgwick 威士忌的調和酒（Select 和 Premium 5 年款至今仍是）。不過有愈來愈多的純南非威士忌運用在波本桶過桶的調和威士忌（調配後在首裝木桶中存放六個月）和太不常發售的一款 10 年單一麥芽威士忌中。

享譽國內外的威士忌是 Bain's Cape Mountain，它是一支豐滿的單一穀物威士忌，特別針對新的威士忌品飲市場推出。「過去我們深受一種觀念之害，那就是威士忌（或至少是優質的威士忌）是無法在南非製造的，」蒸餾師安迪・瓦茲（Andy Watts）說，「幸好大眾的知識愈來愈豐富，這種觀念也慢慢改變了過來。」

自從莫利茲・卡爾梅耶（Moritz Kallmeye）在 1990 年代開了普里托利亞第一間啤酒餐廳（brewpub）以來，改變觀念就一直是他的口頭禪。雖然他現在仍然在釀啤酒，但主要焦點是他的 Drayman's High Veldt 威士忌。將本地的卡利登大麥和（進口的）泥煤麥芽，用他自己的愛爾酵母（ale yeast）和酒廠蒸餾師的酵母混合發酵三天，成為 7% 的酒精度。這些再放置兩天，幫助製造出酯類和口感。誠如卡爾梅耶所說，「你必須發酵久一點，否則會犧牲掉蒸餾廠的特色，最後做出來的只是麥芽斯內普酒（schnapps）。」

他的蒸餾器是一堆零碎物件的奇妙組合：一個供罐式蒸餾器使

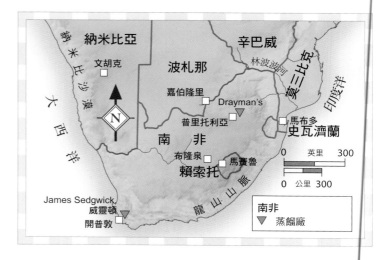

用的細菌發酵槽、一個內置泡罩板（bubble cap plate）的頸部、和一支高高的林恩臂／冷凝器，這些全都包含了大量的銅。酒液乾淨，充滿個性，絕不是比較烈的啤酒而已！

這裡只用重新燒烤過的 250 公升、美國橡木紅酒桶。還有一種索雷拉桶（solera），用來陳放他的 Drayman's 調和威士忌（60% 的 Drayman's 威士忌混合進口的瓶裝蘇格蘭威士忌）。

「我想要做成百分之百的南非威士忌，但是用我自己的威士忌，我沒辦法訂出好價錢，」他說，「不過我現在希望能用柱式蒸餾器製造穀物威士忌。」

南非高地草原上的廢鐵商人現在一定是摩拳擦掌，開心地期待著。

南非品飲筆記

Bain's Cape mountain Grain 46%

氣味： 飽滿的金色。非常香甜，後方有淡淡草香。乳脂軟糖、香蕉泥、牛奶軟糖，有松樹香韻。

口味： 輕盈但有種多汁的甜味。十分豐滿。冰淇淋，中段有漿果味，接著是柑橘水果味的迸發。

尾韻： 肉桂

結論： 平衡，有個性。將會吸引新（也較年長）的消費者。

風味陣營：水果香料型

延伸品飲： Nikka Coffey Grain

Three Ships 10 年 單一麥芽 43%

氣味： 柔軟而甜。椰子和一些牛奶巧克力，柑橘水果（金橘／南非納吉橘）增添了一些風味，接著是少量香甜香料：肉豆蔻，然後是肉桂，加水後有一些乾果深度。

口味： 開始時非常柔軟而且有乾水蜜桃、覆盆子和哈密瓜的果味。淡淡橡木味。

尾韻： 仍然有果香，平衡良好。

結論： 平穩，均衡。值得多出一些。

風味陣營：水果香料型

延伸品飲： The Benriach 12 年

Draymann's 2007，桶號 no.4 桶陳樣品

氣味： 辛香，乾淨。些微荳蔻、芫荽和麥稈味，但後方有一種集中的柿果凍調性。

口味： 非常香，有揮發性。玫瑰花瓣，再來是淡淡的穀類風味。

尾韻： 乾淨，有香氣。

結論： 一系列迷人的風味。值得觀察。

南美洲

Union Distillery Maltwhisky Do Brasil • 巴西，韋拉諾波里斯 • www.maltwhisky.com.br
La Alazana • 阿根廷，巴塔哥尼亞，拉斯哥隆德里納斯 • www.javoodesigns.wix.com/laalazanain#iabouy-us
Busnello • 巴西，本圖貢薩維斯 • www.destilariabusnello.com.br

南美洲長久以來一直是蘇格蘭威士忌主要的出口地區——大多數重要的調和商（尤其是 James Buchanan）在 20 世紀初就在此地建立了灘頭堡——如今這裡正要開始進入全球威士忌熱潮中。

事實上，這塊大陸上的三家蒸餾廠中，有兩家已經有數十年的威士忌製造歷史。1963 年，路意其 • 佩塞托（Luigi Pessetto）、安東尼歐 • 皮特（Antônio Pitt）和賀阿 • 布斯內羅（Joâ Busnello）在班圖貢薩維斯（Bento Gonçalves）的谷地中建造一座城堡。Busnello 蒸餾廠就在這座壯觀的建築內。而以南里約格蘭州的韋拉諾波里斯為基地的「聯合蒸餾廠」（Union Distillery）在 1948 年創立時是葡萄酒廠，1972 年轉為製造蒸餾酒。它的母公司 Borsato e Cia. Ltda 認為，既然這個多山的地區適合種葡萄，應該也能生產威士忌。從 1987 到 1991 年，它和 Morrison Bowmore 技術合作。之後五年，請來丹堤 • 卡拉塔佑博士（Dr. Dante Calatayud）擔任顧問。

他們使用在地生產的無泥煤麥芽和進口的重泥煤麥芽。蒸餾是在銅質罐式蒸餾器中進行，林恩臂有很大的傾斜角，往下伸入蟲桶，賦予蒸餾液帶果香的酒體，這些酒從第二蒸餾器出來時酒精度 65%。

最初這些酒是批發出售，作為新酒和用於調酒的成熟威士忌，但是 2008 年，Union Club 單一麥芽上市，紀念公司六十周年。巴西法律規定，歸類為威士忌要有兩年酒齡，並且在 40% 以下的酒精度才能裝瓶。www.whiskyfun.com 的瑟吉 • 瓦倫丁（Serge Valentin）評論說，這款酒使他想起一款尚未發展完全的斯佩塞，帶有果香和一些堅果味。他也十分看好一款重泥煤風格的樣品。

2011 年，除了巴西兩家蒸餾廠之外，又加進阿根廷第一家單一麥芽蒸餾廠：La Alazana，位在巴塔哥尼亞地區皮爾崔其特隆（Piltriquitrón）山下的哥隆德利納斯（Las Golondrinas），這座山為酒廠提供了溶雪和冷卻水。

和許多新的蒸餾師一樣，巴布羅 • 東內提（Pablo Tongnetti）和女婿奈斯特 • 塞倫內利（Nester Serenelli）一開始也熱衷於自釀啤酒，後來才走進了威士忌的世界，自己設計、建造蒸餾設備。他們使用彭巴草原的大麥，並且把酒粕拿來餵馬；這是在阿根廷才有的小變化，他們農場裡有一間騎馬治療中心。

現在酒廠兩次蒸餾都用一座 550 公升的蒸餾器，而第二座蒸餾器設置計畫已經就緒。確定的目標是要生產出更清爽的風格，以適合在地人的口味，不過這款酒在熟成時還有另一項當地才有的變化。畢竟，既然有可能用上當地葡萄酒的橡木桶，那麼除了標準的二手波本桶和雪莉桶之外，不把新酒放在馬爾貝克（Malbec）桶中陳放一下，也未免太不懂得把握機會了。

阿根廷目前還有兩件蒸餾廠計畫案正在討論，這樣看來，巴塔哥尼亞很有可能成為下一個威士忌產區。

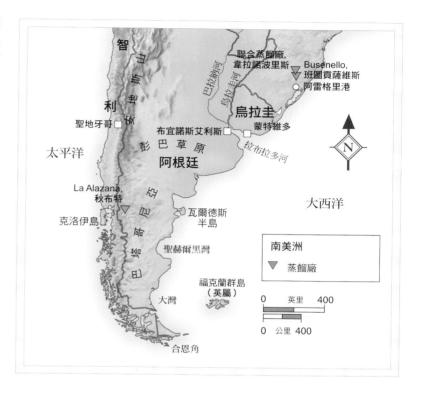

阿根廷第一座單一麥芽威士忌蒸餾廠 La Alazana 的美麗環境。

印度、遠東地區

印度是威士忌最大的消費國之一，但是印度人幾乎不喝威士忌。搞不懂嗎？不懂的可不是只有你。根據世界貿易組織（WTO）的規定，威士忌只能用穀物製造，但是印度的「威士忌」卻也可以用來稱呼一種用糖蜜製造的棕色烈酒，而這樣做出來的其實是蘭姆酒。如果你知道印度還有其他種類的「威士忌」，例如未陳年的有色中性穀物烈酒、糖蜜和穀物／麥芽的調和酒，或是糖蜜烈酒和蘇格蘭威士忌的調和酒時，你就會開始明白為什麼世貿組織的律師幾十年來都在忙著處理這個難題了。

全世界拒絕承認以糖蜜為基底的烈酒也算是威士忌，這件事使得印度政府課徵進口烈酒——例如威士忌——高稅額的手段更為強硬。雖然這種進口稅在近年已經大幅降低，但印度各省都有權力提高自己的稅率，因此關稅只是被另一個機關收去而已。

這一點讓蘇格蘭威士忌產業特別煩惱，因為它視印度為潛在的最大出口市場。協商至今仍在進行，速度和喜馬拉雅山冰川移動的速度一樣「快」。

在亞洲，情況比較不那麼令人擔憂。臺灣正以重要的單一麥芽市場之姿登上全球威士忌版圖，自己擁有一間卓越的蒸餾廠「噶瑪蘭」，亞熱帶陳年酒的複雜度正在這裡接受如法醫般的檢驗。新加坡依然是一個切入點，本身也是一個蓬勃的市場，而韓國、越南和泰國都已經是穩定的蘇格蘭威士忌市場了。

下：邦加羅爾附近的丘陵，是印度最著名的單一麥芽威士忌酒廠 Amrut 所在地。　　　　上：Amrut 在進入國內市場前，已經是著名的出口商了。

　　印度之後，主要的大市場是中國。生產者需要進到一個擁有如此龐大潛力的市場，但是他們也必須思考進入的方式。中國仍然是一個特別偏好進口酒的市場──不僅只是威士忌。事實上，中國消費者會很樂意從威士忌跳到伏特加、再到干邑，再到龍舌蘭。此外，進入的成本高，地域又廣。加上最近中國政府的禁奢令限制太昂貴的送禮，損害了威士忌的頂端市場。除了這些問題之外，中國是不容忽視的。

　　然而，就生產而言，走在最前面的是印度。

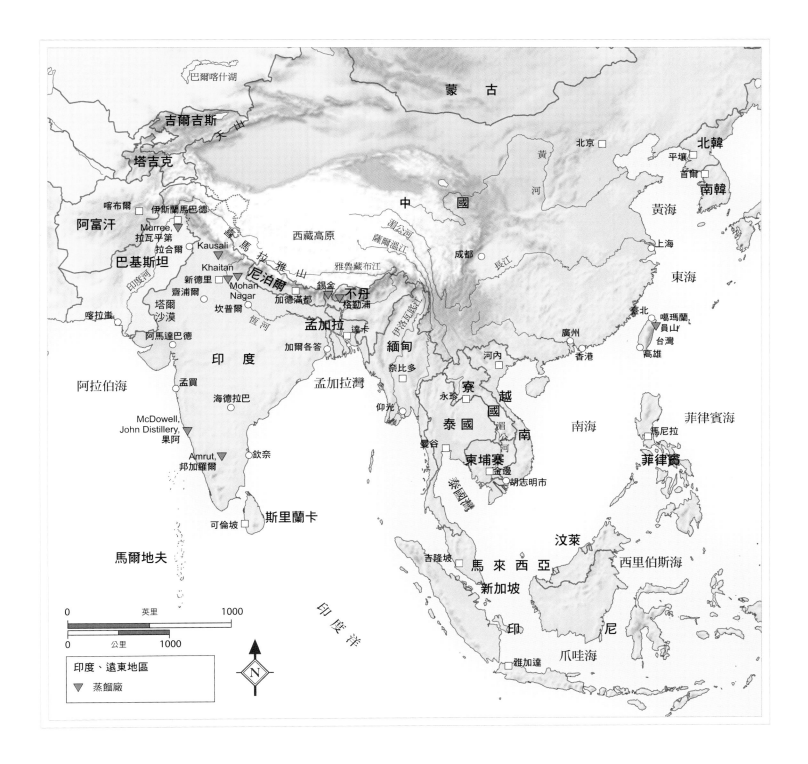

印度

Amrut・邦加羅爾・www.amrutdistilleries.com・ / John Distilleries・果阿・www.pauljohnwhisky.com

雖然在印度次大陸有好幾百座蒸餾廠，但是要找到其中有哪幾家製造非中性、以穀物為基底、用木桶陳年的烈酒，卻幾乎找不到。巴基斯坦的 Murree ——號稱是穆斯林國家唯一的蒸餾廠——當然是其一。不丹格勒浦的陸軍福利計畫廠可能也是，但是這個國家大部分的威士忌都是蘇格蘭威士忌混合當地中性酒精而成的。

其他合乎全球定義的，包括在喜馬拉雅山山麓丘陵上的 Mohan Meakin 的 Kasuli 蒸餾廠，以及同一家公司在北方邦（Uttar Pradish）的 Nagar 蒸餾廠，北方邦也是 Radico Khaitan 的 Rampur 蒸餾廠所在地。這些廠都製造糖蜜和穀物烈酒。

印度最大的生產商是聯合烈酒公司（United Spirits），它的產品目錄有各種類型的威士忌，品項很多，包括 McDowell's 單一麥芽，這是果阿邦的同名酒廠製造的。果阿邦也是 John Distilleries 所在地。雖然它最知名的是當地風格的威士忌系列（每年生產 1100 萬箱），但在 2012 年，它在全球推出了第一款以大麥為基底的 Paul John 單一麥芽威士忌。

在這裡，一個蘇格蘭威士忌的生產模式已經成形：大麥是印度的，但泥煤都是從蘇格蘭進口。蒸餾在罐式蒸餾器中進行，而熟成只用二手波本桶。果阿的氣候在陳年期間有重大影響，蒸發率高，熟成的速度很快。

它的單一麥芽威士忌最初只供出口，目標是先在海外建立名聲，然後再以高價位在國內市場販賣。從 2004 年起，邦加羅爾的 Amrut 就試過這個策略。它在印度國內幾乎沒有人知道，但是卻在全球行家中享有當之無愧的美譽。這是一個可以看到地點如何影響特色的完美案例。Amrut 的無泥煤大麥來自拉加斯坦邦（任何有泥煤的都是來自蘇格蘭），蒸餾過程是標準式的，所以使得 Amrut 與眾不同的是，它所用的美國橡木桶混合了新桶和首裝桶。

雖然邦加羅爾海拔有 914 公尺，但夏天氣溫是攝氏 20-36 度，冬天是 17-27 度，而且還有季風季。這一切都會對蒸發造成影響。在蘇格蘭，「天使」一年平均要接收 2% 體積百分比的量，在邦加羅爾，每年的蒸發量則高達 16%。這些「天使」（這家公司最古老的威士忌也叫這個名字）十分貪心。大多數的 Amrut 都是在四年時裝瓶。

雖然會計人員會喜歡威士忌能快速製成，但蒸餾師卻需要確保成品不只是一些橡木萃取物，而是能展現木桶和酒液複雜交互作用的產品，即使時間很短。蒸餾師持續檢視氣候造成的影響，這個過程似乎有很多樂趣。

Fusion 是 25% 的泥煤蘇格蘭麥芽威士忌。Two Continents 威士忌是送到蘇格蘭過桶，而 Intermediate 開始時是放在波本桶裡，然後換到雪莉桶，再回到波本桶。

也許這兩家酒廠的成功可以說服交戰各方，相信印度的全麥芽威士忌是有未來的。

印度品飲筆記

Amrut，新酒

氣味：甜麥芽漿、亞麻籽油、番紅花，淡淡泥土味中有一絲甜玉米味和粉筆味。

口味：油性和濃郁的紅色漿果味，甜甜的胡椒味，微微的牛膝草和紫羅蘭味。有稜角。

尾韻：緊實。

Amrut, Greedy Angels 50%

氣味：溫暖、香甜，有柿子和杏仁膏味，混合罐頭鳳梨和一種緊緻、有揮發性的香水味。水蜜桃核和香甜餅乾。

口味：風味龐大，平衡良好。有一點 heat，但加水後變平和，中間的穀物和水果混合感覺變鮮活。成熟有水蜜桃味。

尾韻：核果，甜。

結論：具有重量和複雜度。

> **風味陣營：水果香料型**
> **延伸品飲**：George Dickel

Amrut, Fusion 50%

氣味：非常淡的煙味。乳酪外皮，然後是甜穀物和酒廠特色的甜餅乾味。加水後像是燒窯的味道；一絲清新、濕草的味道，接著是漿果味。

口味：開始時有木柴煙味，再加深而多了一絲拿鐵咖啡味道，然後有香料味道的柑橘水果味開始形成。

尾韻：悠長而有香料味

結論：平衡，優雅

> **風味陣營：水果香料型**
> **延伸品飲**：Tomatin Cù Bòcan

Amrut, Intermediate cask 57.1%

氣味：阿華田和麥芽牛奶、甜餅乾。太妃糖。加水後濃郁度和深度都提高了。

口味：葡萄乾和飽滿、成熟的核果，非常有這個酒廠的味道。

尾韻：無籽葡萄和浸了葡萄酒的葡萄乾，然後是香草味。

結論：飽滿且成熟。

> **風味陣營：豐富圓潤型**
> **延伸品飲**：The Glenlivet 15 年

Paul John Classic Select cask 55.2%

氣味：非常香甜。水果糖、醃檸檬、夏威夷果、柑橘水果、熟香瓜、芒果。

口味：持續香甜、熱帶水果的主題，然後是一陣大麥和淡淡橡木的嚼感。暖口。

尾韻：多汁水果和薄荷。

結論：柔軟而怡人。

> **風味陣營：水果香料型**
> **延伸品飲**：Glenmorangie 10 年、噶瑪蘭經典

Paul John, Peated Select Cask 55.5%

氣味：開始時是有石南味的煙味。比無泥煤的要干澀。發展成為柏油和穀物味。燒金雀花的味道。

口味：水果味重返，還有陣陣泥煤的煙味。熱火，然後是漿果味。加水後有一些麥芽味。

尾韻：類似餘燼。

結論：宏大，煙燻味濃。

> **風味陣營：煙燻泥煤型**
> **延伸品飲**：The BenRiach Curiositas

臺灣

金車噶瑪蘭威士忌蒸餾廠 • 宜蘭縣，員山鄉 • www.kavalanwhisky.com • 開放團體參訪

位於亞熱帶地區的臺灣能夠生產威士忌這件事令人感到驚訝的時期過去得很快，一方面，臺灣第一座專門威士忌蒸餾廠——噶瑪蘭——建在這裡的理由十分明顯，畢竟臺灣目前是全世界第六大蘇格蘭威士忌市場；另一方面，這個市場在過去十年來發生了重大的變化，新一代的品飲者已經接納了蘇格蘭單一麥芽威士忌。

噶瑪蘭蒸餾廠屬於「金車食品飲料集團」，2005 年 4 月開始動工興建，當時是委託（這是不可避免的）Forsyths of Rothes 進行，2006 年 3 月 11 日落成並開始運轉，「時間是 15：30！」首席調和師張郁嵐說。如今它不但是備受尊重的蒸餾廠，也是威士忌科學一個新領域的研究站，研究熱帶熟成的影響。在這裡蒸發損失率是平均每年 15%。參訪時，你幾乎可以看到威士忌從木桶中揮發，還聽得到半空中那些醉醺醺的天使們合唱哩。

「我們選擇這個地點有兩個理由，」張郁嵐說，「蒸餾廠地底下有天然的雪山地下水，加上宜蘭有 75% 的土地是山地，空氣純淨，非常適合烈酒的熟成。」

從一開始，張郁嵐的心裡就有一條清楚的風味線，這是由投入發酵器中的混合酵母所觸動。「這是商業用酵母和我們自製酵母的混合，我們的酵母和長在酒廠周圍的野生酵母是隔離的。這樣的酵母有助於創造出水果的特色——芒果、青蘋果和櫻桃——這是噶瑪蘭新酒的招牌特色。」

在兩次蒸餾後，帶有果香的新酒在多種木桶中陳年，這些木桶是由張郁嵐稱為師傅的吉姆 • 史旺博士（Dr. Jim Swan）所挑選。這些木桶主要是美國橡木桶，不過也用到雪莉桶、波特桶和葡萄酒桶。張郁嵐和史旺的重點是要利用這些木桶加速熟成，同時建立複雜度。噶瑪蘭的酒必須要能引吭高歌，不能因為萃取而失去活力。

噶瑪蘭可不是小型蒸餾廠，它一年可以生產 130 萬公升，而且還有擴張的計畫。這裡也有教育的成分在發揮功用。每年有 100 萬

日月潭的湖水或許平靜，但噶瑪蘭威士忌已經在國際間掀起波濤。

人參訪酒廠，金車公司也成立品飲室，現在更定期出現在世界各地的威士忌酒展上。

噶瑪蘭不是在地的異類，而是世界的領導者，憑著對在地條件的仔細調查而做到這一點，在地條件不只是氣候和酵母，而是更廣闊的臺灣美食文化。

這不只是來自臺灣的威士忌，更是「屬於」臺灣的。

噶瑪蘭品飲筆記

噶瑪蘭經典 40%

氣味：甜，大量熱帶水果：芭樂、芒果和柿子，混合蘭花、雞蛋花、香草和椰子。

口味：中間甜味的多汁和水果味，薑和細緻的烘烤橡木味。

尾韻：乾淨，有淡淡香料味的蘋果汁。

結論：對噶瑪蘭家族最完美的引介。風格多變。

風味陣營：水果香料型
延伸品飲：Glenmorangie Original

噶瑪蘭 Fino 雪莉桶 58%

氣味：有雪莉酒味，當然，不過卻是甜甜的雪莉酒味。淡淡的焦糖、黑巧克力、濃縮咖啡，和蜂蜜。後方是乾燥的熱帶水果味，是這家酒廠很典型的風味。

口味：優雅、洗鍊，充滿甜味和樹脂（大豆），而非單寧的緊繃感。一些蘋果漿果味。柑橘水果。

尾韻：微微干澀

結論：均衡，被尊為酒廠最優雅的酒款，實至名歸。

風味陣營：豐富圓潤型
延伸品飲：Glenmorangie La Santa、Macallan Amber

經典獨奏波本桶 58.8%

氣味：亮金色。甜而純，有金色糖漿和柔軟水果味：芒果、甜瓜和芭樂，被薑和金橘味打斷。一絲花生和檀香木味道。一陣甜甜的鋸木屑香味道，讓人想到青春。

口味：甘甜帶有果味的酒液，而被美國橡木的冰淇淋、烤布蕾和香料味平衡。

尾韻：像是蛋塔味道，還有罐頭鳳梨。

結論：甜且活潑。「新」麥芽的體現。

風味陣營：水果香料型
延伸品飲：Glen Moray-style

澳洲

Bakery Hill・維多利亞省，北貝斯沃特（North Bayswater）・www.bakeryhilldistillery.com.au・可安排參訪／Great Southern Distilling Company・西澳大利亞，奧巴尼・www.distillery.com.au・全年開放／Lark Distillery・塔斯馬尼亞，Hobart・www.larkdistillery.com.au・全年開放，預約導覽。Cellar Door & Whisky Bar／Nant Distilling Company・塔斯馬尼亞，波斯維爾（Bothwell）・www.nantdistillery.com.au・全年開放，預約參訪／Sullivans Cove・塔斯馬尼亞，劍橋・www.sullivanscovewhisky.com／Hellyers Road Distillery・塔斯馬尼亞，柏內（Burnie）・www.hellyersroaddistillery.auv 全年開放；導覽，Whisky Road & Visitor Center

澳洲國土遼闊，蒸餾廠分散在許多不同的地方，因此要把某種統一的國家風格強加在澳洲新興的威士忌產業上，是一件很困難的事；而一旦你要把這些蒸餾廠所採用的無數種不同製造方法考慮進來，那就變成不可能的事了。

澳洲威士忌所用的大麥多半是當地釀造用的品種（而且發麥多半委由啤酒廠來做），但是也有例外。有些蒸餾廠使用本質上就帶有澳洲植物特色的當地泥煤，有的則維持不用泥煤。他們也探索不同品種的酵母，其中總有途徑能夠創造、增加差異性，至於蒸餾器則是從蘇格蘭罐式蒸餾器到約翰・杜爾（John Dore）設計的罐式蒸餾器、白蘭地蒸餾器和老式澳洲蒸餾器都有，這些全都會造成影響。

然後他們還使用不同種類的木桶，許多蒸餾廠聰明地選用之前盛裝葡萄酒或澳洲加烈葡萄酒（fortified wine）的木桶，而這還只是單一麥芽這方面。有的蒸餾廠正在嘗試用波本桶陳放裸麥威士忌和一種澳洲威士忌。這些因素綜合起來，顯示這個產業是每個個體都在努力要確立自己有別於他人，而不是去符合某種共同性。

如今發生的事也和昔日的澳洲威士忌產業有根本上的不同，過去低成本、高產量的產業精神終於在 1980 年代末期結束。在鍥而不捨地尋找「新」的過程中，一般人很容易忘記，在第二次世界大戰開打前，澳洲曾經是蘇格蘭威士忌最大的出口市場，還有，這個國家早在 18 世紀晚期就在製造威士忌了。

奧巴尼的沙灘也許很快就會成為 Limeburners 威士忌的產品形象背景。

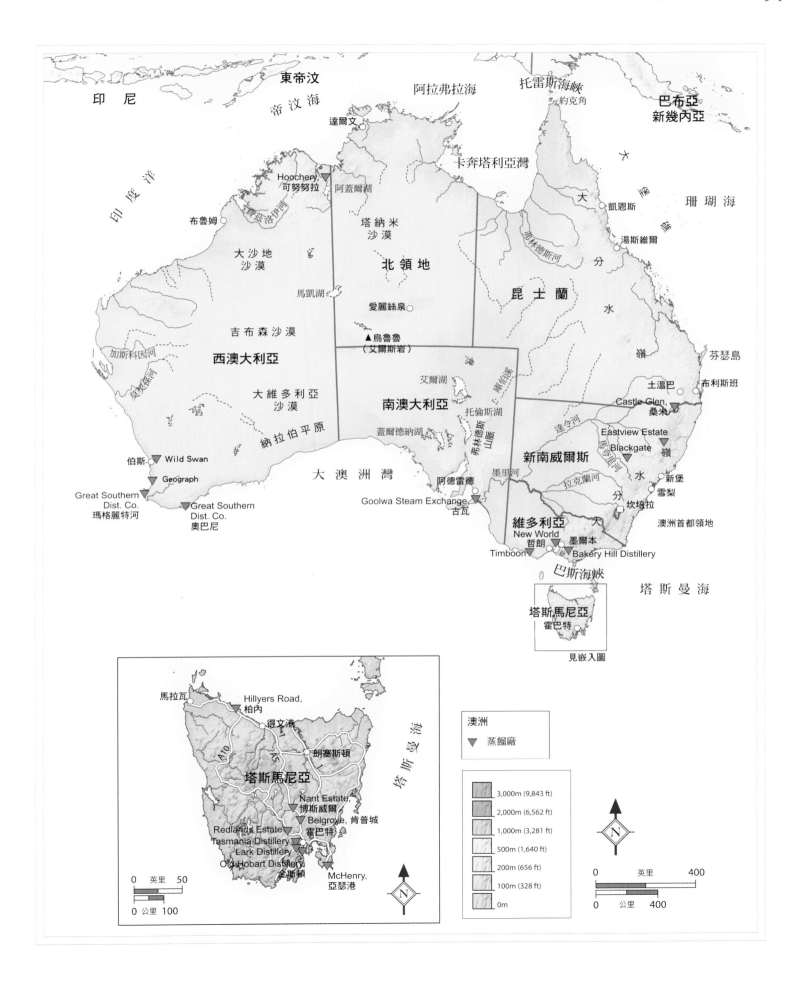

東帝汶

印 尼

帝 汶 海

阿拉弗拉海

托雷斯海峽

巴布亞
新幾內亞

達爾文

約克角

印 度 洋

卡奔塔利亞灣

Hoochery,
可努努拉

阿蓋爾湖

凱恩斯

珊 瑚 海

布魯姆

湯斯維爾

大沙地
沙漠

塔納米
沙漠

北 領 地

大

昆 士 蘭

吉布森沙漠

西澳大利亞

烏魯魯
（艾爾斯岩）

愛麗絲泉

嶺

芬瑟島

土溫巴

布利斯班

大維多利亞
沙漠

艾爾湖

南澳大利亞

水

Castle Glen,
桑米

納拉伯平原

蓋爾德納湖

弗林德斯
山脈

托倫斯湖

Eastview Estate

Blackgate

嶺

伯斯

Wild Swan

新南威爾斯

水

新堡

Geograph

大 澳 洲 灣

墨里河

雪梨

拉克蘭河

Great Southern
Dist. Co.
瑪格麗特河

Great Southern
Dist. Co.
奧巴尼

阿德雷德

Goolwa Steam Exchange
古瓦

坎培拉

分

澳洲首都領地

維多利亞

New World
哲朗

大

Timboon

墨爾本

Bakery Hill Distillery

巴斯海峽

塔斯曼海

塔斯馬尼亞
霍巴特

見嵌入圖

馬拉瓦

Hillyers Road,
柏內

得文港

A10

朗塞斯頓

塔斯馬尼亞

塔 斯 曼 海

Nant Estate,
博斯威爾

Belgrove, 肯普城

Redlands Estate

霍巴特

Tasmania Distillery

Lark Distillery

Old Hobart Distillery
金斯頓

McHenry,
亞瑟港

0 英里 50

0 公里 100

澳洲

▼ 蒸餾廠

| 3,000m (9,843 ft) |
| 2,000m (6,562 ft) |
| 1,000m (3,281 ft) |
| 500m (1,640 ft) |
| 200m (656 ft) |
| 100m (328 ft) |
| 0m |

N

0 英里 400

0 公里 400

澳洲欣欣向榮的蒸餾業景象包含了各種規模和各式風格。

在這個被遺忘的威士忌國度，威士忌顧問與歷史學者克里斯‧密德頓（Chris Middleton）指出，雪梨在 1791 年就製造出澳洲最早的穀物烈酒（小麥做的）。雖然南澳大利亞和塔斯馬尼亞 19 世紀就在製造蒸餾酒，但是後來成為主要產區的是維多利亞省。Dunn s 蒸餾廠 1863 年在維多利亞的巴拉雷特（Ballarat）創立，生產愛爾蘭系統的威士忌，到 1930 年關廠前一直是澳洲第二大的生產者。主要葡萄酒產區雅拉谷（Yarra Valley）在 19 世紀時有六家蒸餾廠，不過這個省的威士忌生產以墨爾本港的 Federal Distilleries 為大宗，在 1888 年就有一年 400 萬公升的總產量，出自罐式和柱式蒸餾器（以海水冷卻，這是蘇格蘭威士忌產業仍然想要破解的問題）。

20 世紀執牛耳的是 Corio 蒸餾廠，1920 年代由蘇格蘭的 Distillers Company Limited（DCL）在巴拉雷特成立；1924 年它和另外四間維多利亞省的蒸餾廠合併。Corio 調和威士忌在 1934 年問市。總部在倫敦的 Gilbey s 公司在二次大戰後新增了調和威士忌業務，把阿德雷德的 Milne 蒸餾廠併入它位於墨爾本穆拉賓（Moorabbin）的廠區。這兩家英商公司的經營策略都是讓澳洲威士忌維持低價和年輕，好和他們的蘇格蘭威士忌品牌保有一定的價差。當時因為保護性立法，蘇格蘭的威士忌要貴上 40%。1960 年代，關稅取消，蘇格蘭威士忌價格下跌，而澳洲的國內威士忌又欠缺優質部門，造成銷售崩盤。到了 1980 年代末，澳洲兩家威士忌廠已經關門大吉。

這種追求產量的傳統籠罩了整個產業。現代澳洲威士忌之父比爾‧拉克（Bill Lark）在 1990 年代初打算創業時，發現 1901 年的「授權法」規定蒸餾器至少要有 2700 公升，這幾乎是拉克需求量的兩倍之多，而且這種尺寸幾乎不可能做精餾蒸餾（craft distilling）。拉克不畏艱難地遊說愛好威士忌的農業部長，促成修法，展開了歷史新頁：使他的家鄉塔斯馬尼亞成為澳洲威士忌的新中心。

塔斯馬尼亞如今有九家蒸餾廠，其中最新的包括 William McHenry & Sons、Mackey s、 Shene（製造一種三次蒸餾的「愛爾蘭風格」威士忌）， 和 Peter Bignell，他用自己的裸麥打造出一種新的澳洲威士忌風格。當新來的廠商開始站穩腳跟時，島上的元老廠商開始放眼全球市場，出口的重要性與日俱增。

拉克（Lark）繼續使用法蘭克林啤酒大麥為原料，有無泥煤和煙燻兩種，煙燻款使用塔斯馬尼亞泥煤，賦予烈酒一種帶有杜松、青苔、桉樹油的強烈芳香氣味。酵母用的是酒廠的酵母混合了一種諾丁漢愛爾啤酒酵母。得到的烈酒像無泥煤的新酒一樣有油味和花香，並有外加的煙燻味，在比爾‧拉克自己設計的罐式蒸餾器中經過兩次蒸餾，以 100 公升的木桶陳年。

對拉克而言，最重大的改變來自 Redlands Estate 蒸餾廠——建在一座 1819 年的古老大麥農莊上——的發展，以及一處地板發麥場的建造，現在拉克的需求都從這裡找。「這件事我好久以前就想做了，」拉克說，「我們最初的六、七批酒都非常成功。這是澳洲第一座放養威士忌的牧場！」

和拉克年分差不多的還有派崔克‧馬奎爾（Patrick Maguire），他在 2003 年買下位於劍橋的 Tasmanian Distillery，這座蒸餾廠之前生產一個威士忌品牌 Sullivan s Cove，成敗不一。

這座蒸餾廠持續從塔斯馬尼亞的 Cascade Brewery 啤酒廠輸入酒汁，用之前蒸餾白蘭地的單一蒸餾器蒸餾出帶果香和花香的烈酒。陳年用的是波本桶，部分使用陳放過澳洲波特酒的法國橡木桶；這些酒桶也和麥克米拉及 Puni 一樣，安放在一個（廢棄的）鐵路隧道裡。最近酒廠和當地的精釀啤酒廠 Moo Brew 合夥，使得酒汁的來源又多了一處，酵母體系也更多了，也為未來擴大產品品項帶來了可能性。

馬奎爾正試圖平衡全世界日益增加的需求，Sullivans Cove 在歐洲、日本、加拿大和中國都買得到，其他市場也源源不絕地出現。「出口變得很重要，」他說，「國內很多事情也開始產生很大的效果。大家都充分認為這些公司表現很棒。生產了 14 年以後，我們終於有了盈餘。」

他承認這是一段學習的過程。「我和比爾開始做蒸餾時，我們完全不知道自己在做什麼！我們看很多書，大量地討論，嘗試過各種做法，犯了很多錯。」他們向 Arran and Cooley 酒廠的戈登‧米契爾（Gorden Mitchell）這位已故且備受懷念的蒸餾師請益，而馬奎爾也不斷微調蒸餾程序，力圖找出最佳平衡。顯然他做的是正確的事。Sullivans Cove

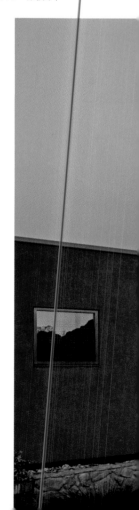

在 2014 年一項全球競賽中贏得世界最佳單一麥芽威士忌頭銜，顯示他對威士忌的迷戀有多麼成功。

酒廠必須關閉好讓庫存平衡的時代已經過去了。現在可望擴張。「我們做出來的東西都賣得掉，而且產量可以加倍。」馬奎爾說，「有這個問題真不錯。」

塔斯馬尼亞也是澳洲最大的單一麥芽威士忌生產者 Hellyers Road 的所在地。這裡同樣使用本地大麥和（蘇格蘭）泥煤，而熟成是用美國橡木桶。「Hellyers Road 威士忌的風味特徵是澳洲獨有的，並且非常能反映我們這個地區，」蒸餾師馬克・李托（Mark Little）說，「它有一種簡潔、獨特的口味，能具體表現出酸爽和純淨感。」他們有一款酒使用標準熟成方式，只是改用塔斯馬尼亞皮諾葡萄酒桶，結果十分成功，而酒廠也和塔斯馬尼亞許多蒸餾廠一樣，效法葡萄酒界的作法，建造一座酒莊酒吧和遊客中心，同時積極探索外銷策略。

Old Hobart Distillery 創立於 2007 年，業主是凱西・歐佛倫（Casey Overeem），他也以自己的姓為品牌命名。歐佛倫使用拉克的專用發酵器和他自己的酵母，也依照拉克的熟成方式，使用低容量的 100 公升法國橡木桶，這些木桶先前裝的是澳洲波特酒和雪莉酒，一年只生產 8000 瓶醇厚、芳香、帶有水果味的威士忌。另一方面，Nant 蒸餾廠則希望以一種新穎的方式建立品牌，那就是成立連鎖威士忌酒吧，並計畫把這個策略推到全球。

在澳洲大陸，這個運動持續成長：南澳大利亞省的 Southern Coast Distillers 和 The Steam Exchange、維多利亞省的 Timboon Railway Shed 和 New World Whisky，以及新南威爾斯的 Joadja 和

Black Gate Distillery 等，全都找上經驗老到的蒸餾廠，例如維多利亞的 Bakery Hill 蒸餾廠，業主大衛・貝克（David Baker）最初在貝斯沃特的一間工廠裡點燃他的蒸餾器是在 1999 年。

「從我決心要製造真正好的麥芽威士忌開始，驅策我的動力就是要用不同方式去做，而不是做出另一個『也一樣』的東西，」他說，「我開始時沒有任何事先設想的念頭，唯一的念頭就是要生產一項在地產品，滿足在地人的口味。」

第一件事是試用四、五十種酵母，然後和約翰・杜爾合作——這家公司在 19 世紀接掌 Aeneas Coffey 的生意——製造出可以產生甜度和果香、花香調性的蒸餾器。從它第一次現身後，泥煤的表現就改變了。「它太乾淨了，」貝克說，「我希望其中有一點粗獷，所以我們延後切取時間，好讓皮革、煙草和燒木頭的調性進入。」

最後是了解當地氣候條件對他所使用的波本桶、法國橡木葡萄酒桶和小桶的影響。如他所說：「如果你的調色板上沒有顏料，你就畫不出來。」結果是一款愈來愈優雅的單一麥芽威士忌，在國內市場愈來愈受歡迎。「我剛開業的時候，別人都叫我離開，現在酒吧熱翻了。」

目前他正專注於國內市場，特別是新的品飲者，「尤其是女性」。「你不會去找以前喝蘇格蘭威士忌的人，但是比較年輕的品飲者想要得到這個知識，也準備好嘗試不同風格，當吧台後面的人說『何不試試澳洲的麥芽威士忌』時，他們會說，『好啊！』」

「威士忌在澳洲已經瘋狂了，尤其是在墨爾本。」他又說，「但還是有事情要做。我們仍然會受到阻力，因為大家聽多了蘇格蘭是唯一能製造威士忌的地方，但是澳洲能做出品質最好的葡萄酒和啤酒，因為這兩種酒都做到了和威士忌一樣的事：了解在地條件。這就是我的出發點。」

澳洲最優質的蒸餾廠 Hellyers Road 位於塔斯馬尼亞西南部最佳的酪農業區。

「接下來我想要增加產量，並且換個地方。現在是該搬出工業區、建立一座有酒吧販賣部門的蒸餾廠的時候了。大家看到蒸餾廠就會掏出錢來。重點就是教育。」

在西澳大利亞，The Great Southern Distilling Company 已經擴展到除了威士忌品牌 Limeburners 外，還包括一系列的烈酒。公司總部設在西澳奧巴尼的涼爽海洋氣候中，現在在瑪格莉特河的葡萄酒產區還有第二間酒廠及酒吧販賣部。這款芳香又有花香的 Limeburners 是用釀酒麥芽、在地泥煤（這次是取自附近的波隆古魯普山），經過很長時間的發酵，在小型蒸餾器裡緩慢蒸餾，然後在波本桶、澳洲加烈葡萄酒桶、Great Southern 白蘭地桶中陳年。

隨著興趣增加，類型組織也開始產生。「塔斯馬尼亞威士忌生產者協會」如今有十個成員，包括兩家獨立的裝瓶廠。「這代表我們現在有個實體可以和政府聯繫。」派崔克‧馬奎爾說。他們用一筆供研擬行銷方案的 6 萬澳幣贊助款，已經建立了一條「威士忌之路」和一個網站，另外一場協商也正在進行中，目的是確立塔斯馬尼亞威士忌在法律上的定義。「塔斯馬尼亞正在建立飲食方面的美名，」他說，「而他們希望我們能和塔斯馬尼亞的觀光業整合在一起。他們很支持我們。」 比爾‧拉克曾試圖說服同一批官僚，要他們相信精釀蒸餾在澳洲是有未來的。對照那個時候，如今他們態度的改變實在令人驚人。

那麼，澳洲威士忌在哪裡？「我們總是忍不住要拿澳洲葡萄酒來和威士忌現在的情形比較，」顧問克里斯‧密德頓說，「在葡萄酒方面，我們採用歐洲的葡萄品種，經過一段時間以後，發現一些風土條件可以讓葡萄在新環境裡展現出最佳的力量。我們在炎熱氣候中發展出來的現代葡萄酒釀造技術，能強調水果的風味。當世界仿效澳洲的做法時，我們可以說，這些風味輪廓被商品化了。」

「或許在蒸餾酒上，國別的差異會更為明顯。澳洲的白蘭地產業雖然已經衰退超過半個世紀，但是仍然因為葡萄種類、氣候和酵母菌株等因素，會有稍稍不同的澳洲風味特色。」

那麼澳洲威士忌也適用同樣的情形嗎？或者這些差異太大了？這需要一段時間才能看得明顯。正如馬奎爾、拉克和貝克三人都指出的，要花十年以上的時間，才能建立起事業，並且讓風格固定。

「人是最好的開始點。」密德頓說。

「澳洲沒有一個人是有蒸餾背景的。」他繼續說，「威士忌時代早期的員工，沒有一個在 1990 年代的精釀蒸餾廠開創時擔任過任何角色。這可以是一項資產：沒有傳統、沒有成規，或是綁手綁腳的業界標準要遵守，就是從一塊乾淨的工廠地板開始。他們不受影響，而當他們在自我學習的過程中增加了解時，也帶來了不同的

澳洲品飲筆記

Old Hobart, Overeem 波特桶熟成 43%

氣味：清新，非常有果香，還有蛋糕粉、溼帆布、草莓、果醬味水果等氣味。

口味：很香。些許香草味，混合巴馬紫羅蘭和一點薰衣草味。肉桂，柔軟的紅醋栗和糖果味。

尾韻：微微辛辣。淡淡穀物味。

結論：甜，香，直接。

風味陣營：水果香料型
延伸品飲：Edition Saentis, Tullibardine Burgundy Finish

Old Hobart, Overeem 雪莉桶熟成 43%

氣味：淡淡氧化的感覺。再次出現溼帆泥／帆布的氣息，這次還有增加的柑橘水果、太妃糖、漿果（煮油桃）的層次。

口味：阿蒙提亞度雪莉酒，淡淡杏仁味。濃濃的紅、黑色漿果味，細微椰棗味。加水後有些迷迭香和薰衣草味。

尾韻：烘烤穀類。苦巧克力。

結論：有一點干澀，層次更多。

風味陣營：豐富圓潤型
延伸品飲：The Macallan Amber

Bakery Hill，單一麥芽 46%

氣味：清新、乾淨的酒液，有細緻的橡木味和微微的花朵味，混合著麵包屑、菩提花和淡淡蘋果花香。

口味：一開始很柔軟，帶有平衡的木頭味。純淨的酸度。淡淡蜂蜜味。

尾韻：牛奶咖啡。

結論：細緻優雅。

風味陣營：芬芳花香型
延伸品飲：Hakushu 12 年

Bakery Hill，雙桶 46%

氣味：豐富果味。開始時是草莓和覆盆子，然後加深成為有香氣的藍莓。加水後增加了濃郁感。

口味：有奶油味的粥和穀物與黑漿果的繁複混雜味，口感會慢慢化為洋李菠蘿酥味。

尾韻：淡淡乾草。

結論：精雕細琢。

風味陣營：水果香料型
延伸品飲：Tullamore D.E.W. 單一麥芽

Bakery Hill，泥煤麥芽 46%

氣味：淡淡煙燻味：木柴煙和蜂蜜堅果玉米片、淡淡柳橙皮。加水後帶出更多泥煤味。

口味：甜，淡淡堅果味。平衡，煙燻味絕不會蓋過淡淡果香。

尾韻：悠長而溫柔。

結論：平衡良好。

風味陣營：煙燻泥煤型
延伸品飲：Kilchoman, Machir Bay

塔斯馬尼亞獨特的植物造就出的泥煤,有獨特的芳香性質,比爾 · 拉克正在這裡探集泥煤。

「澳洲人是跟隨者,不是領導者。」派崔克 · 馬奎爾說,「他們喜歡產品都能蓋上許可章。在這裡把蘇格蘭威士忌裝在紙袋裡都能賣得好。這代表我們必須再努力一些,好讓人注意到。不過世界正在改變。澳洲已經經歷了一場真正的食物革命,而優質的食物和優質的飲料是互相搭配的。我們知道這需要時間,不過我們也做了許多努力要讓人知道。」

大衛 · 貝克同意。「你現在看到的只是一個產業的開始,」他說,然後笑著繼續說道,「原本是一場惡夢,不過我已經走過來了。有人跟我說我做不到。有人笑我。不過我走到今天了,靠的是我對它的熱情。我愛它。」

威士忌就該有這種精神。

心得和方法。這不是合作,而是完全的生產,從植物到裝瓶都在學習。」

換句話說,這些有著完全不同背景——律師、探測員、老師、化學家——的人之所以願意做這件事,因為他們愛好威士忌,也喜歡威士忌的製造理念。當你觀察澳洲葡萄酒產區的建立過程時,可以看到完全相同的原則。當時的先驅人物有醫師、化學家和地質學家——大家的心態都是要做點新的事情。

這種動力在世界上其他地方的新蒸餾業者身上也都看得到。澳洲參與的是一項世界性的運動,而不是孤立其中。這件事的方法不只是會不一樣,而是一定要不一樣。「威士忌的事不要再動不動就仰賴蘇格蘭了。」密德頓這麼說。至少盡量試試看。

Sullivan' Cove,法國橡木桶熟成 47.5%

氣味:糖檸檬和柳橙皮與肉豆蔻和肉豆蔻皮的混合。後方有淡淡的烘烤大麥味。具有重量。

口味:開始是圓滑的,首先出現的是橘狀巧克力味。中間是甜的,而有柑橘水果、多肉水果和微量濃花香味道。加水後帶出紅糖味。

尾韻:果仁糖,淡淡木炭味,和一些榛子味。

結論:平衡而繁複。

> **風味陣營:水果香料型**
> **延伸品飲:**Cardhu 18 年、The Glenlivet 21 年

Hellyers Road,Original 10 年 40%

氣味:一些麵包香氣,全麥的斯佩爾特麵粉、微量的堅果味,然後是甜竹筍、榛子和糙米。

口味:橘子果醬抹在棕色麵包上。淡淡牛奶巧克力。烘烤味,一點奶油味,平衡。

尾韻:柔軟而輕盈,有橡木和穀物味。

結論:輕盈、乾淨、有堅果味。

> **風味陣營:麥芽不甜型**
> **延伸品飲:**Arran 10 年、Auchentoshan Classic

Hellyers Road,黑皮諾葡萄酒桶過桶 46%

氣味:紅色漿果:櫻桃、紅醋栗、覆盆子,些許黑醋栗葉和柑橘水果。些許糙米味道也在。乾淨。

口味:烘烤味,淡淡堅果味。清楚的酒廠個性,但有更多的香料味:細微的丁香味,而由於有多的橡木味而有些許干澀。

尾韻:水果與堅果

結論:柔軟,但沒有受到葡萄酒影響。

> **風味陣營:水果香料型**
> **延伸品飲:**Tullibaddine Burgundy Finish，Liebl Collimor Port

Hellyers Road,泥煤 46.2%

氣味:開始時干澀。營火上烤蘋果味。烘烤榛子。煙燻味發出氣味:花梨木和石南。

口味:立即出現煙燻味,帶點尤加利樹味。煙燻和穀物使味道變得相當干澀。到了中間時,因為麵包元素和淡淡香草味重返,所以稍微柔軟了些。

尾韻:細微的藥味。

結論:和同系列其他酒同樣表現良好。

> **風味陣營:煙燻泥煤型**
> **延伸品飲:**Tomatin Cù Bòcan

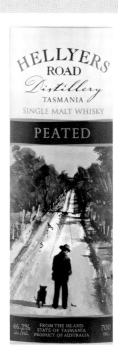

風味陣營列表

如內文所示，我在書中品飲過的每一款威士忌（除了新酒和桶陳樣品以外）都分配到某一個風味陣營中，若你有特別喜愛的酒款，就可根據它所在的陣營找到其他類似風格的威士忌。從表中也可看出，同一蒸餾廠的威士忌會因橡木和熟成時間的不同而進入不同陣營。當然同一陣營的威士忌之間仍有差異，但他們最突出的風味都是一樣的。26-27 頁有風味陣營的詳細描述，也可一併參考 28-29 頁的風味地圖。

水果香料型

這裡所說的水果是指成熟的果園水果，如桃子、蘋果，以及熱帶水果如芒果等。水果香料型的威士忌也會展現出美國橡木所賦予的香草、椰子和類似卡士達的香氣。香料味如肉桂和肉豆蔻會出現在尾韻，通常帶甜。

蘇格蘭 單一麥芽威士忌

Aberfeldy 12yo
Aberfeldy 21yo
Aberlour 12yo non chill-filtered
Aberlour 16yo Double Cask
Abhainn Dearg
Arran 10yo
Arran 12yo cask strength
Auchentoshan 21yo
Balblair 1990
Balblair 1975
Balmenach 1993
Balmenach 1979
The Balvenie 12yo Double Wood
The Balvenie 14yo Caribbean Cask
The Balvenie 21yo Portwood
The Balvenie 30yo
Ben Nevis 10yo
The BenRiach 12yo
The BenRiach 16yo
The BenRiach 20yo
The BenRiach 21yo
Benromach 10yo
Benromach 25yo
Benromach 30yo
Bowmore 46yo, Distilled 1964
Cardhu Amber Rock
Cardhu 18yo
Craigellachie 14yo
Craigellachie 1994 Gordon & MacPhail Bottling
Clynelish 14yo
Clynelish 1997, Manager's Choice
Dalmore 12yo
Dalwhinnie 15yo
Dalwhinnie Distiller's Edition
Dalwhinnie 1992, Manager's Choice
Dalwhinnie 1986, 20yo Special Release
Deanston 12yo
Glencadam 15yo
The Singleton of Glendullan 12yo
Glen Elgin 12yo
Glenfiddich 21yo
Glen Garioch 12yo
Glenglassaugh Evolution

Glenglassaugh Revival
Glengoyne 10yo
Glengoyne 15yo
Glenkinchie Distiller's Edition
The Glenlivet 15yo
The Glenlivet Archive 21yo
Glenmorangie The Original 10yo
Glenmorangie 18yo
Glenmorangie 25yo
Glen Moray Classic NAS
Glen Moray 12yo
Glen Moray 16yo
Glen Moray 30yo
The Glenrothes Extraordinary Cask 1969
The Glenrothes Elder's Reserve
The Glenrothes Select Reserve NAS
Hazelburn 12yo
Inchgower 14yo
Inchmurrin 12yo
Kilkerran Work In Progress No.4
Kininvie Batch Number One 23yo
Loch Lomond Inchmurrin 12yo
Loch Lomond 1966 Stills
Longmorn 16yo
Longmorn 1977
Longmorn 33yo
Macallan Gold
Macallan Amber
Macallan 15yo Fine Oak
Mannochmore 18yo Special Release
Oban 14yo
Old Pulteney 12yo
Old Pulteney 17yo
Old Pulteney 30yo
Old Pulteney 40yo
Royal Brackla 25yo
Royal Lochnagar 12yo
Scapa 16yo
Scapa 1979
Strathisla 18yo
Tomatin 18yo
Tomatin 30yo
Tomintoul 33yo
Tormore 12yo
Tullibardine Burgundy Finish

蘇格蘭 調和威士忌

Antiquary 12yo
Buchanan's 12yo
Dewar's White Label
The Famous Grouse
Grant's Family Reserve
Great King Street

蘇格蘭 穀物威士忌

Cameron Brig
Haig Club

愛爾蘭 麥芽威士忌

Tullamore D.E.W. Single Malt 10yo

愛爾蘭 調和威士忌

Cooley, Kilbeggan
Green Spot
Jameson 12yo
Powers 12yo
Tullamore D.E.W. 12yo Special Reserve

愛爾蘭 純罐式蒸餾威士忌

Green Spot
Midleton Barry Crockett Legacy
Power's John Lane's

日本 麥芽威士忌

Chichibu Port Pipe 2009
Chichibu Chibidaru 2009
Komagatake Single Malt
Miyagikyo 15yo
Miyagikyo 1990 18yo
Yamazaki 12yo

日本 穀物威士忌

Miyagikyo Nikka Single Cask Coffey Malt

日本 調和威士忌

Hibiki 12yo
Hibiki 17yo
Nikka, From The Barrel

世界其他地區 麥芽威士忌

Adnams, Spirit of Broadside UK
Amrut, Fusion India
Amrut, Greedy Angels India
Arcus Gjoleid, Ex-Bourbon Cask, 3.5yo Norway
Arcus Gjoleid, Sherry Cask 3.5yo Norway
Bakery Hill Double Wood Australia
The Belgian Owl Belgium
The Belgian Owl, Single Cask #4275922 Belgium
Brauenstein e:1 Single Sherry Cask Denmark
Brenne France

Finch, Dinkel, Port 2013 Germany
Finch, Classic Germany
George Dickel 12yo USA
Haider, J.H. single malt Austria
Haider, J.H. single malt, Karamell Austria
Hellyer's Road, Pinot Noir Finish Australia
Kavalan Classic Taiwan
Kavalan Solist, Single Cask Ex-bourbon Taiwan
Langatun, Old Deer Switzerland
Langatun, Old Bear Switzerland
Lehmann Elsass Single Malt (50%) France
Liebl, Coillmór, Port Cask Germany
Mackmyra Midvinter Sweden
Meyer's (blend) France
Millstone 10yo American Oak Netherlands
New Holland Zeppelin Bend Straight Malt USA
Old Holbart, Overeem Port Cask Matured Australia
Paul John Classic Select Cask India
Säntis, Edition Sæntis Switzerland
Schraml, Drà Germany
Stauning, Traditional Oloroso Denmark
St George Californian Single Malt USA
Stranahan's Colorado Straight Malt Whiskey USA
Sullivan's Cove, French Oak Cask Matured Australia
Teerenpeli Kaski Finland
Telser, Telsington VI, 5yo Single Malt Liechenstein
Telser, Telsington Black Edition, 5yo Liechenstein
Three Ships 10yo South Africa
Westland Deacon Seat USA
Westland Flagship USA
Westland Cask 29 USA

世界其他地區 穀物威士忌

Bain's Cape Mountain South Africa

芬芳花香型

這個風味陣營的威士忌會散發出新鮮切花、果樹花、剪過的青草和淡淡的青澀水果香氣。入口輕淡、微甜，往往有一股新鮮的酸。

蘇格蘭 單一麥芽威士忌

Allt-a-Bhainne 1991
anCnoc 16yo
Ardmore 1977, 30yo, Old Malt
　　Cask Bottling
Arran 14yo
Arran, Robert Burns
Bladnoch 8yo
Bladnoch 17yo
Braeval 8yo
Bruichladdich Islay Barley 5yo
Bruichladdich The Laddie 10yo
Cardhu 12yo
Glenburgie 12yo
Glenburgie 15yo
Glencadam 10yo
Glendullan12yo
Glenfiddich 12yo
Glen Grant 10yo
Glen Grant Major's Reserve
Glen Grant V (Five) Decades
Glen Keith 17yo
Glenkinchie 12yo

Glenkinchie 1992, Manager's
　　Choice Single Cask
The Glenlivet 12yo
Glenlossie 1999,
　　Manager's Choice
Glen Scotia 10yo
Glentauchers 1991 Gordon &
　　MacPhail Bottling
The Glenturret 10yo
Linkwood 12yo
Loch Lomond Rosdhu
Loch Lomond 12yo Organic
　　Single Blend
Loch Lomond 29yo, WM
　　Cadenhead Bottling
Mannochmore 12yo
Miltonduff 18yo
Miltonduff 1976
Speyburn 10yo
Speyside 15yo
Strathisla 12yo
Strathmill 12yo
Teaninich 10yo Flora & Fauna
Tomatin 12yo
Tomintoul 14yo
Tormore 1996
Tullibardine Sovereign

蘇格蘭 調和威士忌

Ballantine's Finest
Chivas Regal 12yo
Cutty Sark

蘇格蘭 穀物威士忌

Girvan 'Over 25yo'
Strathclyde 12yo

愛爾蘭 麥芽威士忌

Bushmills 10yo

愛爾蘭 調和威士忌

Bushmills Original
Jameson Original
Tullamore D.E.W.

日本 麥芽威士忌

Ichiro's Malt Chichibu On The Way
Fuji-Gotemba Fuji Sanroku 18yo
Fuji-Gotemba 18yo
Hakushu 12yo
Hakushu 18yo
White Oak 5yo
Yamazaki 10yo

日本 調和威士忌

Eigashima, White Oak 5yo
Nikka Super

世界其他地區 麥芽威士忌

Bakery Hill, Single Malt Australia
Collingwood, Canadian Mist
　　Canada
Domaine des Hautes Glaces S11
　　#01 France
Domaine des Hautes Glaces L10
　　#03 France
Glann ar Mor Taol Esa 2 Gwech
　　2013 France
High West Silver Western Oat USA
High West Valley Tan Oat USA
Mackmyra Brukswhisky Sweden
New Holland Bill's Michigan
　　Wheat USA
Penderyn Madeira Wales
Puni, Alba Italy
Radermacher, Lambertus 10yo
　　Belgium
St. George Lot 13 USA
Slyrs 2010 Germany
Spirit of Hven No.1, Dubhe Sweden
Spirit of Hven No2, Merak Sweden
Still Waters Stalk & Barrel, Cask #2
　　Canada
Teerenpeli, Aës Finland

豐富圓潤型

這個風味陣營同樣有水果味，不過是乾燥的水果：葡萄乾、無花果、棗子、無子白葡萄乾，這是使用歐洲橡木和雪莉桶的結果。並且可能會嘗到一種較纖細的口感，那是橡木中的單寧成分。這個陣營的威士忌比較深厚，有的有甜味，有的有肉味。

蘇格蘭 單一麥芽威士忌

Aberlour 10yo
Aberlour A'bunadh, Batch 45
Aberlour 18yo
Aultmore 16yo, Dewar Rattray
The Balvenie 17yo Double Wood
Ben Nevis 25yo
Benrinnes 15yo Flora & Fauna
Benrinnes 23yo
Benromach 1981 Vintage
Blair Athol 12yo Flora & Fauna
Bruichladdich Black Art 4 23yo
Bunnahabhain 12yo
Bunnahabhain 18yo
Bunnahabhain 25yo
Cragganmore Distiller' Edition
Cragganmore 12yo

Dalmore 15yo
Dalmore 1981 Matusalem
Dailuaine 16yo
The Singleton of Dufftown 12yo
The Singleton of Dufftown 15yo
Edradour 1997
Edradour 1996 Oloroso Finish
Fettercairn 16yo
Fettercairn 30yo
Glenallachie 18yo
Glencadam 1978
The GlenDronach 12yo
The GlenDronach 18yo Allardice
The GlenDronach 21yo
　　Parliament
Glenfarclas 10yo
Glenfarclas 15yo
Glenfarclas 30yo
Glenfiddich 15yo
Glenfiddich 18yo
Glenfiddich 30yo
Glenfiddich 40yo
Glenglassaugh 30yo
Glengoyne 21yo
The Glenlivet 18yo
The Singleton of Glen Ord 12yo
Highland Park 18yo
Highland Park 25yo

Jura 16yo
Macallan Ruby
Macallan Sienna
Macallan 18yo Sherry Oak
Macallan 25yo Sherry Oak
Mortlach Rare Old
Mortlach 25yo
Royal Lochnagar
　　Selected Reserve
Speyburn 21yo
Strathisla 25yo
Tamdhu 10yo
Tamdhu 18yo
Tobermory 15yo
Tobermory 32yo

蘇格蘭 調和威士忌

Johnnie Walker Black Label
Old Parr 12yo

愛爾蘭 麥芽/罐式蒸餾威士忌

Bushmills 16yo
Bushmills 21yo Cask Finish
Redbreast 12yo
Redbreast 15yo

愛爾蘭 調和威士忌

Black Bush
Jameson 18yo
Tullamore D.E.W. Phoenix
　　Sherry Finish

日本 麥芽威士忌

Hakushu 25yo
Karuizawa 1985
Karuizawa 1995 Noh Series
Yamazaki 18yo

世界其他地區

Amrut, Intermediate Cask India
Balcones Straight Malt V USA
Kavalan Fino Cask Taiwan
Liber, Embrujo Spain
Millstone 1999, PX cask
　　Netherlands
New Holland Beer Barrel Bourbon
　　USA
Old Holbart, Overeem Sherry Cask
　　Matured Australia
Penderyn Sherrywood Wales
Säntis Alpstein VII Switzerland
Warenghem Armorik Double
　　Maturation France

煙燻泥煤型

這個陣營的香氣類型寬廣，從煤煙到到立山小種紅茶、焦油、燻鮭魚、燻培根、燃燒石南和木頭的煙味都有。通常帶有油脂感。所有泥煤型的威士忌都有一個能均衡這些味道的甜味核心。

蘇格蘭 單一麥芽威士忌

Ardbeg 10yo
Ardbeg Corryvreckan
Ardbeg Uigeadail
Ardmore Traditional Cask NAS
Ardmore 25yo
The BenRiach Curiositas 10yo

The BenRiach Septendecim 17yo
The BenRiach Authenticus 25yo
Bowmore Devil's Cask 10yo
Bowmore 12yo
Bowmore 15yo Darkest
Bruichladdich Octomore 'Comus'
4.2 2007 5yo

Bruichladdich Port Charlotte PC8
Bruichladdich Port Charlotte
　　Scottish Barley
Bunnahabhain Toiteach
Caol Ila 12yo
Caol Ila 18yo
Highland Park 12yo

Highland Park 40yo
Kilchoman Machir Bay
Kilchoman 2007
Lagavulin 12yo
Lagavulin 16yo
Lagavulin 21yo
Lagavulin Distiller's Edition
Laphroaig 10yo
Laphroaig 18yo
Laphroaig 25yo
Longrow 14yo
Longrow 18yo

Springbank 10yo
Springbank 15yo
Talisker Storm
Talisker 10yo
Talisker 18yo
Talisker 25yo
Tomatin Cú Bòcan

愛爾蘭 麥芽威士忌
Cooley, Connemara 12yo
日本 麥芽威士忌
The Cask of Hakushu

Yoichi 10yo
Yoichi 12yo
Yoichi 15yo
Yoichi 20yo
Yoichi 1986 22yo

世界其他地區 麥芽威士忌
Balcones Brimstone Resurrection V
   USA
Bakery Hill, Peated Malt Australia
Clear Creek, McCarthy's Oregon
   Single Malt USA

Hellyer's Road, Peated Australia
Kornog, Sant Ivy France
Kornog, Taouarcr'h France
Mackmyra Svensk Rök Sweden
Paul John Peated Select Cask India
Smögen Primör Sweden
Stauning, Peated Oloroso Denmark
Westland First Peated USA

麥芽不甜型

這個陣營的威士忌氣味比較干澀。
酸爽的口感和餅乾味,有時有粉塵
味,會讓人聯想到麵粉、早餐穀類
片和堅果。口感同樣不甜,但通常
有橡木的甜味可與之保持均衡。

蘇格蘭 單一麥芽威士忌
Auchentoshan Classic NAS
Auchentoshan 12yo

Auchroisk 10yo
Glen Garioch Founder's Reserve
   NAS
Glen Scotia 12yo
Glen Spey 12yo
Knockando 12yo
Loch Lomond Single Malt NAS
Macduff 1984 Berry Bros & Rudd
   Bottling
Speyside 12yo
Tamnavulin 12yo

Tomintoul 10yo
Tullibardine 20yo

日本 麥芽威士忌
Chichibu The Floor Malted 3yo

世界其他地區 麥芽威士忌
Blaue Maus Grüner Hund, Single
   Cask Germany
Blaue Maus Spinnaker 20yo
Germany

Hellyer's Road, Original 10yo
   Australia
Hudson Single Malt, Tuthilltown
   USA
Lehmann Elsass single malt (40%)
   France
Liebl, Coillmór, American Oak
   Germany
Meyer's Pur Malt France
Teerenpeli 6yo Finland
Teerenpeli 8yo Finland

裸麥、小麥和
玉米威士忌

北美洲(或者北美洲式的)蒸餾廠
採用不同的生產流程和穀物,因
而形成了另外一組風味陣營。以下
酒款名稱的寫法是,蒸餾廠集團生
產的威士忌,以蒸餾廠名在前,
如 Jack Daniel's Black Label。
單獨一間蒸餾廠所生產的威士忌,
如 Buffalo Trace 生產的 Blanton's
Single Barrel,則是品牌名在前。

柔順玉米型
波本威士忌和加拿大威士忌以玉米
為主要穀物,玉米的氣味較甜,口
感肥厚,如奶油一般。

Balcones Baby Blue USA
Black Velvet Canada
Blanton's Single Barrel, Buffalo
   Trace Buffalo Trace USA
Canadian Club 1858 Canada
Canadian Mist Canada
Danfield's 10yo, Black Velvet
   Canada
Danfield's 21yo, Black Velvet
   Canada
Early Times USA
Forty Creek Barrel Select Canada
Forty Creek Copper Pot Reserve
   Canada
Four Roses Yellow Label USA
George Dickel Superior No.12 USA
George Dickel 8yo USA
George Dickel Barrel Select USA
Crown Royal, Gimli Canada
Crown Royal Reserve, Gimli Canada
Highwood Century Reserve 21yo
   Canada
Hudson Baby Bourbon,
   Tuthilltown USA
Hudson Four Grain Bourbon,
   Tuthilltown USA
Hudson New York Corn,

Tuthilltown USA
Jack Daniel's Black Label,
   Old No.7 USA
Jack Daniel's Gentleman Jack USA
Jack Daniel's Single Barrel USA
Jim Beam Black Label 8yo USA
Jim Beam White Label USA
Pike Creek 10yo, Hiram Walker
   Canada
Wild Turkey 81° USA
Wild Turkey 101° USA
Wiser's Deluxe, Hiram Walker
   Canada

甘甜小麥型
波本威士忌蒸餾廠有時會以小麥取
代裸麥。小麥會使波本多了一股柔
和、甘醇的甜味。

Bernheim Original Wheat, Heaven
   Hill USA
Highwood, Centennial 10yo Canada
Highwood White Owl Canada
Last Mountain Private Reserve
   Canada
Maker's Mark USA
Schraml Woaz Germany
W L Weller 12yo, Buffalo Trace USA

濃郁橡木型
這個陣營的威士忌在桶陳期間吸收
了濃郁的香草香氣,以及椰子、松樹、
櫻桃和甜的香料味。威士忌在木桶
中陳放得愈久,濃郁的程度愈強,
會演變出菸草和皮革的風味。

Alberta Premium 30yo Canada
Balcones Straight Bourbon II USA
Booker's, Jim Beam USA
Canadian Club 20yo Canada
Canadian Club 30yo Canada
Eagle Rare 10yo Single Barrel,
   Buffalo Trace USA
Elijah Craig 12yo, Heaven Hill USA
Forty Creek Double Barrel

Reserve Canada
Knob Creek 9yo, Jim Beam USA
Maker's 46 USA
Old Fitzgerald 12yo, Heaven
   Hill USA
Pappy Van Winkle's Family Reserve
   20yo, Buffalo Trace USA
Ridgemont Reserve 1792 8yo,
   Barton 1792 USA
Russell's Reserve Bourbon 10yo,
   Wild Turkey USA
Rare Breed, Wild Turkey USA
Wiser's 18yo, Hiram Walker Canada

辛辣裸麥型
這個陣營的威士忌在聞香時,往往
就能聞到強烈、微帶香水調、有時
略有塵土感的氣味,或者類似剛出
爐的裸麥麵包味,這些都是裸麥的
特色。入口會先嘗到肥厚的玉米味,
接著會出現酸與辛辣的勁道,讓口
感充滿活力。

Alberta Premium, 25yo Canada
Alberta Springs 10yo Canada
Canadian Club Reserve 10yo,
   Canada
Collingwood 21yo, Canadian
   Mist Canada
Crown Royal Ltd Edition, Gimli
   Canada
Dark Horse, Alberta Canada
Domaine des Hautes Glaces
   Secale France
Evan Williams Single Barrel 2004,
   Heaven Hill USA
Forty Creek Confederation Reserve
   Canada
Four Roses Barrel Strength 15yo
   USA
Four Roses Brand 12 Single
   Barrel USA
Four Roses Brand 3 Small Batch
   USA
Haider J.H. Special Rye

'Nougat'
   Austria
Haider, J.H. Peated Rye malt
   Austria
High West OMG Pure Rye USA
High West Rendezvous Rye USA
Highwood Ninety, 20yo Canada
Hudson Manhattan Rye, Tuthilltown
   USA
George Dickel Rye USA
Lot 40, Hiram Walker Canada
Millstone Rye 100 Netherlands
Old Potrero Rye, Anchor USA
Rittenhouse Rye, Heaven Hill USA
Russell's Reserve Rye 6yo,
   Wild Turkey USA
Sazerac Rye, Buffalo Trace USA
Sazerac 18yo, Buffalo Trace USA
Seagram VO, Canadian Mist
   Canada
Stauning Young Rye Denmark
Telser Rye Single Cask 2yo
   Liechenstein
Tom Moore 4yo USA
Very Old Barton 6yo, Barton
   1792 USA
Wiser's Legacy, Hiram Walker
   Canada
Woodford Reserve Distiller's
   Select USA

名詞解釋

大麥（Barley）　大麥含有天然酵素，在發芽之後，能將澱粉轉化為可發酵的糖分。因此不論哪一種威士忌，基本上都會在製造過程中加入一定比例的發芽大麥，至於單一麥芽威士忌，則百分之百只用發芽大麥來製造。

小麥配方波本威士忌（Wheated bourbon）　穀物配方中添加小麥、而不是裸麥的波本威士忌，效果是威士忌的口味比較甜。

天使的分享（Angel's share）　威士忌在橡木桶中熟成時，由於呼吸作用，桶中的酒液會揮發到空氣中，就當作是獻給天使享用。在蘇格蘭，每桶威士忌每年會揮發掉 2%。

文棟蒸餾器（Vendome still）　罐式蒸餾器的一種，頸部裝有精餾塔。

加倍器（Doubler）　（美國）簡單的罐式蒸餾器，專門用於第二次蒸餾以獲得最終的烈酒。

四分之一桶（Quarter cask）　容量為 45 公升（美國波本桶的四分之一），最近再度廣受歡迎，因為可在短時間內讓大量的橡木芳香物質溶出到年輕的威士忌中。

打蘭（Dram）　常被誤以為是蘇格蘭文「一小杯威士忌」的意思，其實這個詞源自拉丁文，泛指微量的烈酒。

玉米（Corn）　波本威士忌最主要的原料，釀造出的酒帶有玉米肥美的甜味。加拿大威士忌和穀物威士忌也會使用。

玉米威士忌（Corn whiskey）　美式威士忌的一種，按規定必須使用至少 80% 的玉米作為原料，沒有最短陳年時間的要求。

生命之水（Uisce beatha/Usquebaugh）　威士忌的蓋爾語就是「生命之水」的意思，「生命之水」這種說法也早被用來泛指蒸餾酒。一般相信這個詞中的「uisce」就是威士忌的英文「whisky」的詞源。

田納西威士忌（Tennessee whiskey）　與波本威士忌的規範相同，但田納西的酒廠會用一層層的糖楓木炭過濾剛蒸餾出來的新酒，這種做法又稱為「林肯郡過濾法」。

白狗（White dog）　即新酒，美國的說法。

印度威士忌（Indian whisky）　這個詞本身頗具爭議性，因為印度酒商並未遵從世界認可的威士忌定義（只用穀物為原料釀造的蒸餾酒），而接受使用糖蜜來釀製他們的「威士忌」。

休停（Mothballed）　指酒廠暫時關閉，但尚未除役。

回流（Backset）　見「酸渣」。

回流（Reflux）　酒精蒸汽還沒進入冷凝系統，就已經在蒸餾器管壁上冷卻凝結，回流到底部重新蒸餾的現象。回流能使釀造出來的酒更加清爽，也是去除厚重雜質的方法之一，並可透過特定的蒸餾器形狀和蒸餾速度來促成。

地板發芽（Floor maltings）　傳統發麥芽的方式，浸泡後的大麥鋪在地面上發芽，必須不時用鏟子或耙翻動，以防止發芽不均。目前，大多數酒廠已經採用鼓式發芽來代替地板發芽。參見「薩拉丁箱」。

酒齡標示（Age statement）　酒標上的酒齡，標示的是瓶內威士忌裡所含最年輕的酒的酒齡。請記住，酒齡未必是品質的決定性因素。

冷凝（Condensing）　蒸餾過程的最後階段，酒蒸汽重新凝結成液態。

初段酒（Foreshots）　第二次蒸餾前段所流出的酒，酒精含量偏高又含有易揮發的化合物，需要與偽酒和低度酒混合後重新蒸餾，也稱為「酒頭」。

林肯郡過濾法（Lincoln County Process）　田納西威士忌和波本威士忌的不同就在於這道工法：用一層層的糖楓木炭過濾剛蒸餾出來的新酒，以去除粗糙的雜質，又稱作「瀝濾」（leaching）或「淳化」（mellowing）。

林恩臂／麗管（Lyne arm/lie pipe）　又稱「天鵝頸」，罐式蒸餾器的頂部，從蒸餾器的主體通往冷凝器。林恩臂的角度可以影響酒的風味，向上傾斜的角度會提高回流率，生產出來的酒就會清爽些；反過來，向下傾斜則可以釀造出厚重的酒。

波本威士忌（Bourbon）　美式威士忌的一種，必須按照以下規定製造：使用至少 51% 的玉米作為原料；蒸餾後酒精度不超過 80%（或 160 度）；只能使用全新、經過烤桶處理的橡木桶陳放，入桶酒精度不超過 62.5%（或 125 度），陳年時間至少兩年。

泥煤（Peat）　有多款威士忌的香氣都跟泥煤有密切的關係。泥煤是植物在潮溼酸性的沼澤環境中經過了幾千年，因無法完全分解而形成的不完全碳化植物組織。釀酒商將其切割、乾燥後，當作燃料用來烘烤已發芽的大麥，這樣釀造出來的威士忌會帶有煙燻香。

炙烤（Charring）　美國標準桶在使用之前都必須經過炙烤處理，以在桶內形成一層有過濾作用的活性炭，有助於消除粗糙的口感或其他不好的味道。糖楓木炭過濾法可以加速這個過程。

芽漿水（Liquor）　（美國）糖化麥芽時所使用的熱水。

威士忌（Whiskey/whisky）　按照蘇格蘭、加拿大和日本的法規，威士忌的英文拼法中沒有「E」；愛爾蘭和美國法規中的威士忌則有「E」，但美國的威士忌並沒有全部按照規定的拼法。

美國標準桶（Barrel）　專指由美國白橡木製成的 200 公升橡木桶。

重覆裝填橡木桶（Refill）　指已經陳放過蘇格蘭威士忌一次的橡木桶。

重擊器（Thumper）　加倍器的別稱，低度酒在裡面通過冷水冷卻，以回流的方式去除較厚重的酒精，因在過程中發出類似重擊的巨響而得名。

首裝桶（First-fill）　蘇格蘭、愛爾蘭及日本業界用來形容特定的橡木桶，是容易令人混淆的說法。當酒商說他的橡木桶是「首裝桶」，代表這些桶是第一次用來陳放蘇格蘭（或愛爾蘭、日本）威士忌。不過，上述地區的酒商幾乎都使用二手橡木桶，因此「首裝桶」並不表示這些桶是第一次陳放烈酒。參見「重覆裝填桶」。

烘烤（Toasting）　將製作橡木桶的桶板放在火上加熱，使桶板更易於彎曲，同時也使橡木所含的木糖轉化為焦糖，陳年威士忌的複雜風味就來自於這些糖份和酒液的相互作用。透過不同程度的烘烤，可讓威士忌產生各種不同的效果。

純威士忌（Straight whiskey）　（美國）以至少 51% 的任一種穀物（玉米、裸麥、小麥）為原料，蒸餾至標準酒度 160 度（酒精度 80%），裝入經過烤桶處理的全新橡木桶陳放至少兩年至標準酒度不超過 125 度（酒精度 62.5%），裝瓶時標準酒度至少 80 度（酒精度 40%），禁止添加焦糖或調味劑。

純麥威士忌（Vatted malt）　將不同款的單一麥芽威士忌調和在一起，就是所謂的純麥威士忌。參見「調和威士忌」。

酒汁（Wash）　經過發酵、用來蒸餾成威士忌的液體，又稱「啤酒」。

酒汁蒸餾器（Wash still）　分批蒸餾過程中的第一次蒸餾器，蒸餾剛完成發酵的酒汁的地方。

酒精度（ABV）　威士忌的酒精含量，以酒精占酒液體積的百分比作為指標。按規定，蘇格蘭威士忌的酒精度不得低於 40% ABV 的下限。另見「標準酒度」。

酒頭（Heads）　見「初段酒」。

高度酒（High wines）　（美國）從進行第二次蒸餾的加倍器流出來的最終烈酒，又稱作「doublings」。

酒尾（Feints）　第二次蒸餾末段所流出的酒，又稱「tails」、末段酒（after-shots）。

啤酒（Beer）　（美國）等待蒸餾的含酒精液體，又稱「酒汁」。

啤酒蒸餾器（Beer still）　（美國）蒸餾過程中使用的第一次蒸餾器（一般為柱式蒸餾器）。

酚（Phenols）　泥煤燃燒時所逸出的芳香化合物，以 ppm（百萬分之一）為測量單位，含量愈高，威士忌的煙燻味就愈濃郁。但 ppm 測質指的是已發芽大麥的酚含量，而不是蒸餾後新酒的酚含量，高達 50% 的酚會在蒸餾過程中流失。

陳放木架（Ricks）　美國業界指熟成過程中放置威士忌橡木桶的木架，因此高聳、金屬牆面的傳統陳放倉庫也叫做 ricked warehouse；此外，Ricks 也用來形容疊成一堆、準備燒成活性炭（用來過濾田納西威士忌）的糖楓木頭。

陳放倉庫（Rackhouse）　美國業界對陳放威士忌的倉庫特有的說法。

雪莉桶（Butt）　盛裝過雪莉酒的 500 公升橡木桶，蘇格蘭威士忌大多以雪莉桶進行陳年。

麥汁（Worts）　從糖化槽過濾出來的含糖汁液。

單桶裝瓶酒（Single barrel）　（美國）容易令人混淆的說法，指瓶內威士忌來自單一橡木桶，但同一款單桶威士忌未必都來自同一個橡木桶。

無酒齡酒（NAS）　「無酒齡標示」的縮寫，指酒標上沒有註明酒齡的威士忌。

焦糖（Caramel）　多數威士忌中都會有的添加物（唯有波本威士忌禁止），用來調出酒的顏色，好讓不同期出廠的威士忌色澤一致。若添加太多會影響香氣，餘味也會偏苦。

發芽（Germination）　製造麥芽的過程中催化大麥生長的步驟。

發麥芽（Malting）　促進酵素的產生，使大麥所含的澱粉可以用來釀酒的過程。做法是浸泡休眠的大麥，讓其發芽開始生長，再放進麥芽窯裡烘烤以中止生長。發麥芽的方式有地板發芽、鼓式發芽和薩拉丁箱式發芽幾種。

發酵（Fermentation）　在富含糖分的麥汁中加入酵母，使其靜置後變成低酒精度液體，這個過程可以決定釀製完成的威士忌是什麼風味。

黑穀（Dark grains）　將酒糟（第一次蒸餾過程結束後蒸餾器內的殘留物）與糟粕混合後製成的高蛋白質動物飼料。

愛爾蘭威士忌（Irish whiskey）　愛爾蘭目前只有三家威士忌釀酒廠，每一家的釀法都不盡相同。庫利（Cooley）的酒經過二次蒸餾，並用泥煤來烘烤麥芽；布什米爾（Bushmills）的酒要經過三次蒸餾，烘烤麥芽時不使用泥煤作為燃料；愛爾蘭製酒公司（Irish Distillers）所生產的「愛爾蘭純罐式蒸餾威士忌」，雖然也經過三次蒸餾且麥芽不是用泥煤烘烤，但它的穀物配方當中同時包含了未發芽和已發芽的大麥。

漣漪（Viscimetry）　水加入威士忌中所產生的圈圈與漩渦。

新酒（New Make）　蒸餾後產生的酒液，還未經過熟成。在蘇格蘭又稱作 Clearic，在美國則有「白狗」的別稱。

酯類（Esters）　發酵過程中產生的化合物，帶有花香和濃郁的果香。

鼓式發芽（Drum maltings）　大酒廠最常見的發麥芽方式，發芽桶是大型旋轉圓桶，讓大麥在裡面均勻發芽。

蒸餾（Distillation）　烈酒和水果酒或啤酒的不同，就在於蒸餾的過程。由於酒精的沸點低於水，如果將含酒精的液體（即啤酒、酒汁）在蒸餾器內加熱致酒精蒸汽逸出，就可以得到更濃更烈的酒。

裸麥（Rye）　（美國）釀造裸麥威士忌、波本威士忌和加拿大威士忌的原料。裸麥釀造的威士忌偏酸，有生津效果，帶有酸麵糰、果酸和強烈的香辛料香氣。

裸麥威士忌（Rye whiskey）　（美國）按照美國對純威士忌所訂的法規，釀造裸麥威士忌的穀物配方裡必須至少有 51% 的裸麥。

酵母菌（Yeast）　將糖份轉化為酒精（還有二氧化碳和熱能）的微生物，不同的酵母菌株會釀造出不同的風味。

酸渣（Sourmash）　（美國用語）第一次蒸餾過後殘留在蒸餾器內的無酒精液體，會重新加入發酵槽的麥汁中，可以占到發酵槽液體總量的 25% 或更多。在麥汁中加入這種酸化物質能放緩發酵的速度，所有的波本威士忌和田納西威士忌都使用了酸渣（又稱「回流」、「底層殘渣」、「酒渣」）釀造法。

標準酒度（Proof）　只有美國酒商在（酒標上）使用的酒精濃度測量單位。美國標準酒度的測質剛好是酒精度的一倍，例如 40% ABV 等於 80 度美國標準酒度。

熟成（Maturation）　釀造威士忌的最後一個步驟，就是將酒液裝進橡木桶裡陳放，威士忌最後的風味和顏色有七成來自於熟成的過程。

穀物威士忌（Grain whisky）　以少量的大麥麥芽加上玉米或小麥為主原料，以柱式蒸餾器蒸餾至酒精度 94.8% 以下。蘇格蘭威士忌法案規定，穀物威士忌的風味必須帶有原料穀物的特性。

穀物配方（Mashbill）　用來釀造威士忌的穀物原料的成分與比例。

調和威士忌（Blended whisky）　由穀物威士忌加上麥芽（蘇格蘭）或波本／裸麥（美國）威士忌調製而成。蘇格蘭出口到世界各地的威士忌有 93% 是調和酒。

豬頭桶（Hogshead）　橡木桶的一種，大多由美國白橡木製成，容量約 250 公升，又稱作「hoggies」。

霉腐味（Rancio）　品酒術語，用來形容陳年威士忌獨有的類似於皮革／麝香／菇菌的氣味。

橡木（Oak）　蘇格蘭、美國、加拿大和愛爾蘭的威士忌，按規定都需裝入橡木桶進行陳年。在這階段的熟成過程中，酒液和橡木中的芳香物質產生相互作用，使威士忌的風味變得更複雜。

橡木（Quercus）　橡木的拉丁文。威士忌業界最常使用的橡木品種有：美國白橡木（Q. alba）、歐洲橡木（Q. robur）、法國橡木（Q. petraea/sessile）、日本橡木（Q. mongolica/mizunara），每一種都各自有其特殊的香氣、口味和結構。

橡木桶（Cask）　用來陳放威士忌的橡木桶有各種不同類型，都可用 cask 統稱。

糖化（Mashing）　穀物澱粉轉換成可發酵糖的過程。

糖楓木炭過濾法（Charcoal mellowing）　田納西威士忌獨有的釀造步驟，蒸餾後的新酒在裝桶陳放之前，先流入裝有糖楓木炭的大桶中過濾，以產生潤滑的口感。

糟粕（Draff）　經過糖化的麥汁被抽走後，糖化槽內留下的穀物殘渣，通常賣給農民當作動物飼料。

薩拉丁箱（Saladin box）　介於傳統地板發芽和現代鼓式發芽之間的「箱式發芽」所使用的發芽箱，大麥在這種大型開放式的箱子裡由螺旋機械翻動。

蟲桶（Worm tub）　傳統冷卻烈酒的方式，所謂的「蟲」是浸在冷水中的一圈圈銅製管線。由於與銅的交互作用較低，以蟲桶方式冷卻的威士忌風味會比較厚重。

羅門式蒸餾器（Lomond still）　罐式蒸餾器的頸部增添了可調控的板片，目的在增加回流率，生產出來的酒入口滑順且富含果香。

蘇格蘭威士忌（Scotch whisky）　必須在位於蘇格蘭的蒸餾廠釀造，只能使用發芽大麥為主原料（可添加其他全穀穀物），麥芽經過發泡，利用大麥本身的酵素轉化為可發酵的液體，再添加酵母來發酵，然後蒸餾到酒精度 94.8% 以下，裝進容量不超過 700 公升的橡木桶，於蘇格蘭境內陳放至少三年，裝瓶時酒精度不能低於 40%，除了水和酒用焦糖之外，禁止任何其他添加物。

罐式蒸餾器（Pot still）　分批蒸餾過程中所使用的水壺形銅製蒸餾器。

參考資料

書籍

Barnard, Alfred, The Whisky Distilleries of the United Kingdom, David & Charles, 1969

Buxton, Ian, The Enduring Legacy of Dewar's, Angel's Share, 2010

Checkland, Olive, Japanese Whisky, Scottish Blend, Scottish Cultural Press, 1998

Dillon, Patrick, The Much-Lamented Death of Madam Geneva, Review, 2004

Kaiser, Roman, Meaningful Scents Around The World, Wiley, 2006 Gibbon, Lewis Grassic A Scots Quair Canongate Books, 2008

Gunn, Neil M., Whisky & Scotland, Souvenir Press Ltd, 1977

Hardy, Thomas, The Return of the Native, Everyman's Library, 1992

Hume, John R., & Moss, Michael, The Making of Scotch Whisky, Canongate Books, 2000

Macdonald, Aeneas, Whisky, Canongate Books, 2006

MacFarlane Robert, The Wild Places, Granta Books, 2007

MacLean, Charles, Scotch Whisky: A Liquid History, Cassell, 2003

Marcus, Greil, Invisible Republic, Bob Dylan's Basement Tapes, Picador, 1997

McCreary, Alf, Spirit of the Age, the Story of old Bushmills, Blackstaff Press, 1983

MacDiarmid, Hugh, Selected Essays, University of California Press, 1970

Mulryan, Peter, The Whiskeys of Ireland, O'Brien Press, 2002

Owens Bill, Modern Moonshine Techniques, White Mule Press, 2009

Owens Bill, Diktyt, Alan, & Maytag, Fritz, The Art of Distilling Whiskey and Other Spirits, Quarry Books, 2009

Pacult, F. Paul, A Double Scotch, John Wiley, 2005

Penguin Press & Carson, The Tain, Penguin Classics, 2008

Regan, Gary, & Regan, Mardee, The Book of Bourbon, Chapters, 1995

Udo, Misako, The Scotch Whisky Distilleries, Black & White, 2007

Waymack, Mark H., & Harris, James F, The Book of Classic American Whiskeys, Open Court, 1995

Wilson, Neil, The Island Whisky Trail, Angel's Share, 2003

雜誌

Whisky Magazine

Whisky Advocate

音樂

"Copper Kettle", written by Albert Frank Beddoe, recorded by Bob Dylan on the 1970 album, Self Portrait

Smith, Harry Anthology of American Folk Music, various volumes

延伸資訊

網路上可以查到許多威士忌相關資料，今天絕大多數生產商都已有自己的網站。以下列出幾個威士忌線上雜誌、網站和部落格，讓威士忌愛好者可以從更廣的角度認識威士忌。

雜誌

www.maltadvocate.com
www.whatdoesjohnknow.com
www.whiskymag.com
www.whiskymagjapan.com 日文

網站、部落格

www.maltmaniacs.org 所有麥芽威士忌愛好者應該首先造訪這個網站。

www.whiskyfun.com, 威士忌網路作家 Serge Valentin 每天撰文分享他對威士忌和音樂的奇思妙想。

www.whiskycast.com, 威士忌品飲專家 Mark Gillespie 每週發表新文章。

www.edinburghwhiskyblog.com & http://caskstrength.blogspot.com, Two UK-based blogs 兩個網站都值得定期造訪。

http://chuckcowdery.blogspot.com 掌握波本威士忌的最新消息。

http://nonjatta.blogspot.com 喜愛日本威士忌的酒友必看（英文網站）。

http://drwhisky.blogspot.com 威士忌專家、也是最早的威士忌部落客之一 Sam Simmons 的部落格，至今依然是數一數二的威士忌部落格。

www.irishwhiskeynotes.com 如網站名稱，內容介紹愛爾蘭威士忌。

www.irelandwhiskeytrail.com 愛爾蘭威士忌的相關網站都在這裡。

www.distilling.com & http://blog.distilling.com 追蹤美國精釀蒸餾廠的最新消息，可造訪這兩個網站。

www.drinkology.com 資訊豐富的酒保社群網站。

相關節慶

你讀到這段文字的同一時間，世界上一定有某個地方正在舉辦威士忌活動，而且很可能不只一個地方。Whisky Live!（http://www.whiskylive.com/）是規模最大的全球性威士忌展；Whisky Advocate 除了雜誌之外，也經營多項美國最大的威士忌活動，請至上列網站查詢。Malt Maniacs 網站（如上列）上有威士忌活動與節慶的日曆。

地區性威士忌節慶

www.spiritofspeyside.com 斯佩塞烈酒節，通常於5月第一週舉行，為期一週。

www.theislayfestival.co.uk 艾雷島威士忌嘉年華，通常於5月最後一週舉行，為期一週。

www.kybourbonfestival.com 肯塔基波本威士忌節，9月中舉行。

索引

圖片出處

感謝以下蒸餾商和代理商提供圖片。

謝誌

蘇格蘭：Nick Morgan, Craig Wallace, Douglas Murray, Jim Beveridge, Donald Renwick, Shane Healy, Diageo; Jim Long, Alan Winchester, Sandy Hyslop, Chivas Brothers; Gerry Tosh, George Espie, Gordon Motion, Max MacFarlane, Jason Craig, Ken Grier, Bob Dalgarno, The Edrington Group; David Hume, Brian Kinsman, William Grant & Sons; Stephen 'The Stalker' Marshall, Keith Geddes, John Dewar & Sons; Iain Baxter, Stuart Harvey, Inver House Distillers; Ian MacMillan, Burn Stewart Distillers; Ronnie Cox, David King, Sandy Coutts, The Glenrothes; Iain Weir, Iain MacLeod; Gavin Durnin, Loch Lomond Distillers; Frank McHardy, Pete Currie, J & A Mitchell; Euan Mitchell, Arran Distillers; Iain McCallum, Morrison Bowmore Distillers; Jim McEwan, Bruichladdich; Anthony Wills, Kilchoman; Richard Paterson, David Robertson, Whyte & Mackay; Jim Grierson, Maxxium UK; John Campbell, Laphroaig; Des McCagherty, Edradour; George Grant, J & G Grant; Lorne McKillop, Angus Dundee; Billy Walker, Alan McConnochie, Stewart Buchanan, The BenRiach/The GlenDronach; Francis Cuthbert, Daftmill; Raymond Armstrong, Bladnoch; Alistair Longwell, Ardmore; David Urquhart, Ian Chapman, Gordon & MacPhail; Bill Lumsden, Annabel Meikle, Glenmorangie; Michelle Williams, Lime PR; John Black, James Robertson, Tullibardine; Colin Ross, Ben Nevis; Dennis Malcolm, Glen Grant; Stephen Bremner, Tomatin; Andy Shand, Speyburn; Marko Tayburn, Abhainn Dearg.

愛爾蘭：Barry Crockett, Brendan Monks, Billy Leighton, David Quinn, Jayne Murphy, IDL; Colum Egan, Helen Mulholland, Bushmills; Noel Sweeney, Cooley.

日本：Keita Minari, Mike Miyamoto; Shinji Fukuyo, Seiichi Koshimizu, Suntory; Naofumi Kamiguchi, Geraldine Landier, Nikka; Ichiro Akuto, Venture Whisky.

美國、加拿大：Chris Morris, Jeff Arnett, Brown-Forman; Jane Conner, Maker's Mark; Larry Kass, Parker Beam, Craig Beam, Heaven Hill, Katie Young, Ernie Lubbers, Jim Beam; Jim Rutledge, Four Roses; Jimmy & Eddie Russell, Wild Turkey; Harlen Wheatley, Angela Traver, Buffalo Trace; Ken Pierce, Old Tom Moore; Jim Boyko, Vincent deSouza, Crown Royal; John Hall, Forty Creek; Bill Owens; Lance Winters, St. George; Steve McCarthy, McCarthy's; Marko Karakasevic, Charbay; Jess Graber, Stranahan's; Rick Wasmund, Copper Fox, Ralph Erenzo, Tuthilltown.

威爾斯：Stephen Davis, Gillian Macdonald, Welsh Whisky Company.

英格蘭：Andrew Nelstrop, The English Whisky Company.

全球：Jean Donnay; Patrick van Zuidam; Etiene Bouillon; Lars Lindberger; Henric Molin; Anssi Pyysing; Michael Poulsen; Fran Peregrino; Andy Watts; Moritz Kallmeyer, Bill Lark, Patrick Maguire, Keith Batt, Mark Littler, David Baker, Cameron Syme; Ian Chang.

產品照：感謝 John Paul, Hans Offringa, Will Robb, Christine Spreiter, Jeremy Sutton-Hibbert, Tim, Arthur & Keir and Joynson the Fish 幫忙拍攝產品照，有的蒸餾廠沒有自己產品的照片。個人：Charles MacLean, Neil Wilson, Rob Allanson, Marcin Miller, John Hansell, David Croll, Martin Will; Johanna and Charles，以上皆為 Malt Maniacs。

特別由衷感謝：Davin de Kergommeaux 在加拿大陷入膠著時伸出援手；Bernhard Schäfer 在中歐方面的協助；Chuck Cowdery 在有關 George Dickel 蒸餾廠方面協助釐清了很多訊息；Ulf Buxrud, Krishna Nukala, and Craig Daniels 提供聯絡人；Serge Valentin 提供樣酒和許多幽默的言語；Alexandre Vingtier, Doug McIvor, Ed Bates, Neil Mathieson 也是。

增訂版：非常感謝所有的蒸餾者、工作同仁、朋友和家人，他們以各種方式確保這本書的改版準時完成。

特別感謝 Davin de Kergommeaux, Lew Bryson, Pit Krause, Jasmin Haider, Philippe Juge, Chris Middleton, 和 Martin Tønder Smith 大力幫忙我找出新的蒸餾廠。

感謝這些新蒸餾廠的工作人員願意花時間和我閒聊：Alex Bruce, Karen Stewart, Francis Cuthbert, Guy Macpherson-Grant, David Fitt, John McCarthy, Marko Tayburn, Oliver Hughes, Daniel Smith, Allison Patel, Jean Donnay, Fred Revol, Patrick van Zuidam, Etienne Bouillon, Michael Morris, John Quinn, Nicole Austin, Chip Tate, Rich Blair, David Perkins, David King, Emerson Lamb, Angela d' Orazio, Ivan Abrahamsen, Roger Melander, Alex Højrup Munch, Gable Erenzo, John O' Connell, Jonas Ebensperger, Marcel Telser, Jens-Erik Jørgensen 和 Henric Milon。威士忌的未來看你們的。

感謝 Marcin 開車載我在 Norfolk and Suffolk 到處跑，我快把他逼瘋了。

感謝 Distiller' s Row 的居民 Darren Rook 和 Tim Forbes，他們聽我說話，提供我想法。

感謝 Stephen, Ziggy 和 The Major 讓我測試了一些想法。

感謝 Octopus 出版社神奇的團隊：Denise, Leanne, Juliette, Jamie 和 Hilary，他們沒花太多力氣就完成這次改版，而且非常關注文稿與設計的品質和精確度。

感謝 Tom Williams 扮演理性的聲音。

最重要的是感謝我的太太、也是我的助手：Jo，她非常出色地整理樣品、算酒瓶，做了很多必要、而且很花時間的研究，讓我有時間和空間把書寫下去。不知道她是怎麼忍受我 25 年的。

最後要感謝總是能讓我笑的 Rosie。